机电工程系列丛书

数控电火花线切割加工多种计算机编程方法的实际应用

主编　张学仁　白基成　郭永丰
主审　刘晋春

哈爾濱工業大學出版社

内容提要

从书中能学到目前在国内广泛应用的四种计算机编程控制软件的实际使用方法，书中内容共分10个单元，每个单元又分为3个部分：第一部分是教师授课（约2学时）；第二部分是根据授课的相关内容，学生在计算机上熟悉使用编程控制软件进行深入学习和实践（约2学时）；第三部分是由教师指导在数控电火花线切割机床上实践或参观（约2学时），共60学时左右。书的结构是模块化的，可以根据学校的具体学时及条件，选学其中一种软件的应用。

书中内容也可用于自学，只要有一台装有其中一种编程控制软件的机床或计算机，自己就可以参照书中的内容进行运行学习。

图书在版编目（CIP）数据

数控电火花线切割加工多种计算机编程方法的实际应用/张学仁，白基成，郭永丰主编.—哈尔滨：哈尔滨工业大学出版社，2014.1

ISBN 978-7-5603-4016-6

Ⅰ.①数… Ⅱ.①张… ②白… ③郭… Ⅲ.①数控线切割-电火花线切割-计算机辅助设计-应用软件
Ⅳ.①TG484-39

中国版本图书馆CIP数据核字（2013）第029767号

策划编辑　王桂芝
责任编辑　范业婷
出版发行　哈尔滨工业大学出版社
社　　址　哈尔滨市南岗区复华四道街10号　邮编150006
传　　真　0451-86414749
网　　址　http://hitpress.hit.edu.cn
印　　刷　黑龙江省委党校印刷厂
开　　本　787mm×1092mm　1/16　印张19　字数458千字
版　　次　2014年1月第1版　2014年1月第1次印刷
书　　号　ISBN 978-7-5603-4016-6
定　　价　38.00元

序

数控电火花线切割机床是集精密机械、高频电源、检测控制和数控技术为一体的高技术装备，是应用面最广、市场拥有量最大的电加工机床产品。它在加工特殊材料、复杂精密型面、微细结构等方面具有独特的优势，在我国精密模具、航天航空、军工、汽车、电子信息、家电等领域发挥着不可或缺的重要作用。

哈尔滨工业大学张学仁老师等长期从事数控电火花线切割加工技术的教学和研究工作，编纂的《电火花线切割加工技术工人培训自学教材》、《数控电火花线切割加工技术》等书籍多次修订再版和重印，受到了我国广大电加工工程技术人员和大专院校师生的欢迎。

加工程序的编制在数控电火花线切割机床的应用中极其重要。随着计算机技术的发展，数控电火花线切割加工编程控制软件也在不断进步。本书以目前国内广泛采用的编程软件为基础，详细介绍了数控电火花线切割加工程序的编制过程和方法，并对数控电火花线切割加工的多次切割技术也作了介绍。相信本书的编纂出版，对培养数控电火花线切割机床高层次操作使用人才、提高我国电火花线切割加工技术水平将起到很好的促进作用。

中国机械工程学会特种加工分会理事长

2013 年 8 月

前　言

数控电火花线切割加工是一种高技术,在我国精密模具、航天航空、军工、汽车、电子信息及家电等领域中发挥着重要的作用。

从本书中能学到目前在国内广泛应用于数控电火花线切割加工的四种计算机编程控制软件的实际使用方法,书中内容共分 10 个单元,每个单元又分为 3 个部分:第一部分是教师授课(约 2 学时);第二部分是根据授课的相关内容,学生在计算机上熟悉使用编程控制软件进行深入学习和实践(约 2 学时);第三部分是由教师指导在数控电火花线切割机床上实践或参观(约 2 学时),共 60 学时左右。书的结构是模块化的,可以根据学校的具体学时及条件,选学其中一种软件的应用。

书中内容也可用于自学,只要有一台装有其中一种编程控制软件的机床或计算机,自己就可以参照书中的内容进行运行学习。

安排全书内容的指导思想是,以数控电火花线切割技术中一些常用的重点技术问题为切入点,对重点部分深入讲解和实践,而不求面面俱到。重点如:手工编程和计算机编程,模具间隙补偿,线切割加工质量,电参数等。前 6 个单元为基础内容,第 7 单元为多次切割编程,最后有"高速走丝"、"中走丝"及"低速走丝"的加工实例,而对线切割机床及脉冲电源等,只着重于使用和必要的调整,没有专设单元。

为了便于不同的学校及个人使用,书中采用了国内已被广泛采用的四种计算机编程控制软件(HL、HF、CAXA 和 YH),各学校或个人可根据自己现有的条件从中选用一种。学校最好有其中一种编程控制软件的局域网,以便于每个学生都能上机学习实践。

"中走丝"是当前数控电火花线切割加工技术发展的重要成果,在前面 7 个单元中对数控电火花线切割基本技术知识及多次切割编程的学习,已为"中走丝"打下了必要的基础。

一门课程只可能学到今后进一步深入学习和具体操作使用的主要基础技术知识,而不可能也没有足够的时间来达到工人等级的操作技能要求。但书中这些知识已为进一步提高操作技能和深入学习铺平了道路。

本书也适用于新进入数控电火花线切割行业的大学毕业生及技术人员,作为提高自身技能的自学教材。

本书由哈尔滨工业大学张学仁、白基成、郭永丰主编,参加编写的有高云峰、王笑香、韩秀琴、赵亚坤、李朝将、刘华、曾昭阳、王湛昱、邢晓会,深圳市龙岗职业技术学校的周燕峰和云南机电职业技术学院的张晓庆也参加了编写。各有关公司参加编写的有:四川深扬数控机械有限公司的李克君和扬得胜;江苏冬庆数控机床有限公司的李冬庆和徐维安;苏州电加工机床研究所有限公司的朱宁和朱卫根;广州市南丰电子机械有限公司的邓浩林和甘玉培;温州飞虹电子仪器厂的张向春;苏州市开拓电子技术有限公司的于容亨和陆晓刚;重庆华明光电技术研究所的张永新。

叶军理事长在百忙之中特为本书写序，在此表示衷心的感谢。

由于时间仓促，加之编写人员水平有限，书中难免会有不足之处，恳切希望广大读者提出宝贵意见。

张学仁

2013 年 8 月

目　录

第1单元　数控电火花线切割加工的特点、用途及手工编写3B程序

教学目的

(1) 初步认识数控电火花线切割加工；
(2) 学习手工编写直线和圆弧的3B程序；
(3) 检测尺寸和计算单边放电间隙$\delta_{电}$(mm)及计算切割速度v_{wi}(mm^2/min)。

第1部分　教师授课

1.1　授课内容

1.1.1　数控电火花线切割加工

1. 电火花线切割加工

电火花线切割加工时,在电极丝和工件之间进行脉冲放电。如图1.1所示,电极丝接脉冲电源的负极,工件接脉冲电源的正极。当来一个电脉冲时,在电极丝和工件之间产生一次火花放电,在放电通道的中心温度瞬时可高达10 000 ℃以上,高温使工件金属熔化,甚至有少量气化,高温也使电极丝和工件之间的工作液部分产生气化,这些气化后的工作液和金属蒸气瞬间迅速热膨胀,并具有爆炸的特性。这种热膨胀和局部微爆炸,抛出熔化和气化了的金属材料而实现对工件材料进行电蚀切割加工。通常认为电极丝与工件之间的放电间隙$\delta_{电}$在0.01 mm左右,若电脉冲的电压高,放电间隙会大一些。线切割编程时,一般取$\delta_{电}$ = 0.01 mm。

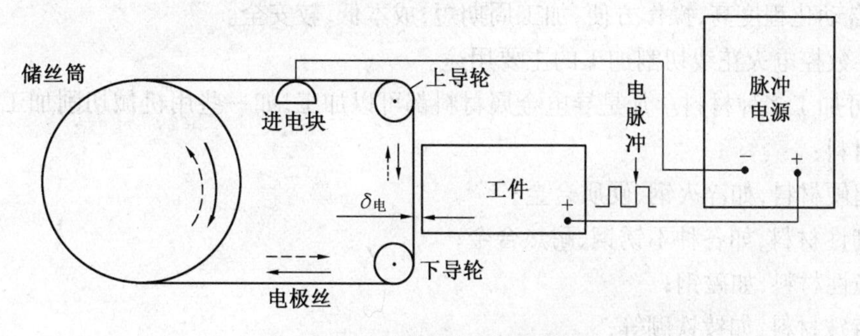

图1.1　电火花线切割加工原理

为了确保每来一个电脉冲时在电极丝和工件之间产生的是火花放电而不是电弧放电,必须创造必要的条件。首先,必须使两个电脉冲之间有足够的间隔时间,使放电间隙中的介质消电离,即使放电通道中的带电粒子复合为中性粒子,恢复本次放电通道处间隙中介质的绝缘强度,以免总在同一处发生放电而导致电弧放电。一般脉冲间隔应为脉冲宽度的4倍以上。

为了保证火花放电时电极丝(一般用钼丝)不被烧断,必须向放电间隙注入大量工作液,以使电极丝得到充分冷却。同时电极丝必须做高速轴向运动,以避免火花放电总在电极丝的局部位置而被烧断,电极丝速度为8 ~ 10 m/s。高速运动的电极丝,有利于不断往放电间隙中带入新的工作液,同时也有利于把电蚀产物从间隙中带出去。

电火花线切割加工时,为了获得比较好的表面粗糙度和高的尺寸精度,并保证钼丝不被烧断,应选择好相应的脉冲参数,并使工件和钼丝之间的放电必须是火花放电,而不是电弧放电。

2. 数控电火花线切割加工的特点及用途

(1) 数控电火花线切割加工。

电火花线切割加工时,装夹着工件的 X、Y 工作台由步进电动机的转动传动至丝杠螺母机构,进而带动工作台移动,步进电动机是由线切割机床电控柜中的数控系统驱动的,所以称为“数控电火花线切割加工”。

(2) 数控电火花线切割加工的特点。

电火花线切割加工与电火花成形加工比较,主要有以下特点:

① 不需要制造成形电极,工件材料的预加工量少。

② 能方便地加工复杂截面的型柱、型孔、大孔、小孔和窄缝等。

③ 脉冲电源的加工电流较小,脉冲宽度较窄,属中、精加工范畴,所以采用正极性加工,即脉冲电源的正极接工件,负极接电极丝。电火花线切割加工基本是一次加工成形,一般不要中途转换规准。

④ 由于电极是运动着的长金属丝,单位长度电极丝损耗较小,所以当切割面积的周边长度不长时,电极损耗对加工精度影响较小。

⑤ 只对工件进行图形落料加工,故余料还可以使用。

⑥ 工作液选用水基乳化液,而不是煤油,非但不易引发火灾,而且可以节省能源物资。

⑦ 自动化程度高,操作方便,加工周期短,成本低,较安全。

(3) 数控电火花线切割加工的主要用途。

① 可加工多种材料。凡是导电金属材料都可以加工,如一些用机械切削加工方法难以加工的材料:

a. 超硬材料,如淬火钢、硬质合金;

b. 韧性材料,如各种不锈钢、耐热合金;

c. 脆性材料,如磁钢;

d. 特殊材料,如钕铁硼等;

e. 不易装夹的薄壁零件;

f. 各种复杂形状的零件,只要能编出程序,都可以方便地加工出理想的工件。

② 常用于加工的工件。

a. 加工各种精密模具：如冲模、复合模、粉末冶金模、挤压模、塑料模和胶木模等；

b. 直接加工各种盘形零件：如齿轮、链轮、变压器和电机转子或定子硅钢片和凸轮以及一些精密零件等；

c. 加工各种电火花成形加工用的工具电极。

1.1.2　手工编写3B程序

数控线切割机床的控制系统是根据人的"命令"控制机床进行加工的。所以必须先将要进行线切割加工工件的图形用线切割控制系统所能接受的"语言"编好"命令"，输入控制系统（控制器），这种"命令"就是线切割程序，编写这种"命令"的工作称为数控线切割编程，简称编程。

编程方法分手工编程和计算机编程。手工编程是线切割工作者的一项基本功，它能使编程者比较清楚地了解编程所需要进行的各种计算和编程过程。但手工编程的计算工作比较繁杂，费时间。因此，近些年来由于计算机的飞速发展，线切割编程目前大多采用计算机编程。计算机有很强的计算功能，大大减轻了编程的劳动强度，并大幅度地减少了编程所需的时间。

线切割程序格式有3B、4B、5B、ISO和EIA等，使用最多的是3B格式和ISO代码格式。

1.3B程序格式及编写3B程序的方法

3B程序格式见表1.1。表中的B称为分隔符号，它在程序单上起着把X、Y和J数值分隔开的作用。当程序输入控制器时，读入第一个B后，它使控制器做好接收X坐标值的准备，读入第二个B后做好接收Y坐标值的准备，读入第三个B后做好接受J值的准备。加工圆弧时，程序中的X、Y必须是圆弧起点对其圆心的坐标值。加工斜线时，程序中的X、Y必须是该斜线段终点对其起点的坐标值，斜线段程序中的X、Y值允许它们同时按相同比例缩小，只要其比值保持不变即可。对于与坐标轴重合的线段，在其程序中的X或Y值，均不必写出。

表1.1　3B程序格式

B	X	B	Y	B	J	G	Z
	X坐标值		Y坐标值		计数长度	计数方向	加工指令

(1) 计数方向G和计数长度J。

① 计数方向G及其选择。为保证所要加工的圆弧或线段能按要求的长度加工出来，一般线切割机床是通过控制从起点到终点X或Y拖板进给的总长度来达到的。因此在计算机中设立一个J计数器进行计数，即将加工该线段的拖板进给总长度J的数值预先置入J计数器中。加工时被确定为计数长度这个坐标的拖板每进给一步，J计数器就减1。这样，当J计数器减到零时，则表示该圆弧或直线段已加工到终点。在X和Y两个坐标中用哪个坐标作计数长度J呢？这个计数方向的选择要依图形的特点而定。

加工斜线段时，必须用进给距离比较长的一个方向作进给长度控制。若线段的终点为$A(X_e, Y_e)$，当$|Y_e| > |X_e|$时，计数方向取GY（图1.2）；当$|Y_e| < |X_e|$时，计数方向取GX（图1.3）。确定计数方向时，可以以45°为分界线（图1.4），当斜线在阴影区内时，取GY，反之取GX。若斜线正好在45°线上时，理论上应该是在插补运算加工过程中，最后一

步走的是哪个坐标,则取该坐标为计数方向。从这个观点来考虑,Ⅰ、Ⅲ 象限应取 GY,Ⅱ、Ⅳ 象限应取 GX,才能保证加工到终点。

圆弧计数方向的选取,应根据圆弧终点的情况而定,从理论上分析,应该是当加工圆弧达到终点时,最后一步走的是哪个坐标,就应选该坐标作计数方向;也可以 45° 线为界(图 1.5),若圆弧终点坐标为 $B(X_e,Y_e)$,当 $|X_e|<|Y_e|$ 时,即终点在阴影区内,计数方向取 GX,当 $|X_e|>|Y_e|$ 时,计数方向取 GY;当终点在45°线上时,不易准确分析,按习惯任取。

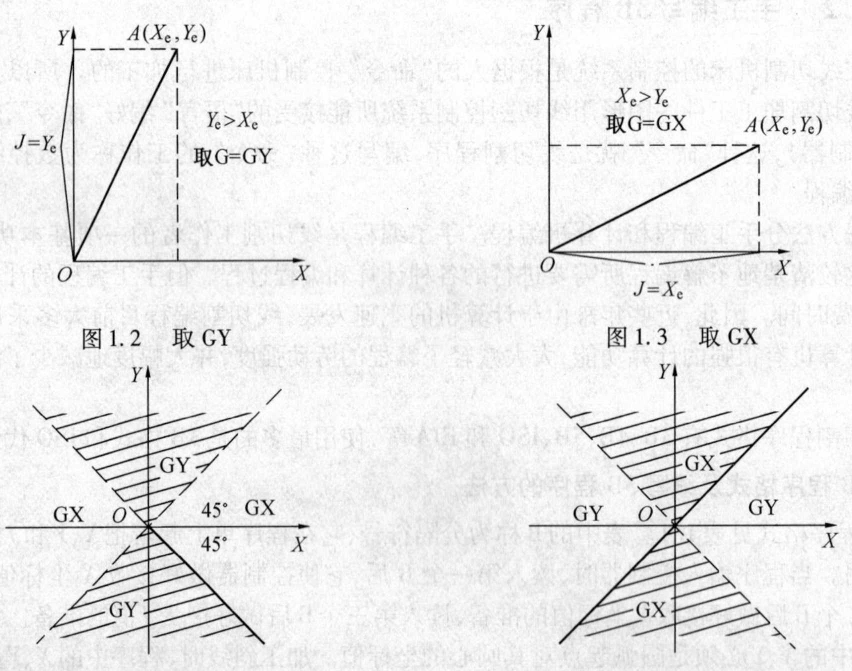

图 1.2　取 GY　　图 1.3　取 GX

图 1.4　斜线段计数方向的选取　　图 1.5　圆弧计数方向的选取

② 计数长度 J 的确定。当计数方向确定后,计数长度 J 应取计数方向从起点到终点拖板移动的总距离,即圆弧或直线段在计数方向坐标轴上投影长度的总和。

对于斜线,如图 1.2 所示,取 $J=Y_e$;如图 1.3 所示,取 $J=X_e$ 即可。

对于圆弧,它可能跨越几个象限,如图 1.6 和图 1.7 的圆弧都是从 A 加工到 B。如图 1.6 所示,取 GX,$J=J_{X_1}+J_{X_2}$;如图 1.7 所示,取 GY,$J=J_{Y_1}+J_{Y_2}+J_{Y_3}$。

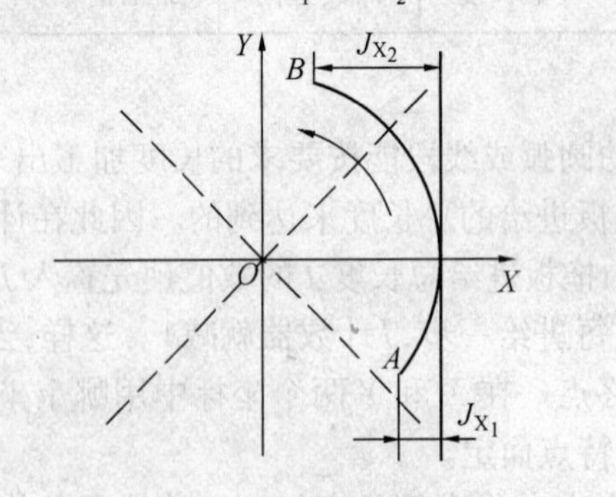

图 1.6　跨越两个象限　　图 1.7　跨越四个象限

(2) 加工指令 Z。

Z 是加工指令(图 1.8)的总代号,共分 12 种,其中圆弧加工指令有 8 种。

加工指令中,SR 表示顺圆,NR 表示逆圆,字母后面的数字表示该圆弧的起点所在象限,如 SR1 表示顺圆弧，其起点在第一象限。对于直线段的加工指令用 L 表示，L 后面的数字表示该线段所在的象限。对于与坐标轴重合的直线段，正 X 轴为 L1，正 Y 轴为 L2，负 X 轴为 L3，负 Y 轴为 L4。

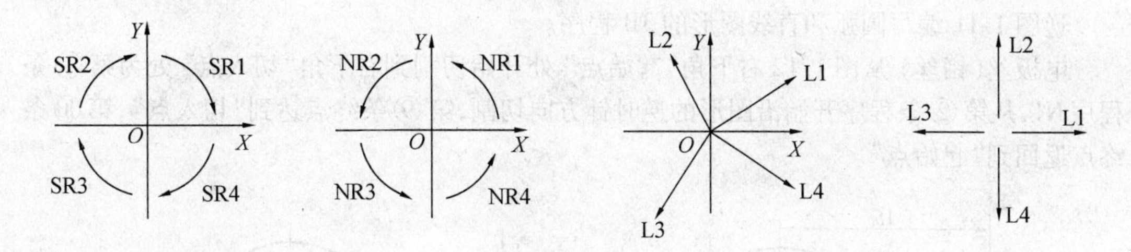

图 1.8　加工指令

2. 手工编写直线 3B 程序的实例

逆图 1.9 编写直线图形的 3B 程序。

电极丝（钼丝）从图 1.10 左下角“起始点”处开始切割到左下角“切入点”处为第 ① 条程序 N1，从第 ② 条程序开始沿图形的逆时针方向切割，第 ⑩ 条程序的终点返回到切入点，第 ⑪ 条程序到起始点结束。

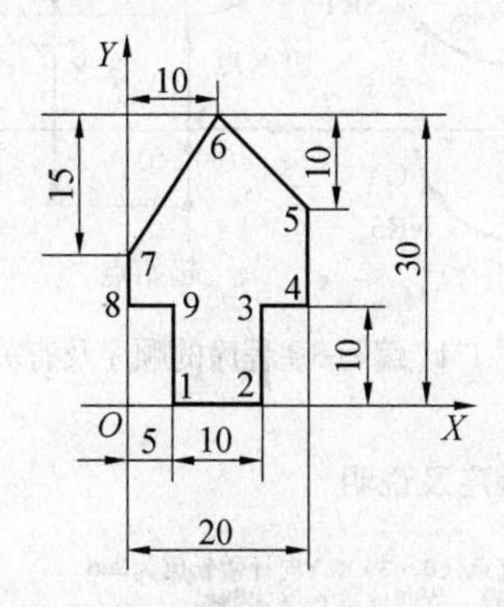

图 1.9　直线图形

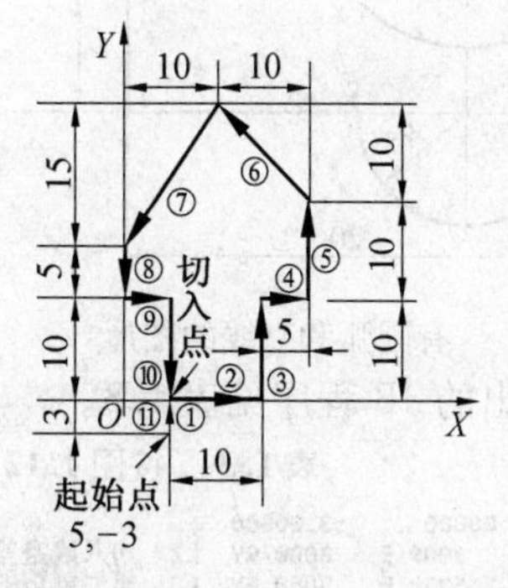

图 1.10　逆图 1.9 编写 3B 程序的顺序及有关数据

逆图形编出的 3B 程序见表 1.2，图 1.10 中注出了每条程序的位置及编每条 3B 程序有关的数据，以方便阅读程序和理解程序。

表 1.2　逆图形编的 3B 程序及有关说明

起始点坐标 =　5.00000，　-3.00000

N	**1: B**	**0 B**	**3000 B**	**3000 GY**	**L2**	切入线终点对起点(0, 3)
N	**2: B**	**10000 B**	**0 B**	**10000 GX**	**L1**	第一象限的直线，终点对起点(10, 0)
N	**3: B**	**0 B**	**10000 B**	**10000 GY**	**L2**	第二象限的直线，终点对起点(0, 10)
N	**4: B**	**5000 B**	**0 B**	**5000 GX**	**L1**	第一象限的直线，终点对起点(5, 0)
N	**5: B**	**0 B**	**10000 B**	**10000 GY**	**L2**	第二象限的直线，终点对起点(0, 10)
N	**6: B**	**10000 B**	**10000 B**	**10000 GY**	**L2**	第二象限的直线，终点对起点(-10, 10)
N	**7: B**	**10000 B**	**15000 B**	**15000 GY**	**L3**	第三象限的直线，终点对起点(-10, 15)
N	**8: B**	**0 B**	**5000 B**	**5000 GY**	**L4**	第四象限的直线，终点对起点(0, -5)
N	**9: B**	**5000 B**	**0 B**	**5000 GX**	**L1**	第一象限的直线，终点对起点(5, 0)
N	**10: B**	**0 B**	**10000 B**	**10000 GY**	**L4**	第四象限的直线，终点对起点(0, -10)
N	**11: B**	**0 B**	**3000 B**	**3000 GY**	**L4**	切出线，第四象限的直线，终点对起点(0, -3)
N	**12: DD**					停机码

在编写每条直线的3B程序时,以该线段的起点作为坐标原点,因此,编写每条程序的坐标原点是不同的,编写该直线程序的坐标原点,必须在该条直线的起点上。

3. 手工编写圆弧和直线3B程序的实例

逆图1.11编写圆弧和直线图形的3B程序。

电极丝(钼丝)从图1.12右下角"起始点"处开始切割到右下角"切入点"处为第①条程序N1,从第②条程序开始沿图形的逆时针方向切割,第⑨条终点达到"切入点",第⑩条终点返回到"起始点"。

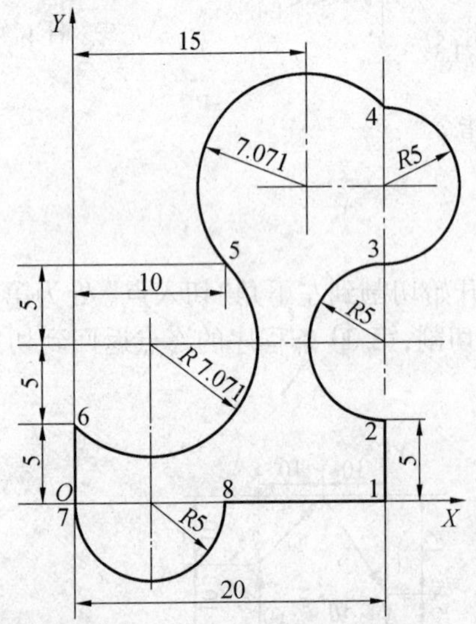

图1.11　有圆弧和直线的图形

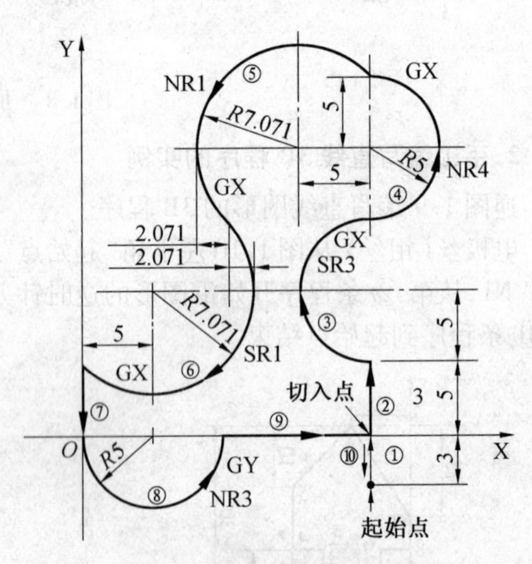

图1.12　逆图1.11编写3B程序的顺序及有关数据

逆图形编出的3B程序见表1.3。

表1.3　按图1.12逆图形编写的3B程序及说明

```
起始点坐标 =    20.00000 ,    -3.00000
N   1: B      0 B   3000 B   3000 GY  L2  切入线是第二象限的直线，终点对起点（0, 3），Y向计数长度为3mm
N   2: B      0 B   5000 B   5000 GY  L2  第二象限的直线，终点对起点（0, 5），Y向计数长度为5mm
N   3: B      0 B   5000 B  10000 GX  SR3 第三象限的顺圆弧，圆弧起点对圆心的坐标是（0, -5），X向计数长度为10mm
N   4: B      0 B   5000 B  10000 GX  NR4 第四象限的逆圆弧，圆弧起点对圆心的坐标是（0, -5），X向计数长度为10mm
N   5: B   5000 B   5000 B  14142 GX  NR1 第一象限的逆圆弧，圆弧起点对圆心的坐标是（5, 5），X向计数长度为14。142mm
N   6: B   5000 B   5000 B  14142 GX  SR1 第一象限的顺圆弧，圆弧起点对圆心的坐标是（5, 5），X向计数长度为14。142mm
N   7: B      0 B   5000 B   5000 GY  L4  第四象限的直线，终点对起点（0, -5），Y向计数长度为5mm
N   8: B   5000 B      0 B  10000 GY  NR3 第三象限的逆圆弧，圆弧起点对圆心的坐标是（-5, 0），Y向计数长度为10mm
N   9: B  10000 B      0 B  10000 GX  L1  第一象限的直线，终点对起点（10, 0），X向计数长度为10mm
N  10: B      0 B   3000 B   3000 GY  L4  第四象限的直线，终点对起点（0, -3），Y向计数长度为3mm
N  11: DD                                 停机码
```

每条圆弧3B程序的X,Y是该圆弧起点对圆心的坐标值,不带正或负号,圆弧终点靠近Y轴,取GX,如第③和第④条,圆弧终点靠近X轴取GY,如第⑧条,圆弧终点在45°线上可任取GX或GY,第⑤和第⑥条都取GX。

圆弧计数长度是该圆弧上各象限圆弧段在计数轴上投影的总和,圆弧③、④、⑧的计数长度可以直观看出,圆弧⑤的计数长度是该圆弧上,Ⅰ、Ⅱ、Ⅲ象限中各段圆弧在X轴上投影的总和,即

$$J = J_{1X} + J_{2X} + J_{3X} = 5 + 7.071 + 2.071 = 14.142$$

圆弧⑥的计数长度为

$$J = 5 + 7.071 + 2.071 = 14.142$$

第2部分　学生练习

1.2　学生练习手工编写3B程序

1. 学生学会独立编写表1.2的3B程序

(1) 对照图1.10复习表1.2中的3B程序及其说明。

(2) 不参照表1.2,学生根据图1.10独立编写出该图的3B程序。最后根据图1.9再编写一次。

2. 学生学会独立编写表1.3的3B程序

(1) 对照图1.12学习表1.3中的3B程序及其说明。

(2) 不参照表1.3,学生根据图1.12独立编写出该图的3B程序。最后根据图1.11再编写一次。

3. 对于时间充足的学生增加的工作

(1) 按照图1.9沿图形顺向编写该图的3B程序。编出的3B程序对否,可与表3.4核对。

(2) 按照图1.11沿图形顺向编写该图的3B程序。编出的3B程序对否,可与表3.10核对。

第3部分　学生实践

1.3　切割工件、检测及计算

1. 学生用键盘输入表1.2或表1.3中的3B程序,仔细检查

2. 在计算机或电控柜屏幕上模拟切割

3. 加工(主要由指导教师动手操作并同时讲解)

指导教师一边讲解一边操作机床进行加工,学生应详细记录整个操作过程。

(1) 装夹工件,调整电参数;

(2) 开走丝;

(3) 开乳化液;

(4) 移动钼丝至起始点;

(5) 开始切割,记录开始时间;

(6) 调整进给速度;

(7) 切割加工结束,记下结束时间。

4. 检测和计算

检测加工出的尺寸为 $L20$ mm，计算单边放电间隙 $\delta_{电}$ 及切割速度 v_{wi}（mm^2/min），切割速度就是生产效率。

(1) 检测尺寸 20 mm。

编程尺寸是 20 mm，但切割出来的尺寸实际比 20 mm 小，把用外径千分尺测量出的该尺寸用 $L20$ 表示，由图 1.13 可知测量出的尺寸

$$L20 = 20 - D - 2\delta_{电}$$

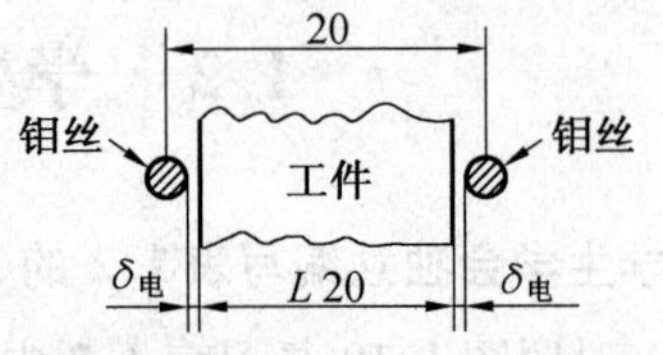

图 1.13　钼丝直径 D 及 $\delta_{电}$ 与加工尺寸

(2) 计算单边放电间隙 $\delta_{电}$（mm）。

$$\delta_{电} = \frac{20 - L20 - D}{2}$$

可见测量出 $L20$ 及钼丝直径 D 之后，即可计算出单边放电间隙 $\delta_{电}$。

(3) 计算切割速度 v_{wi}（mm^2/min）。

切割速度是指在保持一定的表面粗糙度的切割过程中，单位时间内电极丝中心线在工件上扫过的面积的总和（mm^2/min）。

计算切割速度的公式为

$$v_{wi} = \frac{LH}{t}$$

式中，t 为从切入点开始切割绕工件一周，切回到切入点所费的时间，min；H 为工件切割厚度，mm；L 为电极丝（钼丝）中心线在工件上切割的总长度，mm；LH 为电极丝中心线在工件上扫过面积的总和，mm^2。

图 1.9 中的 L/mm = 10 + 10 + 5 + 10 + 14.142 + 18.028 + 5 + 5 + 10 = 87.17（此处计算忽略钼丝半径和放电间隙）。

图 1.12 中的 L/mm = 5 + 15.708 + 15.708 + 22.214 + 22.214 + 5 + 15.708 + 10 = 111.552（此处计算忽略钼丝半径和放电间隙）。

注：(1) 半圆 ③，④，⑧ 的圆弧长度为 $\pi \times 10 \div 2 = 15.708$。

(2) 半圆 ⑤，⑥ 的圆周长是为 $\pi \times 7.071 \times 2 \div 2 = 22.214$。

第2单元　插补原理及手工编写ISO代码

教学目的

(1) 学习数控电火花线切割的控制原理;

(2) 学习手工编写直线和圆弧的ISO代码;

(3) 初步认识电参数、变频进给、表面粗糙度、黑白条纹及切割终点处的残留凸起。

第1部分　教师授课

2.1　授课内容

2.1.1　数控电火花线切割控制原理

1. 插补

"插补" 方法使得在X、Y坐标方向只能做直线进给的工作台上能加工出有圆弧和斜线的工件。

数控电火花线切割机床之所以能加工各式各样形状的图形,是因为它的X、Y坐标工作台由能进行插补的数控系统控制。X、Y坐标工作台只能在X或Y坐标轴方向做直线进给,但线切割加工的大部分图形都是由斜线或圆弧组合而成。因此为了加工斜线或圆弧,就把X或Y工作台每走一步的距离(即脉冲当量)取得很小,只有0.001 mm。依斜线斜率或圆弧半径不同,X或Y两个坐标方向进给步数的多少互相配合,使钼丝的轨迹尽量逼近所要加工的斜线或圆弧。这样,钼丝中心的轨迹并不是斜线或圆弧,而是由逼近所加工的斜线或圆弧的很多长度很短的折线所组成,也就是由这些小折线交替"插补" 进给。所谓"插补",就是在一个线段的起点和终点间用足够多的短直线组成折线来逼近所给定的线段。

目前的插补方法有很多种,一般的数控电火花线切割机床的数控系统通常采用逐点比较法来插补。

2. 逐点比较法的控制原理

(1) 加工圆弧。

现在设要加工一段圆弧$\widehat{AB}$(图2.1(a)),起点为A,终点为B,坐标原点就是圆心,Y轴、X轴代表纵、横拖板的方向,圆弧半径为R。

从点A出发进行加工,设某一时刻加工点在M_1,一般说来,M_1和圆弧$\widehat{AB}$有所偏离,就应该根据偏离的情况,确定下一步加工进给的方向,使下一个加工点尽可能向规定图形(即圆弧$\widehat{AB}$) 靠拢。

若用 R_{M_1} 表示加工点 M_1 到圆心 O 的距离，显然，当 $R_{M_1} < R$ 时，表示加工点 M_1 在圆内，这时应控制纵拖板（Y 拖板）向圆外进给一步到新加工点 M_2。由于拖板进给由步进电动机带动，进给的步长是固定的（1 μm），故新的加工点也不一定正好在圆弧上。同样可以明显地看出，当 $R_{M_2} \geqslant R$ 时，表示加工点 M_2 在圆外或圆上，这时应控制横拖板（X 拖板）向圆内进给一步。如此不断重复上述过程，就能加工出所需的圆弧。

这样，加工的结果是用折线来代替圆弧，为了看得清楚，在图 2.1(a) 中，把每步进给的步长都画得比较大，因而加工出来的折线与所需图形圆弧的误差也就比较大。若步长缩小，则误差也跟着缩小，如图 2.1(b) 所示，步长小了，加工误差也比图 2.1(a) 小，而实际加工时，进给步长仅为 1 μm，故实际误差是很小的。

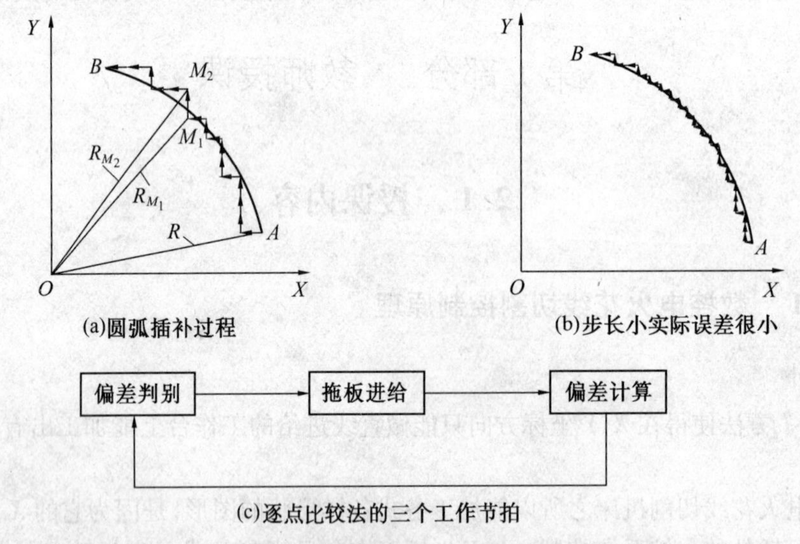

图 2.1　逐点比较法圆弧插补原理

由上例可以看出，拖板进给是步进的，每走一步都要完成三个工作节拍：

① 偏差判别。判别加工点对规定图形的偏离位置（例如在加工圆弧时，应判断加工点在圆内还是在圆外），以决定拖板的走向。

② 拖板进给。控制 X 拖板或 Y 拖板进给一步（1 μm），以向规定图形靠拢。

③ 偏差计算。对新的加工点计算出能反映偏离位置情况的偏差，以作为下一步判别的依据。

图 2.1(c) 就是这三个工作节拍的框图。在实际应用中，还应加上第四节拍“终点判别”。

这种控制方案称为逐点比较法，即每进给一步，逐点比较加工点与规定图形的位置偏差，一步一步地逼近。

在上述控制方案中可以看到，拖板的进给走向取决于加工点和实际规定图形偏离位置的判别，即偏差判别，而偏差判别的依据是偏差计算。

(2) 加工斜线。

对于斜线可取起点为坐标原点，横、纵两拖板方向为 X 轴、Y 轴方向作出坐标系。那么，斜线起点到加工点连线与坐标轴 $\overrightarrow{OX}$ 的夹角同规定斜线与坐标轴 $\overrightarrow{OX}$ 夹角的大小就能反映出加工的偏差。

设要加工的一段是第一象限的斜线 OA，A 为终点，坐标是(X_e, Y_e)。如图 2.2 所示，需加工斜线$\overrightarrow{OA}$与坐标轴$\overrightarrow{OX}$夹角为 α，某一时刻的加工点为 $M(X_M, Y_M)$，斜线起点到加工点连线$\overrightarrow{OM}$与坐标轴$\overrightarrow{OX}$夹角为 α_M。

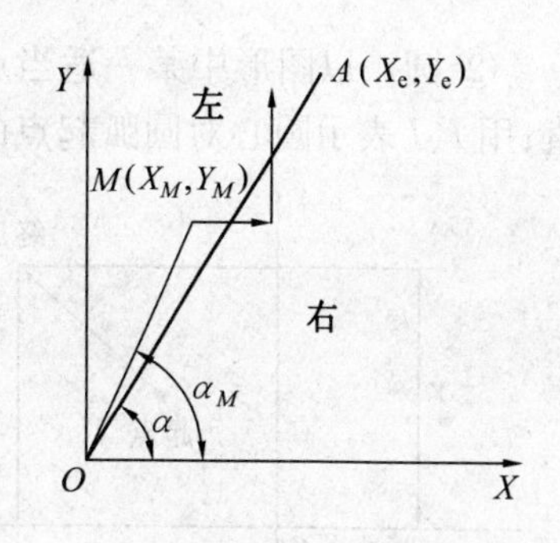

图 2.2　逐点比较法斜线插补原理

若 $\alpha_M \geqslant \alpha$，表示加工点在规定斜线的左侧，应控制拖板沿 $+X$ 方向向斜线右侧进给一步，若 $\alpha_M < \alpha$，表示加工点在规定斜线的右侧，应控制拖板沿 $+Y$ 方向往斜线左上侧进给一步。如此不断重复上述过程，就能加工出所需的斜线。

2.1.2　手工编写 ISO 代码

ISO(International Organization for Standardization) 标准是国际标准化组织确认和颁布的国际标准，是国标上通用的数控语言。

1. ISO 代码程序段的格式

对线切割加工而言，某一图段的程序为

N ×××× G ×× X ×××××× Y ×××××× I ×××××× J ×××××

其中，N 表示程序段号，×××× 为 1 ~ 4 位数字序号。

G 表示准备功能，其后的 2 位数字 ×× 表示各种不同的功能，如：

G00	表示点定位，即快速移动到某给定点
G01	表示直线(斜线) 插补
G02	表示顺圆插补
G03	表示逆圆插补
G04	表示暂停
G40	表示丝径(轨迹) 补偿(偏移) 取消
G41、G42	表示丝径向左、右补偿(偏移)(沿钼丝的进给方向看)
G90	表示选择绝对坐标方式输入
G91	表示选择增量(相对) 坐标方式输入
G92	表示工作坐标系设定，即将加工时绝对坐标原点(程序原点) 设定在距钼丝中心现在位置一定距离处。如 G92X5000Y20000 表示以坐标原点为准，钼丝中心起始点坐标值为：$X = 5$ mm，$Y = 20$ mm。坐标系设定程序，只设定程序坐标原点，当执行这条程序时，钼丝仍在原位置，并不产生运动
X、Y	表示直线或圆弧的终点坐标值，以 μm 为单位，最多为 6 位数
I、J	表示圆弧的圆心对圆弧起点的增量坐标值，以 μm 为单位，最多为 6 位数

此外，程序结束还应有辅助功能，常用的有：M00，程序停止；M01，选择停止；M02，程序结束。当准备功能 G ×× 和上一程序段相同时，则该段的 G ×× 可省略不写。

2. ISO 代码的表达方式

(1) 绝对坐标方式，代码为 G90。

① 线。以图形中某一适当点作为坐标原点，用 $\pm X$、$\pm Y$ 表示终点的绝对坐标值(图 2.3)。

② 圆。以图形中某一适当点作为坐标原点，用 ±X、±Y 表示某段圆弧终点的绝对坐标值，用 I、J 表示圆心对圆弧起点的增量坐标值(图 2.4)。

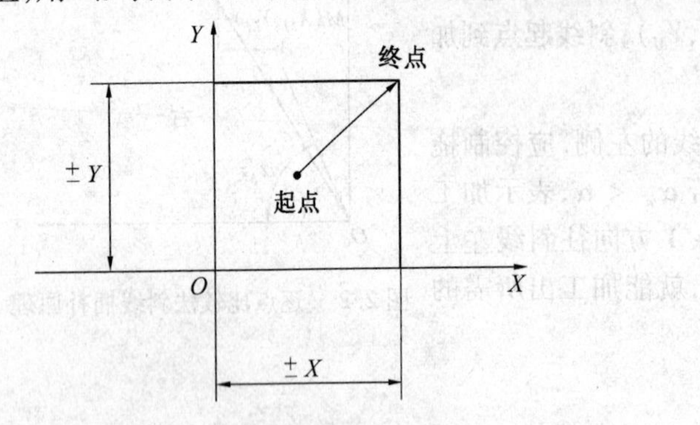

图 2.3　绝对坐标输入直线

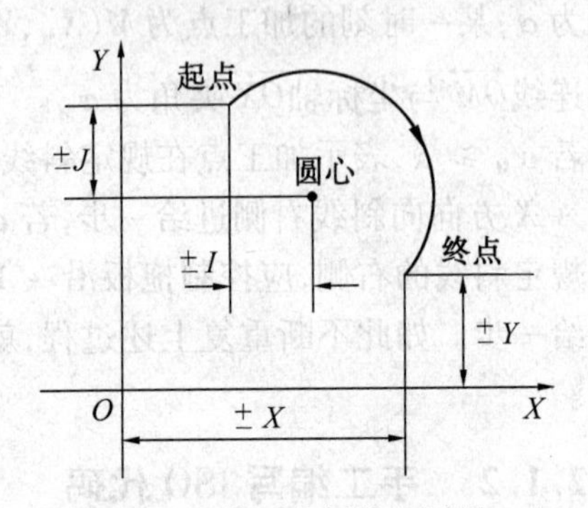

图 2.4　绝对坐标输入圆弧

(2) 增量(相对) 坐标方式，代码为 G91。

① 线。以线起点为坐标原点，用 ±X、±Y 表示线的终点对起点的坐标值。

② 圆。以圆弧的起点为坐标原点，用 ±X、±Y 表示圆弧终点对起点的坐标值，用 I、J 表示圆心对圆弧起点的增量坐标值(图 2.5)。

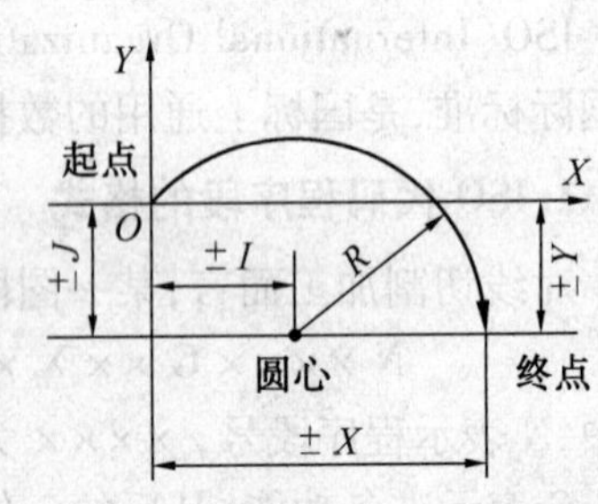

图 2.5　增量坐标输入圆弧

编程中采用哪种坐标方式，原则上都是可以的，但在具体情况下却有方便与否的区别，它与被加工零件图样的尺寸标注方法有关。

2.1.3　手工编写直线(图 1.9) ISO 代码的实例

(1) 用绝对坐标方式(G90) 逆图 1.9 编写直线图形的 ISO 代码(表 2.1)。

表 2.1　逆图 1.9 手工编写的绝对坐标 ISO 代码

N0 G90	绝对坐标方式
N1 G01 X0 Y3000	直线 ① 的终点绝对坐标值(0,3)
N2 X10000 Y3000	直线 ② 的终点绝对坐标值(10,3)
N3 X10000 Y13000	直线 ③ 的终点绝对坐标值(10,13)
N4 X15000 Y13000	直线 ④ 的终点绝对坐标值(15,13)
N5 X15000 Y23000	直线 ⑤ 的终点绝对坐标值(15,23)
N6 X5000 Y33000	直线 ⑥ 的终点绝对坐标值(5,33)
N7 X - 5000 Y18000	直线 ⑦ 的终点绝对坐标值(- 5,18)
N8 X - 5000 Y13000	直线 ⑧ 的终点绝对坐标值(- 5,13)
N9 X0 Y13000	直线 ⑨ 的终点绝对坐标值(0,13)
N10 X0 Y3000	直线 ⑩ 的终点绝对坐标值(0,3)
N11 X0 Y0	直线 ⑪ 的终点绝对坐标值(0,0)

表 2.1 中是用绝对坐标方式编写的 ISO 代码，是以起始点作为编程的坐标原点，图 2.6 中的数据与表 2.1 中 ISO 代码的数据是一致的，每条代码的 X、Y 值是每条直线的终点对编程坐标原点的坐标值。

(2) 用增量(相对) 坐标方式(G91) 逆图 2.7 编写直线图形的 ISO 代码(表 2.2)。

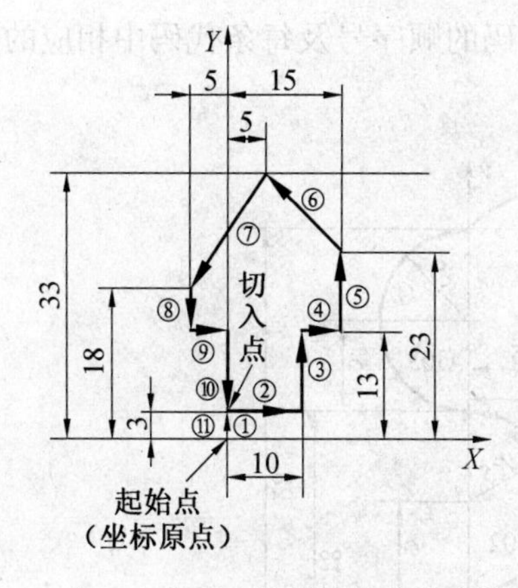

图 2.6　表 2.1 中 ISO 代码的顺序及有关数据

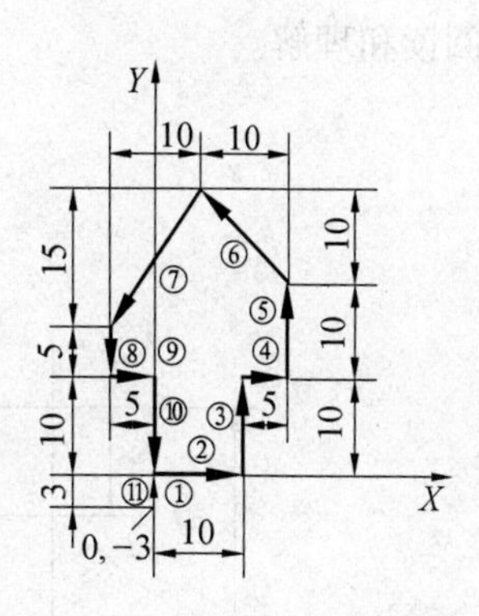

图 2.7　表 2.2 中 ISO 代码的顺序及有关数据

表 2.2　逆图 1.9 编写增量坐标方式(G91)的 ISO 代码

N0 G91	增量坐标方式
N1 G01 X0 Y3000	直线 ① 终点对起点的增量坐标值(0,3)
N2 X10000 Y0	直线 ② 终点对起点的增量坐标值(10,0)
N3 X0 Y10000	直线 ③ 终点对起点的增量坐标值(0,10)
N4 X5000 Y0	直线 ④ 终点对起点的增量坐标值(5,0)
N5 X0 Y10000	直线 ⑤ 终点对起点的增量坐标值(0,10)
N6 X - 10000 Y10000	直线 ⑥ 终点对起点的增量坐标值(- 10,10)
N7 X - 10000 Y - 15000	直线 ⑦ 终点对起点的增量坐标值(- 10, - 15)
N8 X0 Y - 5000	直线 ⑧ 终点对起点的增量坐标值(0, - 5)
N9 X5000 Y0	直线 ⑨ 终点对起点的增量坐标值(5,0)
N10 X0 Y - 10000	直线 ⑩ 终点对起点的增量坐标值(0, - 10)
N11 X0 Y - 3000	直线 ⑪ 终点对起点的增量坐标值(0, - 3)

表 2.2 中是用增量坐标方式编写的 ISO 代码，每条代码都是以该条直线起点作为坐标原点，$\pm X$、$\pm Y$ 值表示该直线终点对起点的坐标值。

2.1.4　手工编写圆弧和直线(图 1.11) ISO 代码的实例

(1) 用绝对坐标方式(G90) 逆图 1.11 编写的 ISO 代码(表 2.3)。

表 2.3　逆图 1.11 编写的绝对坐标(G90)的 ISO 代码

N0 G90	绝对坐标方式
N1 G01 X0 Y3000	直线 ① 的终点坐标(0,3)
N2 X0 Y8000	直线 ② 的终点坐标(0,8)
N3 G02 X0 Y18000 I0 J5000	顺圆 ③ 的终点坐标(0,18)，圆心对起点的增量坐标(0,5)
N4 G03 X0 Y28000 I0 J5000	逆圆 ④ 的终点坐标(0,28)，圆心对起点的增量坐标(0,5)
N5 X - 10000 Y18000 I - 5000 J - 5000	逆圆 ⑤ 的终点坐标(- 10,18)，圆心对起点的增量坐标(- 5, - 5)
N6 G02 X - 20000 Y8000 I - 5000 J - 5000	顺圆 ⑥ 的终点坐标(- 20,8)，圆心对起点的增量坐标(- 5, - 5)
N7 G01 X - 20000 Y3000	直线 ⑦ 的终点坐标(- 20,3)
N8 G03 X - 10000 Y3000 I5000 J0	逆圆 ⑧ 的终点坐标(- 10,3)，圆心对起点的增量坐标(5,0)
N9 G01 X0 Y3000	直线 ⑨ 的终点坐标(0,3)
N10 X0 Y0	直线 ⑩ 的终点坐标(0,0)，回到起始点(坐标原点)

图2.8中标注出逆图1.11编写绝对坐标ISO代码的顺序号及每条代码中相应的数据，用以帮助阅读和理解。

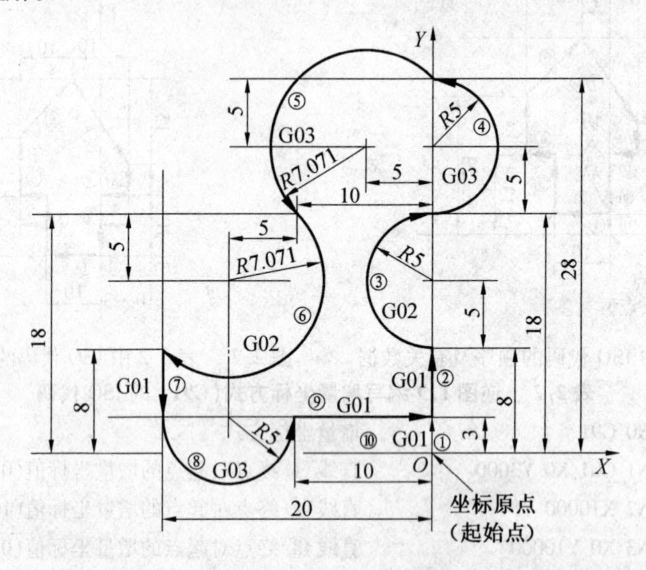

图2.8　逆图1.11编写绝对坐标(G90)ISO代码的顺序和数据

(2) 用增量坐标方式(G91)逆图1.11编写的ISO代码(表2.4)。

表2.4　逆图1.11编写增量坐标(G91)的ISO代码

N0 G91	增量坐标方式
N1 G01 X0 Y3000	直线①终点对起点的坐标值(0,3)
N2 X0 Y5000	直线②终点对起点的坐标值(0,5)
N3 G02 X0 Y10000 I0 J5000	顺圆③终点对起点的坐标值(0,10),圆心对圆弧起点的坐标值(0,5)
N4 G03 X0 Y10000 I0 J5000	逆圆④终点对起点的坐标值(0,10),圆心对圆弧起点的坐标值(0,5)
N5 X - 10000 Y - 10000 I - 5000 J - 5000	逆圆⑤终点对起点的坐标值(-10,-10),圆心对圆弧起点的坐标值(-5,-5)
N6 G02 X - 10000 Y - 10000 I - 5000 J - 5000	顺圆⑥终点对起点的坐标值(-10,-10),圆心对圆弧起点的坐标值(-5,-5)
N7 G01 X0 Y - 5000	直线⑦终点对起点的坐标值(0,-5)
N8 G03 X10000 Y0 I5000 J0	逆圆⑧终点对起点的坐标值(10,0),圆心对圆弧起点的坐标值(5,0)
N9 G01 X10000 Y0	直线⑨终点对起点的坐标值(10,0)
N10 X0 Y - 3000	直线⑩终点对起点的坐标值(0,-3)

图2.9中标注出逆图1.11编写增量坐标ISO代码的顺序号及每条代码中相应的数据。

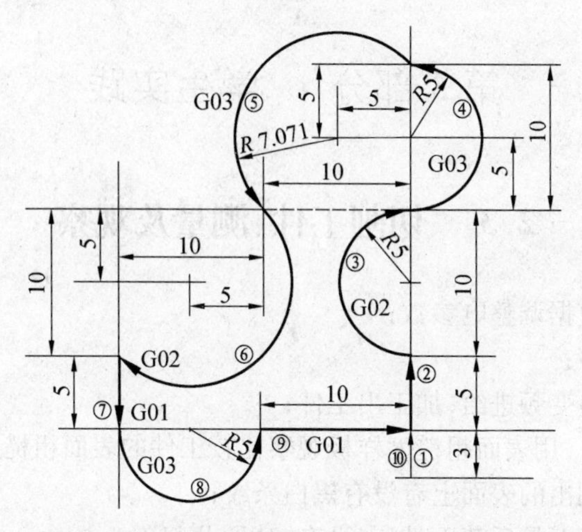

图 2.9　逆图 1.11 编写增量坐标(G91)ISO 代码的顺序和数据

第 2 部分　学生练习

2.2　学生练习手工编写 ISO 代码

1. 学生学会独立编写表 2.1 中的绝对坐标 ISO 代码

(1) 对照图 2.6 复习表 2.1 的绝对坐标 ISO 代码及其说明。

(2) 不参照表 2.1,学生根据图 2.6 独立编出该图的绝对坐标 ISO 代码。最后只根据图 1.9 编一次。

(3) 对照图 2.7 复习表 2.2 中的增量坐标 ISO 代码及其说明。

(4) 不参照表 2.2,学生根据图 2.7 独立编出该图的增量坐标 ISO 代码。最后只根据图 1.9 编一次。

2. 学生学会独立编写表 2.3 的绝对坐标 ISO 代码

(1) 对照图 2.8 复习表 2.3 中的绝对坐标 ISO 代码及其说明。

(2) 不参照表 2.3,学生根据图 2.8 独立编出该图的绝对坐标 ISO 代码,最后只根据图 1.11 编一次。

(3) 对照图 2.9 复习表 2.4 中的增量坐标 ISO 代码及其说明。

(4) 不参照表 2.4,学生根据图 2.9 独立编出该图的增量坐标 ISO 代码,最后只根据图 1.11 编一次。

3. 对于时间充足的学生增加的工作

(1) 按照图 1.11 沿图形顺向编写绝对坐标 ISO 代码。编出的 ISO 代码对否,可与表 3.11 核对。

(2) 按照图 1.11 沿图形顺向编写增量坐标 ISO 代码。编出的 ISO 代码对否,可与表 3.12 核对。

第3部分 学生实践

2.3 切割工件、测量及观察

(1) 熟悉按给定数据调整电参数;

(2) 手工输入程序;

(3) 熟悉合理调整变频进给,加工出工件;

(4) 测量工件尺寸,用表面粗糙度样板观察比较工件的表面粗糙度;

(5) 观察工件切割出的表面上有没有黑白条纹;

(6) 观察工件上切至最后落下处,有没有“残留凸起”。

第3单元　电参数及用编程软件编写直线及圆弧程序

教学目的

(1) 初步学习脉冲电源的电参数；

(2) 学习用计算机编写直线和圆弧的ISO代码；

(3) 学会调整脉冲宽度 t_i(μs) 及脉冲间隔 t_o(μs) 的方法；

(4) 熟悉查看加工电压 U(V) 及加工电流 I(A) 的方法；

(5) 熟悉调整变频改变进给速度 U_F 的方法。

第1部分　教师授课

3.1　脉冲电源的电参数

电参数是指电加工过程中的电压、电流、脉冲宽度、脉冲间隔、功率和能量等参数。

要进行电火花线切割加工,必须由脉冲电源向工件和钼丝输出电脉冲。常用的电脉冲有两种,一种是矩形波脉冲(图3.1),另一种是分组脉冲(图3.2)。

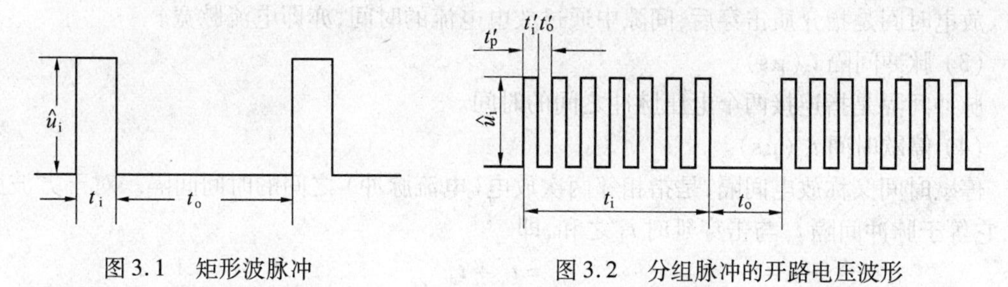

图3.1　矩形波脉冲　　图3.2　分组脉冲的开路电压波形

1. 电压

和线切割脉冲电源有关的电压,分为开路电压 $\hat{u}_i$、放电电压 u_e 和加工电压 U。

(1) 开路电压 $\hat{u}_i$(V)。

开路电压是指间隙开路或间隙击穿之前(t_d 时间内)的极间峰值电压,如图3.3所示。

(2) 放电电压 u_e(V)。

放电电压是指间隙击穿后,流过放电电流时,间隙两端的瞬时电压,如图3.3所示。

(3) 加工电压 U(V)。

加工电压是指正常加工时,间隙两端电压的算术平均值。一般指的是电压表上的读数。

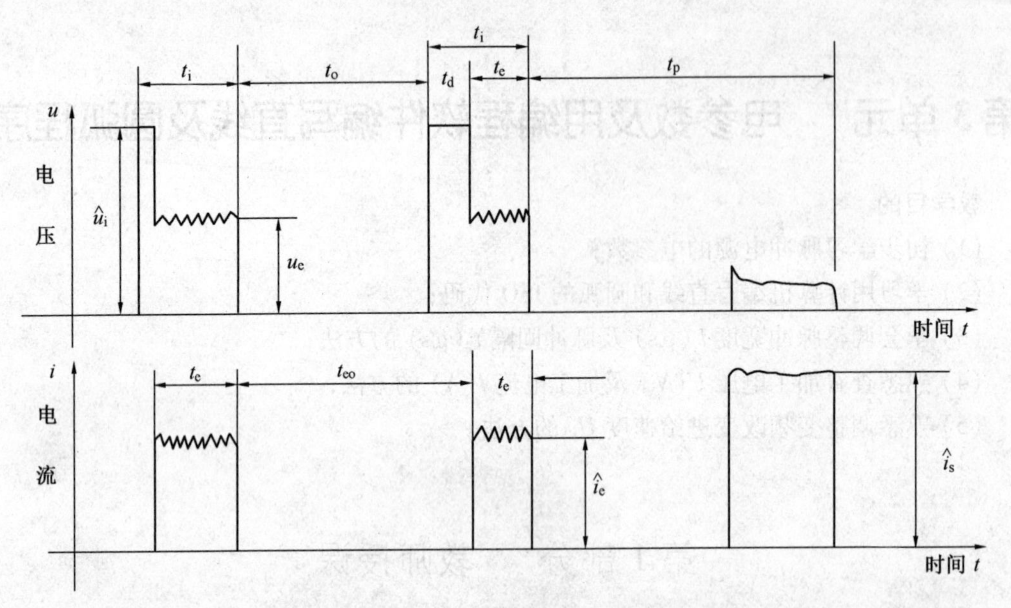

图 3.3　电火花线切割加工时的电压电流波形图

2. 有关电脉冲的参数

(1) 脉冲宽度 t_i(μs)(图 3.1 及图 3.3)。

脉冲宽度是加到间隙两端的电压脉冲的持续时间。对于矩形波脉冲,它等于放电时间 t_e 与击穿延时 t_d 之和。

(2) 放电时间 t_e(μs)。

放电时间是指介质击穿后,间隙中通过放电电流的时间,亦即电流脉宽。

(3) 脉冲间隔 t_o(μs)。

脉冲间隔是指连接两个电压脉冲之间的时间。

(4) 停歇时间 t_{eo}(μs)。

停歇时间又称放电间隔,是指相邻两次放电(电流脉冲)之间的时间间隔。对于方波脉冲,它等于脉冲间隔 t_o 与击穿延时 t_d 之和,即

$$t_{eo} = t_o + t_d$$

3. 电流

和线切割脉冲电源有关的电流分为峰值电流 $\hat{i}_e$、短路峰值电流 $\hat{i}_s$、加工电流 I 和短路电流 I_s。

(1) 峰值电流 $\hat{i}_e$(A)(图 3.3)。

峰值电流是间隙火花放电时脉冲电流的最大值(瞬时),每个功放管串联限流电阻后,其峰值电流是可以计算出的,为了安全,一个 50 W 的功放管选定峰值电流 2 ~ 4 A,改变用于加工的功放管数,可改变加工时的峰值电流。

(2) 短路峰值电流 $\hat{i}_s$(A)(图 3.3)。

短路峰值电流是指短路时最大的瞬时电流,即功放管导通而负载短路时的电流。

(3) 加工电流 I(A)。

加工电流是指通过加工间隙的电流的算术平均值,即电流表上的读数。

(4) 短路电流 I_s(A)。

短路电流又称平均短路脉冲电流,是指连续发生短路时电流的算术平均值。

4. 分组脉冲(图 3.2)

分组脉冲的脉冲宽度 t_i 是由多个窄脉冲组成的(图 3.3)。

(1) 分组窄脉冲宽度 t'_i(μs)。

分组窄脉冲宽度是分组窄脉冲的开路电压 $\hat{u}_i$ 加到间隙两端的电压脉冲持续时间。

(2) 分组窄脉冲间隔 t'_o(μs)。

分组窄脉冲间隔是指连续两个仄电压脉冲之间的时间。

(3) 分组脉冲宽度 t_i(μs)。

分组脉冲宽度是一组分组窄脉冲持续和间隔时间的总和。

(4) 分组脉冲间隔 t_o。

分组脉冲间隔是两组分组窄脉冲之间的时间。

3.2　用 HL 计算机编程控制软件编写直线及圆弧程序

3.2.1　编写直线图形的程序

1. 绘图

在“HL 线切割控制编程系统”界面下(图 3.4)移动红色光条到“pro 绘图编程”上(回车),显示图 3.5 所示的四个窗口区:主菜单(可变菜单)区,固定菜单区,图形显示区和会话区。

图 3.4　HL 线切割控制编程系统界面

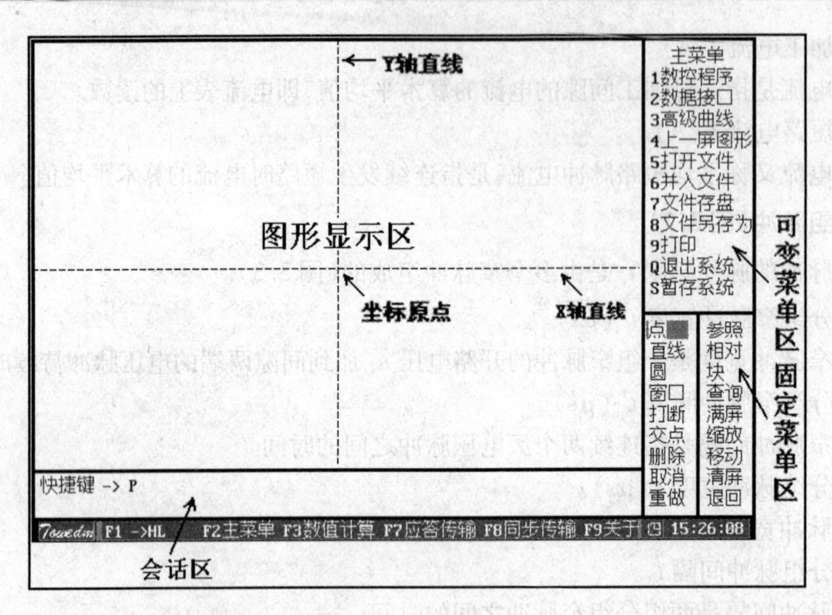

图3.5　四个窗口区

（1）绘图1.9。

单击“直线”，在可变菜单区显示“直线菜单”（图3.6）。单击“两点直线”，提示“直线端点”，输入第1点坐标5,0（回车），绘出绿色第1点，提示“直线端点”，输入15,0（回车），绘出黄色直线1—2；提示“直线端点”，输入15,10（回车），绘出直线2—3；提示“直线端点”，输入20,10（回车），绘出直线3—4；提示“直线端点”，输入20,20（回车），绘出直线4—5；提示“直线端点”，输入10,30（回车），绘出直线5—6；提示“直线端点”，输入0,15（回车），绘出直线6—7；提示“直线端点”，输入0,10（回车），绘出直线7—8；提示“直线端点”，输入5,10（回车），绘出直线8—9；提示“直线端点”，输入5,0（回车），绘出直线9—1；图形绘完（回车），单击“退回”。再单击“满屏”，图放大为满屏白色图形；单击“缩放”，提示“放大镜系数”，输入0.8（回车），图形缩至适当大小。

直线菜单
1两点直线
2角平分线
3点+角度
4切+角度
5点线夹角
6点切于圆
7二圆公切线
8直线延长
9直线平移
0直线对称
-点射线
|清除辅助线
<查两线夹角

图3.6　直线菜单

（2）存图。

单击“文件另存为”，显示“文件管理器”，单击“F4”，使文件夹右边为“D:\WSNCP*”（图3.7），输入1-9，单击“保存”，显示“已保存”。为了核实一下图是否保存好，单击“打开文件”，提示“文件存盘？”，单击“Y”键，显示文件管理器文件夹D:\WSNCP*中有1-9.DAT，并显示出图1.9，红色光条在1-9.DAT上，单击“打开”，显示出图1.9。

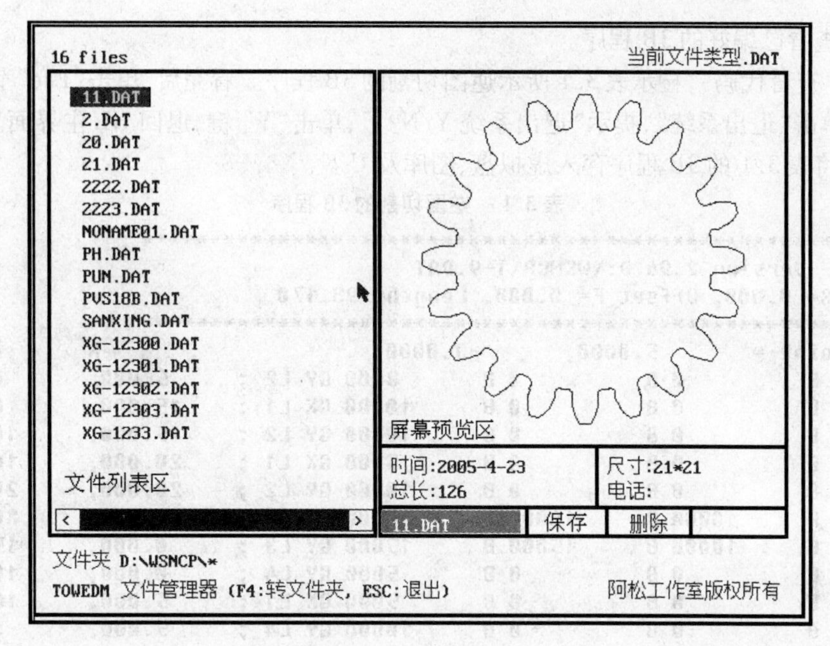

图3.7　文件管理器

2. 逆图1.9编3B程序

(1) 编程。

单击“数控程序”,显示“数控菜单”(图3.8)。单击“加工路线”,提示“加工起始点”,输入5,-3(回车),绘出该绿色起始点;提示“加工切入点”,输入5,0(回车),在直线9—1上显示一个红色向上的箭头,表示顺图形切割方向;提示“Y/N?”,因要逆图形切割,单击“N”键,红色箭头改为在直线1—2上向右,表示逆图形方向切割;提示“Y/N?”,单击“Y”键确定;提示“尖点圆弧半径”,输入0(回车),在点1处显示方向相反的两个红色箭头,表示不同的间隙补偿方向;提示“补偿间隙”,输入0(回车),全部图线变成草绿色;提示“重复切割Y/N?”因只切割一次,单击“N”键,包括切入线的全部图线变为红色,会话区显示:“加工起始点〈X,Y〉=5,-3,R=0,F=0,NC=11,L=93.170”,至此3B程序编好。

(2) 代码存盘。

单击“代码存盘”,提示“已存盘”。因已将3B程序存到D:\WSNCP盘中,故此处看不到该3B程序。

(3) 轨迹仿真。

单击“轨迹仿真”,显示红色轨迹仿真图,各条线段上有该线段的程序编号,如图3.9所示。

数控菜单
1.加工路线
2.取消前代码
3.代码存盘
4.轨迹仿真
5.起始对刀点
6.终止对刀点
7.旋转加工
8.阵列加工
9.查看代码
0.载入代码
F7 应答传输
F8 同步传输
F10 轨迹显示

图3.8　数控菜单

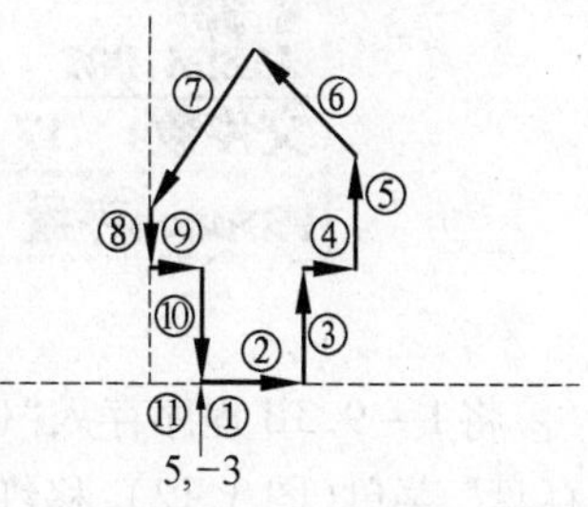

图3.9　逆直线图1.9编程的轨迹仿真

(4) 查看已编好的3B程序。

单击“查看代码”,显示表3.1所示逆图切割的3B程序。看完后,单击“Esc”键,再单击“退回”,单击“退出系统”,提示“退出系统 Y/N? ”,单击“Y”键,退回HL主界面。

(5) 将表3.1的3B程序存入虚拟盘、图库及U盘。

表3.1　逆图切割的3B程序

```
**********************************************************
Towedm --Version 2.96 D:\WSNCP\1-9.DAT
Conner R= 0.000, Offset F= 0.000, Length= 93.170
**********************************************************
Start Point =        5.0000,       -3.0000             X          Y
N    1: B         0 B         0 B      3000 GY L2 ;    5.000,     0.000
N    2: B         0 B         0 B     10000 GX L1 ;   15.000,     0.000
N    3: B         0 B         0 B     10000 GY L2 ;   15.000,    10.000
N    4: B         0 B         0 B      5000 GX L1 ;   20.000,    10.000
N    5: B         0 B         0 B     10000 GY L2 ;   20.000,    20.000
N    6: B     10000 B     10000 B     10000 GX L2 ;   10.000,    30.000
N    7: B     10000 B     15000 B     15000 GY L3 ;    0.000,    15.000
N    8: B         0 B         0 B      5000 GY L4 ;    0.000,    10.000
N    9: B         0 B         0 B      5000 GX L1 ;    5.000,    10.000
N   10: B         0 B         0 B     10000 GY L4 ;    5.000,     0.000
N   11: B         0 B         0 B      3000 GY L4 ;    5.000,    -3.000
DD
```

① 调出表3.1所示的3B程序。在代码存盘时已将1-9.3B程序存入D:\WSNCP盘中,现将它调出来。

移红色光条到“File文件调入”上(回车),显示“G:虚拟盘图形文件”,其中没有1-9.3B程序名。单击“F4”键调磁盘,显示“调磁盘”菜单(图3.10),移红色光条到D:\WSNCP盘上(回车),显示“D:\WSNCP图形文件”(图3.11),其中有1-9.3B文件名。

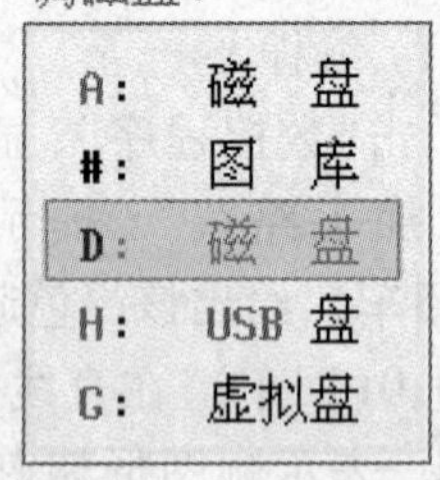

图3.10　调磁盘菜单

```
D:\WSNCP图形文件
IWS-CJ      1861  100507 X475.3B    3120  000530
<..>              000130 475.3B     2942  000530
1-11.3B     1046  000608 X475.DAT   630   000529
1-11.DAT    504   000608 475.DAT    681   000529
3-18.3B     1116  000607 4.DAT      705   000529
3-18.DAT    459   000607 11060.3B   3174  000526
1-9.3B      1115  000607 435.DAT    375   000130
1-9.DAT     459   000606
4.3B        1194  000601
11060.DAT   705   000601
文件数:  17  序号:  1  空间:2147418112
F3>save存盘 F4>drv调盘 F5>ren改名 Del>删除 F6>rst恢复
```

图3.11　D:\WSNCP\图形文件

②将1-9.3B程序存入“G:虚拟盘”。移红色光条到1-9.3B上,单击“F3”键存盘,显示“存盘”菜单(图3.12),移红色光条到“G:虚拟盘”上(回车),“嘟”的一声显示“OK! ”,已将1-9.3B存入“G:虚拟盘”中,以备模拟加工及加工时使用。

③将1－9.3B存入图库中。因为G:虚拟盘中的文件,一旦关机后再开机时就没有了,而存入图库的文件可以长期保存以备调用。

移红色光条到1－9.3B文件名上,单击"F3"键显示"存盘"菜单,移红色光条到"#:图库"上(回车),"嘟"的一声,显示"OK!",1－9.3B已存入图库中。

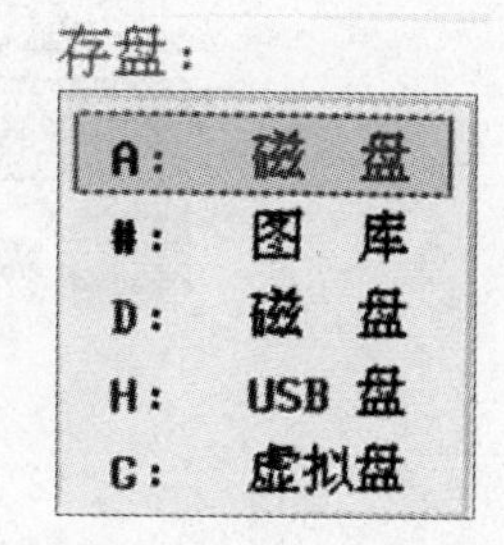

图3.12　存盘菜单

④将1－9.3B程序存入U盘。移动光条到1－9.3B上,单击"F3"键,当显示"存盘"菜单时,应移动光条到"U:\WSNCP盘"上(回车),就把1－9.3B程序存入U盘中了。单击"Esc"键两次返回HL主界面。

⑤查看"G:虚拟盘"及#:图库中有没有存入的1－9.3B文件。光条在"File文件调入"上(回车),显示"G:虚拟盘图形文件",其中已有1－9.3B文件名(回车)。显示"图库WS－C内文件",其中也有1－9.3B文件名(图3.13)。单击"Esc"键两次,返回HL主界面。

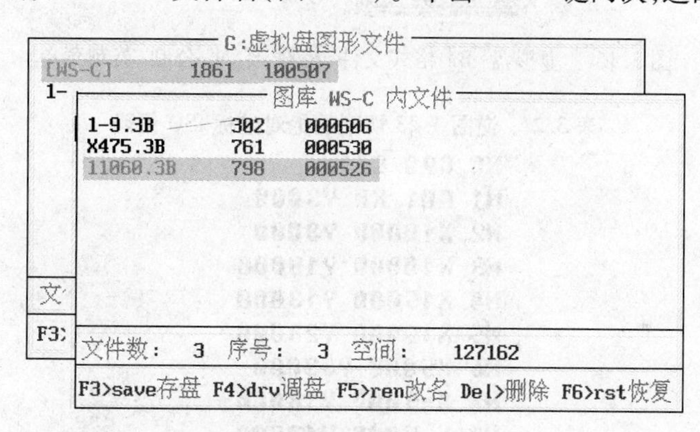

图3.13　G:虚拟盘图形文件及图库WS－C内文件

3. 将表3.1的3B程序转换为ISO代码

(1) 将表3.1的3B程序转换为绝对坐标(G90)ISO代码。

①转换。移红色光条到"Trans格式转换"上(回车),显示"格式转换"菜单(图3.14),移动光条到"[B]→[g]"上(回车),显示"G:虚拟盘[B]格式文件",将1－9.3B改名为3－9.3B,单击"F5"键,显示"文件名1－9.3B",改输为"3－9.3B"(回车),"G:虚拟盘[B]格式文件"中的1－9.3B已被改为"3－9.3B",移动光条在3－9.3B上(回车),显示"相对、绝对"菜单,移动光条到"绝对"上(回车),显示"公制、英制"菜单,移动光条到"公制"上(图3.15)(回车),显示逆图3.9切割的绝对坐标ISO代码,见表3.2。

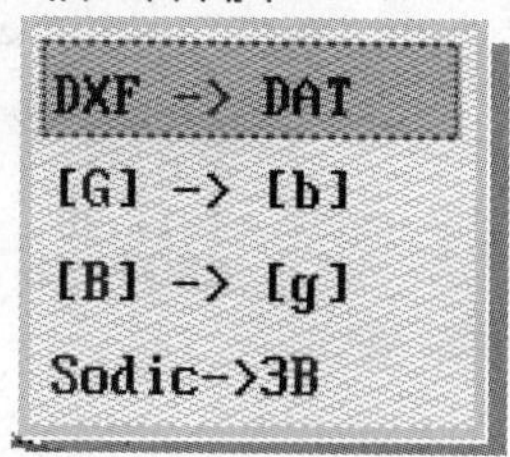

图3.14　格式转换菜单

②将表3.2的绝对坐标ISO代码改名为"JISO3－9.G"存入虚拟盘。单击"F3"键提示"文件名G:3－9.G"改输为"G:JISO3－9.G"(回车)。显示"OK!","嘟"的一声存好,单击"Esc"键,返回HL主界面,光条在"File文件调入"上(回车),显示"G:虚拟盘图形文件",其中有JISO3－9.G文件名(图3.16)。移动光条到JISO3－9.G上(回车),显示与表3.2相同的绝对坐标ISO代码。单击"Esc"键返回HL主界面。

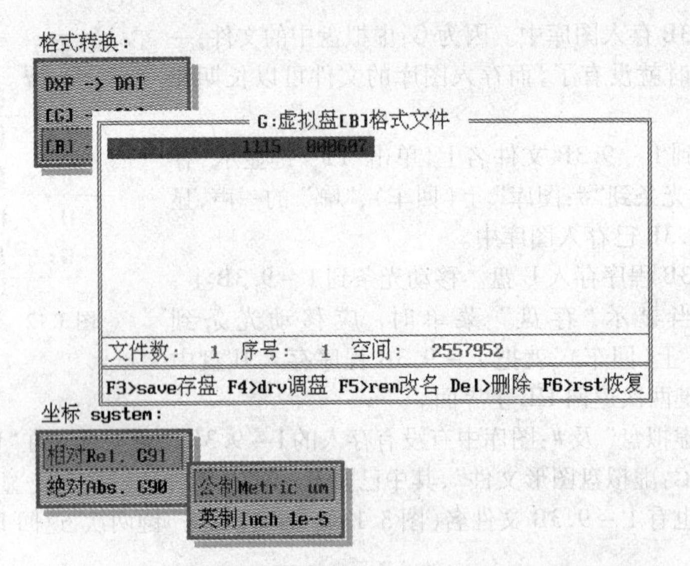

图 3.15　虚拟盘[B]格式文件,相对、绝对,公制、英制菜单

表 3.2　逆图 3.23 切割的绝对坐标 ISO 代码

```
N0 G90 G71
N1 G01 X0 Y3000
N2 X10000 Y3000
N3 X10000 Y13000
N4 X15000 Y13000
N5 X15000 Y23000
N6 X5000 Y33000
N7 X-5000 Y18000
N8 X-5000 Y13000
N9 X0 Y13000
N10 X0 Y3000
N11 X0 Y0
N12 G29 E
```

G:虚拟盘图形文件

[WS-C]	1861	100507
1-9.3B	1115	000608
1-11.3B	1046	000608
JISO3-9.G		

文件数：　3　序号：　1　空间：　2399232

F3>save存盘 F4>drv调盘 F5>ren改名 Del>删除 F6>rst恢复

图 3.16　G:虚拟盘图形文件

③ 将绝对坐标 ISO 代码“JISO3 - 9. G” 存入 U 盘。光条在“File 文件调入” 上(回车),显示“G:虚拟盘图形文件”,移动光条到“JISO3 - 9. G” 上,单击“F3 SAVE”,显示“存盘” 菜

单,将光条移到“U:\WSNCP盘”上(回车),显示“OK!”,“嘟”一声,将其存入U盘中。

④将绝对坐标ISO代码“JISO3－9.G”存入图库。方法与存入U盘相同,但是当显示“存盘”菜单时,应移动光条到“#:图库上”,存完后单击“Esc”键返回HL主界面。

(2)将3－9.3B程序转换为增量G91坐标ISO代码。

①转换。移动光条到“Trans格式转换”上(回车),显示“格式转换”菜单(图3.14),移动光条到“[B]→[g]”上(回车),显示“G:虚拟盘[B]格式文件”,移动光条到3－9.3B文件名上(回车),显示“相对、绝对”菜单,移动光条到“相对”上(回车),显示“公制、英制”菜单,移动光条到“公制”上(图3.17)(回车),显示图3.9逆图形切割的增量坐标(G91)ISO代码(表3.3)。

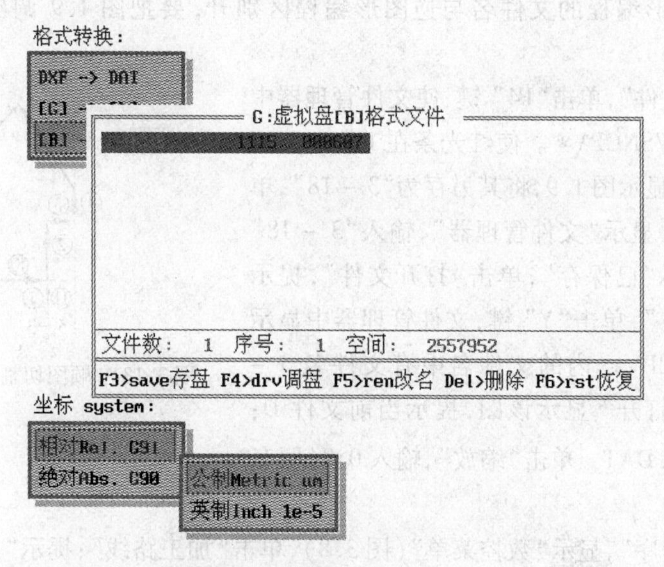

图3.17　将1－9.3B转换为增量坐标ISO代码的过程

表3.3　逆图3.9切割的增量坐标(G91)ISO代码

```
N0 G91 G71
N1 G01 X0 Y3000
N2 X10000 Y0
N3 X0 Y10000
N4 X5000 Y0
N5 X0 Y10000
N6 X-10000 Y10000
N7 X-10000 Y-15000
N8 X0 Y-5000
N9 X5000 Y0
N10 X0 Y-10000
N11 X0 Y-3000
N12 G29 E
```

②将表3.3的增量坐标(G91)改名为“ZISO3－9.G”存入虚拟盘。单击“F3”键,提示“G:3－9.G”,将其改输为“G:ZISO3－9.G”(回车),显示“OK!”,“嘟”的一声,已将“G:ZISO3－9.G”存入“G:虚拟盘”,单击“Esc”键返回HL主界面。

③将增量坐标(G91)ISO代码“ZISO3 - 9. G”存入U盘。光条在“File文件调入”上(回车),显示“G:虚拟盘图形文件”,将光条移到增量坐标文件“ZISO3 - 9. G”上,单击“F3”键,显示“存盘菜单”(同图3.12),移动光条到“U:\WSNCP盘”上(回车),显示“OK!”,“嘟”的一声存好。

④将增量坐标(G91)ISO代码“ZISO3 - 9. G”存入图库。移动光条到“ZISO3 - 9. G”上,单击“F3”键,显示“存盘”菜单,移动光条到“#:图库”上(回车),显示“OK!”,“嘟”的一声存好,单击“Esc”键返回HL主界面。

4. 顺图1.9编写3B程序

为了使顺图形编程的文件名与逆图形编程区别开,要把图1.9调出来将图号存为图3.18。

单击“打开文件”,单击“F4”键,使文件管理器中的文件夹为D:\WSNCP\ *。使红光条在1 - 9. DAT上,单击“打开”,显示图1.9,将其另存为“3 - 18”,单击“文件另存为”,显示“文件管理器”,输入“3 - 18”单击“保存”,提示“已保存”,单击“打开文件”,提示“文件存盘Y/N?”,单击“Y”键,文件管理器中显示文件夹D:\WSNCP\ * 内的文件名中有文件名3 - 18. DAT。单击“打开”显示该图,提示当前文件D:\WSNCP\ 3 - 18. DAT。单击“缩放”,输入0.8(回车)。

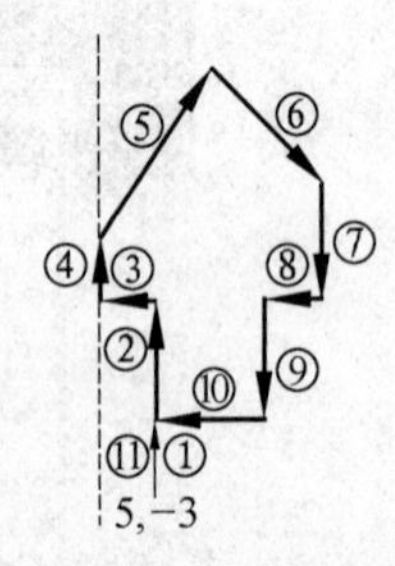

图3.18 顺图切割的轨迹仿真图

(1) 编程。

单击“数控程序”,显示“数控菜单”(图3.8),单击“加工路线”;提示“加工起始点”,输入5, - 3(回车);提示“加工切入点”,输入5,0(回车),在9—1直线1点上显示表示切割方向向上的红箭头(顺图形切割);提示“Y/N?”,单击“Y”键;提示“尖点圆弧半径”,输入0(回车),在加工切入点处显示两个指向左、右的红箭头;提示“补偿间隙”,输入0(回车),全部图线变草绿色;提示“重复切割Y/N”,因只切割一次,单击“N”键,全部图线变为红色,会话区显示“加工起始点〈X,Y〉 = 5, - 3, R = 0, F = 0, NC = 11, L = 93. 170”。至此3B程序编完。

(2) 代码存盘。

单击“代码存盘”,提示“已存盘”,已将3B程序存到D:\WSNCP盘中,该3B程序的文件名是3 - 18. 3B。

(3) 轨迹仿真。

单击“轨迹仿真”,显示红色的图形,各条直线上的数字是各条直线3B程序的编号(图3.18)。

(4) 查看已编好的3B程序。

单击“查看代码”,显示表3.4所示顺图形切割的3B程序。看完后单击“Esc”键,单击“退回”→“退出系统”,提示“退出系统Y/N?”,单击“Y”键,退回到HL主界面。

表3.4　顺图3.18切割的3B程序

```
*************************************************************
Towedm --Version 2.96 D:\WSNCP\3-32.DAT
Conner R= 0.000, Offset F= 0.000, Length= 93.170
*************************************************************
Start Point =         5.0000,       -3.0000                   X            Y
N    1: B          0 B          0 B      3000 GY L2 ;    5.000,        0.000
N    2: B          0 B          0 B     10000 GY L2 ;    5.000,       10.000
N    3: B          0 B          0 B      5000 GX L3 ;    0.000,       10.000
N    4: B          0 B          0 B      5000 GY L2 ;    0.000,       15.000
N    5: B  10000   B      15000 B     15000 GY L1 ;   10.000,       30.000
N    6: B  10000   B      10000 B     10000 GX L4 ;   20.000,       20.000
N    7: B          0 B          0 B     10000 GY L4 ;   20.000,       10.000
N    8: B          0 B          0 B      5000 GX L3 ;   15.000,       10.000
N    9: B          0 B          0 B     10000 GY L4 ;   15.000,        0.000
N   10: B          0 B          0 B     10000 GX L3 ;    5.000,        0.000
N   11: B          0 B          0 B      3000 GY L4 ;    5.000,       -3.000
DD
```

5. 编写顺图3.18切割的ISO代码

(1) 调出顺图3.18切割的3B程序。

在代码存盘时已将顺图1.9编写的3B程序存入“D:\WSNCP\盘”，文件名已改为3－18.3B。

① 先将文件名为3－18.3B的3B程序调出来。移动光条到“File文件调入”上（回车），显示“G:虚拟盘图形文件”，其中没有3－18.3B，单击“F4”键，调出“调磁盘”菜单（同图3.10），移动光条到“D:\WSNCP盘”上（回车），显示“D:\WSNCP\图形文件”，其中有3－18.3B文件名。

② 将3－18.3B程序存入“G:虚拟盘”。将光条移到“3－18.3B”上，单击“F3”键存盘，显示“存盘”菜单（同图3.12），移动光条到“G:虚拟盘”上（回车），显示“OK！”，“嘟”的一声已将3.18.3B存到“G:虚拟盘”中，以备模拟加工及加工时使用。

③ 将3－18.3B存入图库。移动光条到“3－18.3B”上，单击“F3”键，显示“存盘”菜单（如图3.12），移动光条到“#:图库”上（回车），显示“OK！”，“嘟”的一声，将3－18.3存入图库。

④ 将3－18.3B存入U盘。方法与存入图库一样，但是当显示“存盘”菜单时，应移动光条到“U:\WSNCP盘”上，存完后单击“Esc”键，返回HL主界面。

(2) 将表3.4中的3B程序转换为绝对坐标（G90）ISO代码。

① 转换。移动光条到“Trans格式转换”上（回车），显示“格式转换”菜单（同图3.14），移动光条到“[B]→[g]”上（回车），显示“G:虚拟盘[B]格式文件”，其中有“3－18.3B”，移动光条到“3－18.3B”上（回车），显示“相对、绝对”菜单，移动光条到“绝对”上（回车），显示“公制、英制”菜单，移动光条到“公制”上（图3.19）（回车），显示由3－18.3B转换得到绝对坐标（G90）ISO代码，见表3.5。

② 将表3.5中绝对坐标ISO代码存入“G:虚拟盘”。单击“F3”键，提示“文件名”，将显示的文件名改为“JISO3－18.G”，输入“G:JISO3－18.G”（回车），显示“OK！”，“嘟”的一声存好。单击“Esc”键，返回HL主界面。光条在“File文件调入”上（回车），显示“G:虚拟盘图形文件”，其中有JISO3－18.G文件，移动光条到“JISO3－18.G”上（回车），显示与表3.5相同的绝对坐标ISO代码。单击“Esc”键，返回HL主界面。

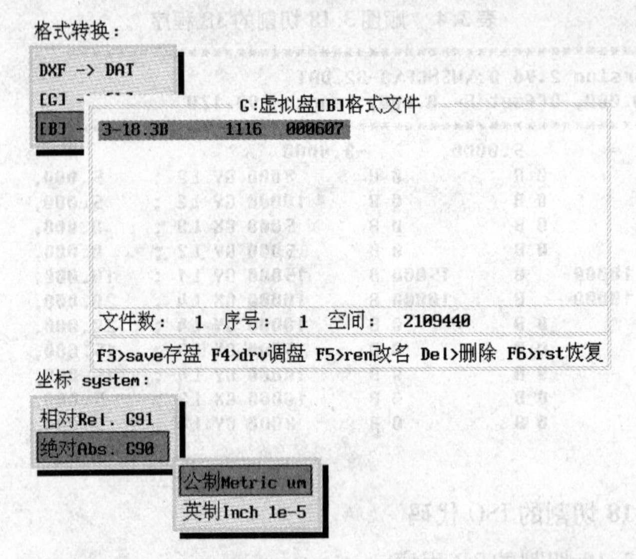

图 3.19 3 - 18.3B 转换为绝对坐标 ISO 代码的过程

表 3.5 顺图 3.18 切割的绝对坐标(G90)ISO 代码

```
N0 G90 G71
N1 G01 X0 Y3000
N2 X0 Y13000
N3 X-5000 Y13000
N4 X-5000 Y18000
N5 X5000 Y33000
N6 X15000 Y23000
N7 X15000 Y13000
N8 X10000 Y13000
N9 X10000 Y3000
N10 X0 Y3000
N11 X0 Y0
N12 G29 E
```

③ 将表3.5中绝对坐标ISO代码JISO3 - 18.G存入U盘。移动光条在“File文件调入”上(回车),显示“G:虚拟盘图形文件”,将光条移到“JISO3 - 18.G”上,单击“F3”键,显示“存盘”菜单,移动光条到“U:\WSNCP盘上”(回车),显示“OK！”,“嘟”的一声存好。

④ 将表3.5中绝对坐标ISO代码JISO3 - 18.G存入图库。移动光条在“JISO3 - 18.G”上,单击“F3”键,显示“存盘”菜单,移动光条到“#:图库”上(回车),显示“OK！”,“嘟”的一声存好。单击“Esc”键,返回HL主界面。

(3) 将表3.4中的3B程序转换为增量坐标(G91)ISO代码。

① 转换。移动光条到“Trans格式转换”上(回车),显示“格式转换”菜单,移动光条到“[B]→[g]”上(回车),显示“G:虚拟盘[B]格式文件”,其中有“3 - 18.3B”,移动光条到“3 - 18.3B”上(回车),显示“相对、绝对”菜单,移动光条到“相对”上(回车),显示“公制、英制”菜单,移动光条到“公制”上(回车),显示转换得到的增量坐标ISO代码,见表3.6,左下角显示文件名“Name = G:3 - 18.G”。

表3.6　顺图3.18切割的增量坐标(G91)ISO代码

```
N0 G91 G71
N1 G01 X0 Y3000
N2 X0 Y10000
N3 X-5000 Y0
N4 X0 Y5000
N5 X10000 Y15000
N6 X10000 Y-10000
N7 X0 Y-10000
N8 X-5000 Y0
N9 X0 Y-10000
N10 X-10000 Y0
N11 X0 Y-3000
N12 G29 E
```

② 将 G:3 – 18. G 增量坐标 ISO 代码改名为“ZISO3 – 18. G” 存入“G:虚拟盘”。单击“F3” 键,显示文件名“G:3 – 18. G”,将该文件名改输入为“G:ZISO3 – 18. G”(回车),显示“OK! ”,“嘟” 的一声存好。单击“Esc” 键,返回 HL 主界面。

③ 将表3.6中增量坐标ISO代码ZISO3 – 18. G存入U盘。移动光条到“File文件调入”上(回车),显示“G:虚拟盘图形文件”,其中有“ZISO3 – 18. G”,移动光条到“ZISO3 – 18. G” 上,单击“F3” 键,显示“存盘” 菜单,移动光条到“U:\WSNCP 盘” 上(回车),显示“OK! ”,“嘟” 的一声存好。单击“Esc” 键,返回 HL 主界面。

④ 将表3.6中增量坐标ISO代码ZISO3 – 18. G存入图库。光条仍在“ZISO3 – 18. G” 上,单击“F3” 键,显示“存盘” 菜单,移动光条到“#:图库” 上(回车),显示“OK! ”,“嘟” 的一声存好。单击“Esc” 键,返回 HL 主界面。

3.2.2　编写圆弧和直线图形的程序

1. 绘图

(1) 绘图1.11中的圆弧。

单击“圆”,显示“圆菜单”(图3.20)。单击“两点 + 半径”,提示“点一”,输入20,5(回车),绘出绿色点2;提示“点二”,输入20,15(回车),绘出点3;提示“半径”,输入5(回车),显示右边的半个圆弧;提示“圆弧 Y/N? ”,要绘的是左边的半个圆弧,单击“N” 键,绘出所要求的左边圆弧;提示“圆弧 Y/N? ”,按“Y” 键,图形太小应适当放大,单击“缩放”,提示“放大镜系数”,输入7(回车)。单击“两点 + 半径”,提示“点一”,输入20,15(回车);提示“点二”,输入20,25(回车);提示“半径”,输入5(回车),绘出右边圆弧3—4;提示“圆弧Y/N? ”,单击“Y” 键。单击“圆心 + 半径”,提示“圆心”,输入15,20(回车),提示“半径”,输入7.071(回车),绘出该圆,提示“圆心”,输入5,10(回车),提示“半径”,输入7.071(回车),绘出该圆,提示“圆心”,输入5,0(回车),提示“半径”,输入5(回车),绘出该圆,单击“Esc” 键。

圆菜单
1 圆心+半径
2 圆心+切
3 点切+半径
4 两点+半径
5 心线+切
6 双切+半径
7 三切圆
8 圆弧延长
9 同心圆
0 圆对称
- 圆变圆弧
>尖点变圆弧
) 圆弧变圆

图3.20　圆菜单

(2) 绘图 1.11 中的直线。

单击“直线”后,再单击“两点直线”,提示“直线端点”,输入0,5,提示“直线端点”,输入0,0(回车),绘出直线6—7,提示“直线端点”,输入10,0(回车),绘出多余直线7—8,提示“直线端点”,输入20,0(回车),提示“直线端点”,输入20,5(回车),绘出直线1—2,单击“Esc”键。

(3) 作圆4—5与圆5—6的切点。

单击“点”后,再单击“极/坐标点”,提示“点”,输入10,15(回车),作出该绿色切点5,单击“Esc”键。

(4) 删除多余线段。

单击“打断”,提示“打断〈直线,圆,弧〉”,单击图中多余的直线和圆弧线段,删除这些线段。单击鼠标右键,单击“重做”,绘出图1.11,单击“退回”。

(5) 存图。

单击“文件另存为”,显示文件管理器,文件夹应为“D:\WSNCP\”,输入“1 - 11”单击“保存”,提示“已保存”,图1.11已存入D:\WSNCP\盘中。单击“缩放”,提示“放大镜系数”,输入0.8(回车)。

2. 逆图 1.11 编 3B 程序

(1) 编3B程序。

单击“数控程序”,显示“数控菜单”(同图3.8);单击“加工路线”,提示“加工起始点”,输入20, -3(回车),提示“加工切入点”,输入20,0(回车),点1处显示一个红色向左的箭头,因要逆图形切割,单击“N”键,红箭头改为1—2方向向上的箭头,与逆图形切割方向一致,提问“Y/N? ”;单击“Y”键,提示“尖点圆弧半径”,输入0(回车),点1处出现两个方向相反的红箭头,提示“补偿间隙”,输入0(回车),提示“重复切割”,因只切割一次,单击“N”键,全部图线及切入线都显示红色,左下角提示:“加工起始点X、Y = 20, -3,R = 0,F = 0,NC =10,L = 117.553”。至此,3B程序已编好。

(2) 代码存盘。

单击“代码存盘”,显示“已存盘”,已将3B程序存放到D:\WSNCP盘中,此处不显示3B程序。

(3) 轨迹仿真。

单击“轨迹仿真”,显示红色轨迹仿真图,图线上的数字表示相应的每条3B程序的编号(图3.21)。

(4) 查看已编好的3B程序。

单击“查看代码”,显示表3.7所示的逆图3.21编写的3B程序,读完程序,单击“Esc”键,单击“退回”后,再单击“退出系统”,提示“退出系统 Y/N”,单击“Y”键,退回HL主界面。

(5) 将表3.7中的3B程序存入虚拟盘、图库及U盘。

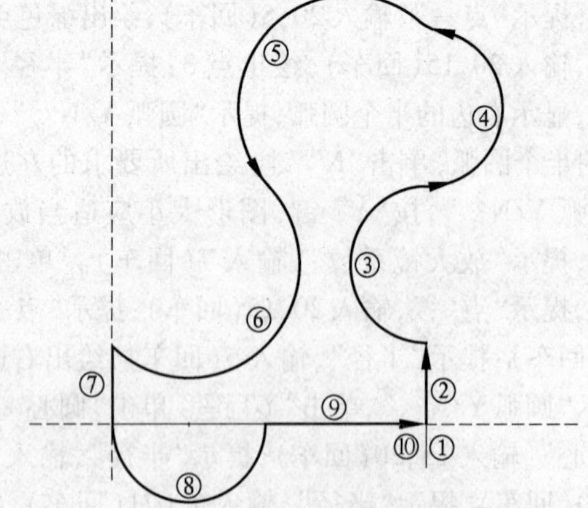

图3.21　逆圆弧和直线图形1.11编程的轨迹仿真

①调出表3.7中的3B程序。移动光条到“File文件调入”上(回车),显示“G:虚拟盘图形文件”,其中没有1 - 11.3B程序名,单击“F4”键调磁盘,显示“调磁盘”菜单(同图3.10),移动光条到“D:\WSNCP盘”上(回车),显示“D:\WSNCP\图形文件”(同图3.11),其中有1 - 11.3B文件名,移动光条到1 - 11.3B上。

表3.7　逆图3.21切割的3B程序

```
**********************************************************
Towedm --Version 2.96 D:\WSNCP\1-11.DAT
Conner R= 0.000, Offset F= 0.000, Length= 117.553
**********************************************************
Start Point =      20.0000,        -3.0000          X            Y
N    1: B          0 B          0 B     3000 GY L2 ;   20.000,      0.000
N    2: B          0 B          0 B     5000 GY L2 ;   20.000,      5.000
N    3: B          0 B       5000 B    10000 GX SR3 ;  20.000,     15.000
N    4: B          0 B       5000 B    10000 GX NR4 ;  20.000,     25.000
N    5: B       5001 B       4999 B    14144 GX NR1 ;  10.000,     15.000
N    6: B       5001 B       4999 B    14140 GX SR1 ;   0.000,      5.000
N    7: B          0 B          0 B     5000 GY L4 ;    0.000,      0.000
N    8: B       5000 B          0 B    10000 GY NR3 ;  10.000,      0.000
N    9: B          0 B          0 B    10000 GX L1 ;   20.000,      0.000
N   10: B          0 B          0 B     3000 GY L4 ;   20.000,     -3.000
DD
```

②将1 - 11.3B程序改名为“3 - 21.3B”并存入虚拟盘。单击“F5”键改名,提示“文件名1 - 11.3B”,改输为“3 - 21.3B”(回车),已将1 - 11.3B改为3 - 21.3B,将光条移到“3 - 21.3B”上,单击“F3”键,显示“存盘”菜单(同图3.12),移动光条到“G:虚拟盘”上(回车),显示“OK!”,“嘟”的一声存好。单击“Esc”键,返回HL主界面。

③将3 - 21.3B存入图库中。移动光条到“3 - 21.3B”上,单击“F3”键,显示“存盘”菜单(同图3.12),移光条到“#:图库”上(回车),显示“OK!”,“嘟”的一声存好。单击“Esc”键,返回HL主界面。

④将3 - 21.3B存入U盘。移动光条到“3 - 21.3B”上,单击“F3”键,显示“存盘”菜单,移动光条到“U:\WSNCP”盘上(回车),显示“OK!”,“嘟”的一声存好。单击“Esc”键,返回HL主界面。

3. 将表3.7中的3B程序转换为ISO代码

(1)将表3.7中的3B程序转换为绝对坐标(G90)ISO代码。

①转换。将光条移到“Trans格式转换”上(回车),移动光条到“[B]→[g]”上(回车),显示“G:虚拟盘[B]格式文件”。移动光条到“3 - 21.3B”上(回车),显示“相对、绝对”菜单,移动光条到“绝对”上(回车),显示“公制、英制”菜单(同图3.15),移动光条到“公制”上(回车),显示逆图3.21切割的绝对坐标(G90)ISO代码,见表3.8。

②将表3.8中的绝对坐标ISO代码改名为“JISO3 - 21.G”并存入虚拟盘。单击“F3”键,提示“文件名G:3 - 21.G”,将文件名改输为“G:JISO3 - 21G”(回车),显示“OK!”,“嘟”的一声存好。单击“Esc”键,返回HL主界面。

③将绝对坐标ISO代码“JISO3 - 21.G”存入图库。光条在“File文件调入”上(回车),显示“G:虚拟盘图形文件”,移动光条到“JISO3 - 21.G”上,单击“F3”键,显示“存盘”菜单,移动光条到“#:图库”上(回车),显示“OK!”,“嘟”的一声存好。单击“Esc”键,返回HL主界面。

④将绝对坐标ISO代码JISO3 - 21.G存入U盘。光条在“JISO3 - 21.G”上,单击“F3”

键,显示“存盘”菜单,移动光条到“U:\WSNCP 盘”上(回车),显示“OK!”,“嘟”的一声存好。单击“Esc”键,返回 HL 主界面。

表 3.8　逆图 3.21 切割的绝对坐标(G90)ISO 代码

```
N0 G90 G71
N1 G01 X0 Y3000
N2 X0 Y8000
N3 G02 X0 Y18000 I0 J5000
N4 G03 X0 Y28000 I0 J5000
N5 X-10000 Y18000 I-5001 J-4999
N6 G02 X-20000 Y8000 I-5001 J-4999
N7 G01 X-20000 Y3000
N8 G03 X-10000 Y3000 I5000 J0
N9 G01 X0 Y3000
N10 X0 Y0
N11 G29 E
```

(2) 将表 3.7 中的 3B 程序转换为增量坐标(G91)ISO 代码。

① 转换。移动光条到“Trans 格式转换”上(回车),显示“格式转换”菜单,移光条到“[B]→[g]”上(回车),显示“G:虚拟盘[B]格式文件”,移动光条到“3 - 21.3B”上(回车),显示“相对、绝对”菜单,移动光条到“相对”上(回车),显示“公制、英制”菜单,移动光条到“公制”上(同图 3.17)(回车),显示逆图 3.21 切割的增量坐标(G91)ISO 代码,见表 3.9。

表 3.9　逆图 3.21 切割的增量坐标(G91)ISO 代码

```
N0 G91 G71
N1 G01 X0 Y3000
N2 X0 Y5000
N3 G02 X0 Y10000 I0 J5000
N4 G03 X0 Y10000 I0 J5000
N5 X-10000 Y-10000 I-5001 J-4999
N6 G02 X-10000 Y-10000 I-5001 J-4999
N7 G01 X0 Y-5000
N8 G03 X10000 Y0 I5000 J0
N9 G01 X10000 Y0
N10 X0 Y-3000
N11 G29 E
```

② 将表 3.9 中的增量坐标 ISO 代码改名为“ZISO3 - 21. G”,并存入虚拟盘。单击“F3”键,提示“文件名 G:3 - 21. G”,将文件名改输为“G:ZISO3 - 21. G”(回车),显示“OK!”,“嘟”的一声存好。单击“Esc”键,返回 HL 主界面。

③ 将增量坐标(G91)ISO 代码 ZISO3 - 21. G 存入图库。光条在“File 文件调入”上(回车),显示“G:虚拟盘图形文件”,移动光条到“ZISO3 - 21. G”上,单击“F3”键,显示“存盘”菜单,移动光条到“#:图库”上(回车),显示“OK!”,“嘟”的一声存好。单击“Esc”键,返回 HL 主界面。

④ 将增量坐标(G91)ISO 代码 ZISO3 - 21. G 存入 U 盘。光条在“ZISO3 - 21. G”上,单击“F3”键,显示“存盘”菜单,移动光条到“U:\WSNCP 盘”上(回车),显示“OK!”,“嘟”的一声存好。单击“Esc”键,返回 HL 主界面。

4. 顺图1.11编写3B程序

(1) 编写3B程序。

先打开图1.11,缩小到80%,单击“数控程序”,单击“加工路线”,提示“加工起始点”;输入20, -3(回车),提示“加工加入点”;输入20,0(回车),在点1处显示一个向左的红箭头,表示顺图形切割,提示“Y/N?”,单击“Y”键,提示“尖点圆弧半径”,输入0(回车),点1处显示方向相反的红箭头,提示“补偿间隙”,输入0(回车),全部图线变草绿色,提示“重复切割Y/N?”,因只切割一次,单击“N”键,包括切入线的全部图线变为红色,左下角提示“加工起始点X,Y = 20, -3,R = 0,F = 0,NC = 10,L = 117.558”。至此,3B程序已编好。

(2) 代码存盘。

单击“代码存盘”,提示“已存盘”,已将3B程序存到D:\WSNCP盘中,此处不显示。

(3) 轨迹仿真。

单击“轨迹仿真”,显示红色轨迹仿真图,每条图形线段上显示该段3B程序的编号(图3.22)。

(4) 查看已编好的3B程序。

单击“查看代码”,显示表3.10中的顺图3.22切割的3B程序,查看完毕,单击“Esc”→“退回”→“退出系统”,提示“退出系统Y/N?”,单击“Y”键,返回HL主界面。

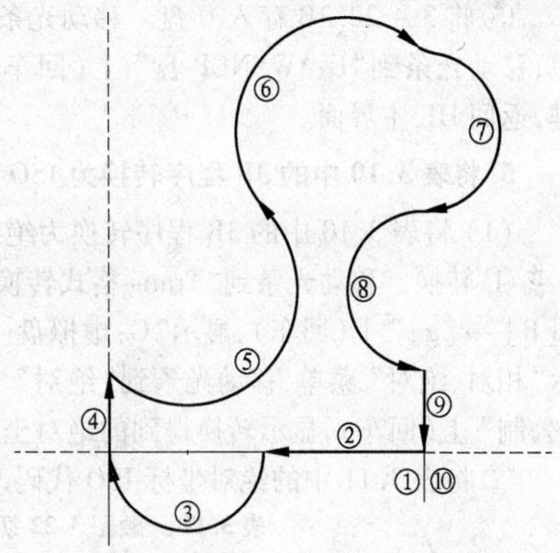

图3.22　顺图1.11编程的轨迹仿真

表3.10　顺图3.22切割的3B程序

```
****************************************************
Towedm --Version 2.96 D:\WSNCP\1-11.DAT
Conner R= 0.000, Offset F= 0.000, Length= 117.558
****************************************************
Start Point =        20.0000,      -3.0000          X          Y
N    1: B       0 B       0 B    3000 GY L2 ;   20.000,     0.000
N    2: B       0 B       0 B   10000 GX L3 ;   10.000,     0.000
N    3: B    5000 B       0 B   10000 GY SR4    0.000,     0.000
N    4: B       0 B       0 B    5000 GY L2 ;    0.000,     5.000
N    5: B    5001 B    4999 B   14144 GX NR3 ;  10.000,    15.000
N    6: B    4999 B    5001 B   14144 GY SR3 ;  20.000,    25.000
N    7: B       0 B    5000 B   10000 GX SR1 ;  20.000,    15.000
N    8: B       0 B    5000 B   10000 GX NR2 ;  20.000,     5.000
N    9: B       0 B       0 B    5000 GY L4 ;   20.000,     0.000
N   10: B       0 B       0 B    3000 GY L4 ;   20.000,    -3.000
DD
```

(5) 将表3.10中的3B程序存入虚拟盘、图库及U盘。

① 调出表3.10中的3B程序。移动光条到“File文件调入”上(回车),显示“G:虚拟盘图形文件”,其中没有1 - 11.3B程序名,单击“F4”键,显示“调磁盘”菜单,移动光条到“D:\WSNCP盘”上(回车),显示“D\WSNCP\图形文件”,其中有1 - 11.3B文件名。

②将1 - 11.3B存入虚拟盘。移动光条到“1 - 11.3B”上,单击“F3”键,显示“存盘”菜单,移动光条到“G:虚拟盘”上(回车),显示“OK!”,“嘟”的一声存好。单击“Esc”键,返

回 HL 主界面。

③将虚拟盘中的文件名“1 - 11.3B”改为“3 - 22.3B”。光条在“File 文件调入”上(回车),显示“G:虚拟盘图形文件”,其中有 1 - 11.3B。移动光条到“1 - 11.3B”上,单击“F5”键改名,提示“文件名1 - 11.3B”,改输为“3 - 22.3B”(回车),G:虚拟盘中的文件名1 - 11.3B 已被修改为 3 - 22.3B(表示是顺图 1.11 编写的 3B 程序)。

④将 3 - 22.3B 存入图库。移动光条到“3 - 22.3B”上,单击“F3”键,显示“存盘”菜单,移动光条到“#:图库”上(回车),显示“OK!”,“嘟”的一声存好。单击“Esc”键,返回 HL 主界面。

⑤将 3 - 22.3B 存入 U 盘。移动光条到“3 - 22.3B”上,单击“F3”键,显示“存盘”菜单,移动光条到“U:\WSNCP 盘”上(回车),显示“OK!”,“嘟”的一声存好。单击“Esc”键,返回 HL 主界面。

5. 将表 3.10 中的 3B 程序转换为 ISO 代码

(1) 将表 3.10 中的 3B 程序转换为绝对坐标(G90)ISO 代码。

①转换。移动光条到“Trans 格式转换”上(回车),显示“格式转换”菜单,移动光条到“[B]→[g]”上(回车),显示“G:虚拟盘[B]格式文件”,光条在“3 - 22.3B”上(回车),显示“相对、绝对”菜单,移动光条到“绝对”上(回车),显示“公制、英制”菜单,移动光条到“公制”上(回车),显示转换得到的绝对坐标(G90)ISO 代码,见表 3.11。

②将表 3.11 中的绝对坐标 ISO 代码改名为“JISO3 - 22.G”存入虚拟盘。

表 3.11 顺图 3.22 切割的绝对坐标(G90)ISO 代码

```
N0 G90 G71
N1 G01 X0 Y3000
N2 X-10000 Y3000
N3 G02 X-20000 Y3000 I-5000 J0
N4 G01 X-20000 Y8000
N5 G03 X-10000 Y18000 I5001 J4999
N6 G02 X0 Y28000 I4999 J5001
N7 X0 Y18000 I0 J-5000
N8 G03 X0 Y8000 I0 J-5000
N9 G01 X0 Y3000
N10 X0 Y0
N11 G29 E
```

单击“F3”键,提示文件名“G:3 - 22.G”,改输为“G:JISO3 - 22.G”(回车),显示“OK!”,“嘟”的一声存好。单击“Esc”键,返回 HL 主界面。

③将绝对坐标 ISO 代码“JISO3 - 22.G”存入图库。光条在“File 文件调入”上(回车),显示“G:虚拟盘图形文件”,移动光条到“JISO3 - 22.G”上,单击“F3”键,显示“存盘”菜单,移动光条到“#:图库”上(回车)显示“OK!”,“嘟”的一声存好。单击“Esc”键,返回 HL 主界面。

④将绝对坐标 ISO 代码 JISO3 - 22.G 存入 U 盘。光条在“JISO3 - 22.G”上,单击“F3”键,显示“存盘”菜单,移动光条到“U:\WSNCP 盘”上(回车),显示“OK!”,“嘟”的一声存好。单击“Esc”键,返回 HL 主界面。

(2) 将表3.10中的3B程序转换为增量坐标(G91)ISO代码。

① 转换。光条在“Trans 格式转换”上(回车),显示“格式转换”菜单,移动光条到“[B]→[g]”上(回车),显示“G:虚拟盘[B]格式文件”,光条在“3 - 22.3B”上(回车),显示“相对、绝对”菜单,光条在“相对”上(回车),显示“公制、英制”菜单,光条在“公制”上(回车),显示转换得到的增量坐标ISO代码,见表3.12。

表3.12　顺图3.22切割的增量坐标(G91)ISO代码

```
N0 G91 G71
N1 G01 X0 Y3000
N2 X-10000 Y0
N3 G02 X-10000 Y0 I-5000 J0
N4 G01 X0 Y5000
N5 G03 X10000 Y10000 I5001 J4999
N6 G02 X10000 Y10000 I4999 J5001
N7 X0 Y-10000 I0 J-5000
N8 G03 X0 Y-10000 I0 J-5000
N9 G01 X0 Y-5000
N10 X0 Y-3000
N11 G29 E
```

② 将表3.12中的增量坐标ISO代码改名为ZISO3 - 22.G存入虚拟盘。单击“F3”键,提示“文件名G:3 - 22.G”,改输为“G:ZISO3 - 22.G”(回车),显示“OK!”,“嘟”的一声存好。单击“Esc”键,返回HL主界面。

③将增量坐标ISO代码ZISO3 - 22.G存入图库。光条在“ZISO3 - 22.G”上,单击“F3”键,显示“存盘”菜单,移动光条到“#:图库”上(回车),显示“OK!”,“嘟”的一声存好。单击“Esc”键,返回HL主界面。

④将增量坐标ISO代码ZISO3 - 22.G存入U盘。光条在“ZISO3 - 22.G”上,单击“F3”键,显示“存盘”菜单,移动光条到“U:\WSNCP盘”上(回车),显示“OK!”,“嘟”的一声存好。单击“Esc”键,返回HL主界面。

3.3　用HF计算机编程控制软件编写直线及圆弧程序

为了适应各个学校所选用的不同的计算机编程软件,因此对同样的图形使用了不同的编程控制软件。

3.3.1　编写直线图形的程序

1. 绘图

在“HF线切割自动编程控制系统”界面下(图3.23),单击“全绘编程”,显示“全绘式编程”界面(图3.24)。

HF绘图的方法分两种,简单图可以直接绘出轨迹线,对于有些交切点不知道的图必须先作出辅助线,绘出各交切点之后才能进一步绘直线和绘圆弧。图1.9可以直接绘直线的轨迹线。

图 3.23 “HF 线切割自动编程控制系统”界面

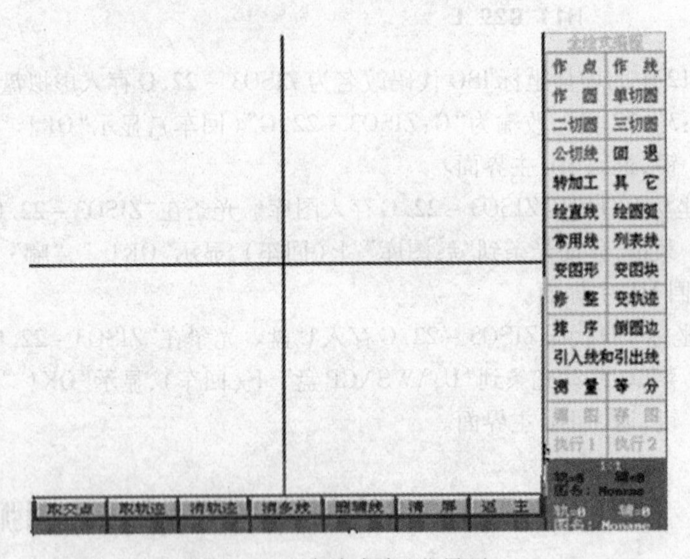

图 3.24 “全绘式编程”界面

单击“绘直线”,显示“绘直线菜单”(图 3.25(a));单击“取轨迹新起点”,提示“新起点(x,y)”,输入5,0(回车),绘出1点,单击“直线:终点”;提示“终点”,输入15,0(回车),绘出直线 1—2;提示“终点”,输入 15,10(回车),绘出直线 2—3;提示“终点”,输入 20,10(回车),绘出直线 3—4;提示“终点”,输入20,20(回车),绘出直线 4—5;提示“终点”,输入 10,30(回车),绘出直线 5—6;提示“终点”,输入 0,15(回车),绘出直线 6—7;提示“终点”,输入 0,10(回车),绘出直线 7—8;提示“终点”,输入 5,10(回车),绘出直线 8—9;提示“终点”,输入 5,0(回车),绘出直线 9—1。绘完该图单击鼠标右键,单击“退出”。

2. 排序及存图

①排序。单击“排序”,显示“排序及合并”菜单,单击“取消重复线”,单击“自动排序”,单击“退出”。

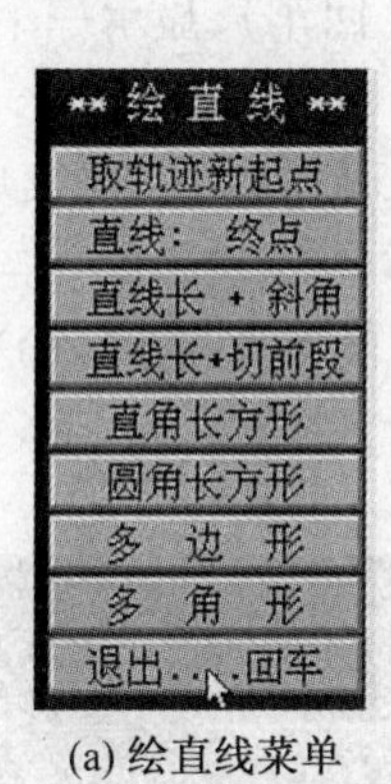

(a) 绘直线菜单

(b) 排序及合并菜单

图 3.25　绘直线和排序

② 存图。单击“存图”，显示“存图”菜单（图 3.26），单击“存轨迹线图”，提示“存入轨迹线的文件名”，输入 tu1 － 9（回车），返回“全绘式编程”界面。

2. 逆图形编写 3B 程序

（1）作引入线和引出线。

单击“引入线和引出线”，显示“引入线引出线”菜单（图 3.27），单击“作引线（端点法）”，提示“引入线的起点”，输入 5，－3（回车），提示“引入线的终点”，输入 5，0（回车），绘出黄色引入线，提示“尖角修圆半径 Sr =？”（不修圆）（回车），引入线上显示向右的红箭头，表示逆时针切割，向图外补偿，提示“指定补偿方向”，单击鼠标右键确定，单击“退出”，返回“全绘式编程”界面。

（2）显向。

单击“显向”，图中出现一个沿图线作逆图形方向移动的箭头向外的白色圆圈（图 3.28），箭头方向表示间隙补偿方向，但本例不补偿。

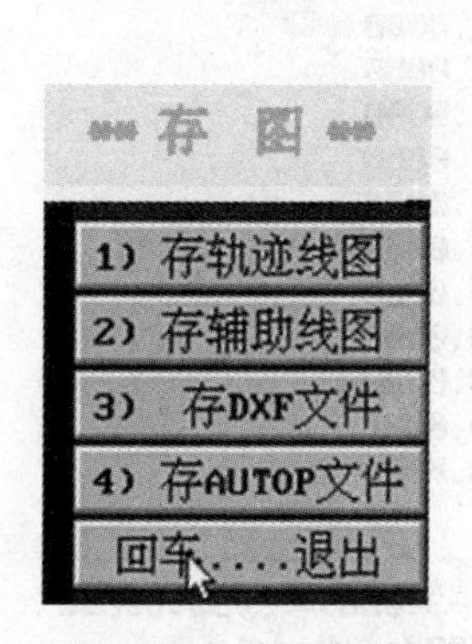

图 3.26　存图菜单

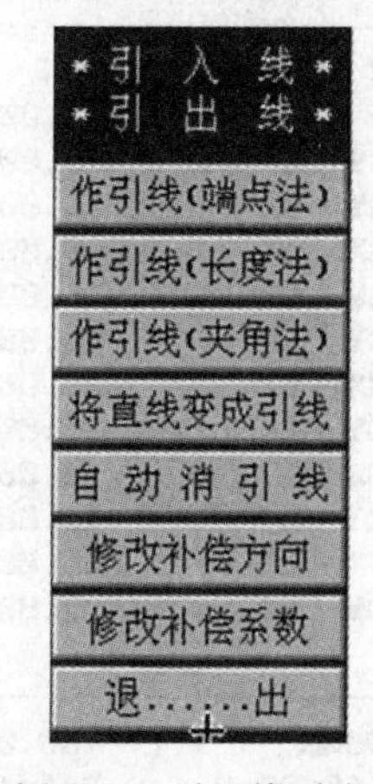

图 3.27　引入线引出线

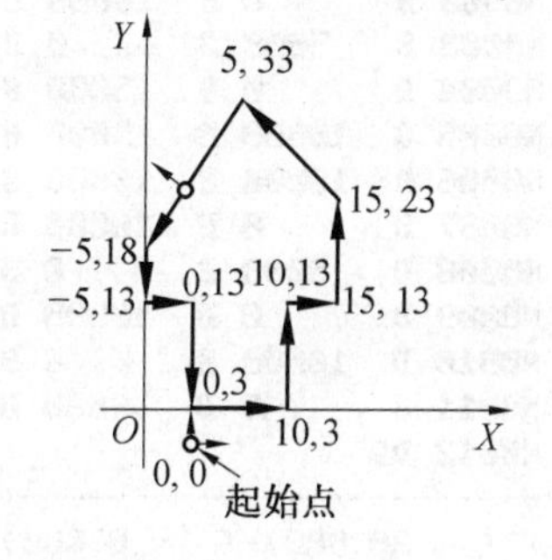

图 3.28　显向到中途

（3）存显向完毕的图。

单击“存图”，显示“存图菜单”（图 3.26），单击“存轨迹线图”，提示“存入轨迹线的文件名”，输入 tu3 － 28（回车）。

(4) 执行和后置处理。

① 执行。单击“执行2”,提示“间隙补偿值f=”,输入0(回车),显示一个有“后置”的菜单。

② 后置处理。单击“后置”,显示“生成G代码及3B代码加工单”的菜单(图3.29)。

(5) 生成3B代码加工单。

单击“生成3B代码加工单”,显示出“显示3B加工单”的菜单(图3.30)。

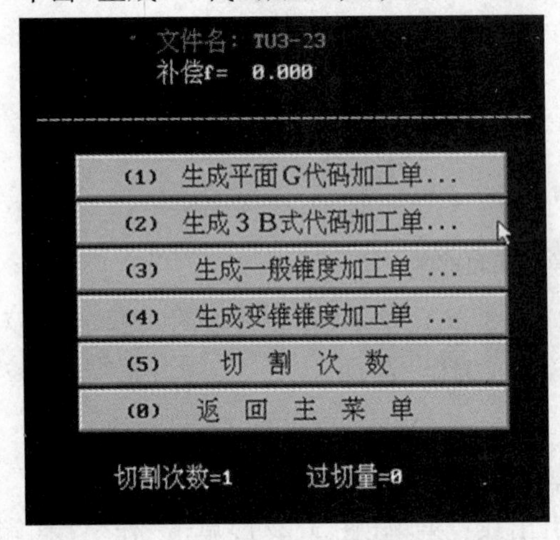

图3.29　生成G代码及3B代码加工单菜单

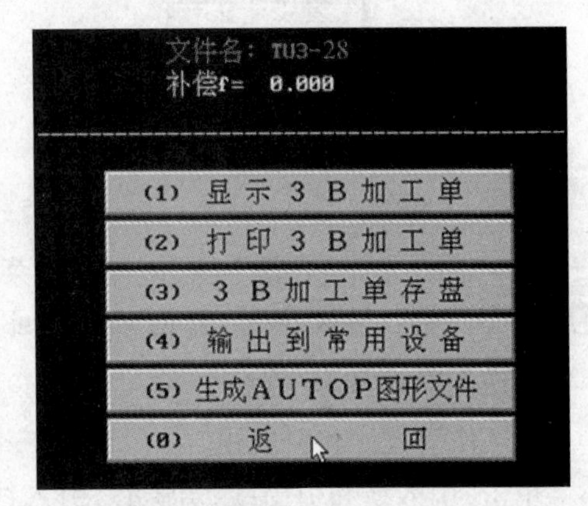

图3.30　显示3B代码加工单菜单

①3B代码加工单存盘。单击“3B加工单存盘”,提示“请给出存盘的文件名:”,输入“BIAO3 - 13”(回车),该文件名在加工读盘时可以看到。

② 显示逆图3.9切割的3B代码。单击“显示3B加工单”,显示表3.13中的3B代码(回车)(回车),返回图3.29。

表3.13　逆图3.29切割的3B代码

```
                    AUTO CAD / CAM ---------- H G D
 Model (5 UNIT):  3B          File: TU3-28               Offset f= 0.0000
-------------------------------------------------------------------------------
;      B        B        B       G  Z          BX          BY          R
; Start Point=                              5.0000     -3.0000
N0001 B      0 B   3000 B   3000 GY  L2  ;   5.0000      0.0000
N0002 B      0 B  10000 B  10000 GY  L2  ;   5.0000     10.0000
N0003 B   5000 B      0 B   5000 GX  L3  ;   0.0000     10.0000
N0004 B      0 B   5000 B   5000 GY  L2  ;   0.0000     15.0000
N0005 B  10000 B  15000 B  15000 GY  L1  ;  10.0000     30.0000
N0006 B  10000 B  10000 B  10000 GX  L4  ;  20.0000     20.0000
N0007 B      0 B  10000 B  10000 GY  L4  ;  20.0000     10.0000
N0008 B   5000 B      0 B   5000 GX  L3  ;  15.0000     10.0000
N0009 B      0 B  10000 B  10000 GY  L4  ;  15.0000      0.0000
N0010 B  10000 B      0 B  10000 GX  L3  ;   5.0000      0.0000
N0011 B      0 B   3000 B   3000 GY  L4  ;   5.0000     -3.0000
N0012 DD
-------------------------------------------------------------------------------
X:(   20.000)-(    0.000)=   20.000mm    Y:(   30.000)-(   -3.000)=   33.000mm
  Length=     93.170   Area=     660.0000    Date: 03-06-2000    Ver 6.20
```

3. 逆图形编写绝对坐标ISO代码

在图3.29菜单中,单击“生成平面G代码加工单”,显示图3.31。

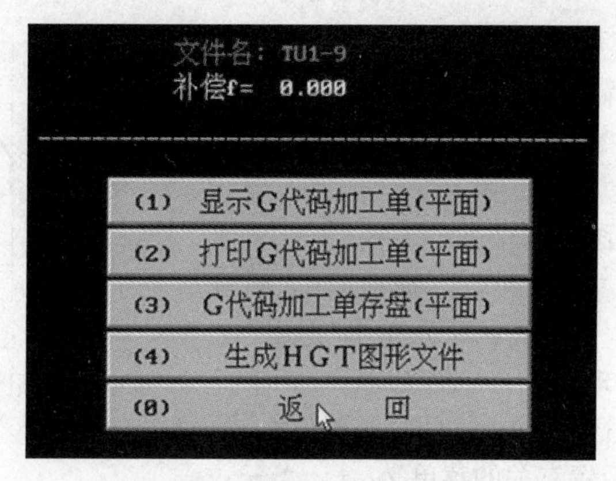

图3.31　生成平面G代码加工单

(1) 存盘。

单击“G代码加工单存盘”(加工时可读盘调用)，提示“存盘文件名”，输入“BIAO3 -14”(回车)。

(2) 显示G代码加工单。

单击“显示G代码加工单”，显示表3.14中的逆图形方向切割的ISO代码。

表3.14　逆图3.29切割的ISO代码

```
N0000 G92 X0Y0Z0 {f= 0.0 x= 5.0 y=-3.0}
N0001 G01 X    0.0000 Y    3.0000  { LEAD IN }
N0002 G01 X   10.0000 Y    3.0000
N0003 G01 X   10.0000 Y   13.0000
N0004 G01 X   15.0000 Y   13.0000
N0005 G01 X   15.0000 Y   23.0000
N0006 G01 X    5.0000 Y   33.0000
N0007 G01 X   -5.0000 Y   18.0000
N0008 G01 X   -5.0000 Y   13.0000
N0009 G01 X    0.0000 Y   13.0000
N0010 G01 X    0.0000 Y    3.0000
N0011 G01 X    0.0000 Y    0.0000  { LEAD OUT }
N0012 M02
```

表3.14中ISO代码中的X、Y值，是以起始点作坐标原点，每条程序终点的绝对坐标值如图3.28所示。

读完代码，单击“Esc”键，单击“返回主菜单”。

4. 顺图形编写3B程序

顺图形1.9切割编写3B程序，先清屏，调tu1 -9，单击“调图”，单击“调轨迹线图”，提示“要调的文件名”，输入“tu1 - 9”(回车)，调出图1 - 9(回车)。

(1) 作引入线和引出线。

单击“作引入线和引出线”，单击“作引线(端点法)”，提示“引入线的起点”，输入5，-3(回车)，提示“引入线的终点”，输入5,0(回车)，作出黄色引入线，提示“尖角修圆半径Sr =? ”(回车)，引入线上显示一个红箭头，若箭头向右表示逆图形切该凸件的补偿方向，现在要作顺图形切割，应使红箭头改为指向左方，提示“指定补偿方向”，单击鼠标左键，红箭头改为指向上的顺图形方向，提示“指定补偿方向”，单击鼠标右键确定该方向，单击“退出”。

(2) 显向。

单击“显向”,一个箭头向外的白圆圈顺图形移动一圈回到起始点消失。每段图终点显示表示切割方向的箭头(图3.32)。

(3) 存显向完毕的图。

单击“存图”,单击“存轨迹图”,提示“存入轨迹线的文件名”,输入“tu3 - 32”(回车),单击“退出”。

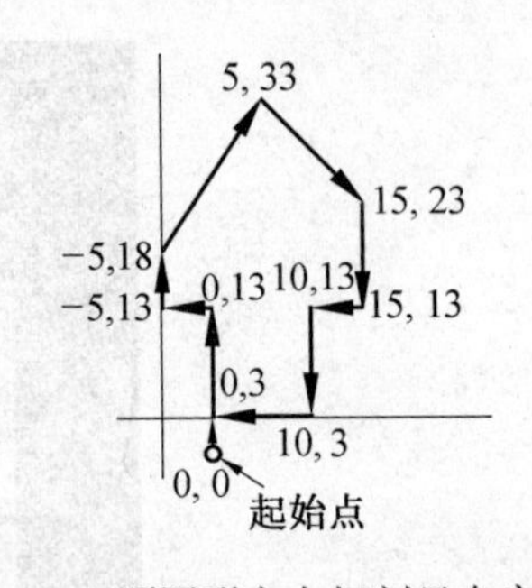

图3.32　顺图形方向切割显向完毕

(4) 执行和后置处理。

① 执行。单击“执行2”,提示“间隙补偿值 f =”,

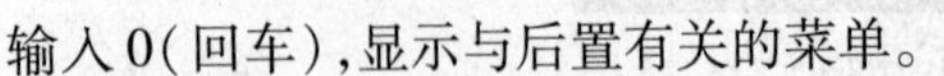

输入0(回车),显示与后置有关的菜单。

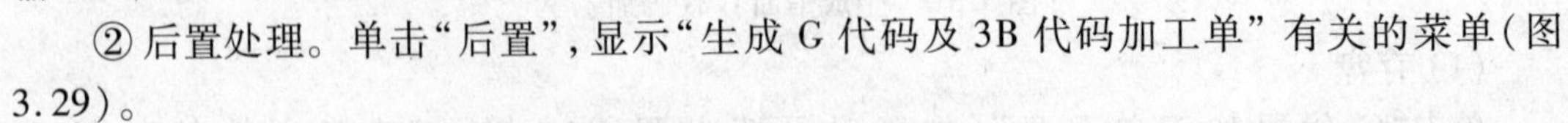

② 后置处理。单击“后置”,显示“生成G代码及3B代码加工单”有关的菜单(图3.29)。

(5) 生成3B代码加工单。

单击“生成3B代码加工单”,显示有“显示3B加工单”的菜单(图3.30)。

①3B加工单存盘。单击“3B加工单存盘”,提示“存盘文件名”,输入“BIAO3 - 15”(回车),提示“3B加工单中要行号吗?”(回车),单击“Esc”键,单击“生成3B代码加工单”。

② 显示3B加工单。单击“显示3B加工单”,显示出图3.32的3B加工单,见表3.15(回车)(回车),返回图3.29界面,但文件名为“tu3 - 32”,单击“返回主菜单”。

表3.15　图3.32顺图形方向切割的3B程序

```
                      AUTO CAD / CAM ———————— H G D
 Model (5 UNIT):  3B         File: TU3-12                       Offset f= 0.0000
--------------------------------------------------------------------------------
;     B        B          B        G  Z              BX          BY        R
; Start Point=                                     5.0000     -3.0000
N0001 B      0 B    3000 B    3000 GY  L2  ;       5.0000      0.0000
N0002 B      0 B   10000 B   10000 GY  L2  ;       5.0000     10.0000
N0003 B   5000 B       0 B    5000 GX  L3  ;       0.0000     10.0000
N0004 B      0 B    5000 B    5000 GY  L2  ;       0.0000     15.0000
N0005 B  10000 B   15000 B   15000 GY  L1  ;      10.0000     30.0000
N0006 B  10000 B   10000 B   10000 GX  L4  ;      20.0000     20.0000
N0007 B      0 B   10000 B   10000 GY  L4  ;      20.0000     10.0000
N0008 B   5000 B       0 B    5000 GX  L3  ;      15.0000     10.0000
N0009 B      0 B   10000 B   10000 GY  L4  ;      15.0000      0.0000
N0010 B  10000 B       0 B   10000 GX  L3  ;       5.0000      0.0000
N0011 B      0 B    3000 B    3000 GY  L4  ;       5.0000     -3.0000
N0012 DD
--------------------------------------------------------------------------------
X:(   20.000)-(    0.000)=   20.000mm     Y:(   30.000)-(   -3.000)=   33.000mm
   Length=     93.170   Area=      660.0000      Date: 03-06-2000   Ver 6.20
```

5. 顺图形编写绝对坐标ISO代码

在图3.29菜单中,单击“生成平面G代码加工单”,显示图3.31所示界面,但文件名为“tu3 - 32”。

(1) 存盘。

单击“G代码加工单存盘”(加工时可读盘调用),提示“存盘文件名”,输入“BIAO3 -16”(回车)。

(2) 显示G代码加工单。

单击“显示G代码加工单”，显示表3.16中的顺图形方向切割的ISO代码。读完程序回车三次。

表3.16　图3.32顺图形方向切割的ISO代码

```
N0000 G92 X0Y0Z0 {f= 0.0 x= 5.0 y=-3.0}
N0001 G01 X    0.0000 Y   3.0000  { LEAD IN }
N0002 G01 X    0.0000 Y  13.0000
N0003 G01 X   -5.0000 Y  13.0000
N0004 G01 X   -5.0000 Y  18.0000
N0005 G01 X    5.0000 Y  33.0000
N0006 G01 X   15.0000 Y  23.0000
N0007 G01 X   15.0000 Y  13.0000
N0008 G01 X   10.0000 Y  13.0000
N0009 G01 X   10.0000 Y   3.0000
N0010 G01 X    0.0000 Y   3.0000
N0011 G01 X    0.0000 Y   0.0000  { LEAD OUT }
N0012 M02
```

表3.16中各条代码中X、Y值，是以起始点作坐标原点每条代码终点的X、Y坐标值，在图3.32中已注出。

3.3.2　编写圆弧和直线图形的程序

1. 绘图

(1) 绘图1.11。

① 绘圆弧。单击“清屏”，单击“绘圆弧”，显示“绘圆弧菜单”(图3.33)；单击“取轨迹新起点”，提示“新起点”，输入20,5(回车)，绘出点2，绘顺圆弧2—3；单击“顺圆:终点+半径”，提示“终点”，输入20,15(回车)；提示“半径”，输入5(回车)，绘出草绿色圆弧2—3；提示“终点”，单击鼠标右键。绘逆圆弧3—4，单击“取轨迹新起点”，提示“新起点”，输入20,15(回车)，单击“逆圆:终点+半径”，提示“终点”，输入20,25(回车)，提示“半径”，输入5(回车)，绘出逆圆弧3—4；提示“终点”，因下一个圆弧4—5也是逆圆弧，输入10,15(回车)，提示“半径”，输入7.071(回车)，绘出逆圆弧4—5；单击鼠标右键。绘顺圆弧5—6，单击“取轨迹新起点”，提示“新起点”，输入10,15(回车)，单击“顺圆:终点+圆心”，提示“终点”，输入0,5(回车)，提示“圆心”，输入5,10(回车)，绘出顺圆弧5—6。绘逆圆弧7—8，单击鼠标右键，单击“取轨迹新起点”，提示“新起点”，输入0,0(回车)，单击“逆圆:终点+圆心”，提示“终点”，输入10,0(回车)，提示“圆心”，输入5,0(回车)，绘出圆弧7—8。单击鼠标右键，单击“退出”，退回全绘式编程界面。

图3.33　绘圆弧菜单

② 绘直线。单击“绘直线”，显示“绘直线”菜单(图3.25(a))，单击“取轨迹新起点”，输入0,5(回车)，单击“直线:终点”，提示“终点”，输入0,0(回车)，绘出直线6—7，提示“终点”，输入10,0(回车)，绘出图中没有的直线7—8，提示“终点”，输入20,0(回车)。绘出直线8—1，提示“终点”，输入20,5(回车)绘出直线1—2。单击鼠标右键，单击“退出”，退回全绘式编程界面。

③ 删除多余直线7—8。单击“消轨迹”，提示“在轨迹两端点间取一点”，单击直线7—8中部，该直线变为浅白色，单击“Esc”键，返回全绘式编程界面。单击“显轨迹”，显示所绘的图(图1.11)。

(2) 排序及存图。

① 排序。单击“排序”，显示“排序及合并”菜单，单击“取消重复线”，单击“自动排序”，单击“退出”。

② 存图。单击“存图”，显示“存图”菜单(图3.26)，单击“存轨迹线图”，提示“存入轨迹线的文件名”，输入“tu1 - 11”(回车)，单击“退出”，退至全绘式编程界面。

2. 逆图形编写3B程序

(1) 作引入线和引出线。

单击“作引入线和引出线”，显示“引入线引出线菜单”，单击“引入线(端点法)”，提示“引入线的起点”，输入20，- 3(回车)，提示“引入线的终点”，输入20,0(回车)，绘出黄色引入线，提示“尖角修圆半径(回车)”，在1—2方向显示切割方向的红箭头，提示“指定补偿方向:确定该方向(鼠标右键)”，单击鼠标右键，单击“退出”。

(2) 显向。

单击“显向”，一个带白箭头向外的圆圈，沿图形逆时针切割方向移动一周后，返回起始点，每个线段终点处显示切割方向的箭头(图3.34)。

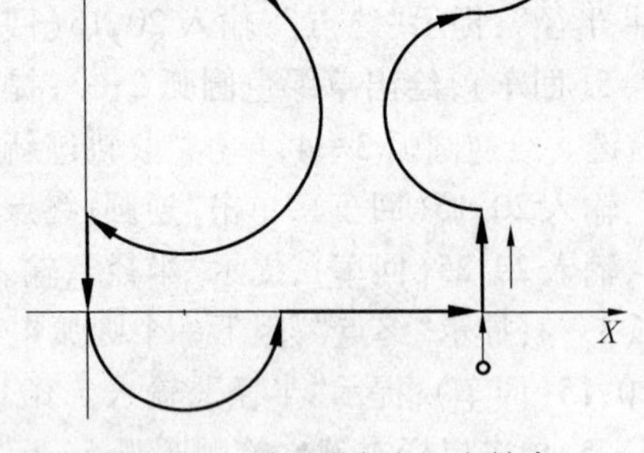

图3.34　逆图形方向显向结束

(3) 存显向完毕的图。

单击“存图”，显示“存图”菜单(图3.26)，单击“存轨迹线图”，提示“存入轨迹线的文件名”，输入“tu3 - 34”(回车)，单击“退出”。

(4) 执行和后置处理。

① 执行。单击“执行2”，提示“间隙补偿值f =”，输入0(回车)，显示一个有后置的菜单。

② 后置处理。单击“后置”，显示“生成G代码及3B代码加工单”的菜单(图3.29)。

(5) 生成3B代码加工单。

单击“生成3B代码加工单”，显示出有“显示3B加工单”的菜单(图3.30)。

①3B代码加工单存盘。单击“3B加工单存盘”，提示“请给出存盘文件名:”，输入“BIAO3 -17”(回车)，提示“3B加工单要行号吗”(回车)，该文件名在加工读盘时可以看到。

② 显示逆图3.34切割的3B代码。单击“显示3B加工单”，显示表3.17中的3B代码，阅读完毕(回车)(回车)，返回图3.29。

表 3.17　逆图 1.11 切割的 3B 代码

```
                    AUTO CAD / CAM ----------- H G D
  Model (5 UNIT):   3B         File: TU3-34                Offset f= 0.0000
---------------------------------------------------------------------------
;     B         B          B        G  Z            BX          BY          R
; Start Point=                                    20.0000     -3.0000
N0001 B       0 B    3000 B    3000 GY  L2  ;     20.0000      0.0000
N0002 B       0 B    5000 B    5000 GY  L2  ;     20.0000      5.0000
N0003 B       0 B    5000 B   10000 GX SR3  ;     20.0000     15.0000     5.0000
N0004 B       0 B    5000 B   10000 GX NR4  ;     20.0000     25.0000     5.0000
N0005 B    5000 B    5000 B   14142 GX NR1  ;     10.0000     15.0000     7.0711
N0006 B    5000 B    5000 B   14142 GY SR1  ;      0.0000      5.0000     7.0711
N0007 B       0 B    5000 B    5000 GY  L4  ;      0.0000      0.0000
N0008 B    5000 B       0 B   10000 GY NR3  ;     10.0000      0.0000     5.0000
N0009 B   10000 B       0 B   10000 GX  L1  ;     20.0000      0.0000
N0010 B       0 B    3000 B    3000 GY  L4  ;     20.0000     -3.0000
N0011 DD
---------------------------------------------------------------------------
X:(   25.000)-(    0.000)=   25.000mm    Y:(   27.071)-(   -5.000)=   32.071mm
   Length=   117.552   Area=      801.7767      Date: 03-09-2000   Ver 6.20
```

3. 逆图 1.11 编写绝对坐标 ISO 代码

在图 3.29 菜单中单击“生成平面 G 代码加工单”，显示图 3.31 的菜单。

(1) G 代码加工单存盘。

单击“G 代码加工单存盘”，提示“给出存盘的文件名”，输入“BIAO3 - 18”(回车)。

(3) 显示 G 代码加工单。

单击“显示 G 代码加工单”，显示表 3.18 中的图 3.34 的 ISO 代码。阅读完毕，单击“Esc” 键，单击“返回主菜单”。

表 3.18　逆图 1.11 形切割的 ISO 代码

```
N0000 G92 X0Y0Z0 {f= 0.0 x= 20.0 y=-3.0}
N0001 G01 X     0.0000 Y    3.0000  { LEAD IN }
N0002 G01 X     0.0000 Y    8.0000
N0003 G02 X     0.0000 Y   18.0000 I     0.0000 J    13.0000
N0004 G03 X     0.0000 Y   28.0000 I     0.0000 J    23.0000
N0005 G03 X   -10.0000 Y   18.0000 I    -5.0000 J    23.0000
N0006 G02 X   -20.0000 Y    8.0000 I   -15.0000 J    13.0000
N0007 G01 X   -20.0000 Y    3.0000
N0008 G03 X   -10.0000 Y    3.0000 I   -15.0000 J     3.0000
N0009 G01 X     0.0000 Y    3.0000
N0010 G01 X     0.0000 Y    0.0000  { LEAD OUT }
N0011 M02
```

4. 顺图 1.11 编写 3B 程序

先把图 1.11 调出来，在“全绘式编程” 界面，单击“清屏”，单击“调图”，显示“调图” 菜单(图 3.35)。单击“调轨迹线图”，提示“要调的文件名”，输入“tu1 - 11”(回车)，调出图1.11，单击“退出”。进行排序，取消重复线及自动排序，单击“退出”。

图 3.35　调图菜单

(1) 作引入线和引出线。

单击“引入线和引出线”，显示“引入线引出线” 菜单(图 3.27)，单击“作引线(端点法)”，提示“引入线的起点”，输入20，-3(回车)，提示“引入线的终点”，输入20，0(回车)，绘出黄色引入线，提示“自动进行尖角修圆的半径Sr=？”(回车)，在直线1—2右侧显示一个向上的切割方向箭头，要顺图形切割，箭头应改换为直线1—8方向，单击鼠标左键，红色箭头改为向左指向1—8方向，单击鼠标右键，单击“退出”，返回全绘式编程界面。

(2) 显向。

单击“显向”，白色箭头向外的圆圈顺图形移动一周返回起始点(图3.36)。

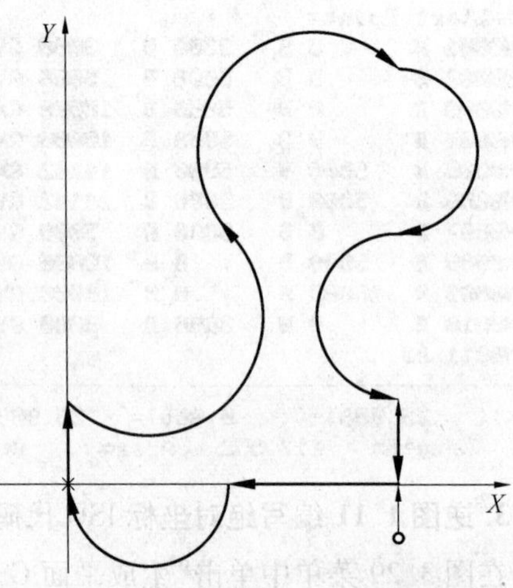

图3.36　顺图形方向显向结束

(3) 存显向完毕的图。

单击“存图”，显示“存图”菜单(图3.26)，单击“存轨迹线图”，提示“存入轨迹线的文件名”，输入“tu3-36”(回车)，单击“退出”，退回全绘式编程界面。

(4) 执行和后置处理。

①执行。单击“执行2”，提示“间隙补偿值f=”，输入0(回车)，显示一个有后置的菜单。

②后置处理。单击“后置”，显示“生成G代码及3B代码加工单”的菜单(图3.29)。

(5) 生成3B代码加工单

单击“生成3B代码加工单”，出现“显示3B加工单”的菜单(图3.30)。

①3B加工单存盘。单击“3B加工单存盘”，提示“请给出存盘的文件名”，输入“BIAO3-19”(回车)，提示“3B加工单要行号吗？”(回车)。

②显示3B加工单。单击“显示3B加工单”，显示图3.36顺图形方向切割的3B程序，见表3.19。阅读完毕(回车两次)，回到图3.29。

表3.19　图3.36顺图形方向切割3B程序

AUTO CAD / CAM ---------- H G D

Model (5 UNIT): 3B　　File: TU3-36　　Offset f= 0.0000

;	B		B		B		G	Z		BX	BY	R
; Start Point=										20.0000	-3.0000	
N0001	B	0	B	3000	B	3000	GY	L2	;	20.0000	0.0000	
N0002	B	10000	B	0	B	10000	GX	L3	;	10.0000	0.0000	
N0003	B	5000	B	0	B	10000	GY	SR4	;	0.0000	0.0000	5.0000
N0004	B	0	B	5000	B	5000	GY	L2	;	0.0000	5.0000	
N0005	B	5000	B	5000	B	14142	GX	NR3	;	10.0000	15.0000	7.0711
N0006	B	5000	B	5000	B	14142	GY	SR3	;	20.0000	25.0000	7.0711
N0007	B	0	B	5000	B	10000	GX	SR1	;	20.0000	15.0000	5.0000
N0008	B	0	B	5000	B	10000	GX	NR2	;	20.0000	5.0000	5.0000
N0009	B	0	B	5000	B	5000	GY	L4	;	20.0000	0.0000	
N0010	B	0	B	3000	B	3000	GY	L4	;	20.0000	-3.0000	
N0011	DD											

X:(　25.000)-(　0.000)=　25.000mm　　Y:(　27.071)-(　-5.000)=　32.071mm

Length=　117.552　　Area=　801.7767　　Date: 03-10-2000　　Ver 6.20

5. 顺图3.36编写ISO代码

在图3.29菜单中，单击“生成平面G代码加工单”，显示图3.31所示菜单。

(1) G代码加工单存盘。

单击“G代码加工单存盘”，提示“请给出存盘文件名”，输入“BIAO3-20”(回车)。

(2) 显示G代码加工单。

单击“显示G代码加工单”,显示图3.36顺图形方向切割的ISO代码,见表3.20。查看完毕,单击“Esc”键,单击“返回主菜单”。

表3.20　图3.36顺图形方向切割的ISO代码

```
N0000 G92 X0Y0Z0 {f= 0.0 x= 20.0 y=-3.0}
N0001 G01 X   0.0000 Y   3.0000  { LEAD IN }
N0002 G01 X -10.0000 Y   3.0000
N0003 G02 X -20.0000 Y   3.0000 I  -15.0000 J   3.0000
N0004 G01 X -20.0000 Y   8.0000
N0005 G03 X -10.0000 Y  18.0000 I  -15.0000 J  13.0000
N0006 G02 X   0.0000 Y  28.0000 I   -5.0000 J  23.0000
N0007 G02 X   0.0000 Y  18.0000 I    0.0000 J  23.0000
N0008 G03 X   0.0000 Y   8.0000 I    0.0000 J  13.0000
N0009 G01 X   0.0000 Y   3.0000
N0010 G01 X   0.0000 Y   0.0000  { LEAD OUT }
N0011 M02
```

2轴无锥G代码格式　　　[Esc: 返回]　　要继续请按回车键

3.4　用CAXA线切割XP计算机编程软件编写直线及圆弧程序

3.4.1　CAXA线切割XP的用户界面

熟悉CAXA线切割XP的用户界面是进行绘图和编程等工作的先决条件。图3.37所示的用户界面共分三大部分:绘图功能区、菜单系统、状态显示与提示。

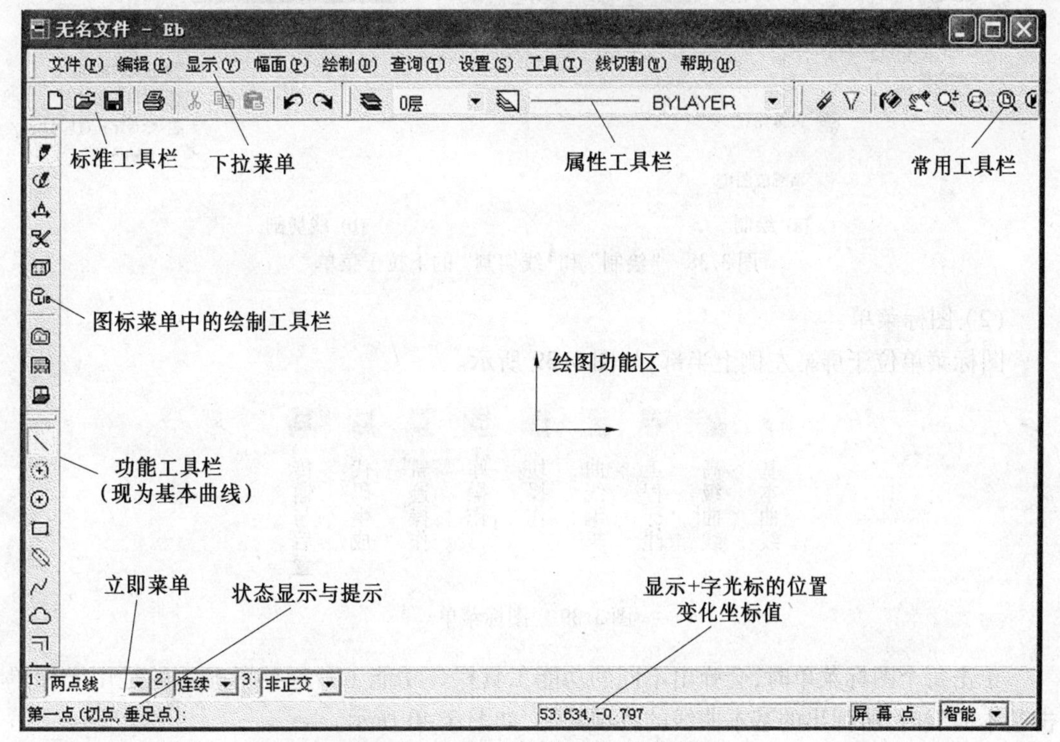

图3.37　CAXA线切割XP的用户界面

1. 绘图功能区

绘图功能区位于屏幕中心,设置了一个 X、Y 二维坐标系,其坐标原点(0,0)就是用户绘图的坐标原点。

2. 菜单系统

菜单系统包括下拉菜单、图标菜单、立即菜单、工具菜单和工具栏五个部分。

(1) 下拉菜单。

下拉菜单位于屏幕的顶部,由一个横行主菜单及其下拉子菜单组成。主菜单包括文件、编辑、显示、幅面、绘制、查询、设置、工具、线切割和帮助,单击每部分都可显出下拉子菜单。

"绘制"和"线切割"的下拉子菜单如图 3.38 所示。

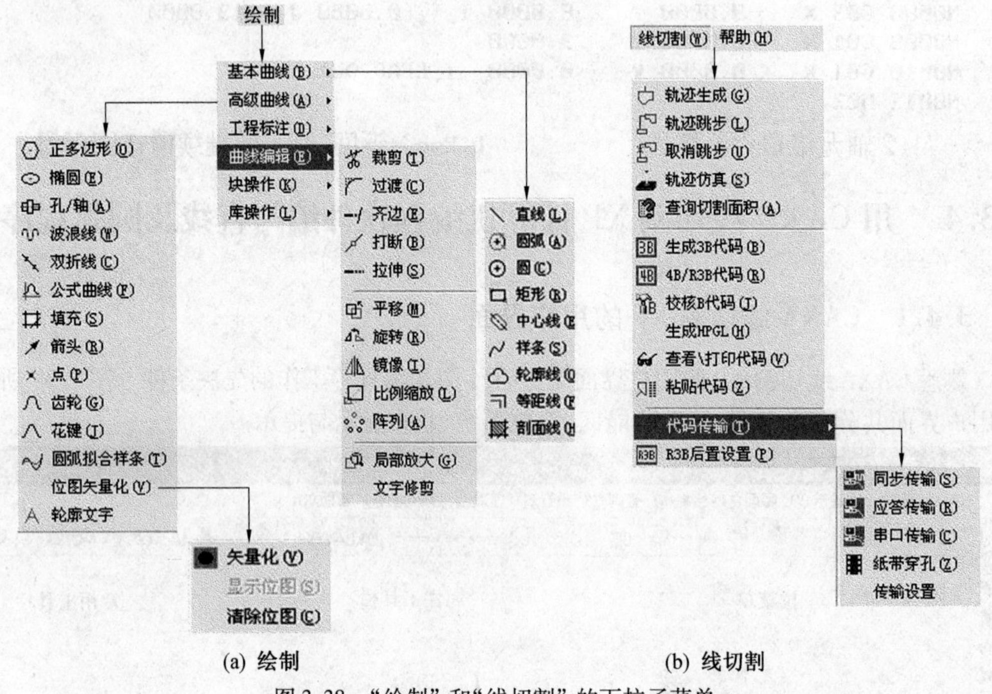

(a) 绘制 (b) 线切割

图 3.38 "绘制"和"线切割"的下拉子菜单

(2) 图标菜单。

图标菜单位于屏幕左侧上半部,如图 3.39 所示。

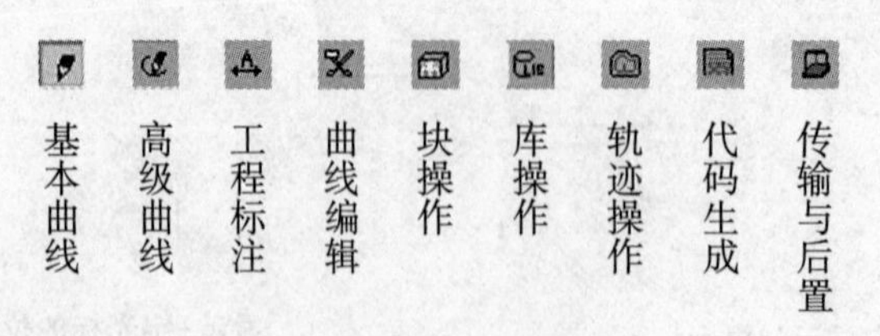

图 3.39 图标菜单

单击每个图标菜单时,会弹出不同的功能工具栏。功能工具栏处所显示的是用光标单击基本曲线时,所弹出的基本曲线的各项功能,如图 3.40 所示。

选中图标菜单绘制工具栏中的"曲线编辑"时的功能工具栏功能为:裁剪、过渡、齐边、打断、拉伸、平移、旋转、镜像、比例缩放、阵列、局部放大及文字修剪。

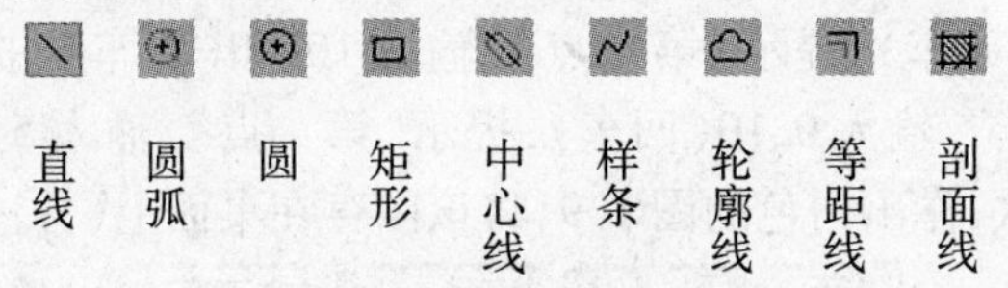

图3.40　基本曲线

(3) 立即菜单。

立即菜单是当单击某功能按钮时，在屏幕左下角弹出的菜单，它描述执行该功能的各种可能情况和使用条件，用户可根据当时作图需要，正确地选择某一(或几)项。

(4) 工具菜单(图3.37中未标出)。

工具菜单包括工具点菜单和拾取元素菜单。

(5) 工具栏。

工具栏包括常用工具栏和标准工具栏等，常用工具栏为下拉菜单中的一些常用命令，为了提高工作效率，一些常用命令以图标的形式集中在一起组成了常用工具栏，位于屏幕上部第二行右端，常用工具栏的功能如图3.41所示。

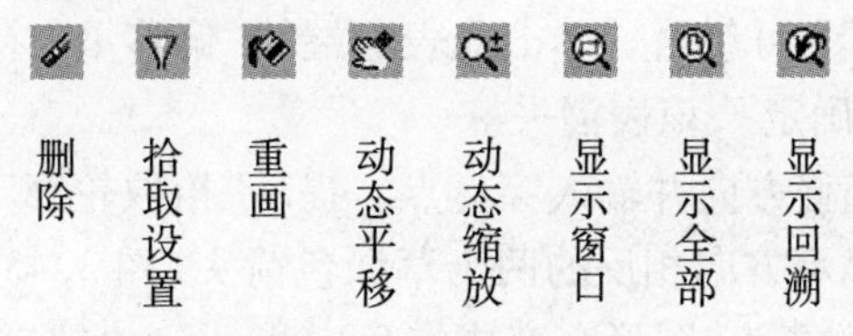

图3.41　常用工具栏

标准工具栏位于屏幕上部第二行左端，如图3.42所示。

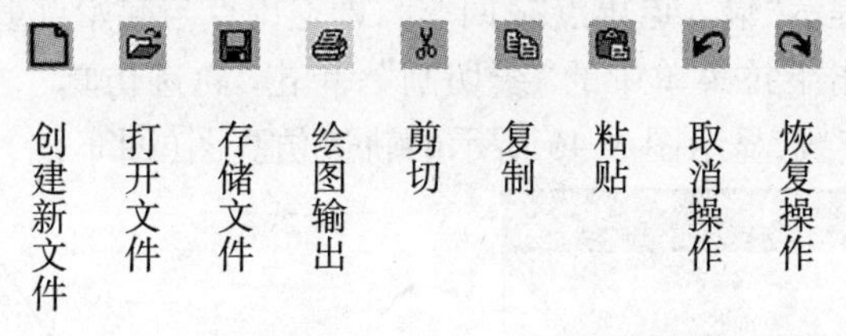

图3.42　标准工具栏

3. 状态显示与提示

"状态显示与提示"位于屏幕的最下边两行。它包括"当前点坐标显示"，随光标移动作动态变化；"操作信息提示"，提示当前命令执行情况或提醒用户输入；"工具菜单状态提示"，自动提示当前点的性质及拾取方式；"点捕捉状态设置"，分别为自由、智能、导航和栅格；"命令与数据输入区"，用于利用键盘输入命令或数据。

3.4.2　编写直线图形的程序

编写图1.9直线图形的程序。

1. 绘图1.9

单击下拉菜单中的"绘制"，移动光标到"基本曲线"上，单击"直线"(图3.40)，左下角显示图3.43所示的直线立即菜单，提示"第一点"，输入5,0(回车)，提示"第二点"，输入

15,0(回车),提示"第二点",输入15,10(回车),提示"第二点",输入20,10(回车),提示"第二点",输入20,20(回车),提示"第二点",输入10,30(回车),提示"第二点",输入0,15(回车),提示"第二点",输入0,10(回车),提示"第二点",输入5,10(回车),提示"第二点",输入5,0,回车两次,作出白色的图1.9,将该图存在桌面上(方法略)。

图3.43　直线立即菜单

2. 逆图1.9编写3B程序

起始点设在5,-3,逆图形切割,间隙补偿量f=0,过渡圆半径R=0,适当将图形放大。

(1) 轨迹生成。

① 填写轨迹生成参数表。单击下拉菜单中的"线切割",显示线切割子菜单(图3.38(b)),单击其中的"轨迹生成",显示"线切割轨迹生成参数表"(图3.44)。图中"切入方式"选"垂直";"圆弧进退刀"可忽略;"加工参数"中"轮廓精度"输入0.001,"切割次数"输入1,其余可忽略;"补偿实现方式"选"后置时机床实现补偿";"拐角过渡方式"选"尖角";"样条拟合方式"可忽略。单击此表上端的"偏移量/补偿值",把弹出表中"第1次加工=",输入0,单击"确定",该表消失。

②选择切割方向和偏移方向并输入穿丝点。提示"拾取轮廓"时,单击直线图形上的直线1—2,在直线1—2处显示方向相反的两个草绿色箭头(图3.45),供选择切割方向,向逆图形方向切割,单击向右的箭头,图形全变成红色虚线,因为"轨迹生成参数表"中"间隙补偿量"输入0。所以此处不提示选择补偿方向,提示"输入穿丝点位置",输入5,-3(回车),起始点处显示一个红点,提示"输入退出点"(回车),即退出点与起始点重合,图形变为白色。

③ 轨迹仿真。单击下拉菜单中的"线切割",单击"轨迹仿真",提示"拾取加工轨迹",单击图形上任一条轨迹线,显示图3.46所示的轨迹仿真图(回车)。

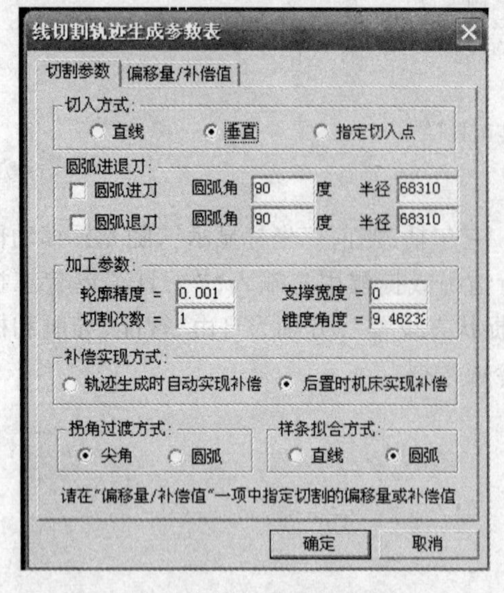

图3.44　线切割轨迹生成参数表

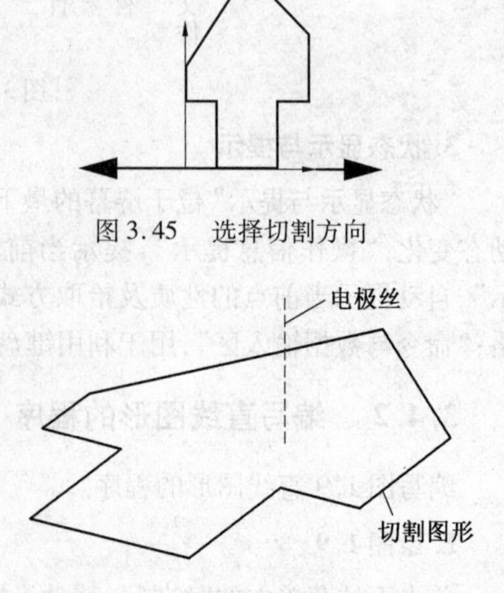

图3.45　选择切割方向

图3.46　直线图形的轨迹仿真图

④ 生成3B程序。单击“线切割”,单击“生成3B代码”,显示“生成3B加工代码”对话框,可以把文件存在桌面上,也可以在桌面上先建一个文件夹,取名为“3.4CAXA文件”,提示“生成线切割机床的3B加工指令”,在文件名后输入“表3.21”(图3.47)。单击“保存”,已将该表3.21的3B程序存到桌面上“3.4CAXA文件”中,该对话框消失。提示“拾取加工轨迹”,单击图形上任一条直线,单击鼠标右键,显示表3.21中图1.9的3B程序,阅读程序,单击“Esc”键。

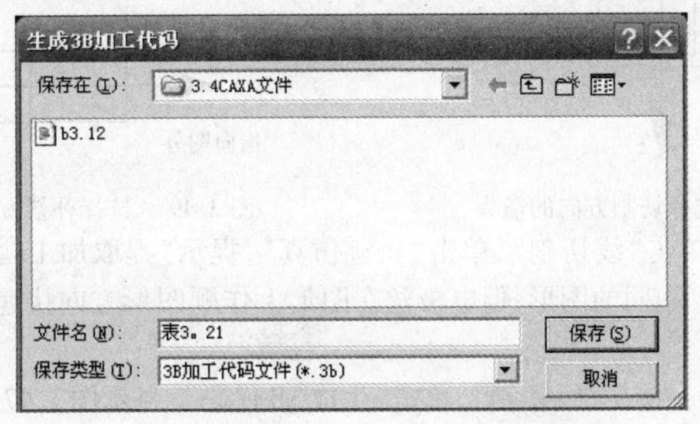

图3.47　“生成3B加工代码”对话框

表3.21　图1.9的3B程序

```
*******************************************
CAXAWEDM -Version 2.0 , Name : 表3.21.3B
Conner R=    0.00000    , Offset F=    0.00000 ,Length=      93.170 mm
*******************************************
Start Point  =     5.00000 ,    -3.00000   ;          X    ,       Y
N   1: B      0 B   3000 B   3000 GY   L2 ;    5.000 ,     0.000
N   2: B  10000 B      0 B  10000 GX   L1 ;   15.000 ,     0.000
N   3: B      0 B  10000 B  10000 GY   L2 ;   15.000 ,    10.000
N   4: B   5000 B      0 B   5000 GX   L1 ;   20.000 ,    10.000
N   5: B      0 B  10000 B  10000 GY   L2 ;   20.000 ,    20.000
N   6: B  10000 B  10000 B  10000 GY   L2 ;   10.000 ,    30.000
N   7: B  10000 B  15000 B  15000 GY   L3 ;    0.000 ,    15.000
N   8: B      0 B   5000 B   5000 GY   L4 ;    0.000 ,    10.000
N   9: B   5000 B      0 B   5000 GX   L1 ;    5.000 ,    10.000
N  10: B      0 B  10000 B  10000 GY   L4 ;    5.000 ,     0.000
N  11: B      0 B   3000 B   3000 GY   L4 ;    5.000 ,    -3.000
N  12: DD
```

3. 顺图1.9编写3B程序

(1) 轨迹生成。

先删除屏幕上原有图形,单击屏幕右上角常用工具栏中的“删除”图标,单击图形外左上角和右下角,框住图形,图形变为红色虚线(回车),已将图删除。

① 到桌面调出图1.9。单击左上角“文件”,单击“打开文件”,显示桌面文件目录,单击其中的图1.9,单击“打开”,屏幕上显示调出的图1.9。

② 填写轨迹生成参数表。单击“线切割”,单击“轨迹生成”,显示与图3.44相同的轨迹生成参数表,填写内容与图3.44完全相同,单击“确定”,该表消失。

③ 选择切割方向和偏移方向。提示“拾取轮廓”时,单击左下边的直线1—9,出现两个选择切割方向相反的草绿色箭头,如图3.48所示,因为要顺图形方向切割,单击向上的箭头,显示选择补偿方向与直线垂直方向相反的两个草绿色箭头,如图3.49所示。加工凸件

时,应单击指向图外的箭头,单击指向图外的箭头,提示“输入穿丝点位置”,输入 5,-3(回车),提示“输入退出点”(回车),作出切入线,图形变为白色。

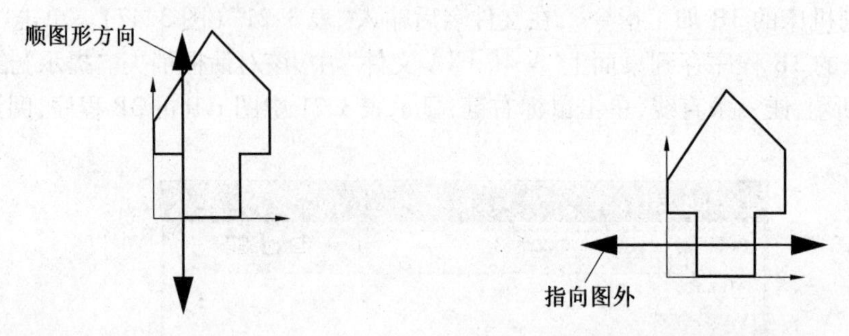

图 3.48　选择切割方向的箭头　　　　图 3.49　选择补偿方向的箭头

④ 轨迹仿真。单击“线切割”,单击“轨迹仿真”,提示“提取加工轨迹”,单击图中任一直线,显示与图 3.46 相同的图形,但电极丝在图形上作顺图形方向快速移动,仿真完毕,单击“Esc” 键。

⑤ 生成3B程序。单击“线切割”,单击“生成3B代码”,显示图3.47 所示的生成3B加工代码对话框,在文件名后输入表 3.22,双击桌面中的 3.4CAXA 文件,单击“保存”,已将顺图形编的 3B 程序存入 3.4CAXA 文件中。

⑥ 显示 3B 程序。提示“拾取加工轨迹”,单击图形上任一条直线,单击鼠标右键,显示表 3.22 中顺图 1.9 编写的 3B 程序。

表 3.22　顺图 1.9 编写的 3B 程序

```
********************************************
CAXAWEDM -Version 2.0 , Name : 表3.22.3B
Conner R=   0.00000   , Offset F=    0.00000 ,Length=       93.170 mm
********************************************
Start Point   =      5.00000 ,     -3.00000      ;        X    ,      Y
N    1: B       0 B    3000 B    3000 GY   L2 ;    5.000 ,      0.000
N    2: B       0 B   10000 B   10000 GY   L2 ;    5.000 ,     10.000
N    3: B    5000 B       0 B    5000 GX   L3 ;    0.000 ,     10.000
N    4: B       0 B    5000 B    5000 GY   L2 ;    0.000 ,     15.000
N    5: B   10000 B   15000 B   15000 GY   L1 ;   10.000 ,     30.000
N    6: B   10000 B   10000 B   10000 GY   L4 ;   20.000 ,     20.000
N    7: B       0 B   10000 B   10000 GY   L4 ;   20.000 ,     10.000
N    8: B    5000 B       0 B    5000 GX   L3 ;   15.000 ,     10.000
N    9: B       0 B   10000 B   10000 GY   L4 ;   15.000 ,      0.000
N   10: B   10000 B       0 B   10000 GX   L3 ;    5.000 ,      0.000
N   11: B       0 B    3000 B    3000 GY   L4 ;    5.000 ,     -3.000
N   12: DD
```

3.4.3　编写圆弧和直线图形的程序

编写图 1.11 所示圆弧和直线的程序。

1. 绘图 1.11

单击“绘制”,移动光标到“基本曲线” 上,单击“圆弧”,调节立即菜单成“两点_半径”(图 3.50),提示“第一点”,输入 20,15(回车),提示“第二点”,输入 20,5(回车),提示“半径”,输入 5(回车),作出圆弧 2—3,提示“第一点”,输入 20,15(回车),提示“第二点”,输入 20,25(回车),向右移动鼠标,显示出草绿色右半

图 3.50　圆弧立即菜单

边圆弧，提示“半径”，输入5(回车)，作出圆弧3—4。

调整立即菜单如图3.51所示，圆心角应输入180，提示“起点”，输入20,25(回车)，提示“终点”，输入10,15(回车)，作出圆弧4—5，提示“起点”，输入0,5(回车)，提示“终点”，单击“点5”，作出圆弧5—6，提示“起点”，输入0,0(回车)，提示“终点”，输入10,0(回车)，作出圆弧7—8。

单击“绘制”，移动光标到“基本曲线”上，单击“直线”，立即菜单如图3.52所示，提示“第一点”，单击“点6”，提示“第二点”，单击“点7”，作出直线6—7(回车)，单击“绘制”，移动光标到基本曲线上，单击“直线”，立即菜单如图3.52所示，提示“第一点”，单击“点8”，提示“第二点”，输入20,0(回车)，作出直线8—1，提示“第二点”，单击“点2”，作出直线1—2(回车)。

图3.51　圆弧立即菜单

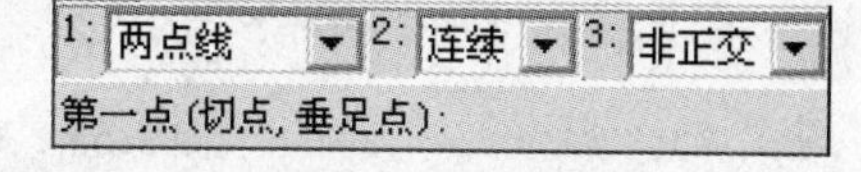

图3.52　直线立即菜单

2. 存图1.11

单击“文件”，单击“另存文件”，显示桌面“另存文件对话框”，双击“3.4CAXA文件”，在3.4CAXA文件中文件名输入图1.11(回车)，已把图1.11存到桌面“3.4CAXA文件”中。

3. 逆图1.11编写3B程序

起始点设在20，-3，逆图形切割，间隙补偿量f=0，尖角半径R=0。

(1) 轨迹生成。

① 填写轨迹生成参数表。单击“线切割”，单击“轨迹生成”，显示“轨迹生成参数表”，填写结果与图3.44完全相同，单击“确定”，参数表消失。

② 选择切割方向和偏移方向。提示“拾取轮廓时”，单击直线1—2，显示方向相反的两个草绿色箭头(图3.53)，用于选择切割方向。逆图形切割，提示“请选择链拾取方向”，单击向上的逆图形箭头，箭头消失，图形变成红色虚线，在直线1—2的垂直方向出现两个方向相反的草绿色箭头(图3.54)，供选择间隙补偿方向，切割凸件应向图外补偿，提示“选择补偿方向”，单击指向图外的箭头，箭头消失。

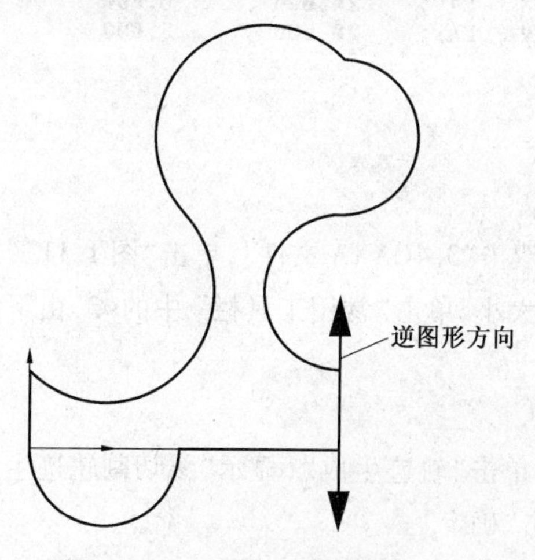

图3.53　选择向上的逆图形箭头

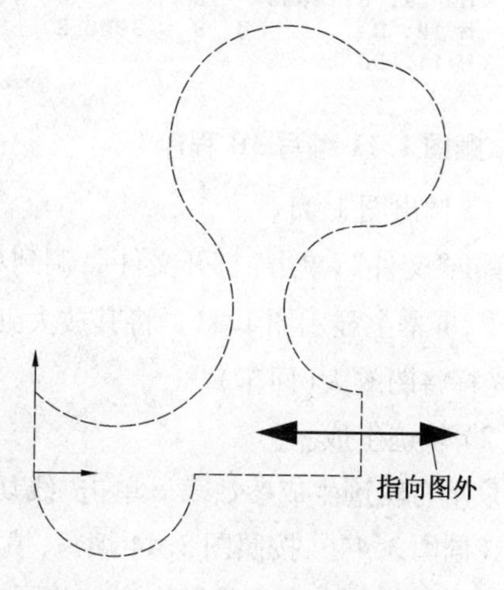

图3.54　凸件选择指向图外的箭头

③ 输入穿丝点位置。提示“输入穿丝点位置”,输入 20, - 3(回车),提示“输入退出点”(回车),变为白色图形。

④ 轨迹仿真。单击“线切割”,单击“轨迹仿真”,提示“拾取加工轨迹”,单击图形上任一线段,显示图 3.55 所示的轨迹仿真图(回车)。

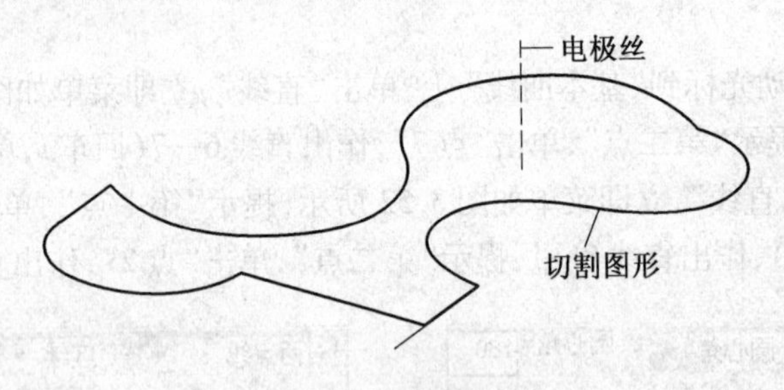

图 3.55　轨迹仿真图

⑤ 生成3B 程序。单击“线切割”,单击“生成3B 代码”,显示“生成3B 代码”对话框,调整到桌面,双击“3.4CAXA 文件”(图 3.47),文件名输入表 3.23,单击“保存”,已将表 3.23 中的3B 程序保存到桌面“3.4CAXA 文件”中。

⑥ 显示逆图形切割的3B 程序。提示“拾取加工轨迹”,单击图上任一线条,单击鼠标右键,显示出表 3.23 中图 1.11 逆图形编写的3B 程序。

表 3.23　图 1.11 逆图形编写的 3B 程序

```
*****************************************
CAXAWEDM -Version 2.0 , Name : 表3.23.3B
Conner R=   0.00000    , Offset F=    0.00000 ,Length=     117.553 mm
*****************************************
Start Point  =   20.00000 ,    -3.00000   ;     X   ,      Y
N   1: B         0 B   3000 B   3000 GY   L2 ;   20.000 ,    0.000
N   2: B         0 B   5000 B   5000 GY   L2 ;   20.000 ,    5.000
N   3: B         0 B   5000 B  10000 GX  SR3 ;   20.000 ,   15.000
N   4: B         0 B   5000 B  10000 GX  NR4 ;   20.000 ,   25.000
N   5: B   500     B   5000 B  14142 GX  NR1 ;   10.000 ,   15.000
N   6: B  5000     B   5000 B  14142 GX  SR1 ;    0.000 ,    5.000
N   7: B         0 B   5000 B   5000 GY   L4 ;    0.000 ,    0.000
N   8: B  5000     B      0 B  10000 GY  NR3 ;   10.000 ,    0.000
N   9: B 10000     B        B  10000 GX   L1 ;   20.000 ,    0.000
N 10: B        0  B   3000 B   3000 GY   L4 ;   20.000 ,  - 3.000
N 11: DD
```

4. 顺图 1.11 编写 3B 程序

(1) 调出图 1.11。

单击“文件”,单击“打开文件”,调到桌面,双击“3.4CAXA 文件”,单击“图 1.11”,单击“打开”,屏幕上显示图 1.11。将其放大到适当大小,单击“常用工具栏”中的Q±,由下向上推动光标将图放大(回车)。

(2) 轨迹生成。

① 填写轨迹生成参数表。单击“线切割”,单击“轨迹生成”,显示“线切割轨迹生成参数表”(同图 3.44),按照图 3.44 填写,填完单击“确定”。

② 选择切割方向和偏移方向。提示“拾取轮廓时”,单击图上直线 1—8,出现方向相反

的两个草绿色箭头(图3.56),因为要顺图形切割,单击向左的箭头,整个图形变成红色虚线,出现与直线1—8垂直方向相反的两个草绿色箭头,用以选择间隙补偿方向(图3.57),切割凸件应向图外补偿,单击指向图外的箭头,箭头消失。

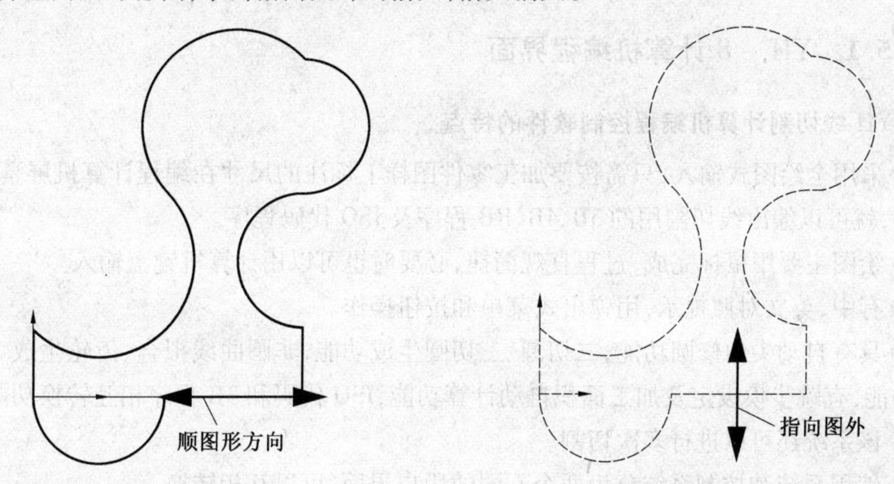

图3.56　逆图1.11切割单击向左的箭头　　图3.57　切凸件单击指向图外的箭头

③ 输入穿丝点位置。提示“输入穿丝点位置”,输入20,－3(回车),提示“输入退出点”(回车),图形变成白色。

④ 轨迹仿真。单击“线切割”,单击“轨迹仿真”,提示“拾取加工轨迹”,单击图上任一线段,出现与图3.55相同的轨迹仿真图,不同的是电极丝在图上做顺时针方向移动(回车)。

⑤ 生成3B程序。单击“线切割”,单击“生成3B代码”,显示“生成3B加工代码”对话框。调到桌面,双击“3.4XAXA文件”,文件名后输入“表3.24”,单击“保存”,已把表3.24的3B程序存入桌面3.4CAXA文件。

⑥ 显示顺图1.11切割的3B程序。提示“拾取加工轨迹”,单击1—8直线,单击鼠标右键,显示出表3.24的3B程序,查看完毕将其关闭。

表3.24　顺图1.11切割的3B程序

```
****************************************
CAXAWEDM -Version 2.0 , Name : 表3.24.3B
Conner R=    0.00000    , Offset F=    0.00000 ,Length=     117.553 mm
****************************************
Start Point  =    20.00000 ,   -3.00000   ;         X   ,        Y
N   1: B      0 B   3000 B   3000 GY    L2 ;   20.000 ,     0.000
N   2: B  10000 B      0 B  10000 GX    L3 ;   10.000 ,     0.000
N   3: B   5000 B      0 B  10000 GY   SR4 ;    0.000 ,    -0.000
N   4: B      0 B   5000 B  5000  GY    L2 ;    0.000 ,     5.000
N   5: B   5000 B   5000 B  14142 GX   NR3 ;   10.000 ,    15.000
N   6: B   5000 B   5000 B  14142 GX   SR3 ;   20.000 ,    25.000
N   7: B      0 B   5000 B  10000 GX   SR1 ;   20.000 ,    15.000
N   8: B      0 B   5000 B  10000 GX   NR2 ;   20.000 ,     5.000
N   9: B      0 B   5000 B  5000  GY    L4 ;   20.000 ,    -0.000
N  10: B      0 B   3000 B  3000  GY    L4 ;   20.000 ,    -3.000
N  11: DD
```

3.5 用 YH 线切割计算机编程控制软件编写直线及圆弧程序

3.5.1 YH－8 计算机编程界面

1. YH 线切割计算机编程控制软件的特点

① 采用全绘图式输入,只需按要加工零件图样上标注的尺寸在编程计算机屏幕上作出该图形,就可以编出线切割用的 3B、4B、RB 程序及 ISO 代码程序。

② 绘图主要用鼠标完成,过程直观简捷,必要时也可以用计算机键盘输入。

③ 有中、英文对照提示,用弹出式菜单和按钮操作。

④ 具有自动尖角修圆功能,二切圆、三切圆生成功能,非圆曲线拟合、齿轮生成、大圆弧处理功能,有跳步模设定及加工面积自动计算功能,ISO 代码和 3B 程序相互转换功能。

⑤ 该系统还可以进行多次切割。

⑥ 编程系统和控制系统分为两个不同的用户界面,可以互相转换。

2. YH－8 绘图式计算机编程系统的界面

YH－8 绘图式计算机编程系统的界面如图 3.58 所示。

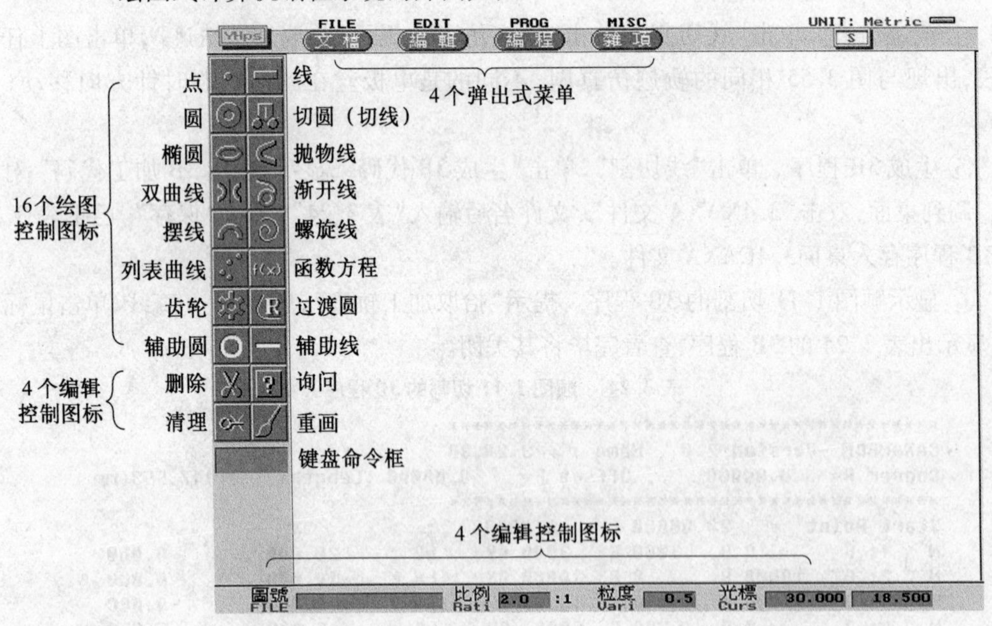

图 3.58 YH－8 绘图式计算机编程系统的界面

YH－8 编程系统的全部操作由屏幕左侧的 20 个命令图标、键盘命令框、屏幕顶部的四个弹出式菜单及屏幕下方的一行提示行完成。在 20 个命令图标中,有 16 个是绘图控制图标,靠下方的4 个是编辑控制图标。4 个弹出式菜单为:文档、编辑、编程和杂项,其菜单的各级功能如图 3.59 所示。

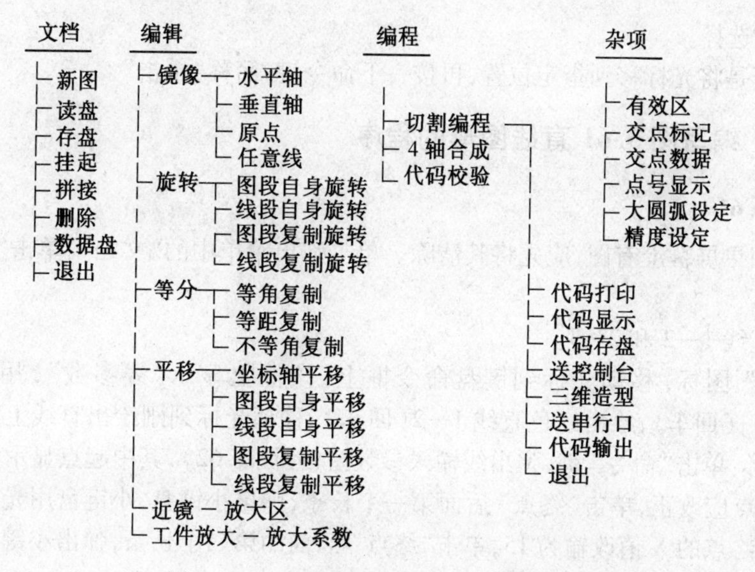

图3.59　4个弹出式菜单的各级菜单功能

1. 命令键和调整键

YH－8编程系统操作命令的选择、状态、窗口的切换全部用鼠标实现，为以后叙述方便，把鼠标的左边按钮称为“命令”键，右边按钮称为“调整”键。如果要使用某个图标或按钮（菜单按钮或参数窗控制钮），只要将光标移到相应的位置并按一下“命令”键，即可实现相应的操作，以后将这项工作简称“单击”。

2. YH－8编程系统的几个专用名词

（1）图段。

图段是指屏幕上互相连通的线段（包括直线和圆弧），如图3.60（a）所示。

（2）线段。

线段是指某条直线或圆弧，如图3.60（b）所示。

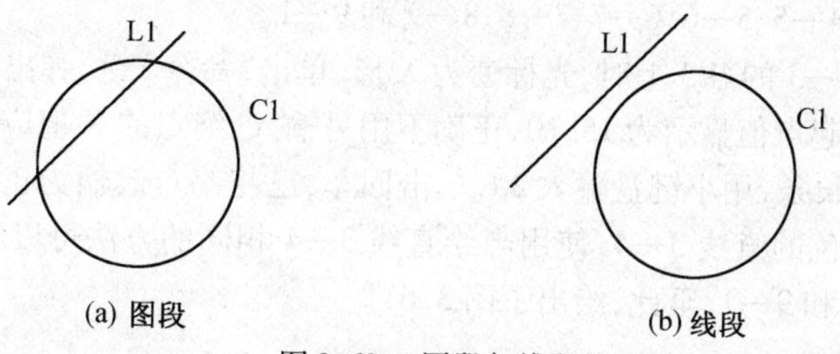

图3.60　图段与线段的区别

（3）粒度。

粒度是指作图时参数窗内数值基本变化增量的粗细程度，如粒度为0.5时，半径取值的增加量依次为8，8.5，9，9.5，…

（4）元素。

元素是指点、线、圆。

（5）无效线段。

无效线段是指不是构成工件线切割轮廓线的线段。

(6) 光标选择。

光标选择是将光标移到指定位置,再按一下命令键,简称"单击"。

3.5.2　编写图 3.61 直线图形的程序

1. 绘图 3.61

绘图前如果屏幕上有图,应先将其清除。单击弹出菜单中的"文档",单击"新图",该图消失。

(1) 作直线 1—2 和 2—3。

单击"线" 图标,移动光标到键盘命令框上,该框上显示"线参数",用大键盘输入[5,0],[15,0](回车),绘出红色直线 1—2(回车),移动光标到刚绘出直线上的点 2 上时,光标变为 X 形,单击"命令" 键,弹出线输入参数窗口(图 3.62),其中起点显示为 15,0,正确不必改输,终点应改正,单击"终点" 后面第一个长条,弹出小键盘,小键盘用光标输入 15,单击回车,已将终点的 X 值改输为 15,单击"终点" 后面的第二个长条,弹出小键盘,小键盘用光标输入 10,单击回车,图上预显黄色直线 2—3,若位置正确,单击线输入窗中的"Yes" 键确认。

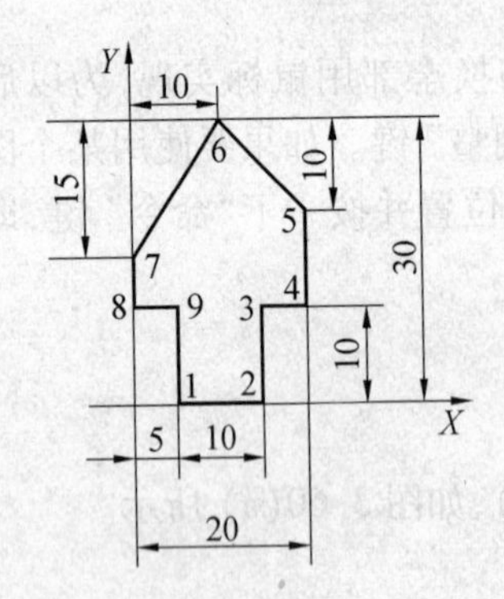

图 3.61　直线图形

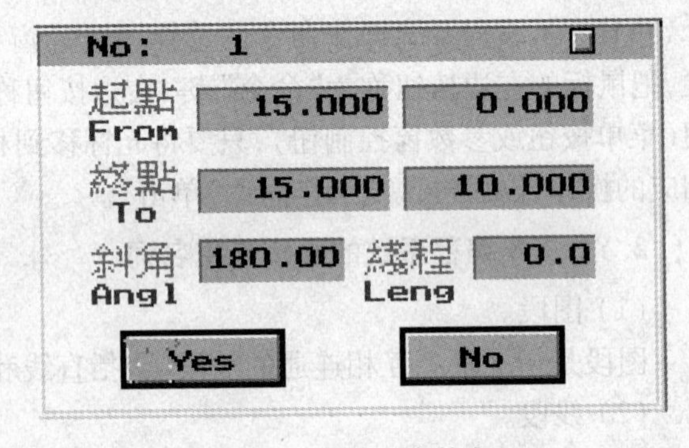

图 3.62　线输入参数窗口

(2) 作直线 3—4、4—5、5—6、6—7、7—8、8—9 和 9—1。

移动光标到直线 2—3 的点 3 上时,光标变为 X 形,单击"命令" 键,弹出"线输入参数窗口",其中直线 3—4 的起点值显示为 15,10,正确不用另输入,终点的 X 值应重新输入,单击"终点" 后面的第一个长条,用小键盘输入 20,单击回车,已将终点改输为正确的 20,10 了,单击"Yes" 键,绘出黄色的直线 3—4,使用与绘直线 3—4 相同的方法可以绘出直线 4—5、5—6、6—7、7—8、8—9 和 9—1,至此,绘出了图 3.61。

(3) 存盘。

先在屏幕左下角单击"图号" 后的长条,弹出输入图号的小键盘,用大键盘输入 tu,用小键盘接着输入 3 - 61,使图号为 tu3 - 61(回车),存好图 3.61,以备需要时调出图来使用。

2. 编写图 3.61 的程序

(1) 逆图 3.61 编写增量坐标 ISO 代码。

① 输入穿丝孔位置。单击"编程",单击"切割编程",屏幕右上角出现红色条上有"丝孔" 二字,提示要求输入穿丝孔的位置,从屏幕左下角移线架形光标,若穿丝孔设在 5, - 3,移线架形光标,单击 5, - 3 附近,按住命令键(左键) 不放,移动光标到点 1 上,光标变为"×"

形，放开“命令”键，在点1处显示“▼”形红色指示牌，同时弹出穿丝孔位输入窗（图3.63），其中起割（点）坐标值5，0正确，（穿丝）孔位不是要求的值，应重新输入，将孔位改输为5，-3，之后单击“Yes”键，显示出“切割路径选择窗”。

② 选择切割方向。切割路径决定了切割方向，因为要作逆时针方向切割，移线架形光标到窗口中的横线1—2上时，光标变为手指形，单击“命令”键，显示“切割路径选择窗口”如图3.64所示，在手指形光标处出现该条线段的序号No：0，单击此线段时右上边它所对应的线段号L_0的底色变黑，移动光标单击“认可”，就完成了切割路径的选择，“切割路径选择窗”消失，同时图中火花沿着图上所选择切割路径的方向进行模拟切割，至切入点时显示“OK”结束。同时弹出“加工方向选择窗”（图3.65）。在加工方向后面有两个方向相反的三角形（◁▷），分别代表“逆/顺”时针切割方向，其中的红底和黄色三角形为软件自动判断的切割方向（特别注意：系统自动判断的方向一定要和火花模拟的方向一致，否则得到的程序代码上所加的间隙补偿量正负相反，出现错误）。若有错误，可以用“命令”键重新设定，可单击一下灰底黑三角形的位置，使其变为红底黄色三角形。单击加工方向选择窗右上角的方形□小按钮，单击屏幕左下角的工具包，弹出“代码显示选择窗”（图3.66）。

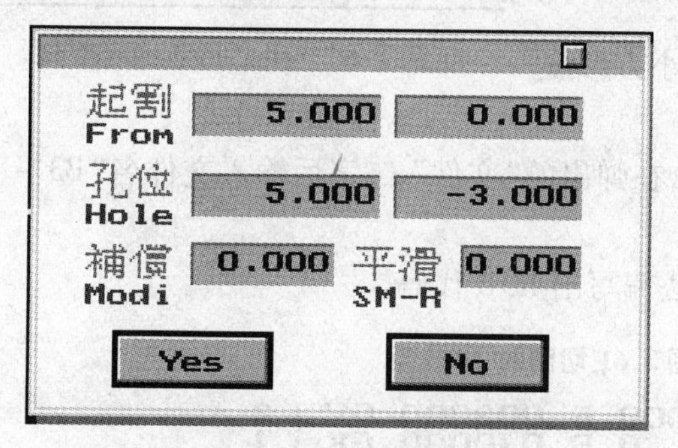

图3.63　穿丝孔位输入窗

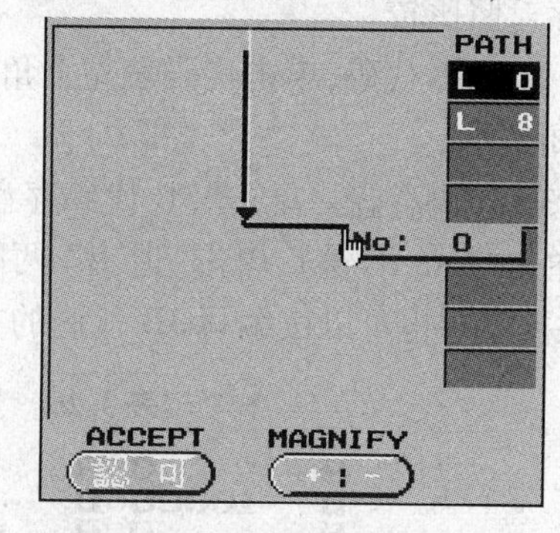

图3.64　切割路径选择窗口

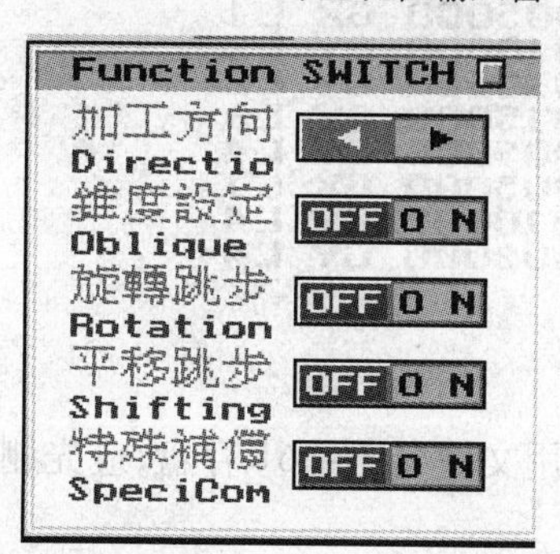

图3.65　加工方向选择窗

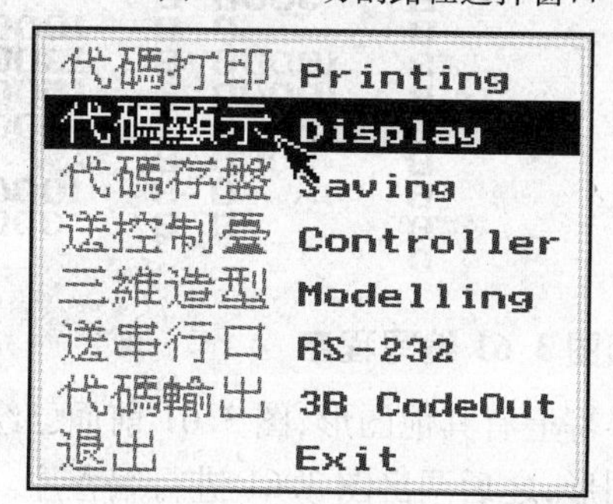

图3.66　代码显示选择窗

③ 显示增量坐标的ISO代码及存盘。

a. 显示增量坐标的ISO代码。单击“代码显示”，显示出逆图形3.61切割的增量（相对）坐标ISO代码，见表3.25。

查看完代码后，要关闭ISO代码，单击代码单左上角的方形小按钮，返回到“代码显示选择窗”。

b. 代码存盘。单击“代码存盘”，提示输入文件名，在“文件”二字后输入“B3-25ISO”，单击回车按钮后已将表3.25的ISO代码存好了。

表 3.25 逆图 3.61 切割的增量坐标 ISO 代码

G92	X5.0000	Y-3.0000
G01	X0.0000	Y3.0000
G01	X10.0000	Y0.0000
G01	X0.0000	Y10.0000
G01	X5.0000	Y0.0000
G01	X0.0000	Y10.0000
G01	X-10.0000	Y10.0000
G01	X-10.0000	Y-15.0000
G01	X0.0000	Y-5.0000
G01	X5.0000	Y0.0000
G01	X0.0000	Y-10.0000
G01	X0.0000	Y-3.0000
M00		

(2) 逆图 3.61 编写 3B 代码及 3B 代码存盘。

① 逆图编写 3B 代码。单击"代码输出 3B",单击"3B code",弹出"3B 代码显示选择窗"(图 3.67),单击"3B 代码显示",显示出的逆图 3.61 切割的 3B 代码见表 3.26,可与表 1.2 的手工编写的 3B 程序对照比较。

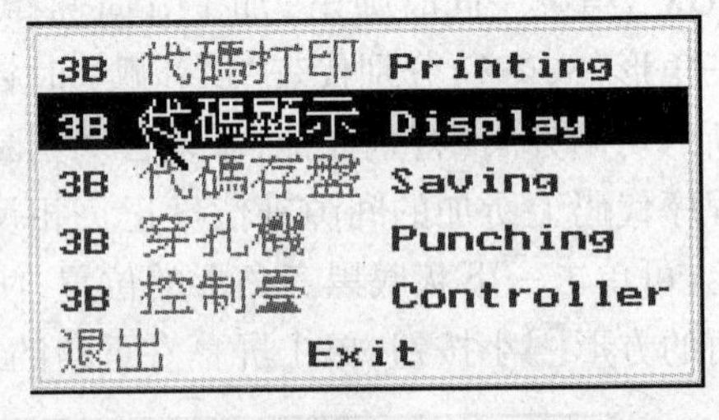

图 3.67 3B 代码显示选择窗

查看完3B 代码,单击代码表左上角的小方形按钮,关闭显示。

②3B 代码存盘。单击"3B 代码存盘",在弹出的"文件"二字后输入文件名"B3 - 26 - 3B"(单击"Enter"键),单击"退出"两次。

根据需要也可以按编写 3B 代码的方法编写出 R3B 代码。

表 3.26 逆图 3.61 切割的 3B 代码

B	0	B	3000	B	003000	GY	L2
B	10000	B	0	B	010000	GX	L1
B	0	B	10000	B	010000	GY	L2
B	5000	B	0	B	005000	GX	L1
B	0	B	10000	B	010000	GY	L2
B	10000	B	10000	B	010000	GY	L2
B	10000	B	15000	B	015000	GY	L3
B	0	B	5000	B	005000	GY	L4
B	5000	B	0	B	005000	GX	L1
B	0	B	10000	B	010000	GY	L4
B	0	B	3000	B	003000	GY	L4
D							

3. 顺图 3.61 编写程序

若屏幕上有其他图形,图 3.61 前面已绘过图并用文件名 3 - 61 存盘,应先删除屏幕上的无用图形,之后调出图 3.61 进行编程序。

单击"文档",单击"新图",清除屏幕上的图形。

单击"读盘",单击"图形",弹出"已存文件选择窗"(图 3.68),单击其中的文件名"3 - 61",该文件名上显示一个黄色长条,单击左上角的小方形按钮时屏幕上显示调出的图3.61。

图 3.68 已存文件选择窗

(1) 顺图3.61编写增量坐标ISO代码。

① 输入穿丝孔位置。单击“编程”,单击“切割编程”,屏幕左下角显示的工具包上有线架形光标,移线架形光标单击图下穿丝孔(5, -3) 附近,并紧按“命令” 键移动光标到图形的点1上时,光标变为“×”形,放开“命令” 键,图上的切入点1处显示一个红色三角形,并弹出与图3.63相似的“穿丝孔位输入窗”,其中的起割点(切入点) 的坐标值为5,0,正确不必改动,孔位(穿丝孔坐标) 不准确需要重新输入,单击“孔位” 右边的第一个长条,用弹出的小键盘输入X值5,单击孔位右边的第二个长条,用小键盘输入Y值 -3,单击“Yes” 键,弹出“切割路径选择窗”。

② 选择加工方向。其中显示出图段1—2和1—9,切割路长决定加工方向,因为顺图形切割,从切入点应沿线段1—9方向切割,移线架形光标到图段1—9上时光标变手指形,并显示No:8,单击命令键,右上角的L 8的底色变黑(图3.69),表示从切入点沿1—9图段由下往上顺图形方向切割。单击“认可”,火花沿图形顺时针方向进行快速模拟切割,至切入点1处显示“OK”, 弹出“加工方向选择窗”(同图3.65)。

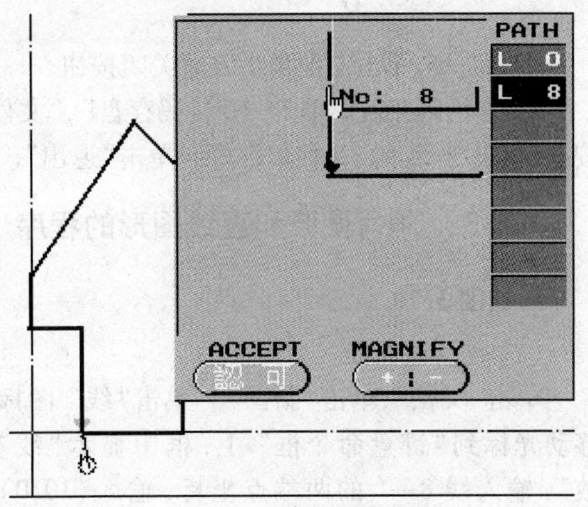

图3.69　切割路径选择窗

在“加工方向选择窗” 中,“加工方向” 后面的红底黄色三角形其尖端指向右表示系统确定的顺图形切割,合乎要求,单击该选择窗右上角处的小方形关闭按钮,单击左下角处的工具包弹出“代码显示选择窗”(同图3.66)。

③ 显示增量坐标的ISO代码及存盘。

a. 显示增量坐标的ISO代码(顺图形切割)。单击“代码显示”,显示出顺图3.61切割的增量坐标ISO代码,见表3.27。

表3.27　顺图3.61切割的增量坐标ISO代码

```
G92 X5.0000     Y-3.0000
G01 X0.0000     Y3.0000
G01 X0.0000     Y10.0000
G01 X-5.0000    Y0.0000
G01 X0.0000     Y5.0000
G01 X10.0000    Y15.0000
G01 X10.0000    Y-10.0000
G01 X0.0000     Y-10.0000
G01 X-5.0000    Y0.0000
G01 X0.0000     Y-10.0000
G01 X-10.0000 Y0.0000
G01 X0.0000     Y-3.0000
M00
```

查看完毕,单击左上角的小方形关闭按钮返回“代码显示窗”。

b. 代码存盘。单击“代码存盘”,在“文件” 后面输入文件名“SB3 - 27ISO”,单击“Enter” 按钮,将表3.27的ISO代码存好。

(2) 顺图3.61编写3B代码及存盘。

① 编写3B代码。单击“代码输出3B”,单击“3B code”,单击“3B代码显示”,显示出表

3.28 所示的顺图 3.61 切割的 3B 代码。

表 3.28　顺图 3.61 切割的 3B 代码

```
B      0 B   3000 B 003000 GY L2
B      0 B  10000 B 010000 GY L2
B   5000 B      0 B 005000 GX L3
B      0 B   5000 B 005000 GY L2
B  10000 B  15000 B 015000 GY L1
B  10000 B  10000 B 010000 GY L4
B      0 B  10000 B 010000 GY L4
B   5000 B      0 B 005000 GX L3
B      0 B  10000 B 010000 GY L4
B  10000 B      0 B 010000 GX L3
B      0 B   3000 B 003000 GY L4
D
```

查看完毕,单击左上角小方形关闭按钮。

②3B 代码存盘。单击“3B 代码存盘”,“文件”后面输入“SB3 - 28 - 3B”,单击“Enter”按钮,将表 3.28 的 3B 代码存好。单击“退出”。

3.5.3 编写圆弧和直线图形的程序

1. 绘图 3.70

(1) 绘直线图段。

单击“文档”,单击“新图”。单击“线”图标,移动光标到“键盘命令框”上,框中显示“线参数”,输入线 8—1 的两端点坐标,输入(10,0),(20,0)(回车),绘出红色直线 8—1,移动光标单击点 1 处,弹出“线输入参数窗”,直线 1—2 的起点显示为 20,0,正确不必再输入,应将终点改输为 20,5,单击终点后面第一个长条,改输为 20,单击终点后面第二个长条改输为 5,单击“Yes”键,绘出黄色直线 1—2。

移动光标到“键盘命令框”上,输入直线 6—7 的两个端点坐标值,输入(0,5),(0,0)(回车),绘出红色直线 6—7。

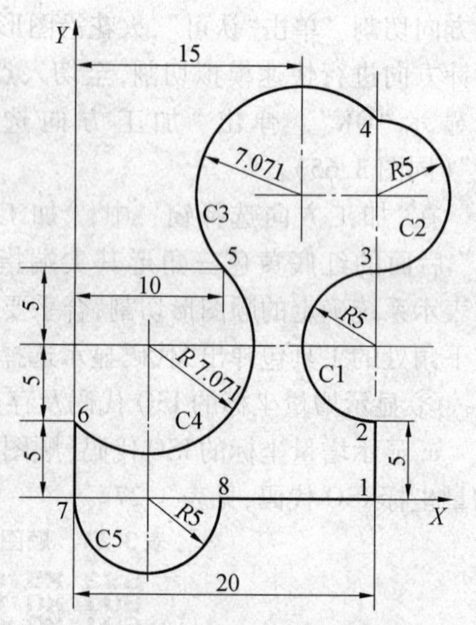

图 3.70　圆弧和直线图形

(2) 绘圆弧图段。

① 绘整圆 C1、C2 和 C5。单击“圆”图标,移动光标到“键盘命令框”上,显示“圆参数”,输入圆 C1 的圆心和半径,移动光标到“键盘命令”键上,显示“圆参数”,输入(20,10),5(回车),绘出黄色圆 C1。输入([20,20),5(回车),绘出圆 C2。输入(5,0),5(回车),绘出圆 C5。

② 绘圆 C3 和 C4。因圆 C3 和 C4 应相切于点 5 处,因此,绘出的两个圆必须准确地在点 5 处相切,计算图中圆 C3 和圆 C4 的圆心距离 $L = \sqrt{10^2 + 10^2} = \sqrt{200} \approx 14.142136$,将其除以 2,14.142 136 ÷2 = 7.071 067 8。图中所标注的半径是经四舍五入处理过的,用 R = 7.071 作出的两个圆不可能在点 5 处相切,因此,要用已知圆心和已知圆上一点的方法来绘圆 C3 和 C4,肯定能在点 5 处相切。

输入点 5 的坐标值,单击“点”图标,移动光标到“键盘命令框”上,显示“点参数”,输入

(10,15)(回车),绘出点5。

绘圆C3和圆C4的圆心坐标,输入(15,20)(回车),绘出圆C3的圆心。输入(5,10)(回车),绘出圆C4的圆心。

用单切圆(已知圆心并过一点的圆)的方法绘圆C3。单击"圆"图标,移动光标到C3圆心位置,光标变为手指形,按下"命令"键不放,并移动光标到圆C3上的点5上时,光标变为"×"形时放开"命令"键,绘出了与点5相切的圆C3,单击弹出"圆输入参数窗"中的"Yes"键。

用单切圆的方法绘圆C4。移动光标到C4圆心点上,光标变手指形时按下"命令"键不放,并移动光标到点5上,光标变为"×"形时,放开"命令"键,单击弹出"圆输入参数窗"中的"Yes"键,绘出与圆C3相切于点5的圆C4。

删除多余的圆弧段。先放大图形至6倍,将屏幕下方的"比例"后面的数值修改为6,单击原来数值,用弹出的小键盘将其改输为6,使图形放大。在各交点和切点处作标记。单击"杂项",单击"交点标记",在各交点和切点处都显示出一个小"+"形浅蓝色标记,如图3.71所示,单击"删除"图标,移剪刀形光标到要删除的圆弧图段上时,该图段变为红色,单击"命令"键,该红色图段被删除,用同样方法将全部多余的圆弧图段删除,单击工具包。

单击"重画"图标后,绘出图3.72所示的图形,该图中遗有绘图时形成的原图中没有的交点,会增加编出程序的圆弧条数,此处要将多出的交点清理掉,单击左下角的"清理"图标,之后再存图。

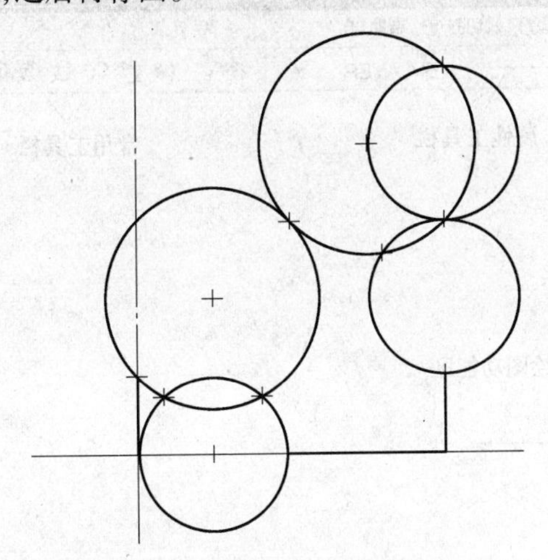

图3.71　删除多余圆弧前的图形

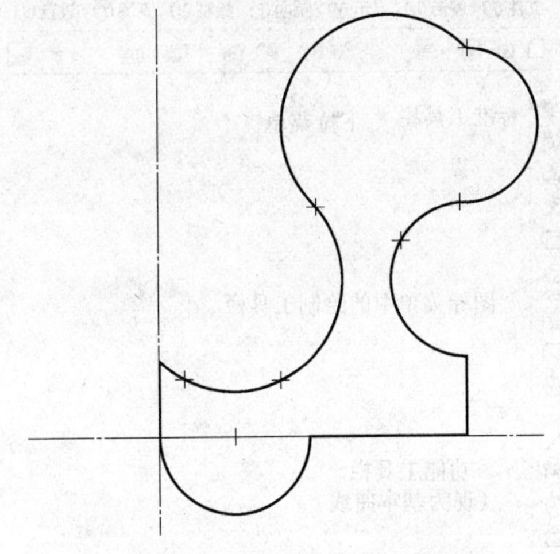

图3.72　删除多余图段后的图形

(3) 将图3.72存盘用于编程序。

先将屏幕左下角的图号改输为"TU3 - 72",单击图号后的长条,输入TU3 - 72,单击小键盘的"回车"按钮。单击"文档"→"存盘"。

2. 逆图3.70编写程序。

(1) 逆图3.70编写增量坐标ISO代码

① 调出图3.72。若编程时屏幕上是其他图,单击"文档",单击"新图"清屏,单击"文档"→"读盘"→"图形"→"TU3 - 72",点左上角的小方形按钮,调出图3.72,该图和图3.70是一样的。

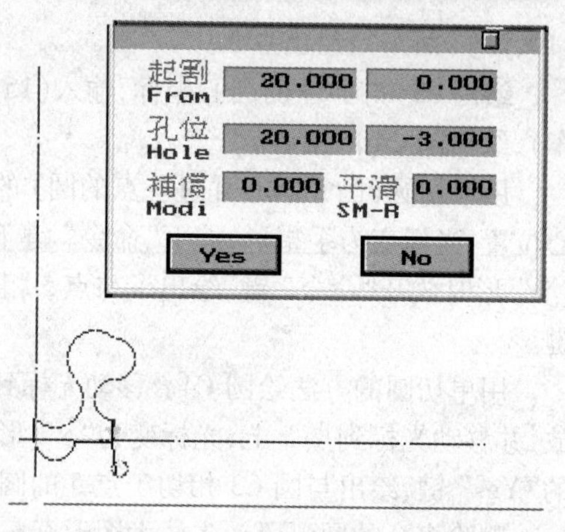

图 3.73　穿丝孔位输入窗

②输入窗丝孔坐标值。单击“编程”→单击“切割编程”，移线架形光标单击穿丝孔(20，-3)附近，按住“命令”键移动光标到图上点1上面时，光标变为“×”形，放开“命令”键，弹出“穿丝孔位输入窗”，“起割”点坐标为20，0，不必改输，将“孔位”改输为20，-3，如图3.73所示，单击“Yes”键，弹出“切割路径选择窗”。

③选择加工方向。切割路径决定加工方向，移动光标单击直线1—2时(图3.74)，光标变手指形，该处显示“No:1”，右上角L 1的底色变黑，移动光标单击“认可”，弹出“加工方向选择窗”(与图3.65相同)。图中“加工方向”右边红底黄三角形 ◁ 的尖角向左，表示逆图形切割，火花沿逆图形方向沿图线移动一圈返回到点1处，并显示“OK”结束，单击“加工方向选择窗”右上角处的小方形按钮，单击工具包，弹出“代码显示选择窗”(与图3.66相同)。

④代码显示。单击“代码显示”，弹出表3.29所示的逆图3.70切割的增量坐标ISO代码。

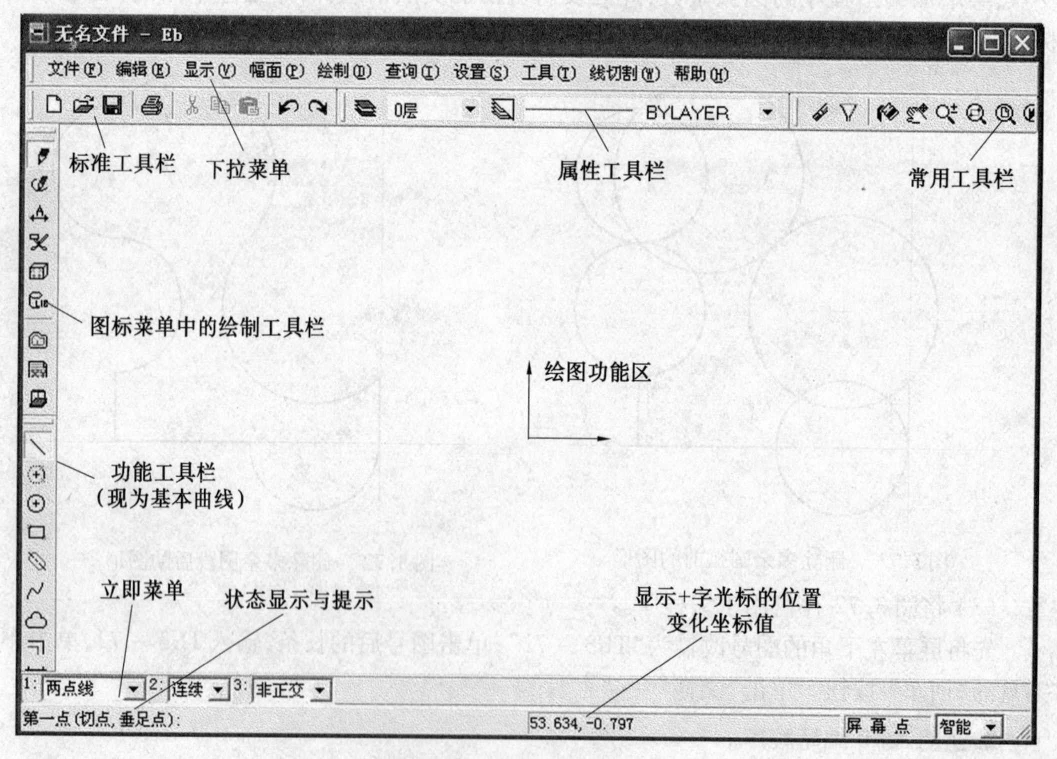

图 3.74　切割路径选择窗

查看完代码后，单击左上角的小方形按钮返回“代码显示选择窗”。

⑤代码存盘。单击“代码存盘”，提示“文件”名，输入“NB3-29-ISO”，按“Enter”键，将NB3-29-ISO存好。

表 3.29　逆图 3.70 切割的增量坐标 ISO 代码

```
G92 X20.0000   Y-3.0000
G01 X0.0000    Y3.0000
G01 X0.0000    Y5.0000
G02 X0.0000    Y10.0000  I-0.0000  J5.0000
G03 X0.0000    Y10.0000  I-0.0000  J5.0000
G03 X-10.0000  Y-10.0000 I-5.0000  J-5.0000
G02 X-10.0000  Y-10.0000 I-5.0000  J-5.0000
G01 X0.0000    Y-5.0000
G03 X10.0000   Y0.0000   I5.0000   J-0.0000
G01 X10.0000   Y0.0000
G01 X0.0000    Y-3.0000
M00
```

(2) 逆图 3.70 编写 3B 程序。

① 代码输出 3B 程序。在“代码显示窗”单击“代码输出 3B”→单击“3B code”→“3B 代码显示”,显示出逆图 3.70 编写的 3B 程序,见表 3.30。

表 3.30　逆图 3.70 编写的 3B 程序

```
B      0 B  3000 B 003000 GY L2
B      0 B  5000 B 005000 GY L2
B      0 B  5000 B 010000 GX SR3
B      0 B  5000 B 010000 GX NR4
B   5000 B  5000 B 014142 GY NR1
B   5000 B  5000 B 014142 GY SR1
B      0 B  5000 B 005000 GY L4
B   5000 B     0 B 010000 GY NR3
B  10000 B     0 B 010000 GX L1
B      0 B  3000 B 003000 GY L4
D
```

②3B 程序存盘。查看完 3B 程序单,单击左上角的小方形按钮返回“3B 代码显示窗”,单击“3B 代码存盘”,提示输入文件名,在“文件”右输入“NB3 - 30 - 3B”,单击“Enter”键,将该 3B 程序存好。单击“退出”→“退出”。

3. 顺图 3.70 编写程序

(1) 顺图 3.70 编写增量坐标 ISO 代码。

① 输入穿丝孔坐标值。单击“编程”,单击“切割编程”,移线架形光标单击 20, - 3 附近,按住“命令”键移动光标到点 1 上时,光标变为“×”形时放开“命令”键,弹出“穿丝孔位输入窗”,其中“起割”点坐标值为20,0,正确不必改,穿丝“孔位”需改输为 20, - 3(与图3.73 相同),之后单击“Yes”键,弹出“切割路径选择窗”。

② 选择加工方向。沿直线 1—8 方向切割的路径是顺图 3.70 切割,移线架形光标到直线 1—8 上时,光标变为手指形,该处显示 No:0,单击“命令”键,右上角处的 L 0 底色变黑,如图 3.75 所示,单击“认可”,火花顺图的顺时针方向走一圈回到“切入点”1 处显示“OK”,同时弹出“加工方向选择窗”(同图 3.65),系统确定在“加工方向”右边的红底黄色三角形的尖向右,

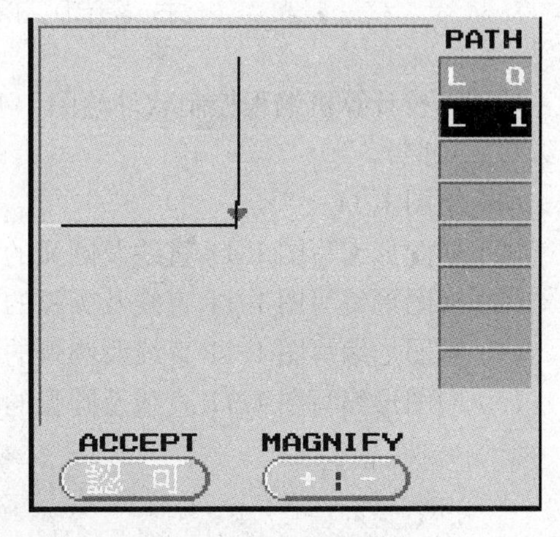

图 3.75　切割路径选择窗

表示顺图形加工。单击右上角的小方形按钮,单击工具包,弹出“代码显示窗”(与图3.66相同)。

③代码显示及存盘。显示顺图3.70编程的ISO代码。单击“代码显示”,显示出表3.31所示,顺图3.70编程的增量坐标ISO代码。

表3.31　顺图3.70编程的增量坐标ISO代码

```
G92 X20.0000   Y-3.0000
G01 X0.0000    Y3.0000
G01 X-10.0000  Y0.0000
G02 X-10.0000  Y0.0000   I-5.0000  J-0.0000
G01 X0.0000    Y5.0000
G03 X10.0000   Y10.0000  I5.0000   J5.0000
G02 X10.0000   Y10.0000  I5.0000   J5.0000
G02 X0.0000    Y-10.0000 I-0.0000  J-5.0000
G03 X0.0000    Y-10.0000 I-0.0000  J-5.0000
G01 X0.0000    Y-5.0000
G01 X0.0000    Y-3.0000
M00
```

查看完毕,单击左上角的小方形按钮,返回“代码显示窗”。

(2)顺图3.70编写3B程序及存盘。

①显示3B程序。单击“代码输出3B”→“3B code”→“3B代码显示”,显示出表3.32所示的顺图3.70编写的3B程序。

表3.32　顺图3.70编写的3B程序

```
B     0 B  3000 B 003000 GY L2
B 10000 B     0 B 010000 GX L3
B  5000 B     0 B 010000 GY SR4
B     0 B  5000 B 005000 GY L2
B  5000 B  5000 B 014142 GY NR3
B  5000 B  5000 B 014142 GY SR3
B     0 B  5000 B 010000 GX SR1
B     0 B  5000 B 010000 GX NR2
B     0 B  5000 B 005000 GY L4
B     0 B  3000 B 003000 GY L4
D
```

查看完毕,单击左上角的小方形按钮,返回“3B代码显示窗”。

②存盘。单击“3B代码存盘”,在“文件”后面输入“SB3 - 32 - 3B”,单击“Enter”按钮,将表3.32中的3B程序存好,单击“退出”→“退出”。

第2部分　学生练习

使用本校计算机编程控制软件绘图1.11和编写直线、圆弧的3B程序及ISO代码(与老师编写的对照)。

(1)绘图1.11;

(2)逆图形编写图1.11直线及圆弧的3B程序;

(3)逆图形编写图1.11直线及圆弧的ISO代码;

(4)顺图形编写图1.11直线及圆弧的3B程序;

(5)顺图形编写图1.11直线及圆弧的ISO代码。

第3部分　学生实践

学生实践:练习调整电参数并切割工件:

(1) 学习调整脉冲宽度 t_i(μs) 及脉冲间隔 t_o(μs) 的方法;

(2) 熟悉查看加工电压 U(V) 的方法;

(3) 熟悉查看加工电流 I(A) 的方法;

(4) 熟悉查看短路电流 I_s(A) 的方法(可用导线使导电块与工件短路);

(5) 学习调整变频改变进给速度 V_F 的方法;

(6) 用示波器观察脉冲宽度 t_i(μs)、脉冲间隔 t_o(μs)、开路电压 $\hat{u}_i$(V)、放电电压 u_e(V)及放电时间 t_e(μs);

(7) 切割工件并计算单边放电间隙 $\delta_{电}$(mm) 和切割速度 v_{wi}(mm^2/min)。

第4单元　间隙补偿量 f 及过渡圆 R

教学目的

(1) 学习冲孔模和落料模各种间隙补偿量的组成和算法；

(2) 认识过渡圆及其与间隙补偿量的关系；

(3) 学习用计算机编写程序时加间隙补偿量或在模拟切割及加工时加间隙补偿量的方法。

第1部分　教师授课

4.1　间隙补偿量 f 及过渡圆 R

4.1.1　间隙补偿量 f 的组成

间隙补偿量又称线径补偿量或偏移量，是指电极丝几何中心实际运动轨迹与编程轮廓线之间的法向尺寸差值(mm)。

从图4.1中可以看出

$$f(\text{间隙补偿量}) = r_{\text{丝}}(\text{电极丝半径}) + \delta_{\text{电}}(\text{单边放电间隙})$$

若 $r_{\text{丝}} = 0.09$ mm，$\delta_{\text{电}} = 0.01$ mm 时，间隙补偿量

$$f = r_{\text{丝}} + \delta_{\text{电}} = 0.09\ \text{mm} + 0.01\ \text{mm} = 0.1\ \text{mm}$$

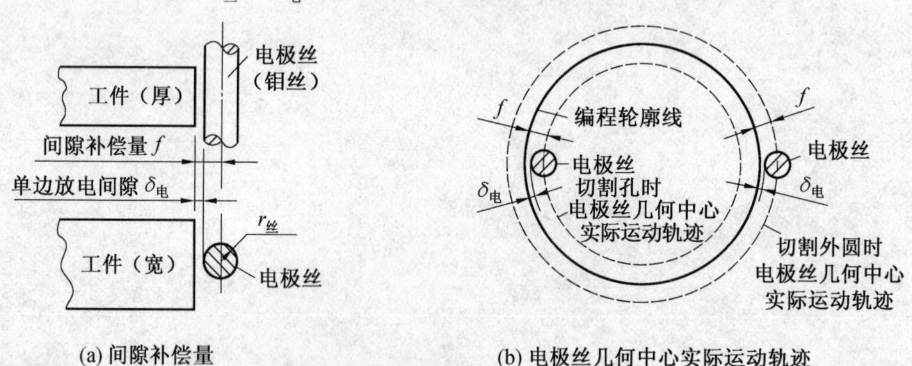

(a) 间隙补偿量　　(b) 电极丝几何中心实际运动轨迹

图4.1　工件、电极丝及间隙补偿量

$r_{\text{丝}}$ 因所用电极丝直径不同而异，单边放电间隙 $\delta_{\text{电}}$ 一般取0.01 mm，当所用的电参数及工件厚度及材料等不同时，实际 $\delta_{\text{电}}$ 是会变化的，要得到精确的加工尺寸，$\delta_{\text{电}}$ 应该按实际状况试切测量后才能准确地确定。

4.1.2　怎样判别间隙补偿量f的正或负

间隙补偿量的正负可根据在电极丝中心轨迹图形中圆弧半径及直线段法线长度的变化情况来确定(图4.2)，$\pm f$对圆弧是用于加减圆弧半径r,对直线段是用于加减其法线长度P。对于圆弧,当考虑电极丝中心轨迹后,其圆弧半径比原图形半径增大时取$+f$,减小时取$-f$;对于直线段,当考虑电极丝中心轨迹后,使该直线段的法线长度P增加时取$+f$,减小时则取$-f$。

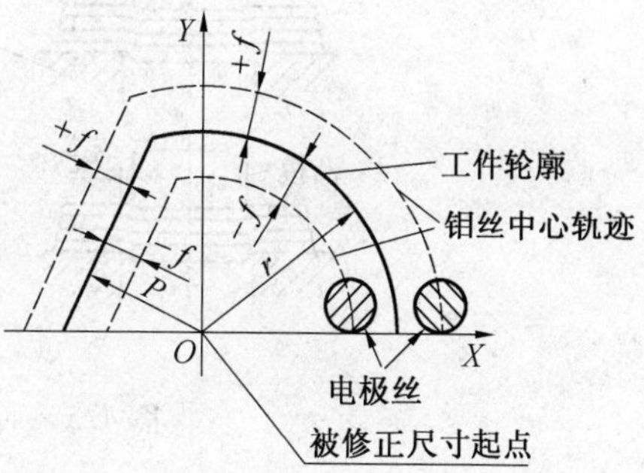

图4.2　间隙补偿量的符号判别

4.1.3　冲裁模具的间隙补偿量

1. 冲裁模具需要线切割加工的零件

图4.3是一个加工圆孔或圆片的冲裁模具,图中可以看出需要线切割加工的零件有:①凸模;②凹模;③凸模固定板;④卸料板。图中没有画出被冲裁的工件(板料),工件是在凹模和卸料板之间。图4.4表示板料被凸模冲出一个圆孔,有一个圆片被冲裁落下来,根据冲裁的目的不同分为冲孔或落料。

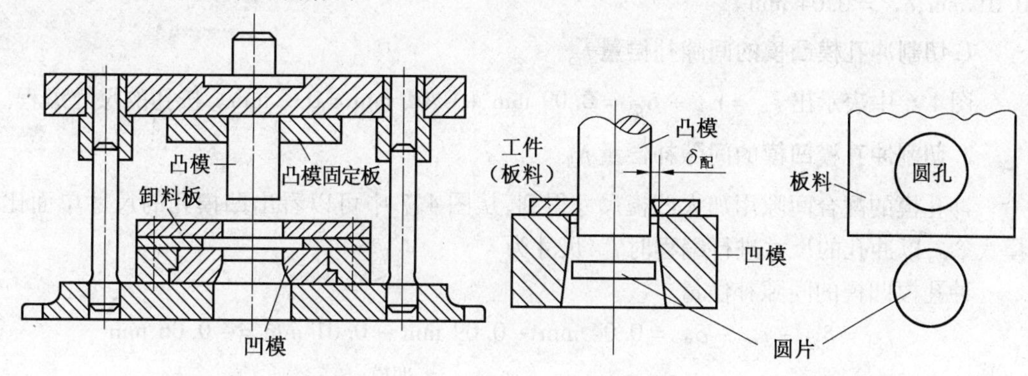

图4.3　冲裁模具简图　　图4.4　圆孔和圆片冲裁示意图

2. 冲裁的凸模和凹模间的配合间隙$\delta_{配}$

冲裁时工件板料的变形、断裂分离规律如图4.5所示,要求凹模的尺寸比凸模稍大一点,在单面大出的尺寸,称为配合间隙$\delta_{配}$,$\delta_{配}$的尺寸依板料材料的种类和板料材料的厚度S不同而异,表4.1中的数据可供参考,模具公司都有自己的经验数值。

表4.1　凸凹模配合间隙参考值($2\delta_{配}$)(双面)

板料材料种类	板料材料厚度S/mm				
	0.1 ~ 0.4	0.4 ~ 1.2	1.2 ~ 2.5	2.5 ~ 4	4 ~ 6
软钢、黄铜	0.01% ~ 0.02%	7% ~ 10%	9% ~ 12%	12% ~ 14%	15% ~ 18%
硬钢	0.01% ~ 0.05%	10% ~ 17%	18% ~ 25%	25% ~ 27%	27% ~ 29%
磷青铜	0.01% ~ 0.04%	8% ~ 12%	11% ~ 14%	14% ~ 17%	18% ~ 20%
铝及铝合金(软)	0.01% ~ 0.03%	8% ~ 12%	11% ~ 12%	11% ~ 12%	11% ~ 12%
铝及铝合金(硬)	0.01% ~ 0.03%	10% ~ 14%	13% ~ 14%	13% ~ 14%	13% ~ 14%

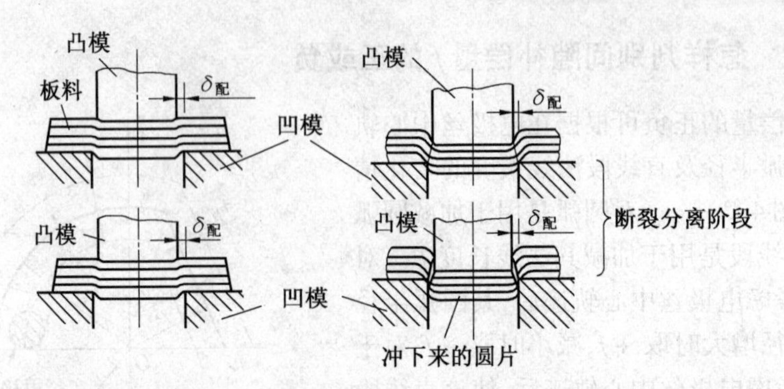

图 4.5　冲裁时板料的变形、断裂和分裂

如板料的材料为软钢或黄钢，板料厚度 $S = 1$ mm，参考表 4.1，$2\delta_{配} = S \times 8\% = 1\ \text{mm} \times 0.08 = 0.08$ mm，则凸凹模的单边配合间隙 $\delta_{配} = 0.04$ mm。

4.1.4　冲孔模凸模、凹模、固定板及卸料板的间隙补偿量

"冲孔" 的目的是得到冲出孔的尺寸，冲下的圆片是废料。

"冲孔"时，冲出的孔其尺寸与凸模相同，设孔的直径为 $\phi10$，板料厚度 $S = 1$ mm，材料为黄铜，切割凸模所用的电极丝（钼丝）为 $\phi0.18$，即 $r_{丝} = 0.09$ mm，若单边放电间隙 $\delta_{电} = 0.01$ mm，$\delta_{配} = 0.04$ mm。

1. 切割冲孔模凸模的间隙补偿量 $f_{凸}$

图 4.6 中表示出 $f_{凸} = r_{丝} + \delta_{配} = 0.09\ \text{mm} + 0.01\ \text{mm} = 0.1$ mm。按孔的尺寸编程。

2. 切割冲孔模凹模的间隙补偿量 $f_{凹}$

冲孔模的配合间隙用加大凹模尺寸得到，从图 4.7 中可以看出凹模孔的尺寸单面比凸模大 $\delta_{配}$，以冲孔的尺寸进行编程时 $f_{凹}$ 尺寸为

冲孔模凹模的间隙补偿量

$$f_{凹} = \delta_{配} - r_{丝} - \delta_{电} = 0.04\ \text{mm} - 0.09\ \text{mm} - 0.01\ \text{mm} = -0.06\ \text{mm}$$

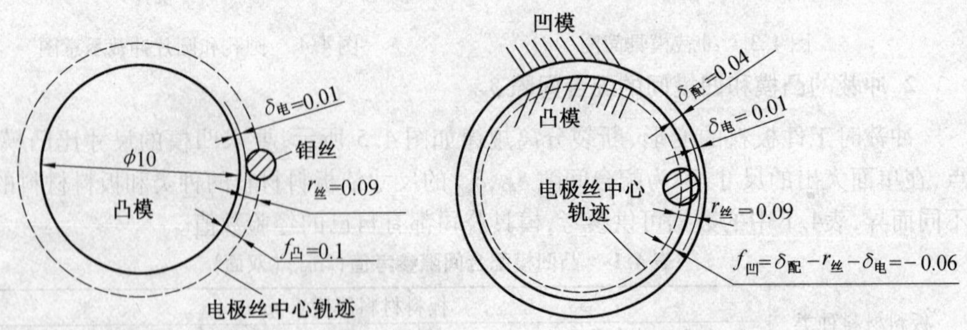

图 4.6　冲孔模凸模的间隙补偿量 $f_{凸}$　　　图 4.7　冲孔模凹模的间隙补偿量 $f_{凹}$

3. 切割冲孔模凸模固定板的间隙补偿量 $f_{固}$

冲孔模的凸模固定板孔的尺寸，单面比凸模小 $\delta_{固}$，从图 4.8 中可以看出，以冲孔的尺寸进行编程时，$f_{固}$ 的尺寸为

冲孔模凸模固定板的间隙补偿量

$$f_{固} = -(r_{丝} + \delta_{电} + \delta_{固}) = -(0.09\ mm + 0.01\ mm + 0.01\ mm) = -0.11\ mm$$

4. 切割冲孔模卸料板的间隙补偿量$f_{卸}$

冲孔模卸料板的孔，单面比凸模尺寸大$\delta_{卸}$，从图4.9中可以看出，以冲孔尺寸编程时，$f_{卸}$的尺寸为

冲孔模卸料板的间隙补偿量

$$f_{卸} = \delta_{卸} - \delta_{电} - r_{丝} = 0.02\ mm - 0.01\ mm - 0.09\ mm = -0.08\ mm$$

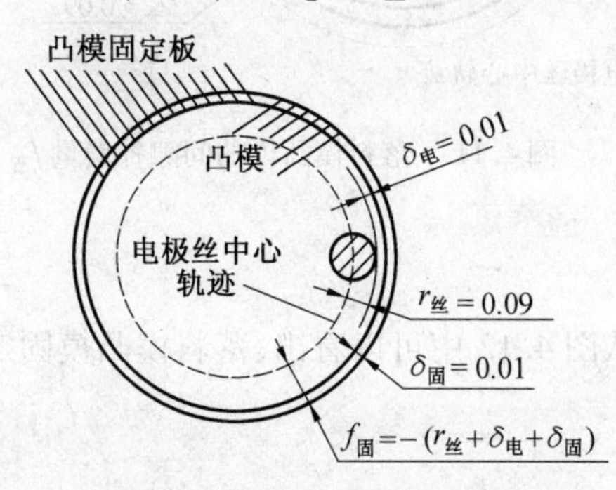

图4.8　冲孔模凸模固定板的间隙补偿量$f_{固}$

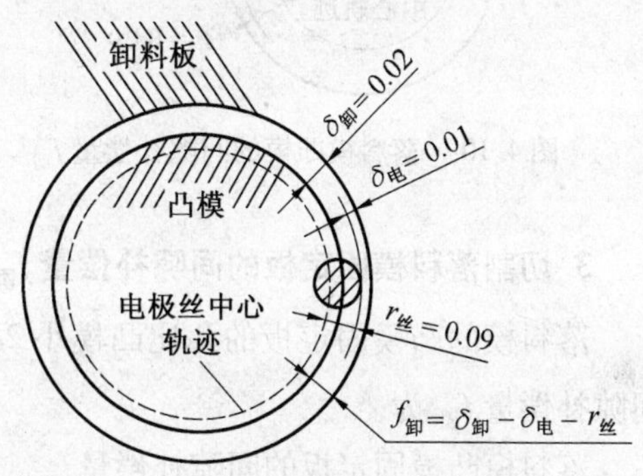

图4.9　冲孔模卸料板的间隙补偿量$f_{卸}$

根据上面的分析及计算将该冲孔模凸模、凹模、固定板及卸料板的间隙补量小结如下：

凸模的间隙补偿量$f_{凸} = 0.1$ mm；

凹模的间隙补偿量$f_{凹} = -0.06$ mm；

固定板的间隙补偿量$f_{固} = -0.11$ mm；

卸料板的间隙补偿量$f_{卸} = -0.08$ mm。

4.1.5　落料模凹模、凸模、凸模固定板及卸料板的间隙补偿量

"落料"的目的是要得到冲下来那个零件的尺寸，而冲出的孔是废料。

"落料"时，冲下零件的尺寸与凹模相同，设冲下圆片零件的直径为$\phi 10$，板料厚度$S = 1$ mm，材料为黄铜，线切割所用的电极丝（钼丝）为$\phi 0.18$，即$r_{丝} = 0.09$ mm，若单边放电间隙$\delta_{电} = 0.01$ mm，凸凹模单面配合间隙$\delta_{配} = 0.04$ mm。

1. 切割落料模凹模的间隙补偿量$f_{凹}$

落料模的凹模尺寸与冲下圆片零件的尺寸相同，按冲下圆片零件的尺寸编程，从图4.10中可以看出，凹模的间隙补偿量$f_{凹}$为

落料模切割凹模的间隙补偿量

$$f_{凹} = -(\delta_{电} + r_{丝}) = -(0.01\ mm + 0.09\ mm) = -0.1\ mm$$

2. 切割落料模凸模的间隙补偿量$f_{凸}$

落料模的凸模尺寸等于凹模尺寸减$2\delta_{配}$，按冲下零件圆片的尺寸编程，从图4.11中可以看出，凸模的间隙补偿量$f_{凸}$为

落料模切割凸模的间隙补偿量

$$f_{凸} = r_{丝} + \delta_{电} - \delta_{配} = 0.09\ mm + 0.01\ mm - 0.04\ mm = 0.06\ mm$$

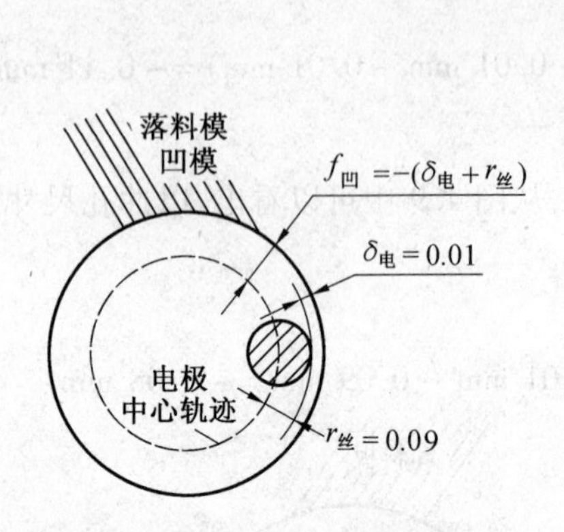

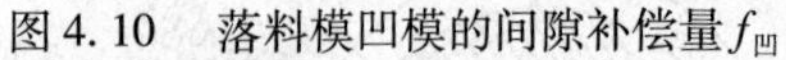
图 4.10　落料模凹模的间隙补偿量 $f_{凹}$

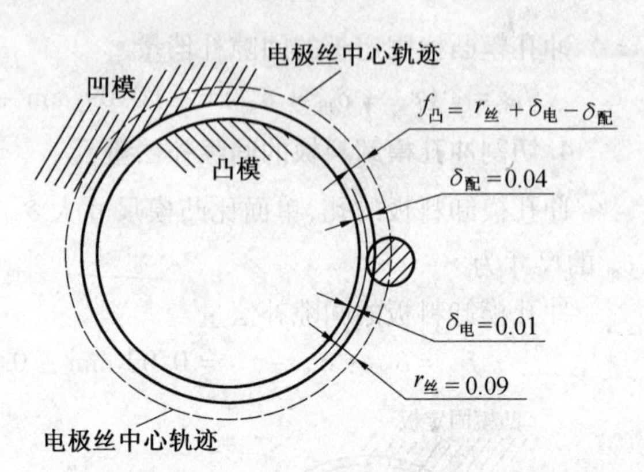

图 4.11　落料模凸模的间隙补偿量 $f_{凸}$

3. 切割落料模固定板的间隙补偿量 $f_{固}$

落料模的凸模固定板的孔比凸模小 $2\delta_{固}$，从图 4.12 中可以看出，落料模凸模固定板的间隙补偿量 $f_{固}$ 为

落料模凸模固定板的间隙补偿量

$$f_{固}=-(\delta_{配}+\delta_{固}+\delta_{电}+r_{丝})=-(0.04\ \text{mm}+0.01\ \text{mm}+0.01\ \text{mm}+0.09\ \text{mm})=-0.15\ \text{mm}$$

4. 切割落料模卸料板的间隙补偿量 $f_{卸}$

卸料板的孔尺寸比凸模单面大 $\delta_{卸}$，从图 4.13 可以看出，按冲下零件的图片尺寸编程序，卸料板的间隙补偿量 $f_{卸}$ 为

落料模卸料板的间隙补偿量

$$f_{卸}=-r_{丝}-\delta_{电}-\delta_{配}+\delta_{卸}=-0.09\ \text{mm}-0.01\ \text{mm}-0.04\ \text{mm}+0.02\ \text{mm}=-0.12\ \text{mm}$$

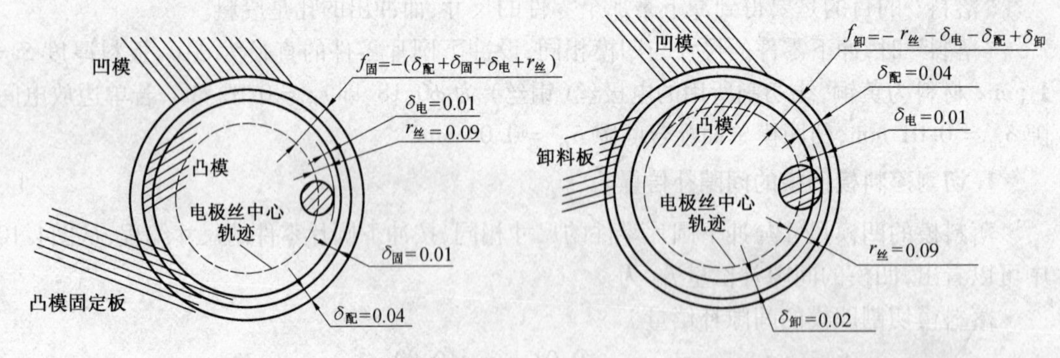

图 4.12　落料模凸模固定板的间隙补偿量 $f_{固}$　　图 4.13　落料模卸料板的间隙补偿量 $f_{卸}$

凹模的间隙补偿量　　$f_{凹}=-0.1$ mm

凸模的间隙补偿量　　$f_{凸}=0.06$ mm

固定板的间隙补偿量　　$f_{固}=-0.15$ mm

卸料板的间隙补偿量　　$f_{卸}=-0.12$ mm

4.1.6　过渡圆R

1. 线切割加工模具时为什么必须加过渡圆

（1）电火花线切割，加工不出凹模孔中的尖角。

如图4.14所示，由于钼丝有一定直径，若钼丝直径为$\phi 0.18$，钼丝半径$r_{丝}=0.09$ mm，若单边放电间隙$\delta_{电}=0.01$ mm，则切割出的模具孔，在尖角处自然是一个半径$R=r_{丝}+\delta_{电}=0.09$ mm$+0.01$ mm$=0.1$ mm的圆角。

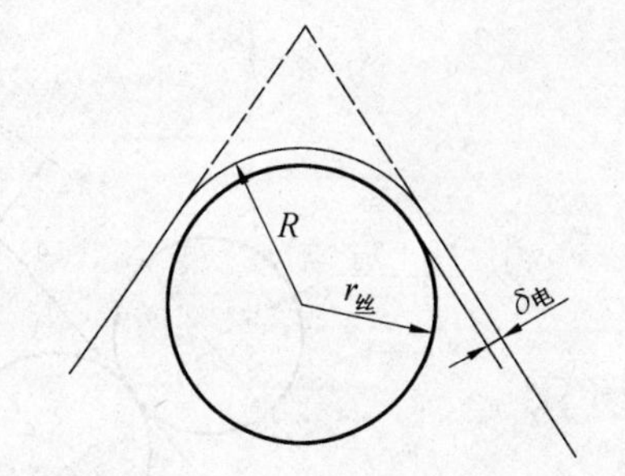

图4.14　过渡圆半长$R=r_{丝}+\delta_{电}$

（2）凸模和凹模的尖角处都应该是圆角。

凸模虽可以切割出尖角，但无法插入切割成圆角的凹模中去。为了使凸模能顺利插入凹模孔中，所以应该把凸模和凹模的尖角都加一个过渡圆弧，变为圆角。

所加过渡圆的半径最小不能比$r_{丝}+\delta_{电}$小，可以比$r_{丝}+\delta_{电}$适当大一点，尖角处加过渡圆对提高冲模的使用寿命有好处，过渡圆的大小与工件材料的厚度及模具形状有关，工件材料厚，过渡圆半径可适当加大，过渡圆半径R一般在0.1～0.5 mm之间选取。

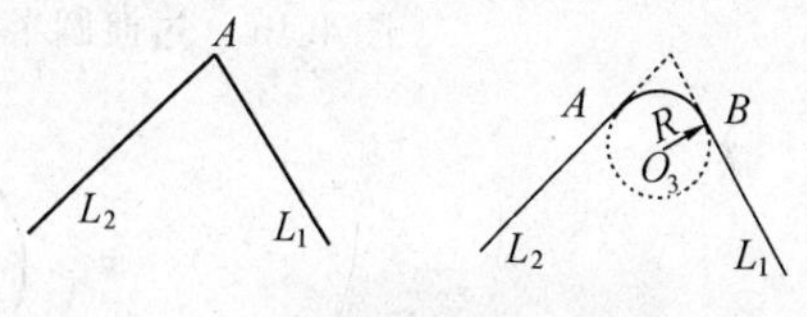

(a) 线线相交（LL型）

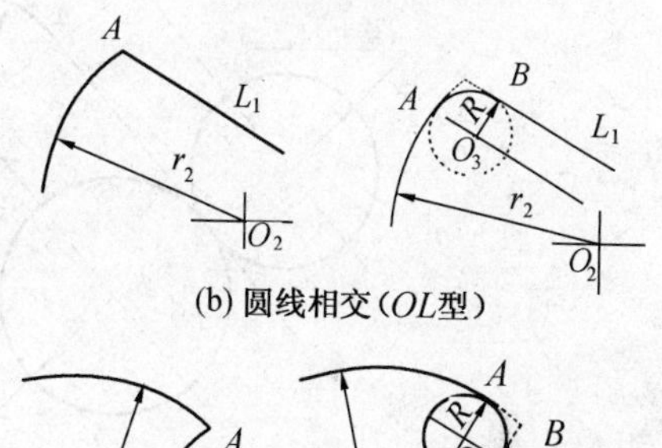

(b) 圆线相交（OL型）

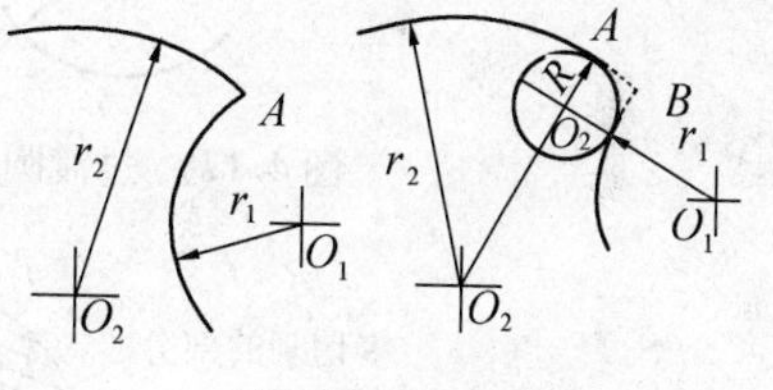

(c) 圆圆相交（OO型）

图4.15　三种尖角加过渡圆

2. 尖角加过渡圆有三种情况

① 两条直线相交的尖角（图4.15(a)）；

② 圆弧和直线相交的尖角（图4.15(b)）；

③ 圆弧和圆弧相交的尖角（图4.15(c)）。

3. 过渡圆半径R等于、大于或小于间隙补偿量f的比较

（1）过渡圆半径R大于间隙补偿量f。

从图4.16中可以看出，当过渡圆半径R大于间隙补偿量f时，在过渡圆内角处，电极丝中心沿虚线圆弧1—2移动，切割出3—4这一段过渡圆弧。

（2）过渡圆半径R等于间隙补偿量f。

从图4.17中可以看出，当过渡圆半径R等于间隙补偿量f时，在过渡圆内角处加工出的过渡圆3－4其半径$R=f$。

（3）过渡圆半径R小于间隙补偿量f。

① 手工编程的例子。当线切割工件的尖角过渡圆半径R小于间隙补偿量f时，在原来图形的过渡圆角附近会产生“根切现象”，如图4.18所示。手工编程由右侧往左上方切割直线时，点1是直线终点，点1′是间隙补偿后电极丝中心所走直线的终点，当直线程序走完时，电极丝中心在点1′处，此时所切出的过渡圆弧不但比原图要求的过渡圆弧半径大，而且把不该切割的那部分也切割了（图中剖面线那部分）。

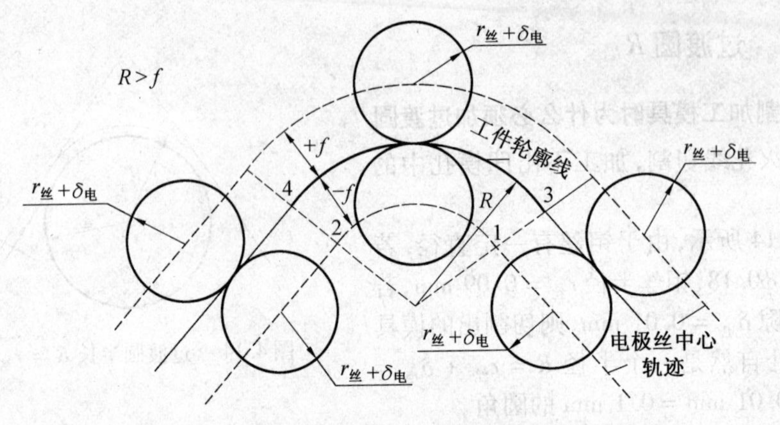

图 4.16　过渡圆半径 R 大于间隙补偿 f 的示意图

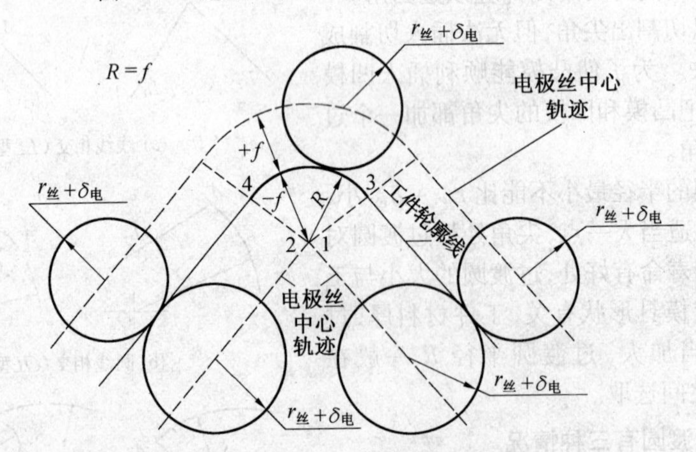

图 4.17　过渡圆半径等于间隙补偿量 f 的示意图

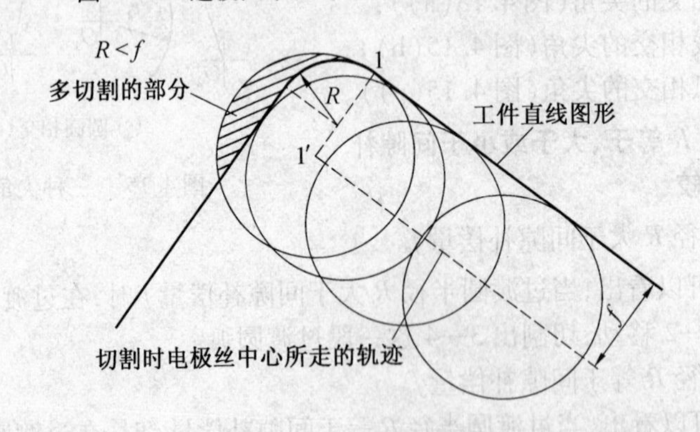

图 4.18　$f > R$ 时的根切现象

②$R < f$ 计算机编程的例子。以图 4.19 为例，5 × 5 的方块，四个角的过渡圆半径 R = 0.1 mm，为了看清楚，图中过渡圆局部已将其放大。假设取间隙补偿量 f = 0.15 mm，用 HL 计算机编程控制软件来编写3B 程序，编出的3B 程序单见表4.2。将其作出电极丝中心轨迹如图 4.20 所示。从图 4.20 中可以看出，所编出程序的电极丝中心轨迹，根本就不是所要求的了。过渡圆的位置、方向和大小都不对，四条直线的位置也不对，总之所编出的这个 3B 程序是错的，不能用。

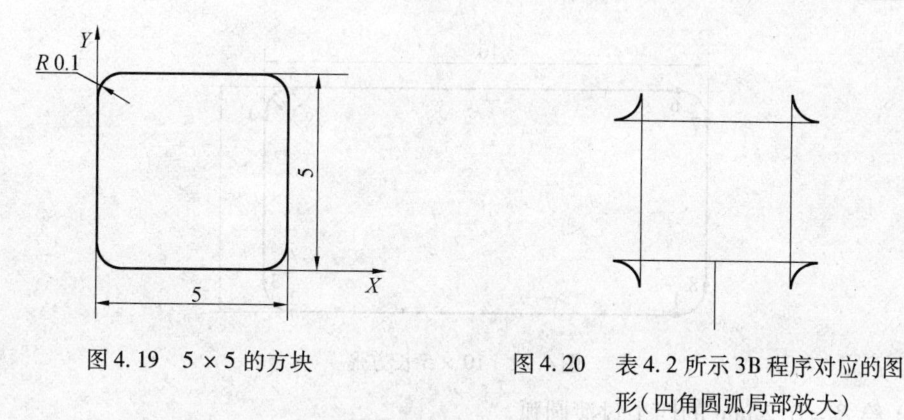

图4.19　5×5的方块

图4.20　表4.2所示3B程序对应的图形(四角圆弧局部放大)

表4.2　$R<f$时用HL计算机编程控制软件编出的3B程序单

```
*************************************************************
Towedm --Version 2.96 D:\WSNCP\4-19.DAT
Conner R= 0.000, Offset F= 0.150, Length= 25.814
*************************************************************
Start Point =          2.5000,      -3.0000             X            Y
N    1: B         0 B          0 B      3150 GY L2 ;    2.500,       0.150
N    2: B         0 B          0 B      2400 GX L1 ;    4.900,       0.150
N    3: B         0 B         50 B        50 GY NR2;    4.850,       0.100
N    4: B         0 B          0 B      4800 GY L2 ;    4.850,       4.900
N    5: B        50 B          0 B        50 GX NR3;    4.900,       4.850
N    6: B         0 B          0 B      4800 GX L3 ;    0.100,       4.850
N    7: B         0 B         50 B        50 GY NR4;    0.150,       4.900
N    8: B         0 B          0 B      4800 GY L4 ;    0.150,       0.100
N    9: B        50 B          0 B        50 GX NR1;    0.100,       0.150
N   10: B         0 B          0 B      2400 GX L1 ;    2.500,       0.150
N   11: B         0 B          0 B      3150 GY L4 ;    2.500,      -3.000
DD
```

4.2　用HL计算机编程控制软件，编写冲孔模具加间隙补偿量f程序的实例

为了便于理解以及看图形及程序更直观一些，举一个切割10×5的长方形，四个角的过渡圆半径$r=0.2$ mm的冲孔模具为例，编写凸模、凹模、固定板和卸料板加不同间隙补偿量f的例子。

工件板料为黄铜，$\delta_{配}=0.04$ mm，$r_{丝}=0.09$ mm，$\delta_{电}=0.01$ mm，$\delta_{固}=0.01$ mm，$\delta_{卸}=0.02$ mm，根据前面4.1.4小节中的分析及计算，$f_{凸}=0.1$ mm，$f_{凹}=-0.06$ mm，$f_{固}=-0.11$ mm，$f_{卸}=-0.08$ mm。

4.2.1　绘　图

1.绘10×5的长方形(图4.21)

(1)绘10×5的长方形。

单击“直线”，单击“两点线”，提示“直线端点”，输入0,0(回车)，提示“直线端点”，输入10,0(回车)，提示“直线端点”，输入10,5(回车)，输入0,5(回车)，输入0,0(回车)，绘出该长方形，单击“Esc”键，单击“满屏”，单击“缩放”，提示“放大镜系数”，输入0.8(回车)。

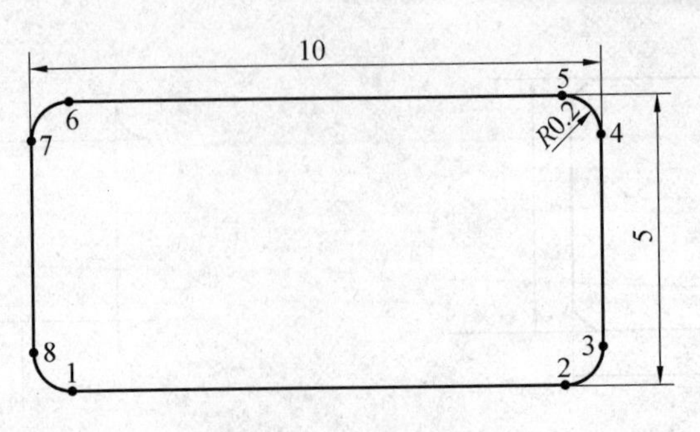

图 4.21　10 × 5 长方形

(2) 绘 $R = 0.2$ mm 的四个过渡圆弧。

单击“圆”,单击“尖点变圆弧”,提示“半径”,输入 0.2(回车),提示“用光标指尖点”,单击四个尖点绘出四个 $R = 0.2$ mm 的过渡圆弧。单击“Esc”键。单击“回退”,显示当前文件 NONAMEOO. DAT。

2. 存图 4.21

单击“文件另存为”,显示“文件管理器”,单击“F4”键,显示“D:\WSNCP\”内的文件名,输入 4 - 21,单击“保存”,显示“已保存”,已将图 4.21 存入“D:\WSNCP”。

3. 打开存好的文件编程

单击“打开文件”,提示“文件存盘 Y/N?”,单击“Y”键,文件管理器中,在“打开”右边显示“4 - 21. DAT”,单击“打开”,这个打开的图形用于编程,文件名就是 4 - 21。单击“缩放”,提示“放大镜系数”,输入 0.8(回车)。

4.2.2　逆图形编写 10 × 5 冲孔模加间隙补偿量 f 的 3B 程序

1. 编写 10 × 5 冲孔模凸模加间隙补偿量的 3B 程序

(1) 编写 3B 程序。

单击“数控程序”,单击“加工路线”,提示“加工起始点”,输入 0.2, -3(回车),提示“加工切入点”,输入 0.2,0(回车),沿直线 1—2 方向显示一个向右的红箭头,提示“Y/N?”,单击“Y”键,同意逆图形方向切割,提示“尖点圆弧半径”,此图已无尖点,输入 0(回车),在 1 点处出现方向相反的两个红箭头,表示加间隙补偿的方向,箭头尖处有“+”号或“-”号,表示要输入补偿量的“+”或“-”,如果是顺图形方向切割,加工凸模的补偿应该是“+”号,现在是逆图形切割,显然电极丝是在图形外(如图4.6)补偿量应为正,但 HL 软件,逆图形切割时,必须按箭头上显示的“-”输入结果才正确,故输入 -0.1(回车),全部图形变为草绿色,提示“重复切割”,单击“N”键,图 4.22(a) 外圈显示红色补偿后电极丝的轨迹线,图下显示:“加工起始点 = 0.2, -3, R = 0, F = - 0.1, NC = 10, L = 36.085”。

(2) 代码存盘。

单击“代码存盘”,显示“已存盘”,已用文件名 4 - 21.3B 将凸模的程序如表 4.3 所示存入 D:WSNCP 盘中。

(3) 查看代码。

单击“查看代码”,显示表 4.3 所示的冲孔模凸模的 3B 程序,查看完毕单击“Esc”键,单击“退回”。

表 4.3　图 4.21 的冲孔模凸模有间隙补偿 $f_{凸}$ 的 3B 程序

```
****************************************************************
Towedm --Version 2.96 D:\WSNCP\4-21.DAT
Conner R= 0.000, Offset F= -0.100, Length= 36.085
****************************************************************
Start Point =         0.2000,       -3.0000              X           Y
N    1: B        0 B        0 B      2900 GY L2 ;     0.200,     -0.100
N    2: B        0 B        0 B      9600 GX L1 ;     9.800,     -0.100
N    3: B        0 B      300 B       300 GY NR4 ;   10.100,      0.200
N    4: B        0 B        0 B      4600 GY L2 ;    10.100,      4.800
N    5: B      300 B        0 B       300 GX NR1 ;    9.800,      5.100
N    6: B        0 B        0 B      9600 GX L3 ;     0.200,      5.100
N    7: B        0 B      300 B       300 GY NR2 ;   -0.100,      4.800
N    8: B        0 B        0 B      4600 GY L4 ;    -0.100,      0.200
N    9: B      300 B        0 B       300 GX NR3 ;    0.200,     -0.100
N   10: B        0 B        0 B      2900 GY L4 ;     0.200,     -3.000
DD
```

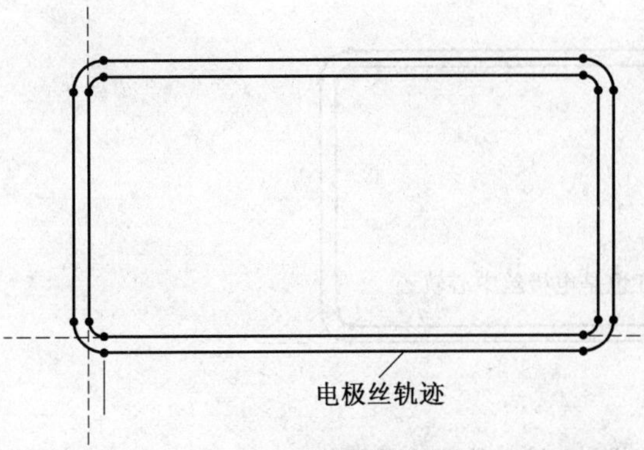

电极丝轨迹

(a) 凸模间隙补偿后 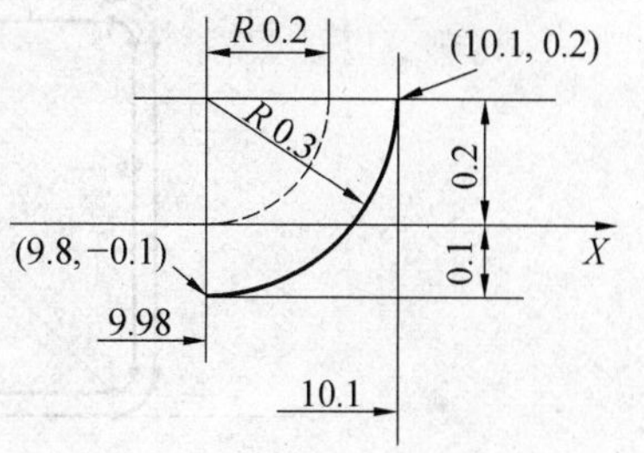　　(b) 右下角间隙补偿后的尺寸

图 4.22　冲孔模凸模间隙补偿后的图形

(4) 分析程序查看间隙补偿量是否已加上。

以图形右下角的圆弧为例,原来该过渡圆弧的半径 $R = 0.2$ mm。

表 4.3 中第 3 条是该圆弧间隙补偿后的程序

N3　B0　B300　B300　GYNR4　10.1　0.2

其中第 3 个 B 后面 300 表示计数长度为 0.3,GYNR4 表示该过渡圆是在第四象限,将该图作出来,如图 4.22(b) 所示。该圆弧间隙补偿后的起点 9.8,-0.1 是第二条程序的终点,该圆弧的终点是 10.1,0.2,就是表 4.3 中 X、Y 下面的数值。

可见,查看过渡圆半径的大小值,就可以看出所输入的间隙补偿量是否正确了。

所以此例输入的间隙补偿不是 -0.1 而是 0.1,那么所编出程序中的过渡圆半径就不是 0.3,而是 0.1,就与要求不符了。但是如果是顺图形切割时,间隙补偿量输入 0.1 就能得出过渡圆半径 $R = 0.3$,所以应注意顺图形切割和逆图形切割,输入间隙补偿量的正负是不同的,可通过查看程序中的过渡圆半径来判别。

2. 编写 10 × 5 冲孔模凹模加间隙补偿量 $f_{凹}$ 的 3B 程序

(1) 调出图 4.21,将文件名改为 4 - 23。

单击“打开文件”,在文件管理器中,单击“4 - 21. DAT”,在“打开” 左侧显示“4 - 21.

DAT”,单击“打开”,显示图4.21,左下边显示“当前文件 D:\WSNCP\4 - 21. DAT”,单击“文件另存为”,在文件管理器中输入“4 - 23”,单击“保存”,单击“打开文件”,提示“文件存盘 Y/N？”,单击“Y”键,当“打开”二字左边显示“4 - 23. DAT”时,单击“打开”,显示图4.23所示图形,左下边显示“当前文件 D:\WSNCP\4 - 23. DAT”,单击“缩放”,提示“放大镜系数”,输入0.8(回车)。

(2) 编写图4.23的3B程序。

单击“数控程序”,单击“加工路线”,提示“加工起始点”,输入3,2.5(回车),提示“加工切入点”输入0.2,0(回车),在1—2直线上显示向右的红色箭头,表示逆图形方向切割,提示“Y/N？”,单击“Y”键,提示“尖点圆弧半径”,输入0(回车),在点1处显示间隙补偿的两个箭头,向孔内箭头显示 + 号,提示“补偿间隙”,输入0.06(回车),提示“重复切割Y/N？”,单击“N”键,显示图4.23所示的图形,内圈红色表示电极丝中心轨迹,左下部显示:“加工起始点 = 3,2.5,R = 0,F = 0.06,NC = 10,L = 36.708”。

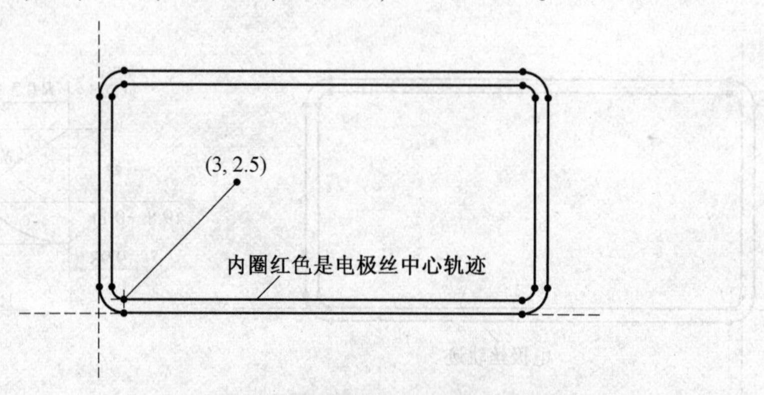

图4.23　冲孔模凹模加间隙补偿后的图形

(3) 代码存盘。

单击“代码存盘”,提示“已存盘”,已将表4.4的3B程序存入G:\WSNCP盘中。

(4) 查看代码。

单击“查看代码”,显示表4.4所示的冲孔模凹模加间隙补偿量的3B程序,查看完毕按“Esc”键,单击“退回”。

表4.4　图4.23冲孔模凹模加间隙补偿后的3B程序

```
************************************************************
Towedm --Version 2.96 D:\WSNCP\4-23.DAT
Conner R= 0.000, Offset F= 0.060, Length= 36.708
************************************************************
Start Point =        3.0000,       2.5000              X           Y
N    1: B      2800 B      2440 B      2800 GX L3 ;     0.200,      0.060
N    2: B         0 B         0 B      9600 GX L1 ;     9.800,      0.060
N    3: B         1 B       139 B       140 GY NR3 ;    9.940,      0.200
N    4: B         0 B         0 B      4600 GY L2 ;     9.940,      4.800
N    5: B       140 B         0 B       140 GX NR1 ;    9.800,      4.940
N    6: B         0 B         0 B      9600 GX L3 ;     0.200,      4.940
N    7: B         0 B       140 B       140 GY NR2 ;    0.060,      4.800
N    8: B         0 B         0 B      4600 GY L4 ;     0.060,      0.200
N    9: B       140 B         0 B       140 GX NR3 ;    0.200,      0.060
N   10: B      2800 B      2440 B      2800 GX L1 ;     3.000,      2.500
DD
```

3. 编写10×5冲孔模凸模固定板的3B程序

(1) 调出图4-21。

单击"打开文件",显示"文件管理器",单击"F4"键。显示"文件夹D:\WSNCP\"中的文件中,单击"4-21.DAT",显示图4.21,位于"打开"左边是"4-21.DAT",单击"打开",显示4-21图形,左下边提示"当前文件名D:\WSNCP\4-21.DAT"。

(2) 把文件名另存为4-24。

单击"文件另存为",在文件管理器中输入4-24单击"保存",显示"已保存"。

(3) 打开"4-24.DAT"。

单击"打开文件",提示"文件存盘Y/N?",单击"Y"键,当"打开"左边显示"4-24.DAT"时,单击"打开",显示图4.24,左下边显示"当前文件D:\WSNCP\4-24.DAT",单击"缩放",提示"放大镜系数",输入0.8(回车)。

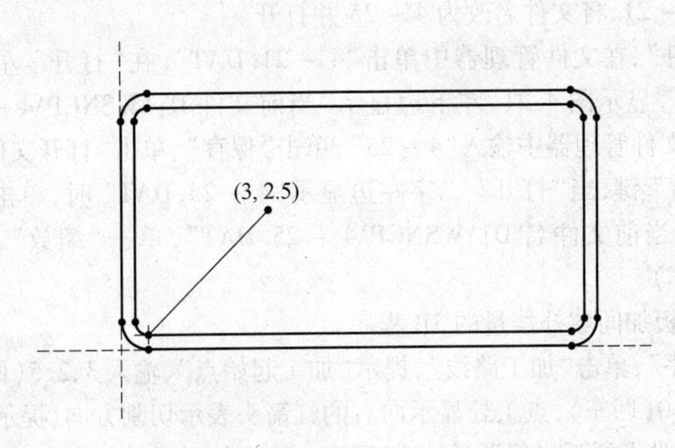

图4.24　冲孔模凸模固定板加间隙补偿后的图形

(4) 编写固定板加间隙补偿量的3B程序。

单击"数控程序",单击"加工路线",提示"加工起始点",输入3,2.5(回车),提示"加工切入点",输入0.2,0(回车),在1—2直线上显示方向向右的红箭头,提示"Y/N",单击"Y"键,提示"尖点圆弧半径",输入0(回车),提示"补偿间隙",红箭头向图内为+号,输入0,11(回车),提示"重复切割Y/N",单击"N"键,显示切割图形如图4.24所示,内圈红色为电极丝中心轨迹。左下边显示:"加工起始点=3,2.5,R=0,F=0.11,NC=10,L=36.328"。

(5) 代码存盘。

单击"代码存盘",提示"已存盘",已用文件名4-24.3B将表4.5所示的3B程序存到D:\WSNCP盘中。

(6) 显示固定板加间隙补偿量的3B程序。

单击"查看代码",显示表4.5所示的冲孔模固定板加间隙补偿量的3B程序。

查看完毕,单击"Esc"键,单击"回退",显示当前文件名D:\WSNCP\4-24.DAT。

表 4.5 图 4.24 冲孔模固定板加间隙补偿量的 3B 程序

```
*****************************************************************
Towedm --Version 2.96 D:\WSNCP\4-24.DAT
Conner R= 0.000, Offset F= 0.110, Length= 36.328
*****************************************************************
Start Point =        3.0000,        2.5000                 X          Y
N    1: B    2800 B     2390 B     2800 GX L3 ;       0.200,     0.110
N    2: B       0 B        0 B     9600 GX L1 ;       9.800,     0.110
N    3: B       0 B       90 B       90 GY NR4 ;      9.890,     0.200
N    4: B       0 B        0 B     4600 GY L2 ;       9.890,     4.800
N    5: B      90 B        0 B       90 GX NR1 ;      9.800,     4.890
N    6: B       0 B        0 B     9600 GX L3 ;       0.200,     4.890
N    7: B       0 B       90 B       90 GY NR2 ;      0.110,     4.800
N    8: B       0 B        0 B     4600 GY L4 ;       0.110,     0.200
N    9: B      90 B        0 B       90 GX NR3 ;      0.200,     0.110
N   10: B    2800 B     2390 B     2800 GX L1 ;       3.000,     2.500
DD
```

4. 编写 10 × 5 冲孔模卸料板加间隙补偿量后的 3B 程序

(1) 调出图 4 - 21,将文件名改为 4 - 25 并打开。

单击“打开文件”,在文件管理器中单击“4 - 21. DAT”,在“打开”左侧显示“4 - 21. DAT”,单击“打开”,显示图 4.21,左下边显示“当前文件 D:\WSNCP\4 - 21. DAT”,单击“文件另存为”,在文件管理器中输入“4 - 25”,单击“保存”,单击“打开文件”,提示“文件存盘 Y/N?”,单击“Y”键,当“打开”二字左边显示“4 - 25. DAT”时,单击“打开”,显示图 4.23,左下边显示“当前文件名 D:\WSNCP\4 - 25. DAT”,单击“缩放”,提示“放大镜系数”,输入 0.8(回车)。

(2) 编写卸料板加间隙补偿量的 3B 程序。

单击“数控程序”,单击“加工路线”,提示“加工起始点”,输入 3,2.5(回车),提示“加工切入点”,输入 0.2,0(回车),点 1 处显示向右的红箭头表示切割方向,提示“Y/N?”,同意,单击“Y”键,提示“尖点圆弧半径”,输入 0(回车),点 1 处显示补偿方向的红箭头,向孔内箭头尖处为“+”号,提示“补偿间隙”,输入 0.08(回车),提示“重复切割 Y/N?”,单击“N”键,显示切割轨迹图如图 4.25 所示,左下边显示:“加工起始点:3,2.5,R = 0,F = 0.08,NC =10,L = 36.556”。

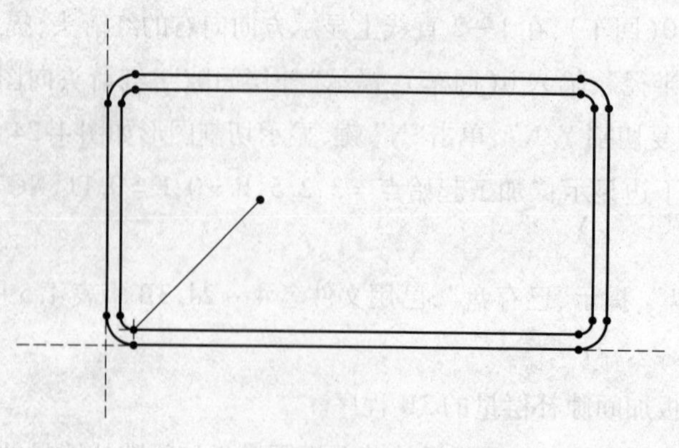

图 4.25 冲孔模卸料板加间隙补偿量后的图形

(3) 代码存盘。

单击"代码存盘",提示"已存盘",已将表4.6所示卸料板已间隙补偿后的3B程序存入D:\WSNCP盘中。

(4) 查看卸料板加间隙补偿量后的3B程序。

单击"查看代码",显示表4.6所示的3B程序。

表4.6　卸料板加间隙补偿后的3B程序

```
************************************************************
Towedm --Version 2.96 D:\WSNCP\4-25.DAT
Conner R= 0.000, Offset F= 0.080, Length= 36.556
************************************************************
Start Point =        3.0000,       2.5000               X          Y
N    1: B      2800 B      2420 B      2800 GX L3 ;     0.200,     0.080
N    2: B         0 B         0 B      9600 GX L1 ;     9.800,     0.080
N    3: B         0 B       120 B       120 GY NR3 ;    9.920,     0.200
N    4: B         0 B         0 B      4600 GY L2 ;     9.920,     4.800
N    5: B       120 B         0 B       120 GX NR1 ;    9.800,     4.920
N    6: B         0 B         0 B      9600 GX L3 ;     0.200,     4.920
N    7: B         0 B       120 B       120 GY NR2 ;    0.080,     4.800
N    8: B         0 B         0 B      4600 GY L4 ;     0.080,     0.200
N    9: B       120 B         0 B       120 GX NR3 ;    0.200,     0.080
N   10: B      2800 B      2420 B      2800 GX L1 ;     3.000,     2.500
DD
```

4.2.3　编写用于模拟加工或加工时再加间隙补偿量的程序

间隙补偿量可以在编程序时加上,也可以在模拟切割或加工时才加间隙补偿量。

前面讲的是在编程序时加间隙补偿量的方法,这需要对凸模、凹模、固定板及卸料板分别编程序,当需要适当调整间隙补偿量来提高加工精度时,需要再编一次程序,显得很麻烦。

如果在模拟切割或加工时加间隙补偿量,则只需要编两个不加间隙补偿量的程序。一个是起始点在图形外的凸件程序,另一个是起始点在图形内的凹件(凹模、固定板和卸料板)程序,对该程序加不同的间隙补偿量就可以分别加工出凹模、固定板或卸料板。

对于冲孔模具,用工件孔的尺寸编写模具凸件(起始点在图形外)和凹件(起始点在图形中间)不加间隙补偿量的程序。对于落料模具,用冲落下工件的尺寸编写模具凸件(起始点在图形外)和凹件(起始点在图形中间)不加间隙补偿量的程序。

1. 编写10×5冲孔模具凸模不加间隙补偿量 f 的3B程序

(1) 调出图4.21将图名另存为4-26。

单击"打开文件",单击"F4"键,单击"4-21.DAT",单击"打开",显示图4.21,左下部提示"当前文件名D:\WSNCP\4-21.DAT",单击"文件另存为",输入4-26,单击"保存",提示"已保存"。

(2) 调出图4.26。

单击"打开文件",提示"文件存盘Y/N? ",单击"Y"键,单击"4-26.DAT",单击"打开",显示图4.26,提示"当前文件D:\WSNCP\4-26.DAT",单击"缩放",提示"放大镜系数",输入0.8(回车)。

(3) 编写逆图形切割凸模不加间隙补偿量的3B程序。

单击"数控程序",单击"加工路线",提示"加工起始点",输入0.2,-3(回车),提示"加工切入点",输入0.2,0(回车),在点1处显示向右表示切割方向的红箭头,提示"Y/N?",单击"Y"键,提示"尖点圆弧半径",输入0(回车),在点1处显示间隙补偿方向及正负的两个红箭头,提示"补偿间隙",输入0(回车),提示"重复切割Y/N?",单击"N"键,显示红色编程轨迹线(图4.26),左下角显示:"加工起始点:0.2,-3,R=0,F=0,NC=10,L=35.657"。

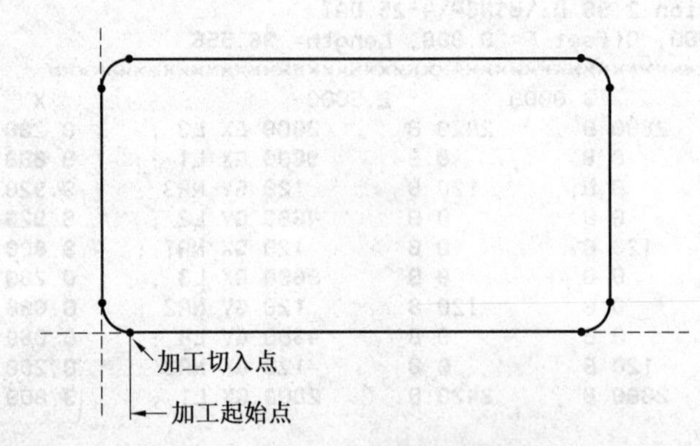

图4.26　10×5冲孔模凸模 $f=0$ 编程轨迹线

(4) 代码存盘。

单击"代码存盘",提示已存盘,即已将表4.7的3B程序存入D:\WSNCP盘中。

(5) 查看代码。

单击"查看代码",显示表4.7中的3B程序。查看完毕,单击"Esc"键,单击"回退"。

表4.7　逆图4.26切割凸模不加间隙补偿量的3B程序

```
*****************************************************
Towedm --Version 2.96 D:\WSNCP\4-26.DAT
Conner R= 0.000, Offset F= 0.000, Length= 35.657
*****************************************************
Start Point =        0.2000,       -3.0000           X          Y
N    1: B       0 B       0 B    3000 GY L2 ;    0.200,     0.000
N    2: B       0 B       0 B    9600 GX L1 ;    9.800,     0.000
N    3: B       0 B     200 B     200 GY NR4 ;  10.000,     0.200
N    4: B       0 B       0 B    4600 GY L2 ;   10.000,     4.800
N    5: B     200 B       0 B     200 GX NR1 ;   9.800,     5.000
N    6: B       0 B       0 B    9600 GX L3 ;    0.200,     5.000
N    7: B       0 B     200 B     200 GY NR2 ;   0.000,     4.800
N    8: B       0 B       0 B    4600 GY L4 ;    0.000,     0.200
N    9: B     200 B       0 B     200 GX NR3 ;   0.200,     0.000
N   10: B       0 B       0 B    3000 GY L4 ;    0.200,    -3.000
DD
```

2. 编写10×5冲孔模具凹件不加间隙补偿量 f 的3B程序

(1) 调出图4.21将图名另存为4-27。

单击"打开文件",单击"F4"键,单击"4-21.DAT",单击"打开",显示图4.21,并提示"当前文件D:\WSNCP\4-21.DAT"。单击"文件另存为",输入"4-27",单击"保存",提示"已保存"。

(2) 调出图4.27。

单击“打开文件”,提示“文件存盘 Y/N? ”,单击“N” 键,单击“4 - 27. DAT”。单击“打开”,单击“缩放”,提示“放大镜系数”,输入0.8(回车)。

(3) 编写逆图形切割间隙补偿量$f = 0$凹件的3B程序。

单击“数控程序”,单击“加工路线”,提示“加工起始点”,输入3,2.5(回车),提示“加工切入点”,输入0.2,0(回车),点1处显示向右的红箭头,提示“Y/N? ”,单击“Y” 键,提示“尖点圆弧半径”,输入0(回车),提示“补偿间隙”,输入0(回车),提示“重复切割 Y/N? ”,单击“N” 键,显示红色电极丝轨迹(图4.27),左下角显示:“X,Y = 3,2.5,R = 0,F = 0,NC = 10,L =37.164”。

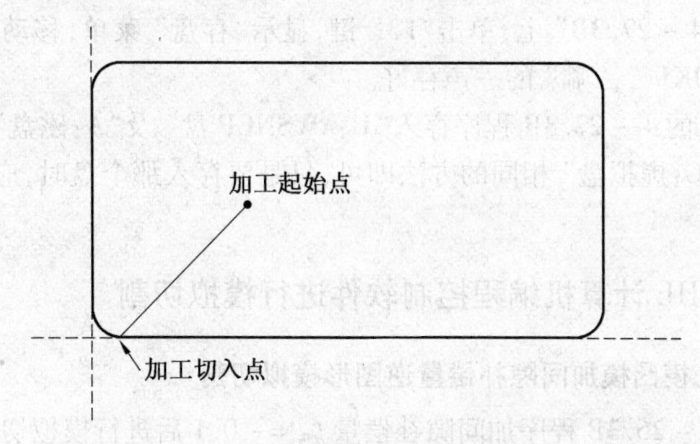

图4.27　10 × 5 冲孔模凹件$f = 0$编程轨迹图

(4) 代码存盘。

单击“代码存盘”,提示“已存盘”,即已将表4.8的3B程序存入D:\WSNCP盘中。

(5) 查看代码。

单击“查看代码”,显示表4.8中的3B程序。

表4.8　10 × 5 冲孔模凹件逆图4.27切割$f = 0$的3B程序

```
**********************************************************
Towedm --Version 2.96 D:\WSNCP\4-27.DAT
Conner R= 0.000, Offset F= 0.000, Length= 37.164
**********************************************************
Start Point =       3.0000,        2.5000              X           Y
N    1: B      2800 B      2500 B      2800 GX L3 ;    0.200,     0.000
N    2: B         0 B         0 B      9600 GX L1 ;    9.800,     0.000
N    3: B         0 B       200 B       200 GY NR4 ;  10.000,     0.200
N    4: B         0 B         0 B      4600 GY L2 ;   10.000,     4.800
N    5: B       200 B         0 B       200 GX NR1 ;   9.800,     5.000
N    6: B         0 B         0 B      9600 GX L3 ;    0.200,     5.000
N    7: B         0 B       200 B       200 GY NR2 ;   0.000,     4.800
N    8: B         0 B         0 B      4600 GY L4 ;    0.000,     0.200
N    9: B       200 B         0 B       200 GX NR3 ;   0.200,     0.000
N   10: B      2800 B      2500 B      2800 GX L1 ;    3.000,     2.500
DD
```

查看完毕,单击“Esc” 键,单击“退回”,单击“退出系统”,提示“退出系统 Y/N? ”,单击“Y” 键,退回 HL 主界面。

(6) 调出 D:\WSNCP 盘中的表4.8所示的3B程序。

光条在“文件调入” 上(回车),显示“G:虚拟盘图形文件”,单击“F4” 键调盘,显示“调磁盘”菜单,移动光条到“D:\WSNCP 盘”上(回车),显示“D:\WSNCP\ 图形文件”,移动光条到4 - 27.3B 上(回车),显示表4.8 中的全部内容及3B 程序。看完后单击“Esc”键退回HL 主界面。

(7) 将表4.8 的4 - 27.3B 程序存入图库。

光条在“文件调入”上(回车),显示“G:虚拟盘图形文件”,单击“F4”键调磁盘,显示“调磁盘”菜单,移动光条到“D:\WSNCP 盘”上(回车),显示“D:\WSNCP\ 图形文件”,移动光条到“4 - 27.3B”上,单击“F3”键存盘,显示“存盘”菜单,移动光条到“#:图库”上(回车),显示“OK!”,“嘟”的一声存好。

(8) 将表4.8 的4 - 27.3B 程序存入虚拟盘。

移动光条到“4 - 27.3B”上,单击“F3”键,显示“存盘”菜单,移动光条到“G:虚拟盘”上(回车),显示“OK! ”,“嘟”的一声存好。

(9) 将表4.8 的4 - 27.3B 程序存入“U:\WSNCP 盘”及“A:磁盘”。

采用和存入“G:虚拟盘”相同的方法即可,只是要存入那个盘时,应将光条移到那个盘上。

4.2.4　用 HL 计算机编程控制软件进行模拟切割

1.10 × 5 冲孔模凸模加间隙补偿量逆图形模拟切割

用表4.7 的4 - 26.3B 程序加间隙补偿量$f_{凸}$ =- 0.1 后进行模拟切割,此凸模的间隙补偿量应该是$f_{凸}$ = 0.1,但因为采用逆图形切割 HL 计算机编程控制软件应输入$f_{凸}$ =- 0.1 编出的模拟切割程序才正确。

(1) 输入凸模间隙补偿量$f_{凸}$ =- 0.1。

光条在“模拟切割”上(回车),显示“G:虚拟盘图形文件”(图4.28),移动光条到“4 - 26.3B”上(回车),显示4 - 26.3B 图形,单击“+”号将图形适当放大,单击“F3 参数”,显示“模拟参数设置”菜单,移动光条到“补偿值”上(回车),输入 - 0.1(回车)(图4.29),单击“Esc”键。

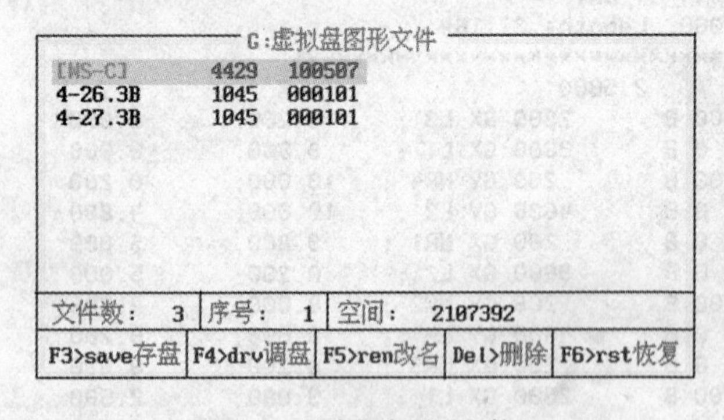

图4.28　虚拟盘图形文件

模拟参数设置 :

Step　步　速	4096
Offset 补偿值	-0.100
Gradient锥　度 ▶	...
Ratio加工比例	1.000
Axis 坐标转换	X→,Y↑ (标准)
Loop 循环加工	1

图4.29　模拟参数设置菜单

(2) 进行模拟切割与表4.3 核对程序。

单击“F1”键开始,显示“起始段:1”(回车),显示“终点段:10”(回车),提示“重复次数”,输入1(回车),显示“图4.30”,单击“空格”键,图4.30 中外圈红线是加间隙补偿量后的10 ×5 冲孔模逆图形切割的电极丝中心轨迹,图下面显示加间隙补偿后前3 条3B 程序,它们应该和表4.3中是一样的,可以与表4.3逐条对照,单击"回车"键模拟切割继续进行,当显示为4,5,6条程序时,单击空格键暂停,用相同的方法逐条与表4.3进行核对,应该是相同的。

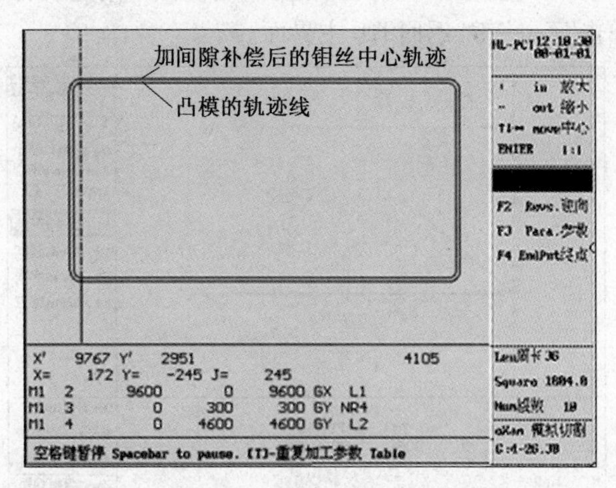

图4.30　10×5冲孔模凸模加间隙补偿量的模拟切割图形

表4.3的程序因其起始点在图形外,因此只能用于切割凸模。移动光条到"停止"上(回车),单击"Esc"键返回HL主界面。

2. 10×5冲孔模具凹件加间隙补偿量逆图形模拟切割

冲孔模凹件包括凹模、固定板和卸料板,在前面4.1.4小节中可知冲孔模凸模、凹模、固定板及卸料板的间隙补偿量分别为$f_{凸}=0.1$ mm,$f_{凹}=-0.06$ mm,$f_{固}=-0.11$ mm,$f_{卸}=-0.08$ mm。当使用HL计算机编程控制软件时,如果是顺图形切割,分别输入上述间隙补偿量即可,现在是逆图形切割,采用上述间隙补偿量的绝对值,符号需要正变为负,把负变为正输入才能得到正确的程序。

(1)凹模模拟切割。

①输入凹模间隙补偿量$f_{凹}=0.06$。光条在"模拟切割"上(回车),显示"G:虚拟盘加工文件",若其中没有"4-27.3B",单击"Esc"键,移动光条到"文件调入"上(回车),单击"F4"键调磁盘,移动光条到"D:\WSNCP盘"上(回车),显示"D:\WSNCP\图形文件",移动光条到"4-27.3B"上,单击"F3"键存盘,移动光条到"G:虚拟盘"上(回车),显示"OK!","嘟"的一声存好。单击"Esc"键,移动光条到"模拟切割"上(回车),显示"G:虚拟盘加工文件",其中有"4-27.3B",移动光条到"4-27.3B"上(回车),单击"+、↑↓→←"键,将图形放大并位于中间位置。

单击"F3参数",显示"模拟参数设置"菜单,移动光条到"补偿值"上(回车),输入0.06(回车)(图4.31),单击"Esc"键。

模拟参数设置：

Step 步 速	4096
Offset 补偿值	0.060
Gradient锥 度 ▶	...
Ratio加工比例	1.000
Axis 坐标转换	X→,Y↑(标准)
Loop 循环加工	1

图4.31　模拟参数设置菜单$f_{凹}=0.06$

②进行模拟切割与表4.4核对程序。单击"F1"开始,显示"起始段:1"(回车),显示"终止段:10"(回车),提示"重复加工次数:",输入1(回

车),当显示前三条3B程序时,单击“空格”键,显示图4.32,图中内圈红线是加间隙补偿后的电极丝中心轨迹,图下面显示加间隙补偿后前3条3B程序,它们应该和表4.4是一样的,可以逐条对照,单击“回车”键,模拟切割继续进行,当模拟切割完成后(回车),移动光条到“停止”上(回车),单击“Esc”键,返回HL主界面。

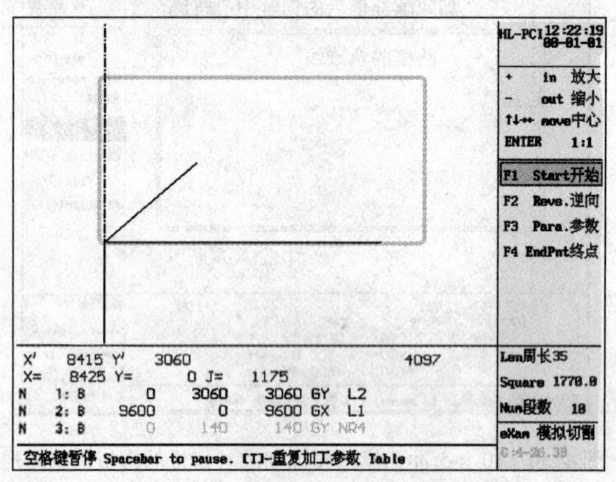

图4.32 10×5冲孔模凹模加间隙补偿量的模拟加工图形

③ 固定板和卸料板模拟切割。固定板和卸料板都是凹件,其模拟切割的方法与凹模是一样的,都是用4-27.3B程序,固定板模拟参数设置时,补偿值输入0.11,卸料板模拟参数设置时,补偿值输入0.08,固定板的3B程序可以和表4.5核对,卸料模切割的3B程序可以和表4.6核对。

4.2.5 在计算机上进行手动切割演示

正式切割加工应在线切割机床上,先装夹好工件,调整好电参数,开走丝,开工作液,开高频才能进行正式切割加工。这里讲的是在计算机上进行切割加工演示,熟悉切割加工的计算机操作过程。

1. 先把要切割加工的3B程序存入“G:虚拟盘图形文件”中

光条在HL主界面的“文件调入”上(回车),显示“G:虚拟盘图形文件”,若其中没有想切割加工的4-26.3B,单击“F4”键,移动光条到“D:磁盘”上(回车),显示“D:\WSNCP图形文件”,移动光条到“4-26.3B”上,单击“F3”键存盘,显示“存盘”菜单,移动光条到“G:虚拟盘”上(回车),显示“OK!”,“嘟”的一声存好。单击“Esc”键,返回HL主界面。

2. 进入切割加工

(1) 进入“加工#1”。

只有一块控制卡时只能选择“加工#1”(回车),显示“切割”菜单(图4.33)。

(2) 输入间隙补偿量。

移动光条到“参数调校”上(回车),显示“加工参数设置”菜单,移动光条到“补偿值”上(回车),输入-0.1(回车),显示

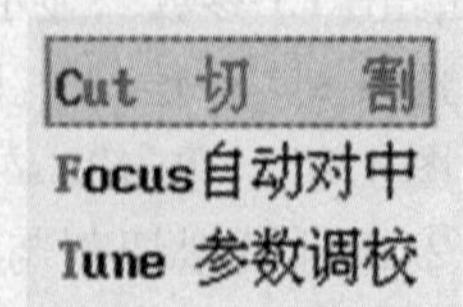

图4.33 切割菜单

图 4.34，单击“Esc”键，返回 HL 主界面。

（3）重新进入“加工 #1”。

当显示“切割菜单”时，移动光条到“切割”上（回车），显示“G：虚拟盘加工文件”（图 4.35），移动光条到“4 - 26.3B”上（回车），显示“4 - 26.3B”的图形，单击“+ ↑↓←→”键，使图形放大，并移到屏幕中部位置。

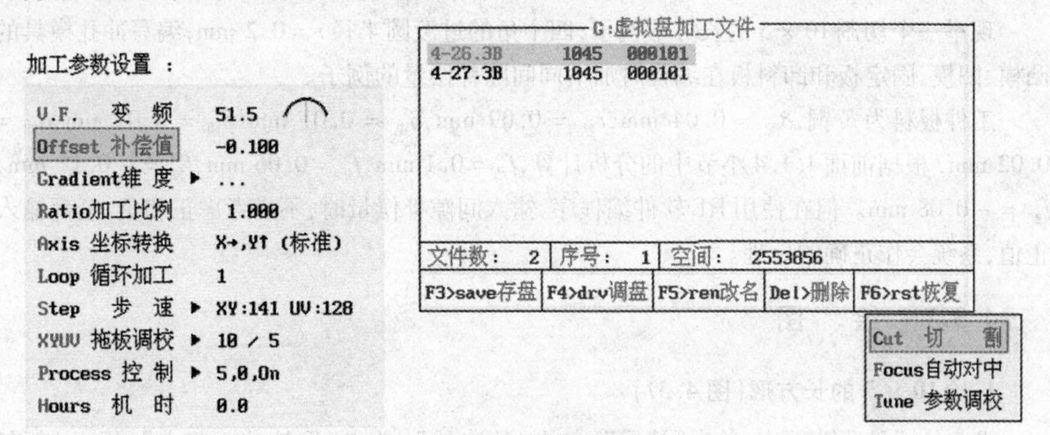

图 4.34　加工参数设置菜单　　　　图 4.35　G：虚拟盘加工文件

（4）在计算机上进行手动切割演示。

单击“F1”键开始，提示“起始段：1”（回车），提示“终点段：10”（回车），提示“重复加工次数”，输入 1（回车），显示两条程序，X = 0，Y = 0，J = 2900，各个数值并没有开始变化，在红色“F10”自动时没有高频是不能开始切割的，这时只要单击“F10”键，使 F10 变为蓝色手动，但“F1”开始及“F12”进给均为红色，X′、Y′、X、Y、J 数值开始变化，图形上外圈出现沿切割轨迹移动的黄色，单击“空格”键暂停，光条在“继续”上（回车），继续进行，图形下面运行的各条 3B 程序，与表 4.3 中的 3B 程序是完全相同的。切割回到起始点时，第 10 条 3B 程序显示“E”，X′ = 0，Y′ = 0，X = 0，Y = - 2900，J = 0。显示“加工 #1：终止 END”，全部外圈的钼丝中心轨迹均为黄色，有一种提示加工结束的响声，单击“Esc”键，响声停止，移动光条到“停止”上（回车），停止加工。单击“Esc”键，返回 HL 主界面。

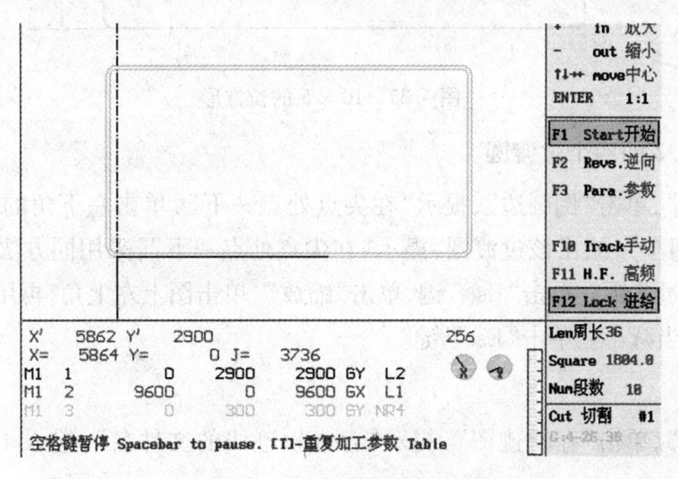

图 4.36　进行中的手动切割

4.3 用 HF 计算机编程控制软件编写冲孔模具加间隙补偿量 f 程序的实例

现举一个切割 10 × 5 的长方形例子,四个角的过渡圆半径 $r = 0.2$ mm,编写冲孔模具的凸模、凹模、固定板和卸料板在编程时加不同间隙补偿量的例子。

工件板料为黄铜,$\delta_{配} = 0.04$ mm,$r_{丝} = 0.09$ mm,$\delta_{电} = 0.01$ mm,$\delta_{固} = 0.01$ mm,$\delta_{卸} = 0.02$ mm,根据前面4.1.4小节中的分析计算,$f_{凸} = 0.1$ mm,$f_{凹} = 0.06$ mm,$f_{固} = -0.11$ mm,$f_{卸} = -0.08$ mm。但在使用HF软件编程序,输入间隙补偿量时,不必考虑正和负,全都输入正值,系统会作正确的处理。

4.3.1 绘　图

1. 绘 10 × 5 的长方形(图 4.37)

在全绘式编程菜单中,单击“清屏”,单击“绘直线”,单击“取轨迹新起点”,提示“新起点”,输入0,0(回车),单击“直线:终点”,提示“终点”,输入10,0(回车),提示“终点”,输入10,5(回车),提示“终点”,输入0,5(回车),提示“终点”,输入0,0(回车),单击“Esc”键(回车)。

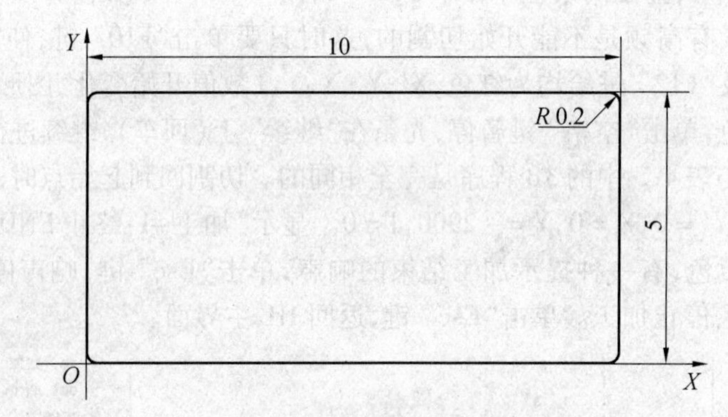

图4.37　10 × 5 的长方形

2. 绘 $R = 0.2$ 的四个过渡圆

单击“满屏”,单击“倒圆边”,提示“在尖点处点一下”,单击左下角的尖点,提示“倒圆 R”,输入0.2(回车),绘出该过渡圆,提示“在尖点处点一下”,采用同方法将其余三个角也绘出 $R = 0.2$ 的过渡圆。单击“Esc”键,单击“缩放”,单击图上左上角,再用右键单击图上右下角,使图形适当减小。单击“Esc”键。

3. 存图

单击“存图”,单击“存轨迹图”,提示“存入轨迹线的文件名”,输入4 - 37(回车)(回车)。

4.3.2　逆图形编写间隙补偿量$f_{凸}=0.1$的凸模程序

1. 作引入和引出线及排序

(1) 作引入和引出线。

单击“引入线和引出线”，单击“作引线(端点法)”，提示“引入线的起点”，输入0.2，-3(回车)，提示“引入线的终点”，输入0.2，0(回车)，作出黄色引入线。提示“不修圆回车”(回车)，在切入线上端显示一个向右的红箭头，表示当逆图形方向切割时向图外补偿，符合预想，提示“确定该方向(单击鼠标右键)”，单击鼠标右键，单击“退出”。

(2) 排序。

单击“排序”，单击“取消重复线”，单击“自动排序”(回车)。

2. 逆图形编程

(1) 显向。

单击“显向”，从引入线起点出现一个箭头向图外的白色圆圈，按图形的逆时针方向移一圈后返回到引入线起点处消失，如图4.38所示。

(2) 存显向完毕的图。

单击“存图”，单击“存轨迹图”，提示“存入轨迹线的文件名”，输入4-38(回车)(回车)。

(3) 执行和后置处理。

①执行。单击“执行2”，提示“间隙补偿值”，输入0.1(回车)，内圈显示白色的原图形，外圈显示浅蓝色补偿后的钼丝中心轨迹，如图4.39所示。

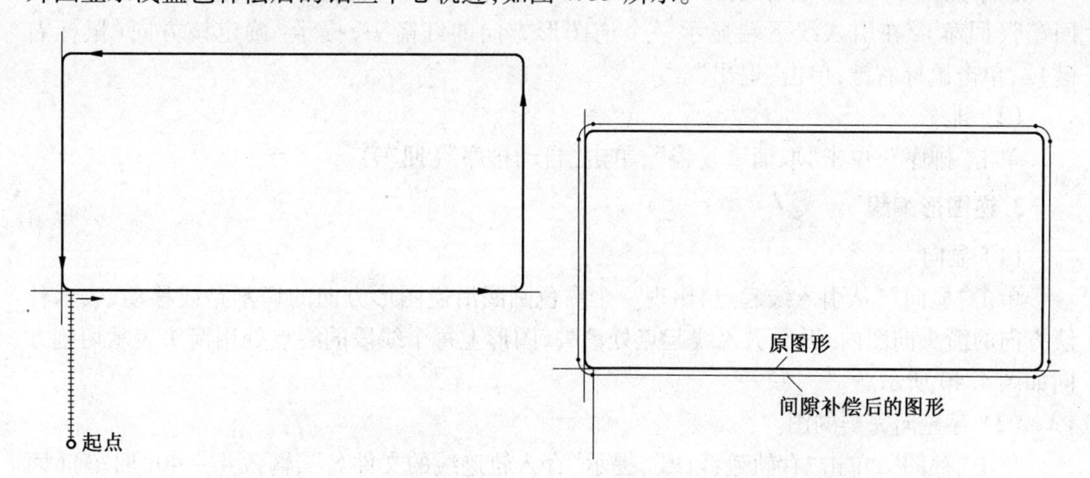

图4.38　凸模显向完毕的图形　　图4.39　凸模间隙补偿后的图形

②后置处理。单击“后置”，显示“生成平面G代码加工单”菜单，单击“生成平面G代码加工单”，单击“显示G代码加工单”，显示表4.9所示图4.39的G代码。单击“Esc”键，单击“返回主菜单”。

表 4.9　图 4.39 凸模间隙补偿后的 G 代码

```
N0000 G92 X0Y0Z0 {f= 0.10 x= 0.20 y=-3.0}
N0001 G01 X     0.0000 Y     2.9000  { LEAD IN }
N0002 G01 X     9.6000 Y     2.9000
N0003 G03 X     9.9000 Y     3.2000 I     9.6000 J     3.2000
N0004 G01 X     9.9000 Y     7.8000
N0005 G03 X     9.6000 Y     8.1000 I     9.6000 J     7.8000
N0006 G01 X     0.0000 Y     8.1000
N0007 G03 X    -0.3000 Y     7.8000 I     0.0000 J     7.8000
N0008 G01 X    -0.3000 Y     3.2000
N0009 G03 X     0.0000 Y     2.9000 I     0.0000 J     3.2000
N0010 G01 X     0.0000 Y     0.0000  { LEAD OUT }
N0011 M02
```

4.3.3　逆图形编写间隙补偿量 $f_凹 = 0.06$ 的凹模程序

1. 清屏并调出图 4.37

(1) 清屏。

在全绘式编程界面单击“清屏”,删除原有无用的图形。

(2) 调出已存的图 4.37。

单击“调图”,单击“调轨迹线图”,提示“要调的文件名”,输入 4 - 37(回车)(回车),单击“缩放”,单击图外左上角和右下角将图放大到适当大小,单击“Esc”键。

2. 作引入线和引出线及排序

(1) 作引入线和引出线。

单击“引入线和引出线”,单击“作引线(端点法)”,提示“引入线的起点”,输入 3,2.5(回车),提示“引入线的终点”,输入 0.2,0(回车),作出黄色引入引出线,提示“不修圆回车”(回车),在引入线下端显示一个逆图形方向的红箭头,提示“确定该方向(鼠标右键)”,单击鼠标右键,单击“退出”。

(2) 排序。

单击“排序”,单击“取消重复线”,单击“自动排序”(回车)。

3. 逆图形编程

(1) 显向。

单击“显向”,从引入线起点,出现一个白色圆圈沿逆图形方向的切割路线移动,表示补偿方向的箭头向图内,返回引入线起点处消失,图形上每个线段的终点处用箭头表示切割方向如图 4.40 所示。

(2) 存显向完毕的图。

单击“存图”,单击“存轨迹线图”,提示“存入轨迹线的文件名”,输入 4 - 40(回车)(回车)。

(3) 执行和后置处理。

① 执行。单击“执行 2”,提示“间隙补偿值”,输入 0.06(回车),显示向孔内补偿 $f_凹 = 0.06$ 后的图形,白色外圈表示原来的图形,浅蓝色内圈表示补偿后钼丝中心轨迹的图形,如图 4.41 所示。

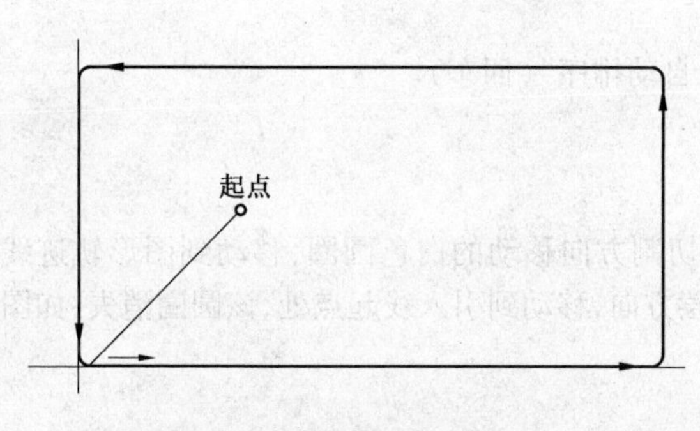

图4.40　切割凹模显向完毕

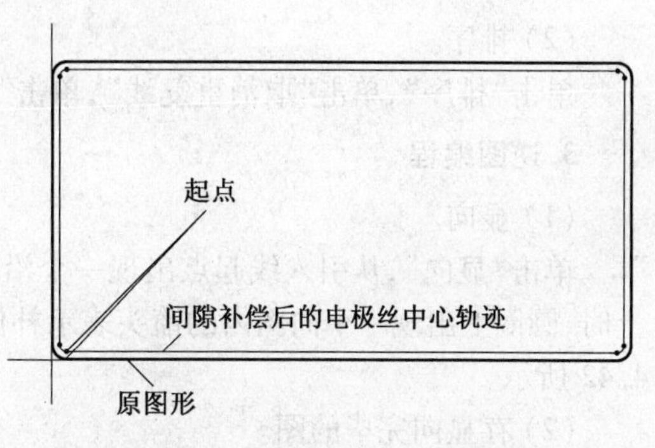

图4.41　凹模间隙补偿后的图形

② 后置处理。单击“后置”,显示“生成平面G代码加工单”菜单,单击“生成平面G代码加工单”,单击“显示G代码加工单(平面)”,显示表4.10所示的凹模间隙补偿后的G代码加工单,单击“Esc”键,单击“返回主菜单”。

表4.10　凹模间隙补偿后的G代码加工单

```
N0000 G92 X0Y0Z0 {f= 0.060 x= 3.0 y= 2.50}
 N0001 G01 X   -2.8000 Y   -2.4400  { LEAD IN }
 N0002 G01 X    6.8000 Y   -2.4400
 N0003 G03 X    6.9400 Y   -2.3000 I    6.8000 J   -2.3000
 N0004 G01 X    6.9400 Y    2.3000
 N0005 G03 X    6.8000 Y    2.4400 I    6.8000 J    2.3000
 N0006 G01 X   -2.8000 Y    2.4400
 N0007 G03 X   -2.9400 Y    2.3000 I   -2.8000 J    2.3000
 N0008 G01 X   -2.9400 Y   -2.3000
 N0009 G03 X   -2.8000 Y   -2.4400 I   -2.8000 J   -2.3000
 N0010 G01 X    0.0000 Y    0.0000  { LEAD OUT }
 N0011 M02
```

4.3.4　逆图形编写间隙补偿量$f_{固}=0.11$的固定板程序

1. 清屏并调出图4.37

(1) 清屏。

单击“清屏”,删除屏幕上无关的图形。

(2) 调出图4.37。

单击“调图”,单击“调轨迹线图”,提示“要调的文件名”,输入4 - 37(回车),调出图4.37(回车),单击“缩放”,单击图外左上角和右下角处几次,将图形放大到适当大小。单击“Esc”键。

2. 作引入线和引出线及排序

(1) 作引入线和引出线。

单击“引入线和引出线”,单击“作引线(端点法)”,提示“引入线的起点”,输入3,2.5(回车),提示“引入线的终点”,输入0.2,0(回车),作出黄色引入线,提示“不修圆回车”(回车),在引入线终点前的引入线上出现一个表示切割方向及补偿方向,箭头向右的红箭头,提示“确定该方向(鼠标右键)”,单击鼠标右键,单击“退出”。

(2) 排序。

单击“排序”,单击“取消重复线”,单击“自动排序”(回车)。

3. 逆图编程

(1) 显向。

单击“显向”,从引入线起点出现一个沿切割方向移动的白色圆圈,移动到图形轨迹线上时,圆圈上出现一个向图内的箭头表示补偿方向,移动到引入线起点处,该圆圈消失,如图4.42所示。

(2) 存显向完毕的图。

单击“存图”,单击“存轨迹线图”,提示“存入轨迹线的文件名”,输入4-42(回车)(回车)。

(3) 执行和后置处理。

① 执行。输入间隙补偿量$f_{固}=0.11$。单击“执行2”,提示“间隙补偿值”,输入0.11(回车),显示图4.43所示的间隙补偿后的图形,浅蓝色图形的内圈是间隙补偿后的钼丝中心轨迹。按分析间隙补偿量$f_{固}=-0.11$,但在此处输入时只能输入0.11,其正负由HF编程软件来判断处理,若输入-0.11,则所得的图4.43和编出的程序都不对。

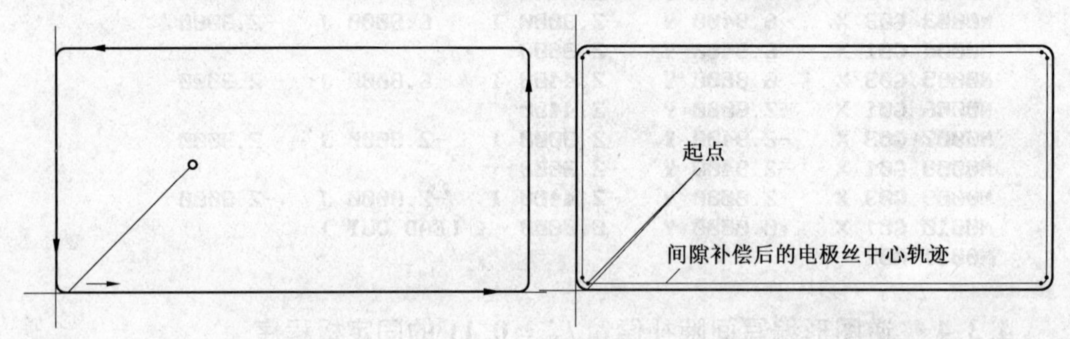

图4.42 固定板显向完毕

图4.43 固定板输入间隙补偿量$f_{固}=0.11$后的图形

② 后置处理。单击“后置”,显示“生成平面G代码加工单”菜单,单击“生成平面G代码加工单”,单击“显示G代码加工单(平面)”,显示表4.11固定板补偿后的G代码加工单。表4.11中的数据是以引入线起点作为坐标原点。单击“Esc”键,单击“返回主菜单”。

表4.11 固定板间隙补偿后的G代码加工单

```
N0000 G92 X0Y0Z0 {f= 0.110 x= 3.0 y= 2.50}
N0001 G01 X   -2.8000 Y   -2.3900  { LEAD IN }
N0002 G01 X    6.8000 Y   -2.3900
N0003 G03 X    6.8900 Y   -2.3000 I    6.8000 J   -2.3000
N0004 G01 X    6.8900 Y    2.3000
N0005 G03 X    6.8000 Y    2.3900 I    6.8000 J    2.3000
N0006 G01 X   -2.8000 Y    2.3900
N0007 G03 X   -2.8900 Y    2.3000 I   -2.8000 J    2.3000
N0008 G01 X   -2.8900 Y   -2.3000
N0009 G03 X   -2.8000 Y   -2.3900 I   -2.8000 J   -2.3000
N0010 G01 X    0.0000 Y    0.0000  { LEAD OUT }
N0011 M02
```

4.3.5　逆图形编写间隙补偿量$f_{卸}$ = 0.08 的卸料板程序

1. 清屏并调出图4.37

(1) 清屏。

单击“清屏”,删除屏幕上无关的图形。

(2) 调出图4.37。

单击“调图”,单击“调轨迹线图”,提示“要调的文件名”,输入4－37(回车),调出该图(回车),单击“缩放”,单击图外左上角和右下角几次,将图放大到适当大小,单击“Esc”键。

2. 作引入线和引出线及排序

(1) 作引入线和引出线。

单击“引入线和引出线”,单击“作引线(端点法)”,提示“引入线的起点”,输入3,2.5(回车),提示“引入线的终点”,输入0.2,0(回车),作出黄色的引入线,提示“不修圆回车”,在引入线终点,出现箭头向右的红箭头,表示逆图形切割向孔内的补偿方向,提示“确定该方向(鼠标右键)”,单击鼠标右键,单击“退出”。

(2) 排序。

单击“排序”,单击“取消重复线”,单击“自动排序法”(回车)。

3. 逆图形编程

(1) 显向。

单击“显向”,由引入线起点出现一个沿切割路径移动的白色圆圈,到图形轨迹线上,圆圈上出现一个表示补偿方向指向孔内的白色箭头,圆圈移动回到引入线起点时消失,如图4.44所示。

(2) 存显向完毕的图。

单击“存图”,单击“存轨迹线图”,提示“存入轨迹线的文件名”,输入4－44(回车)(回车)。

(3) 执行和后置处理。

①执行。输入间隙补偿量$f_{卸}$=0.08。单击“执行2”,提示“间隙补偿值”,输入0.08(回车),显示间隙补偿后的图4.45,图中浅蓝色内圈是输入间隙补偿$f_{卸}$=0.08后的钼丝中心轨迹。

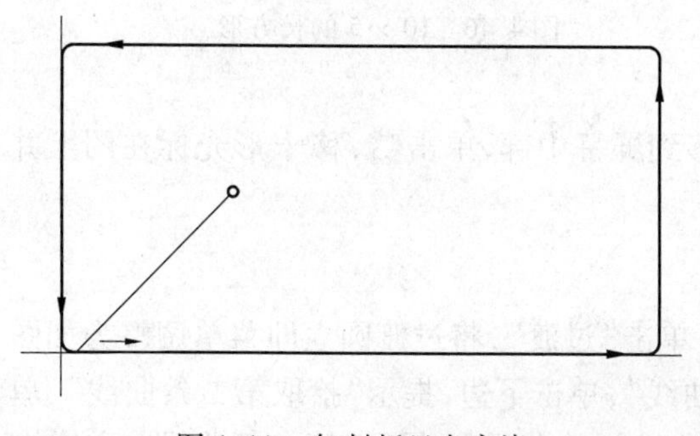

图4.44　卸料板显向完毕

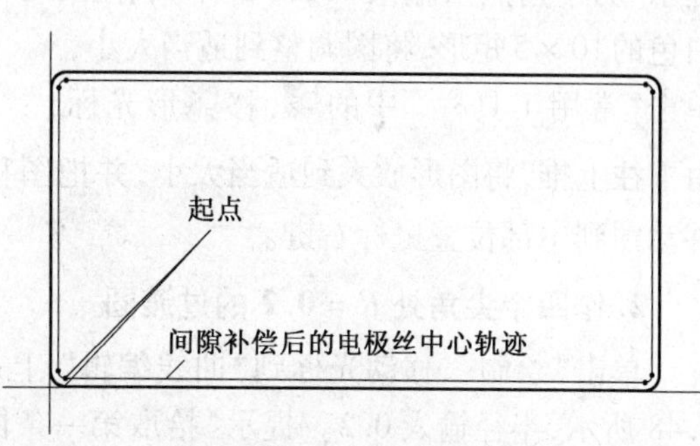

图4.45　卸料板输入间隙补偿量$f_{卸}$ = 0.08后的图

② 后置处理。单击“后置”，显示单击“生成平面G代码加工单”菜单，单击“生成G代码加工单”，单击“显示G代码加工单(平面)”，显示表4.12卸料板间隙补偿后的G代码加工单。读完单击“Esc”键，单击“返回主菜单”。

表4.12　卸料板间隙补偿后的G代码加工单

```
N0000 G92 X0Y0Z0 {f= 0.080 x= 3.0 y= 2.50}
N0001 G01 X   -2.8000 Y   -2.4200  { LEAD IN }
N0002 G01 X    6.8000 Y   -2.4200
N0003 G03 X    6.9200 Y   -2.3000 I    6.8000 J   -2.3000
N0004 G01 X    6.9200 Y    2.3000
N0005 G03 X    6.8000 Y    2.4200 I    6.8000 J    2.3000
N0006 G01 X   -2.8000 Y    2.4200
N0007 G03 X   -2.9200 Y    2.3000 I   -2.8000 J    2.3000
N0008 G01 X   -2.9200 Y   -2.3000
N0009 G03 X   -2.8000 Y   -2.4200 I   -2.8000 J   -2.3000
N0010 G01 X    0.0000 Y    0.0000  { LEAD OUT }
N0011 M02
```

4.4　用CAXA线切割XP软件编写冲孔模具程序的实例

工件为10×5的长方形，四个角的过渡圆半径$R=0.2$ mm，编写冲孔模具的凸模、凹模、固定板和卸料板加不同间隙补偿量的例子。

工件板料为黄铜，$\delta_{配}=0.04$ mm，$r_{丝}=0.09$ mm，$\delta_{电}=0.01$ mm，$\delta_{固}=0.01$ mm，$\delta_{卸}=0.02$ mm，根据前面4.1.4小节中的分析计算，几种间隙补偿量为$f_{凸}=0.1$ mm，$f_{凹}=-0.06$ mm，$f_{固}=-0.11$ mm，$f_{卸}=-0.08$ mm。

间隙补偿量可以在编程时加入，也可以编程时先不加入，到加工时再加入。

4.4.1　绘　图

1. 绘10×5的长方形(图4.46)

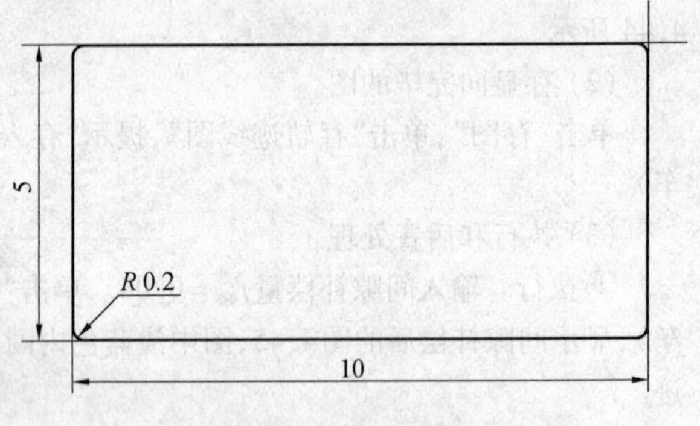

图4.46　10×5的长方形

CAXA软件有绘长方形的功能。单击“绘制”，移动光标到“基本曲线”上，单击“矩形”，将矩形立即菜单调整到如图4.47所示，提示“第一角点”，输入0,0(回车)，提示“另一角点”，输入10,5(回车)，作出白色的10×5矩形，将图调整到适当大小，单击“常用工具栏”中的图标，移图标形光标由下往上推，将图形放大到适当大小，并把图移到屏幕中部，单击图标，移十形光标在图上并移动图到中部位置鼠标右键。

2. 作四个尖角处$R=0.2$的过渡圆

单击“绘制”，移动光标到“曲线编辑”上，单击“过渡”，将过渡圆立即菜单调整为如图4.48所示，半径输入0.2。提示“拾取第一条曲线”，单击下边，提示“拾取第二条曲线”，单击左边，作出左下角过渡圆，提示“拾取第一条曲线”，单击下边，提示“第二条曲线”，单击右边,作出右下的角过渡圆。提示“拾取第一条曲线”,单击右边,提示“第二条曲线”,单击上边,作出右上角的过渡圆,用类似方法作出左上角的过渡圆(回车)。

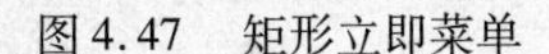

图4.47　矩形立即菜单

图4.48　过渡圆立即菜单

3. 存图

在存图之前需要在桌面上先建一个文件夹,并取名为“4.4CAXA文件”。先要把桌面显示出来,单击最小化,不显示CAXA的用户界面,建该文件夹的方法为:在桌面上单击鼠标右键,移动光标到“新建”上,单击“文件夹”,在桌面上新增一个图标,名称是“新建文件夹2”,将该文件夹的名称修改为“4.4CAXA文件”,这个文件夹可以用于存放4.4节的所有图和表。

存图4.46时,单击屏幕左上角的“文件”,单击“另存文件”,显示出“另存文件”对话框,双击桌面文件中的“4.4CAXA文件”,在该“另存文件”对话框中,文件名后面输入图4-46,单击“保存”,已将图4.46存入“4.4CAXA文件”中了。

4.4.2　编写冲孔模具程序时加间隙补偿量

1. 编写图4.46的凸模程序$f_{凸}=0.1$

逆图4.46编写程序,过渡圆半径$R=0.2$。

(1) 轨迹生成。

① 填写轨迹生成参数表。单击“线切割”,单击“轨迹生成”,显示“轨迹生成参数表”,填写有关各项后如图4.49所示,单击“偏移量/补偿值”,在弹出的补偿值表中,第一次加工之后输入0.1,不用回车,单击“确定”。

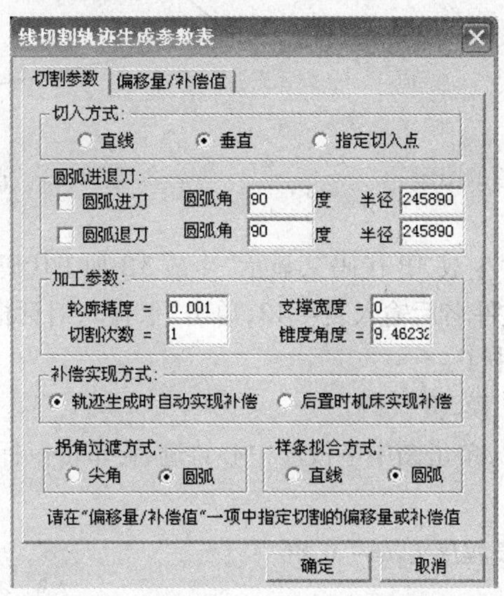

图4.49　图4.46的轨迹生成参数表

② 选择切割方向和偏移方向。提示“拾取轮廓”时,单击下边,显示选择切割方向,出现方向相反的两个草绿色箭头(图4.50),逆图形切割,单击指向右的箭头,显示选择补偿方向,出现方向相反的两个草绿色箭头(图4.51),切割凸模应向图外补偿,单击指向图外的箭头,箭头消失。

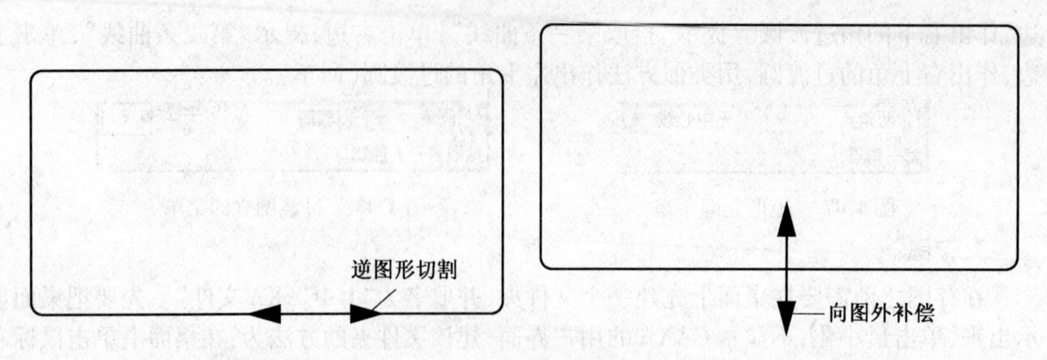

图 4.50　选择切割方向　　　　图 4.51　选择补偿方向

③ 输入穿丝点。提示"输入穿丝点位置",输入 0.2, -3(回车)(回车),显示出间隙补偿后的图形及切入线,里圈白色图形是工件图形,草绿色的外圈及切入线,是电极丝中心轨迹(图 4.52)。

④ 轨迹仿真。单击"线切割",单击"轨迹仿真",提示"拾取加工轨迹",单击任意一条电极丝中心轨迹线,出现图 4.53 所示的轨迹仿真图,看完仿真(回车)。

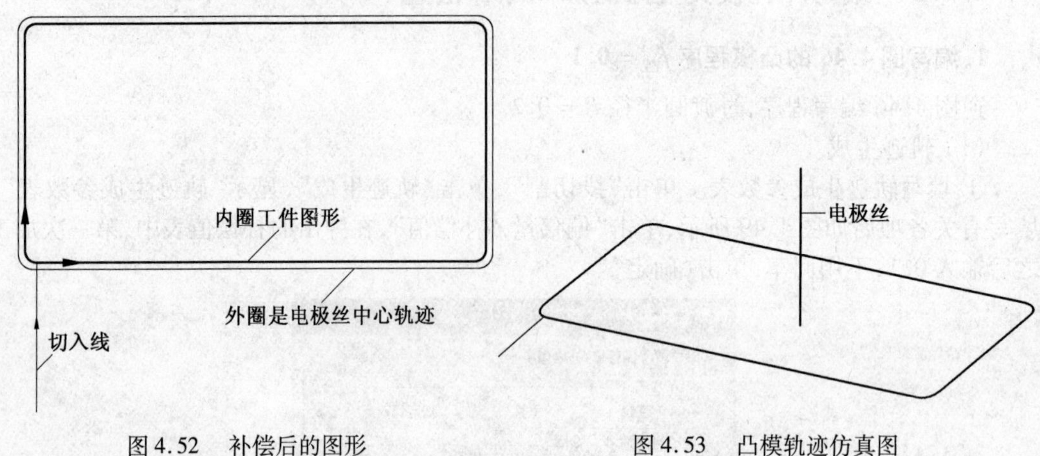

图 4.52　补偿后的图形　　　　图 4.53　凸模轨迹仿真图

(2) 生成 3B 程序。

单击"线切割",单击"生成 3B 代码",显示"生成 3B 加工代码" 对话框(类同图 3.47),调整到 4.4CAXA 文件,文件名后输入表 4.13,单击"保存",对话框消失,表 4.13 的 3B 程序已保存到 4.4CAXA 文件中了。

(3) 显示表 4.13 的凸模 3B 代码。

提示"拾取加工轨迹",单击图中电极丝中心轨迹,再单击鼠标右键,显示出表 4.13 的凸模加工 3B 代码。

2. 编写图 4.46 的凹模程序 $f_{凹}=-0.06$

逆图 4.46 编程。

(1) 轨迹生成。

① 填写轨迹生成参数表。单击"线切割",单击"轨迹生成",显示"线切割轨迹生成参数表",填写有关参数后如图 4.54 所示,因为是逆图形切割,本来 $f_{凹}$ 为负值,在本参数表中只需输入正值,间隙补偿方向由稍后选择补偿方法时会正确解决间隙补偿的方向。

表4.13　图4.46的凸模逆图切割f = 0.1的3B代码

```
****************************************
CAXAWEDM -Version 2.0 , Name : 表4.13.3B
Conner R=    0.00000     , Offset F=     0.10000 ,Length=      36.085 mm
****************************************
Start Point  =     0.20000 ,    -3.00000     ;         X    ,       Y
N   1: B       0 B    1450 B    1450 GY   L2 ;     0.200 ,     -1.550
N   2: B       0 B    1450 B    1450 GY   L2 ;     0.200 ,     -0.100
N   3: B    9600 B       0 B    9600 GX   L1 ;     9.800 ,     -0.100
N   4: B       0 B     300 B     300 GY  NR4 ;    10.100 ,      0.200
N   5: B       0 B    4600 B    4600 GY   L2 ;    10.100 ,      4.800
N   6: B     300 B       0 B     300 GX  NR1 ;     9.800 ,      5.100
N   7: B    9600 B       0 B    9600 GX   L3 ;     0.200 ,      5.100
N   8: B       0 B     300 B     300 GY  NR2 ;    -0.100 ,      4.800
N   9: B       0 B    4600 B    4600 GY   L4 ;    -0.100 ,      0.200
N  10: B     300 B       0 B     300 GX  NR3 ;     0.200 ,     -0.100
N  11: B       0 B    1450 B    1450 GY   L4 ;     0.200 ,     -1.550
N  12: B       0 B    1450 B    1450 GY   L4 ;     0.200 ,     -3.000
N  13: DD
```

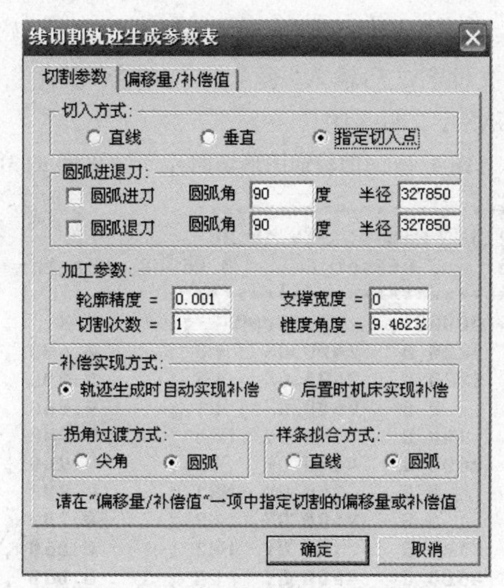

图4.54　线切割轨迹生成参数表

②选择切割方向和偏移方向。提示"拾取轮廓时",单击下边,下边变为红色虚线,线上显示选择切割方向,出现方向相反的两个草绿色箭头(图4.55),因逆图形切割,单击指向右边的箭头,全部图线变为红色虚线,显示补偿方向,出现方向相反的两个草绿色箭头(图4.56),因为是切割凹模,应向图内补偿,所以单击指向图内的箭头,箭头消失。

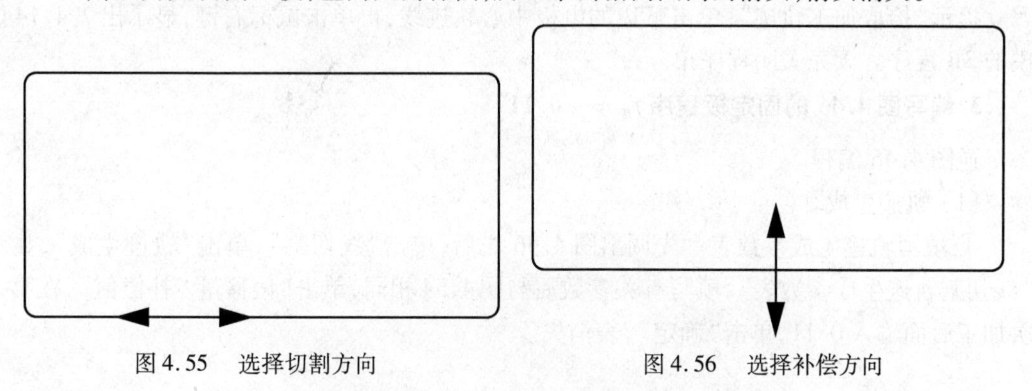

图4.55　选择切割方向　　　　图4.56　选择补偿方向

③ 输入穿丝点。提示"输入穿丝点位置",输入5,2.5(回车),提示"输入退出点",与穿丝点重合(回车),显示出"切入线及内圈钼中心轨迹"(图4.57)。

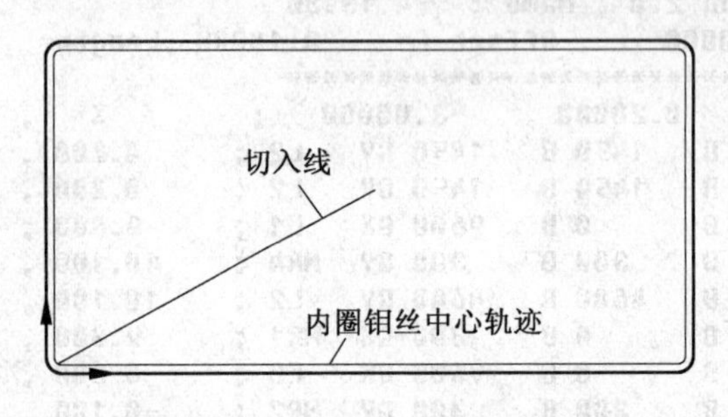

图4.57　切入线及内圈钼丝中心轨迹

④ 轨迹仿真(略)。

(2) 生成3B代码。

单击"线切割",单击"生成3B代码",显示"生成3B加工代码"对话框(类同图3.47),调整到"4.4CAXA文件",文件名之后输入"表4.14",单击"保存",已将生成的3B代码用文件名表4.14保存到"4.4CAXA文件"中。

表4.14　图4.46的凹模逆图形切割$f_{凹}$ = - 0.06的3B代码

```
****************************************
CAXAWEDM -Version 2.0 , Name : 表4.14.3B
Conner R=   0.00000    , Offset F=    0.06000 ,Length=       40.049 mm
****************************************
Start Point   =     5.00000 ,    2.50000    ;         X    ,       Y
N   1: B   2400 B   1220 B   2400 GX   L3 ;      2.600 ,       1.280
N   2: B   2400 B   1220 B   2400 GX   L3 ;      0.200 ,       0.060
N   3: B   9600 B      0 B   9600 GX   L1 ;      9.800 ,       0.060
N   4: B      0 B    140 B    140 GY  NR4 ;      9.940 ,       0.200
N   5: B      0 B   4600 B   4600 GY   L2 ;      9.940 ,       4.800
N   6: B    140 B      0 B    140 GX  NR1 ;      9.800 ,       4.940
N   7: B   9600 B      0 B   9600 GX   L3 ;      0.200 ,       4.940
N   8: B      0 B    140 B    140 GY  NR2 ;      0.060 ,       4.800
N   9: B      0 B   4600 B   4600 GY   L4 ;      0.060 ,       0.200
N  10: B    140 B      0 B    140 GX  NR3 ;      0.200 ,       0.060
N  11: B   2400 B   1220 B   2400 GX   L1 ;      2.600 ,       1.280
N  12: B   2400 B   1220 B   2400 GX   L1 ;      5.000 ,       2.500
N  13: DD
```

(3) 显示表4.14凹模的3B代码。

提示"拾取加工轨迹",单击下边的电极中心轨迹线,再单击鼠标右键,显示出表4.14凹模的3B程序。读完关闭程序单。

3. 编写图4.46的固定板程序$f_{固}$ = - 0.11

逆图4.46编程。

(1) 轨迹生成。

① 填写轨迹生成参数表。先调出图4.46之后,单击"线切割",单击"轨迹生成",显示"线切割轨迹生成参数表",填写有关参数后与图4.54相同,单击"偏移量/补偿值",在第一次加工后面输入0.11,单击"确定",表消失。

② 选择切割方向和偏移方向。提示“拾取轮廓”，单击下边线，显示选择切割方向，出现方向相反的两个草绿色箭头，下边线变成红色虚线（图 4.58），提示“选择链拾取方向”，因是逆图形切割，单击指向右的箭头，全部图线变成红色虚线，下边线上显示选择补偿量，出现方向相反的两个草绿色箭头（图 4.59），因为切割凹件，应该向图内补偿，单击指向孔内的箭头。

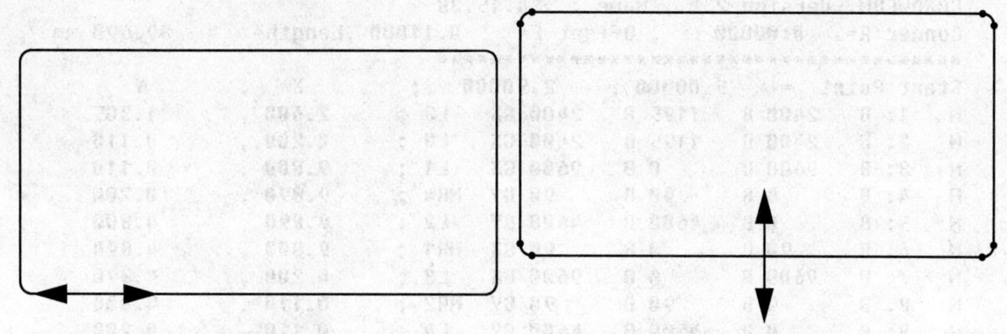

图 4.58　选择切割方向　　　图 4.59　选择补偿方向

③ 输入穿丝点。提示“输入穿线点位置”，输入 5，2.5（回车），提示“输入退出点”（回车），提示“输入切入点”，输入 0.2，0（回车），显示有切入线间隙补偿后的图形（图 4.60）。

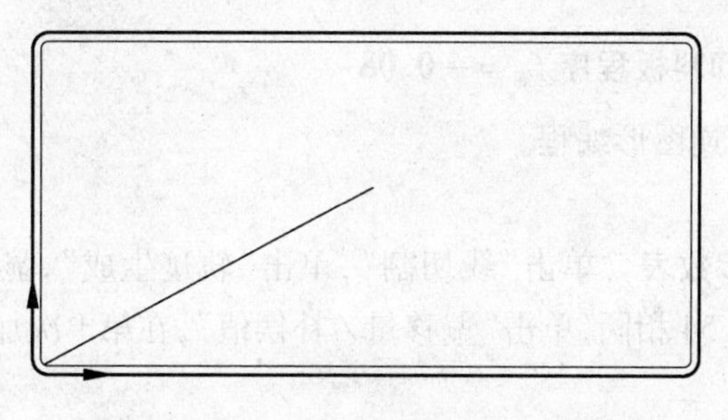

图 4.60　固定板间隙补偿后的图形

④ 轨迹仿真（略）。

（2）生成 3B 代码。

单击“线切割”，单击“生成 3B 代码”，显示“生成 3B 加工代码”对话框，调整到“4.4CAXA 文件”，文件名后输入“表 4.15”（图 4.61），单击“保存”，已将表 4.15 固定板的 3B 程序存到“4.4CAXA 文件”中。

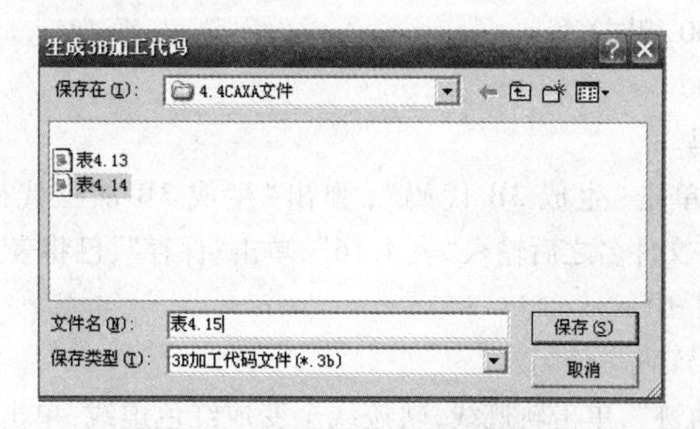

图 4.61　生成 3B 加工代码对话框

(3) 显示3B代码。

提示“拾取加工轨迹”,单击轨迹线,轨迹线全变成红色虚线,单击鼠标右键,显示出表4.15固定板间隙补偿的3B程序。

表4.15 固定板间隙补偿的3B程序

```
****************************************
CAXAWEDM -Version 2.0 , Name : 表4.15.3B
Conner R=    0.00000    , Offset F=     0.11000 ,Length=       39.690 mm
****************************************
Start Point  =     5.00000 ,     2.50000    ;          X   ,          Y
N    1: B    2400 B    1195 B    2400 GX    L3 ;     2.600 ,       1.305
N    2: B    2400 B    1195 B    2400 GX    L3 ;     0.200 ,       0.110
N    3: B    9600 B       0 B    9600 GX    L1 ;     9.800 ,       0.110
N    4: B       0 B      90 B      90 GY   NR4 ;     9.890 ,       0.200
N    5: B       0 B    4600 B    4600 GY    L2 ;     9.890 ,       4.800
N    6: B      90 B       0 B      90 GX   NR1 ;     9.800 ,       4.890
N    7: B    9600 B       0 B    9600 GX    L3 ;     0.200 ,       4.890
N    8: B       0 B      90 B      90 GY   NR2 ;     0.110 ,       4.800
N    9: B       0 B    4600 B    4600 GY    L4 ;     0.110 ,       0.200
N   10: B      90 B       0 B      90 GX   NR3 ;     0.200 ,       0.110
N   11: B    2400 B    1195 B    2400 GX    L1 ;     2.600 ,       1.305
N   12: B    2400 B    1195 B    2400 GX    L1 ;     5.000 ,       2.500
N   13: DD
```

4. 编写图4.46的卸料板程序 $f_{卸} = -0.08$

把图4.46调出后,逆图形编程。

(1) 轨迹生成。

① 填写轨迹生成参数表。单击“线切割”,单击“轨迹生成”,显示“轨迹生成参数表”,填入有关参数后与图4.54相同,单击“偏移量/补偿值”,在第1次加工后面填入0.08,单击“确定”。

② 选择切割方向和偏移方向。提示“提取轮廓”,单击下边线,该线变成红色虚线,虚线上出现选择切割方向用的方向相反的两个草绿色箭头(与图4.58相同),逆图形切割,单击指向右的箭头,全部图线变为红色虚线,下边线上出现选择偏移方向用的方向相反的两个草绿色箭头(与图4.59相同),因是切割凹件应向图中补偿,单击指向图内的箭头。

③ 输入穿丝孔。提示“输入穿丝孔位置”,输入5,2.5(回车),提示“输入退出点”(回车),提示“输入切入点”,输入0.2,0(回车),作出切入线,并显示间隙补偿后的草绿色电极丝中心轨迹(与图4.60相同)。

④ 轨迹仿真(略)。

(2) 生成3B代码。

单击“线切割”,单击“生成3B代码”,弹出“生成3B加工代码”对话框,调整到“4.4CAXA文件”,在文件名之后输入“表4.16”,单击“保存”,已将表4.16的3B加工代码存到“4.4CAXA文件”中。

(3) 显示3B代码。

提示“拾取加工轨迹”,单击轨迹线,轨迹线全变成红色虚线,单击鼠标右键,显示出表4.16所示的卸料板间隙补偿后的3B代码。

表 4.16　卸料板间隙补偿后的 3B 代码

```
****************************************
CAXAWEDM -Version 2.0 , Name : 表4.16.3B
Conner R=   0.00000    , Offset F=     0.08000 ,Length=      39.905 mm
****************************************
Start Point  =     5.00000 ,     2.50000  ;      X  ,        Y
N   1: B   2400 B   1210 B   2400 GX   L3 ;  2.600 ,     1.290
N   2: B   2400 B   1210 B   2400 GX   L3 ;  0.200 ,     0.080
N   3: B   9600 B      0 B   9600 GX   L1 ;  9.800 ,     0.080
N   4: B      0 B    120 B    120 GY  NR4 ;  9.920 ,     0.200
N   5: B      0 B   4600 B   4600 GY   L2 ;  9.920 ,     4.800
N   6: B    120 B      0 B    120 GX  NR1 ;  9.800 ,     4.920
N   7: B   9600 B      0 B   9600 GX   L3 ;  0.200 ,     4.920
N   8: B      0 B    120 B    120 GY  NR2 ;  0.080 ,     4.800
N   9: B      0 B   4600 B   4600 GY   L4 ;  0.080 ,     0.200
N  10: B    120 B      0 B    120 GX  NR3 ;  0.200 ,     0.080
N  11: B   2400 B   1210 B   2400 GX   L1 ;  2.600 ,     1.290
N  12: B   2400 B   1210 B   2400 GX   L1 ;  5.000 ,     2.500
N  13: DD
```

4.4.3　编写冲孔模具程序时先不加间隙补偿量

冲孔模具在编程时加入间隙补偿量，需要编出凸模、凹模、固定板和卸料板四种程序，在切割加工时根据实际情况往往需要增加或减少间隙补偿量，这就需要再编一次该程序。若在编程时先不加间隙补偿量，则只需要编写两种程序，一种是凸件（即凸模）程序，另一种是凹件（即凹模、固定板和卸料板）程序，在加工不同种类的模具时加入相应的间隙补偿量即可。

1. 编写图 4.46 的凸模程序 $f=0$

编程的方法与前面 4.4.2 小节中的“1. 编图 4.46 的凸模程序”的方法及过程都完全相同，但是在填写轨迹生成参数表时，单击“偏移量/补偿值”后，在第 1 次加工之后填写为 0（$f=0$），由于间隙补偿量填为 0，所以选择切割方向后不显示供选择补偿方向的箭头，在生成 3B 代码时，当显示“生成 3B 加工代码”对话框时，文件名之后输入表 4.17。

编出没有加间隙补偿量的凸模程序，见表 4.17。

2. 编写图 4.46 的凹件程序 $f=0$

凹件程序可以用于凹模、固定板和卸料板在切割加工时加入不同的间隙补偿量。

编写凹件程序的方法及过程与前面 4.4.2 小节中的“2. 编图 4.46 的凹模程序”相同，但是在填写轨迹生成参数表时，单击“偏移量/补偿值”之后，在第 1 次后面填写为 0（$f=0$），由于间隙补偿量为 0，所以选择切割方向后不显示供选择补偿方向的箭头，在生成 3B 代码时，当显示“生成 3B 加工代码”对话框时，文件名之后输入“表 4.18”。

编出没有加工间隙补偿量的凹件程序见表 4.18。

表 4.17　图 4.46 凸模逆图切割 $f=0$ 的 3B 代码

```
****************************************
CAXAWEDM -Version 2.0 , Name : 表4.17.3B
Conner R=   0.00000  , Offset F=     0.00000 ,Length=      35.657 mm
****************************************
Start Point  =      0.20000 ,    -3.00000     ;        X   ,       Y
N    1: B       0 B  1500 B   1500 GY    L2 ;     0.200 ,    -1.500
N    2: B       0 B  1500 B   1500 GY    L2 ;     0.200 ,     0.000
N    3: B    9600 B     0 B   9600 GX    L1 ;     9.800 ,     0.000
N    4: B       0 B   200 B    200 GY   NR4 ;    10.000 ,     0.200
N    5: B       0 B  4600 B   4600 GY    L2 ;    10.000 ,     4.800
N    6: B     200 B     0 B    200 GX   NR1 ;     9.800 ,     5.000
N    7: B    9600 B     0 B   9600 GX    L3 ;     0.200 ,     5.000
N    8: B       0 B   200 B    200 GY   NR2 ;    -0.000 ,     4.800
N    9: B       0 B  4600 B   4600 GY    L4 ;    -0.000 ,     0.200
N   10: B     200 B     0 B    200 GX   NR3 ;     0.200 ,     0.000
N   11: B       0 B  1500 B   1500 GY    L4 ;     0.200 ,    -1.500
N   12: B       0 B  1500 B   1500 GY    L4 ;     0.200 ,    -3.000
N   13: DD
```

表 4.18　图 4.46 凹件逆图形切割 $f=0$ 的 3B 代码

```
****************************************
CAXAWEDM -Version 2.0 , Name :    4.18.3B
Conner R=   0.00000    , Offset F=     0.00000 ,Length=        40.481 mm
****************************************
Start Point  =      5.00000 ,     2.50000     ;        X   ,       Y
N    1: B    4800 B  2500 B   4800 GX    L3 ;     0.200 ,     0.000
N    2: B    9600 B     0 B   9600 GX    L1 ;     9.800 ,     0.000
N    3: B       0 B   200 B    200 GY   NR4 ;    10.000 ,     0.200
N    4: B       0 B  4600 B   4600 GY    L2 ;    10.000 ,     4.800
N    5: B     200 B     0 B    200 GX   NR1 ;     9.800 ,     5.000
N    6: B    9600 B     0 B   9600 GX    L3 ;     0.200 ,     5.000
N    7: B       0 B   200 B    200 GY   NR2 ;     0.000 ,     4.800
N    8: B       0 B  4600 B   4600 GY    L4 ;     0.000 ,     0.200
N    9: B     200 B     0 B    200 GX   NR3 ;     0.200 ,     0.000
N   10: B    4800 B  2500 B   4800 GX    L1 ;     5.000 ,     2.500
N   11: DD
```

4.5　用 YH 线切割计算机编程控制软件编写冲孔模具程序的实例

工件为图 4.62 所示的 10 × 5 长方形,四个角的过渡圆 $R=0.2$ mm,编写冲孔模具的凸模、凹模、固定板和卸料板加不同间隙补偿量的例子。

工件板料为黄铜,$\delta_{配}=0.04$ mm,$r_{丝}=0.09$ mm,$\delta_{电}=0.01$ mm,$\delta_{固}=0.01$ mm,$\delta_{卸}=0.02$ mm,根据前面 4.1.4 小节中的分析计算,几种间隙补偿量为 $f_{凸}=0.1$ mm,$f_{凹}=-0.06$ mm,$f_{固}=-0.11$ mm,$f_{卸}=-0.08$ mm。

间隙补偿量可以在编程时加入,也可以编程时先不加入,到加工时再加入。

4.5.1　绘　图

单击"文档",单击"新图"。

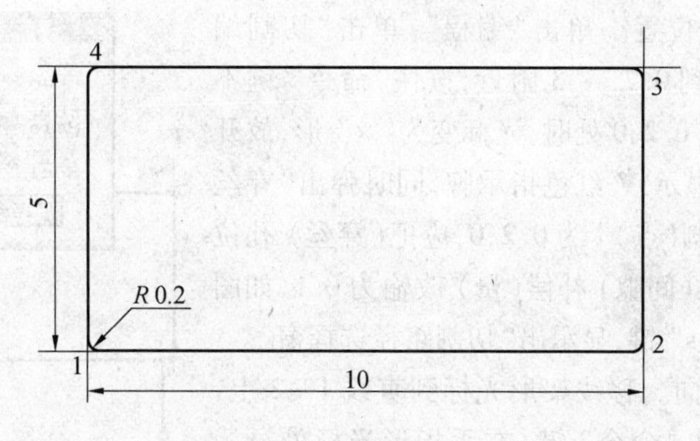

图4.62　10 × 5 的长方形

1. 绘图4.62

(1) 绘 10 × 5 的长方形。

单击"线" 图标,移动光标到"键盘命令框" 上,提示"线参数",输入[0,0],[10,0](回车),绘出直线1—2,移动光标到点2上时,光标变为"×" 形,单击"命令" 键,弹出线输入参数窗,起点显示为10,0,正确不必改输,应将终点改为点3的坐标值10,5,如图4.63所示,单击"Yes" 键,绘出直线2—3,移动光标到点3上,光标变为"×" 形,单击命令键,弹出线输入参数窗,起点显示为10,5,用输入直线2—3的方法将终点改正为0,5后,单击"Y" 键,绘出直线3—4,用相同的方法终点改正为0,0,可以绘出直线4—1,绘出10 × 5 的长方形。

(2) 绘四个 $R = 0.2$ 的圆角。

将屏幕下边的比例改输为25,单击"过渡圆" 图标,移动光标时光标变为∠R形,移动光标到点1上,光标变为"×" 形,按住"命令" 键向右上方移动一小段,放开"命令" 键,显示"R =",用小键盘输入0.2,单击回车键,点1处绘出 $R = 0.2$ 的过渡圆角,并显示"$R = 0.2$",用同样方法可以绘出点2、点3和点4处的 $R = 0.2$ 的过渡圆,绘出图4.62,如图4.64所示。

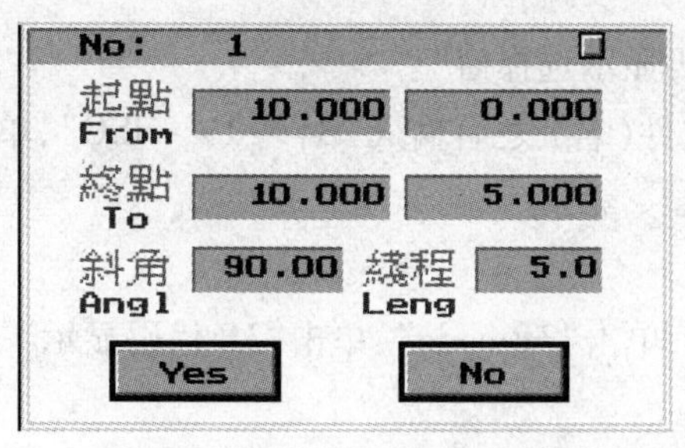

图4.63　输入直线2—3的参数窗

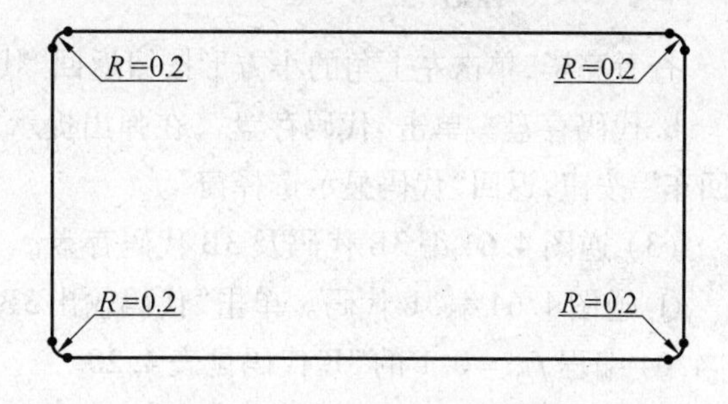

图4.64　绘完 $R = 0.2$ 的过渡圆后

2. 存盘

单击"文档",单击"存盘",存盘前应将屏幕下边的图号输入为"TU4 - 64"。

4.5.2　编写冲孔模具程序时加间隙补偿量

1. 逆图4.64编写凸模程序

(1) 调出图4.64并将比例输入为20∶1。

(2) 逆图4.64编写增量坐标ISO代码。

① 输入穿丝孔位置。单击“编程”，单击“切割编程”，移线架形光标到0.2，－3附近，按住“命令”键不放，移动光标到图上0.2，0处时，光标变为“×”形，放开“命令”键，在该处显示▼红色指示牌，同时弹出“穿丝孔位输入指示窗起割（点）”为0.2，0，应把（穿丝）孔位修改输入0.2，－3，（间隙）补偿（量）改输为0.1，如图4.65所示，单击“Yes”键，显示出“切割路径选择窗”。

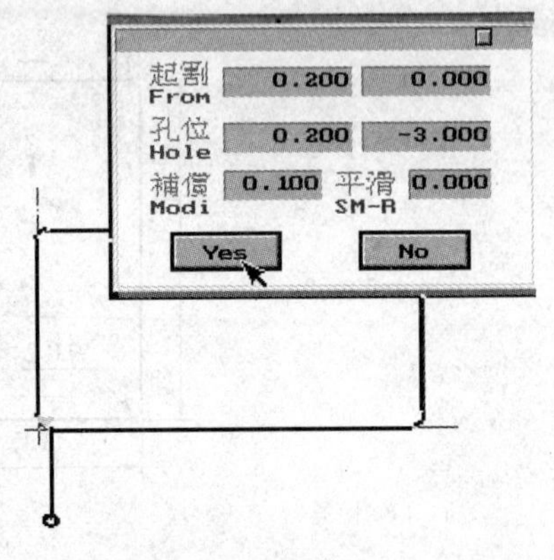

图4.65　穿丝孔位输入指示窗

② 选择切割方向。移线架形光标到直线1—2上，光标变手指形，单击“命令”键，在手指形光标处显示“No:0”，右上角处的LO的底色变黑（同图3.64），单击“认可”按钮，火花沿图线逆时针方向进行模拟切割，至切入点（0.2，0）时，显示“OK”结束，同时弹出“加工方向选择窗”（同图3.65）。单击右上角的小方形按钮，单击屏幕左下角处的工具包，弹出“代码显示选择窗”（同图3.66）。

③ 显示增量坐标的ISO代码及存盘。

a. 显示逆图4.64编程$f_{凸}=0.1$的增量坐标ISO代码。单击“代码显示”，显示出逆图4.64编程间隙补偿量$f_{凸}=0.1$的增量坐标ISO代码（表4.19）。

表4.19　逆图4.64编程$f_{凸}=0.1$的增量坐标ISO代码

```
G92 X0.2000   Y-3.0000
G01 X0.0000   Y2.9000
G01 X9.6000   Y0.0000
G03 X0.3000   Y0.3000   I-0.0000  J0.3000
G01 X0.0000   Y4.6000
G03 X-0.3000  Y0.3000   I-0.3000  J-0.0000
G01 X-9.6000  Y0.0000
G03 X-0.3000  Y-0.3000  I-0.0000  J-0.3000
G01 X0.0000   Y-4.6000
G03 X0.3000   Y-0.3000  I0.3000   J-0.0000
G01 X0.0000   Y-2.9000
M00
```

查看完毕，单击左上角的小方形按钮返回“代码显示选择窗”。

b. 代码存盘。单击“代码存盘”，在弹出提示文件（名）之后输入“B4－19－ISO”，单击“回车”按钮，返回“代码显示选择窗”。

(3) 逆图4.64编3B代码及3B代码存盘。

① 逆图4.64编3B代码。单击“代码输出3B”，单击“3B code”，单击“3B代码显示”，逆图4.64编程$f_{凸}=0.1$的3B代码见表4.20。

表4.20　逆图4.64编程$f_{凸}=0.1$的3B代码

```
B     0 B  2900 B 002900 GY L2
B  9600 B     0 B 009600 GX L1
B     0 B   300 B 000299 GY NR4
B     0 B  4600 B 004600 GY L2
B   300 B     0 B 000299 GX NR1
B  9600 B     0 B 009600 GX L3
B     0 B   300 B 000299 GY NR2
B     0 B  4600 B 004600 GY L4
B   300 B     0 B 000299 GX NR3
B     0 B  2900 B 002900 GY L4
D
```

查看完3B代码，单击左上角的小方形按钮，关闭3B代码显示。

②3B代码存盘。单击“3B代码存盘”，在弹出的“文件”之后输入文件名“B4 - 20 - 3B”，单击回车按钮。单击“退出”，单击“退出”。

2. 逆图4.64编写间隙补偿量$f_{凹}$ =－0.06的凹模程序

(1) 调出图4.64并将比例输入为20：1。

单击“文档”，单击“读盘”，单击“图形”，单击“TU4 - 64”，单击左上角的小方形按钮，调出图4.64，将屏幕底部的比例改输为20：1使图形放大。

(2) 逆图4.64编写增量坐标ISO代码。

① 输入穿丝孔位置。单击“编程”，单击“切割编程”，移线架形光标到5，2.5处或附近(屏幕右下角处显示光标位置的X，Y坐标值)，按住“命令”键，移动光标到0.2，0点上时，光标变成“×”形，放开“命令”键，弹出“穿丝孔位输入窗”，其中的起割点为0.2，0，正确不必改，应将(穿丝)孔位改输为5，2.5，间隙补偿量输入 －0.06，之后单击“Yes”键，弹出“切割路径选择窗”。

② 选择加工方向。移动光标单击右边的直线，右上角LO底色变黑，光标变为手指形，该处显示No:0，如图3.64所示，单击“认可”，弹出“加工方向选择窗”，右上角处的红底黄三角其尖角指向左(图4.66)，单击右上角的小方形按钮，单击左下角的工具包，弹出“代码显示选择窗”。

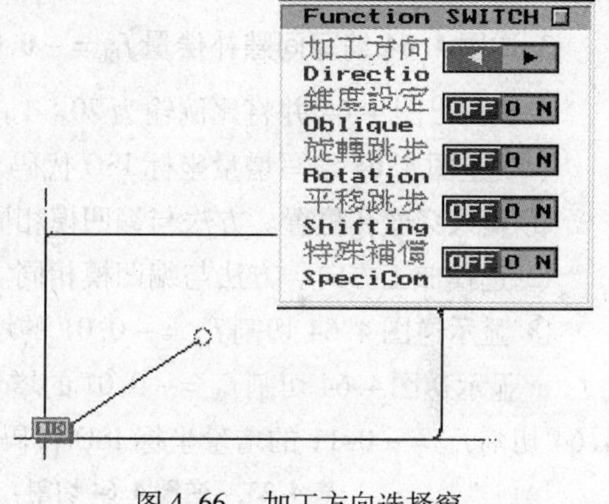

图4.66　加工方向选择窗

③ 显示逆图4.64切割$f_{凹}$ =－0.06的增量坐标ISO代码及存盘。

a. 显示逆图4.64切割$f_{凹}$ =－0.06的增量坐标ISO代码。单击“代码显示”，显示出逆图4.64切割$f_{凹}$ =－0.06的增量坐标ISO代码见表4.21。阅读完程序单击左上角的小方形按钮，返回“代码显示选择窗”。

表4.21　逆图4.64切割$f_{凹}$ =－0.06的增量坐标ISO代码

```
G92 X5.0000   Y2.5000
G01 X-4.8000  Y-2.4400
G01 X9.6000   Y0.0000
G03 X0.1400   Y0.1400   I-0.0000  J0.1400
G01 X0.0000   Y4.6000
G03 X-0.1400  Y0.1400   I-0.1400  J-0.0000
G01 X-9.6000  Y0.0000
G03 X-0.1400  Y-0.1400  I-0.0000  J-0.1400
G01 X0.0000   Y-4.6000
G03 X0.1400   Y-0.1400  I0.1400   J-0.0000
G01 X4.8000   Y2.4400
M00
```

b. 存盘。单击“代码存盘”，在“文件”右边输入“B4 - 21 - ISO”，单击“回车”按钮，已将表4.21的ISO代码存好。

(3) 逆图 4.64 编 3B 代码及存盘。

① 逆图 4.64 编$f_{凹}$ =- 0.06 的 3B 代码。单击“代码输出 3B”,单击“3B code”,单击“3B 代码显示”,显示表 4.22 中逆图 4.64 编$f_{凹}$ =- 0.06 的 3B 代码。

表 4.22 逆图 4.64 编$f_{凹}$ =- 0.06 的 3B 代码

```
B    4800 B    2440 B 004800 GX L3
B    9600 B       0 B 009600 GX L1
B       0 B     140 B 000140 GY NR4
B       0 B    4600 B 004600 GY L2
B     140 B       0 B 000140 GX NR1
B    9600 B       0 B 009600 GX L3
B       0 B     140 B 000140 GY NR2
B       0 B    4600 B 004600 GY L4
B     140 B       0 B 000140 GX NR3
B    4800 B    2440 B 004800 GX L1
D
```

查看完毕,单击左上角的小方形按钮。

②3B 代码存盘。单击“3B 代码存盘”、“文件” 之后输入“B4 - 22 - 3B”,单击“回车” 按钮,已将表 4.22 的 3B 代码存好,单击“退出” 。

3. 逆图 4.64 编写间隙补偿量$f_{固}$ =- 0.01 的固定板程序

(1) 调出图 4.64 并将比例输为 20 : 1。

(2) 逆图 4.64 编写增量坐标 ISO 代码。

① 输入穿丝孔位置。方法与编凹模相同,但间隙补偿量$f_{固}$ 应输入 - 0.11。

② 选择加工方向。方法与编凹模相同。

③ 显示逆图 4.64 切割$f_{固}$ =- 0.01 的增量坐标 ISO 代码及存盘。

a. 显示逆图 4.64 切割$f_{固}$ =- 0.01 的增量坐标 ISO 代码。单击“代码显示”,显示出逆图 4.64 切割$f_{固}$ =- 0.11 的增量坐标 ISO 代码见表 4.23。

表 4.23 逆图 4.64 切割$f_{固}$ =- 0.11 的增量坐标 ISO 代码

```
G92 X5.0000    Y2.5000
G01 X-4.8000   Y-2.3900
G01 X9.6000    Y0.0000
G03 X0.0900    Y0.0900    I-0.0000  J0.0900
G01 X0.0000    Y4.6000
G03 X-0.0900   Y0.0900    I-0.0900  J-0.0000
G01 X-9.6000   Y0.0000
G03 X-0.0900   Y-0.0900   I-0.0000  J-0.0900
G01 X0.0000    Y-4.6000
G03 X0.0900    Y-0.0900   I0.0900   J-0.0000
G01 X4.8000    Y2.3900
M00
```

b. 代码存盘(文件名为 B4 - 23 - ISO)。

(3) 逆图 4.64 编写 3B 代码及存盘。

① 逆图 4.64 编写$f_{固}$ =- 0.11 的 3B 代码。单击“代码输出 3B”,单击“3B code”,单击“3B 代码显示”,显示出如表 4.24 所示的逆图 4.64 编写$f_{固}$ =- 0.11 的 3B 代码。

② 代码存盘。存盘文件名为“B4 - 24 - 3B”。

表4.24　逆图4.64编$f_{凹}$ =－0.11的3B代码

```
B  4800 B  2390 B 004800 GX L3
B  9600 B     0 B 009600 GX L1
B     0 B    90 B 000089 GY NR4
B     0 B  4600 B 004600 GY L2
B    90 B     0 B 000089 GX NR1
B  9600 B     0 B 009600 GX L3
B     0 B    90 B 000089 GY NR2
B     0 B  4600 B 004600 GY L4
B    90 B     0 B 000089 GX NR3
B  4800 B  2390 B 004800 GX L1
D
```

4. 逆图4.64间隙补偿量$f_{卸}$ =－0.08的卸料板程序

(1) 调出图4.64并将比例输为20∶1。

(2) 逆图4.64编写增量坐标ISO代码。

① 输入穿丝孔位置。方法与编凹模相同,但间隙补偿量$f_{卸}$输入－0.08。

② 显示逆图4.64切割$f_{卸}$ =－0.08的增量坐标ISO代码及存盘。

a. 代码显示。单击"代码显示",显示出逆图4.64切割$f_{卸}$ =－0.08的增量坐标ISO代码,见表4.25。

表4.25　逆图4.64编$f_{卸}$ =－0.08的增量坐标ISO代码

```
G92 X5.0000    Y2.5000
G01 X-4.8000   Y-2.4200
G01 X9.6000    Y0.0000
G03 X0.1200    Y0.1200    I-0.0000   J0.1200
G01 X0.0000    Y4.6000
G03 X-0.1200   Y0.1200    I-0.1200   J-0.0000
G01 X-9.6000   Y0.0000
G03 X-0.1200   Y-0.1200   I-0.0000   J-0.1200
G01 X0.0000    Y-4.6000
G03 X0.1200    Y-0.1200   I0.1200    J-0.0000
G01 X4.8000    Y2.4200
M00
```

b. 代码存盘(存盘文件名为"B4－25－ISO")。

(3) 逆图4.64编$f_{卸}$ =－0.08的3B代码及存盘。

① 逆图4.64编$f_{卸}$ =－0.08的3B代码。单击"代码输出3B",单击"3B code",单击"3B代码显示",显示出如表4.26所示的逆图4.64编$f_{卸}$ =－0.08的3B代码。

表4.26　逆图4.64编$f_{卸}$ =－0.08的3B代码

```
B  4800 B  2420 B 004800 GX L3
B  9600 B     0 B 009600 GX L1
B     0 B   120 B 000119 GY NR4
B     0 B  4600 B 004600 GY L2
B   120 B     0 B 000119 GX NR1
B  9600 B     0 B 009600 GX L3
B     0 B   120 B 000119 GY NR2
B     0 B  4600 B 004600 GY L4
B   120 B     0 B 000119 GX NR3
B  4800 B  2420 B 004800 GX L1
D
```

②3B代码存盘。单击"3B代码存盘"、"文件"之后输入"B4－26－3B"。单击"Enter"按钮,已将该3B代码存好,单击"退出"。

4.5.3　在编出的程序中怎样看出间隙补偿量数值的正负是否正确

间隙补偿后凸模或凸件的过渡圆半径 r 应增大为 $R=r+f_{凸}$，凹模或凹件的过渡圆半径应减小为 $R=r-f_{凹}$。

1. 凸模或凸件

(1) 工件直角(90°) 上有过渡圆半径 r 的3B 程序。

凸模或凸件加间隙补偿量 $f_{凸}$ 之后，过渡圆半径 $R=r+f_{凸}$。

以表4.20 中的3B 程序为例，圆弧3B 程序 BXBYBJGZ，其中 X，Y 表示圆弧起点对圆心坐标的绝对值，以第3 条程序为例 $X=0$，$Y=0.3$(图4.67)，表示该逆圆弧 NR4 的起点(对圆心) 的坐标为(0，-0.3)，该过渡圆弧原来 $r=0.2$，$f_{凸}=0.1$，$R=r+f_{凸}=0.2+0.1=0.3$，这说明程序中的间隙补偿量加得正确。同理从第5、第7 和第9 条程序也能看出。

2. 工件直角上有过渡圆半径 r 的 ISO 代码

在圆弧的ISO 代码中，I、J 表示圆弧圆心对圆弧起点的增量坐标值，也可以简单地把圆弧起点看成坐标原点，I、J 就是圆心对该坐标原点的坐标值。

在表4.19 中的第3 条(N3) 就是图4.68 逆圆的ISO 代码。

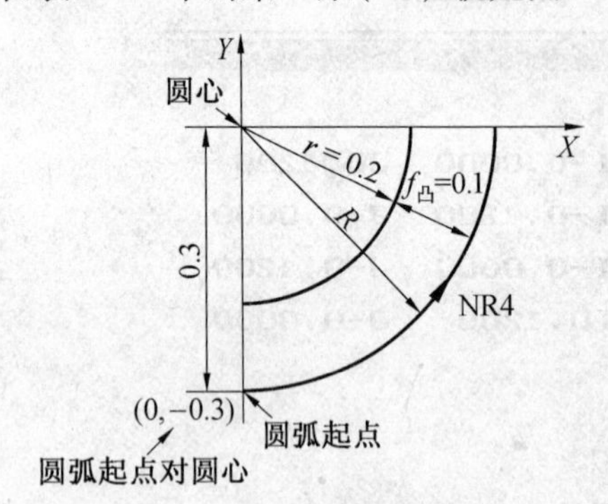

图4.67　表4.20 第3 条3B 程序的图形

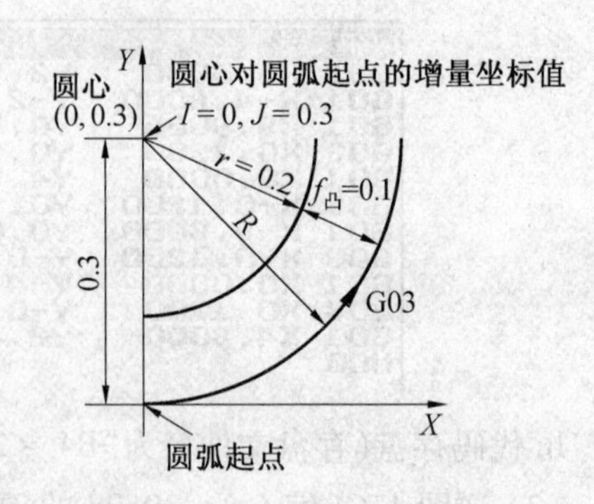

图4.68　表4.19 中第4 条ISO 代码的图形

2. 凹模或凹件

(1) 工件直角上有过渡圆 r 的3B 程序。

凹模或凹件加间隙补偿量 $f_{凹}$ 之后，过渡圆半径 $R=r-f_{凹}$。

以表4.22 中的第3 条3B 程序为例，$X=0$，$Y=0.14$(图4.69)，表示该逆圆弧 NR4 的起点对圆心的坐标是0，-0.14(图4.69 中是 -0.14，3B 程序的 X，Y 是其绝对值)，间隙补偿后的过渡圆半径 $R=0.2+(-0.06)=0.14$。

(2) 工件直角上有过渡圆半径 r 的ISO 代码。

据表4.21 中的第3 条 G03ISO 代码，绘出了它的图形，圆心对圆弧起点 $I=0$，$J=0.14$(图4.70)。

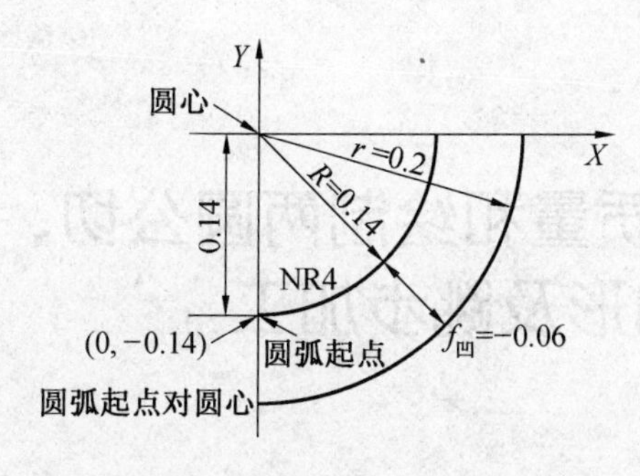

图4.69　表4.22第3条3B程序的图形

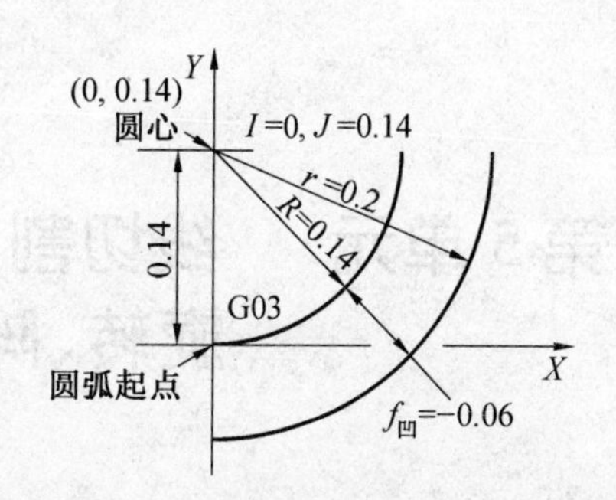

图4.70　表4.21中第3条ISO代码的图形

3. 固定板及卸料板

固定及卸料板的右下角图形与图4.69和图4.70一样,但R和f的数值不同。

(1) 固定板。

固定板的$f_{固}=-0.11$,$R=0.2+(-0.11)=0.09$,圆弧起点对圆心的坐标值为0,-0.09,表4.24中的第3条3B程序为BOB90,表4.23的第4条ISO代码中,$I=0$,$J=0.09$,即圆心对圆弧起点的坐标为0,0.09。

(2) 卸料板。

卸料板的$f_{卸}=-0.08$,$R=0.2+(-0.08)=0.12$,圆弧起点对圆心的坐标值为0,-0.12,表4.26中的第3条3B程序为BOB120,表4.25的第4条ISO代码中,$I=0$,$J=120$,即圆心对圆弧起点的坐标为0,-0.12。

第2部分　学生练习

用本校使用的计算机编程控制软件绘图4.21及学习编写直线及圆弧有间隙补偿量f的3B程序(编出的程序与教师讲的相应部分对照)。

(1) 绘图及存图。

(2) 逆图形编写10×5冲孔模凸模加间隙补偿量$f_{凸}$(0.1)的3B程序。

(3) 逆图形编写10×5冲孔模凹模加间隙补偿量$f_{凹}$(0.06)的3B程序。

(4) 逆图形编写10×5冲孔模固定板加间隙补偿量$f_{固}$(0.11)的3B程序。

(5) 逆图形编写10×5冲孔模卸料板加间隙补偿量$f_{卸}$(0.08)的3B程序。

(6) 编写10×5冲孔模凸模不加间隙补偿量f的3B程序。

(7) 编写10×5冲孔模凹模不加间隙补偿量f的3B程序。

第3部分　学生实践

学生用本校的计算机编程控制软件在模拟切割时加间隙补偿量。

(1)10×5冲孔凸模加间隙补偿量逆图形模拟切割。

(2)10×5冲孔凹模加间隙补偿量逆图形模拟切割。

(3) 表4.4中程序的第三条是图4.23右下角处的过渡圆间隙补偿后的程序,作出该图。

(4) 有时间的学生,可以对10×5冲孔模固定板及卸料板分别加间隙补偿量逆图形模拟切割。

第5单元　线切割加工质量和绘制两圆公切、旋转、阵列图形及跳步加工

教学目的

(1) 了解线切割加工质量的概念；

(2) 分析影响线切割加工质量的各种因素；

(3) 用计算机绘制两圆公切及旋转图形的方法；

(4) 用计算机绘制阵列图形及跳步加工的编程方法；

(5) 用计算机编写齿轮程序的方法。

第1部分　教师授课

5.1　线切割加工质量及各种影响因素

5.1.1　线切割加工质量

线切割加工质量包括加工精度和表面质量,直接影响产品的使用性能和寿命。

1. 加工精度

加工精度包括尺寸精度、形状精度和位置精度。

(1) 尺寸精度。

尺寸精度用尺寸公差表示。国家标准 GB 1800—79 规定,标准公差分 20 级,即 IT01、IT0、IT1 ~ IT18。IT 表示标准公差,后面的数值越大,精度越低。IT0 ~ IT13 用于配合尺寸,其余用于非配合尺寸。

(2) 形状精度。

形状精度是零件表面与理想表面之间在形状上接近的程度。如圆度(○)、圆柱度(/○/)、平面度(▱) 和直线度(—) 等。

(3) 位置精度。

位置精度是表面、轴线或对称平面之间的实际位置与理想位置的接近程度。如两圆柱面间的同轴度(◎)、两平面间的平行度(//) 和垂直度(⊥) 等。

通常所说的加工精度指的是加工经济精度,即指在正常加工条件下(采用符合质量标准的设备、工艺装备和标准技术等级的工人,不延长加工时间) 所能保证的加工精度。

2. 表面质量

线切割加工表面质量包括已加工表面的表面粗糙度及内应力等。

表面粗糙度常用轮廓算术平均偏差 Ra 之值表示，Ra 值越小，表面越光滑，Ra 值越大，表面就越粗糙。零件表面过于粗糙，会使表面间的接触刚度低、耐磨性差、疲劳强度及耐腐蚀性下降，使配合性质改变。

对于重要零件，除规定表面粗糙度 Ra 值外，还对内应力的大小和性质提出要求。

5.1.2　影响线切割加工质量的各种因素

影响线切割加工质量的因素很多，如工件材料及其冷热加工工艺，线切割机床的性能及有关的工艺、电参数，操作人员的素质等。

1. 工件材料及冷、热加工工艺

(1) 工件材料及热处理。

以模具为例，模具材料有碳素工具钢和合金工具钢。

① 碳素工具钢如 T8A 和 T10A，其淬硬层较浅，热处理变形大，残余应力显著，只能用于要求不高的简单模具。

② 合金工具钢，如 CrWMn，Cr12MoV，Cr12 等，可用于精度要求高的模具，淬火后最好进行两次回火。

(2) 机械加工。

以模具为例，锻造后淬火前需要进行铣削加工，穿丝孔需要钻孔、铰孔或镗孔，所有螺钉孔都要钻孔和攻出螺纹。

模具胚料经过磨削加工，上下表面要平行，侧面和底平面要垂直。

2. 机床性能

机床的传动精度和重复定位精度，走丝系统的性能，电极丝的张紧力以及导轮精度等。

3. 工件的装夹和找正

(1) 夹具选择。

大工件应使用两端支撑夹具(图 5.1)，悬臂式支撑夹具(图 5.2) 装夹小一点的工件时，虽然装夹方便，但由于工件是单端压紧，另一端悬空，工件底面不易与工作台面工行，装夹时应仔细将工件找好水平。

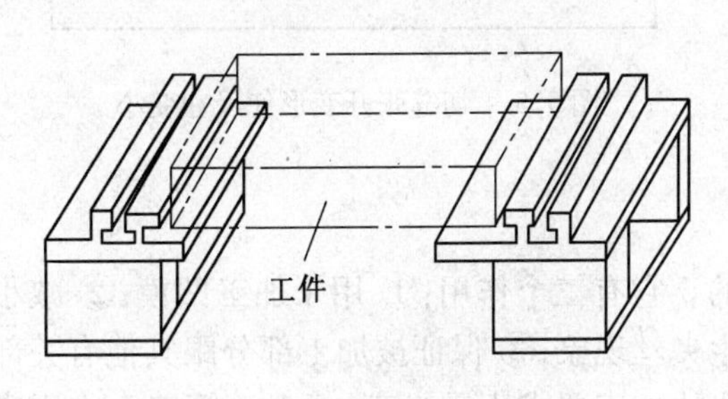

图 5.1　两端支撑夹具

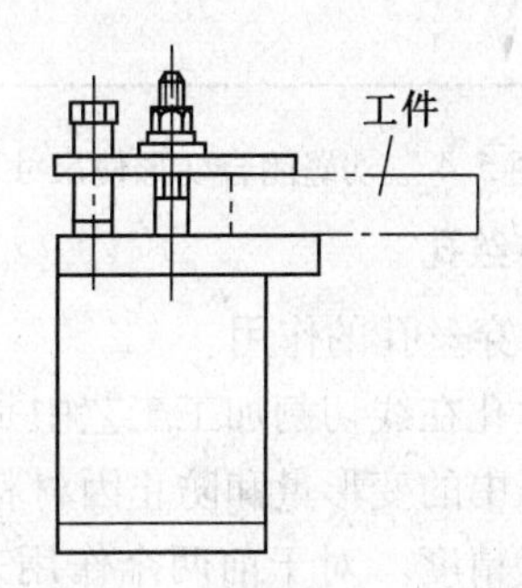

图 5.2　悬臂式支撑夹具

(2) 夹持位置与切割路线。

为了避免材料内部组织及内应力对加工精度的影响，还必须合理地选择程序的切割走向和起始点。如图 5.3 所示，加工程序起始点为 A，切入点为 a，则切割走向可为：

① $A—a—b—c—d—e—f—a—A$。

② $A—a—f—e—d—c—b—a—A$。

如选 ② 切割走向，则在切割 af 段时，工件与夹持部分相连的大部分被切开，工件和夹持部分只有一小段相连，容易变形，会带来较大的误差；如选 ① 切割走向，就可以减少或避免这种影响。

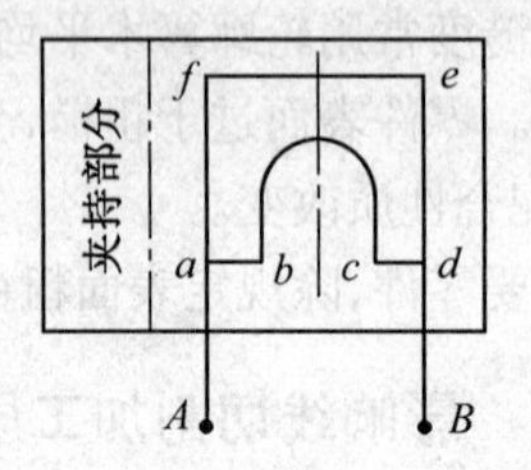

图 5.3　工件的夹持位置与切割走向

如加工程序起始点为 B，切入点为 d，这时无论选哪种切割走向，其切割精度都会受到材料变形的影响。

4. 从毛坯外面切入时张口、闭口变形对加工尺寸精度的影响

如果没有穿丝孔而是从毛坯外面切入，切入缝处会产生张口或闭口变形而影响加工尺寸精度。

(1) 切缝闭口变形。

图 5.4 所示的凸模，由坯料外切入后，经点 A 至点 B…… 按顺时针方向再回到点 A。在切完 EF 圆弧的大部分后，BC 切缝明显变小甚至闭合，当继续切割至点 A 时，凸模上 FA 与 BC 间平行的尺寸增大了一个等于切缝宽度的尺寸。

(2) 切缝张口变形。

如图 5.5 所示，该凸模也是从坯料外切入，此图形没有较大的圆弧段，变形时切缝不是闭合，而是张开。继续切割 FG 段时，凸模上的 AB 和 FG 间平行的尺寸将会逐渐减小。

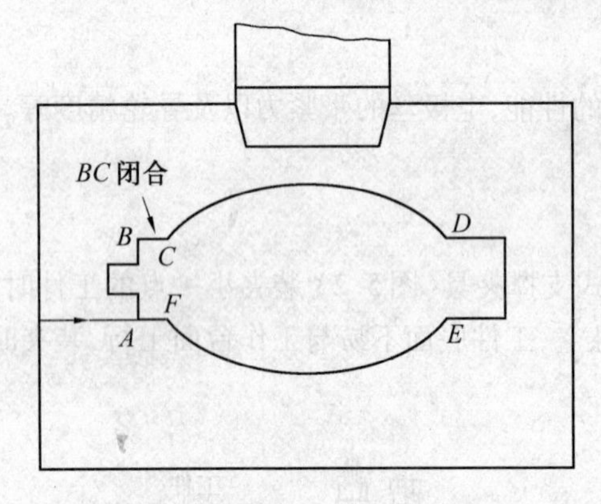

图 5.4　切缝闭合变形使尺寸增大

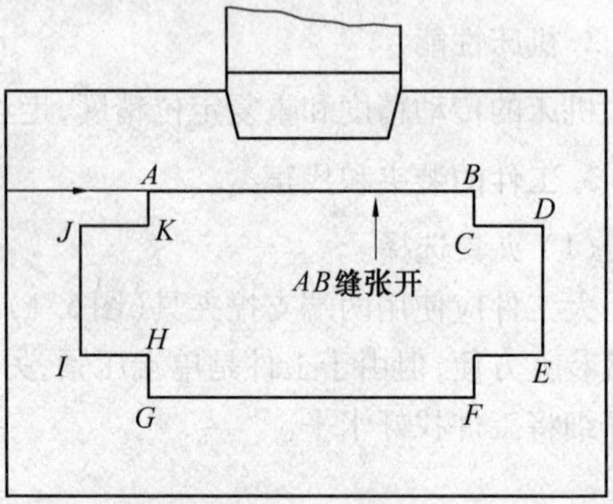

图 5.5　切缝张开变形使尺寸变小

5. 穿丝孔

(1) 穿丝孔的作用。

穿丝孔在线切割加工工艺中是不可缺少的。它有三个作用：① 用于加工凹模；② 减小凸模加工中的变形量和防止因材料变形而发生夹丝现象；③ 保证被加工部分跟其他有关部位的位置精度。对于前两个作用来说，穿丝孔的加工要求不需过高，但对于第三个作用来说，就需要考虑其加工精度。显然，如果所加工的穿丝孔的精度差，那么工件在加工前的定位也不准，被加工部分的位置精度自然也就不符合要求。

(2) 穿丝孔的位置和直径。

在切割凹模类工件时，穿丝孔位于凹形的中心位置，操作最为方便。因为这既能使穿丝孔加工位置准确，又便于控制坐标轨迹的计算。但是这种方法切割的无用行程较长，因此不适合大孔形凹形工件的加工。

在切割凸形工件或大孔形凹形工件时，穿丝孔加工在起切点附近为好。这样，可以大大缩短无用切割行程。穿丝孔的位置最好选在已知坐标点或便于运算的坐标点上，以简化有关轨迹控制的运算。

穿丝孔的直径不宜太小或太大，以钻或镗孔工艺简便为宜，一般选在 3 ~ 10 mm 范围内。孔径最好选取整数值或较完整数值，以简化用其作为加工基准的运算。

(3) 穿丝孔精度对自动找中心所得中心位置的影响。

通常影响穿丝孔精度的主要因素有两个，即圆度和垂直度。如果利用精度较高的镗床、钻床或铣床加工穿丝孔，圆度就能基本上得到保证，而垂直度的控制一般是比较困难的。在实际加工中，孔越深，垂直度越不好保证。尤其是在孔径较小、深度较大时，要满足较高垂直度的要求非常困难。因此，在较厚工件上加工穿丝孔，其垂直度如何就成为工件加工前定位准确与否的重要因素。下面对穿丝孔的垂直度与定位误差之间的关系作具体分析。

为了能够看清问题，可以用夸张的方式画一个如图 5.6 所示的示意图。图中$\overline{AA'}$和$\overline{BB'}$两条线是理想孔径线。其孔径为 D，点 O 为$\overline{AB}$(即 D) 的中点。现假设在加工中钻头与垂直方向倾斜了 α 角，使加工后的孔径剖面线变成了$\overline{AC}$和$\overline{BE}$，其 δ 可表示为

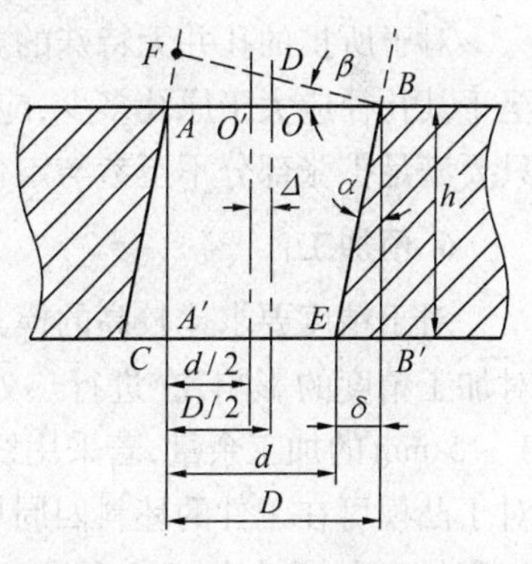

图 5.6　工艺孔精度分析

$$\delta = h\tan\alpha$$

式中　h—— 孔深。

一般都是将钼丝跟孔边接触与否作为找中心的一个条件的。那么，此时利用接触法所测得的孔径就是图中的 d。根据其关系，有

$$d = D - \delta = D - h\tan\alpha$$

其 d 的中点为 O'。那么所产生的定位误差就是点 O 到 O' 的距离。设该距离为 Δ，于是有

$$\Delta = \frac{D}{2} - \frac{d}{2} = \frac{D}{2} - \frac{D - h\tan\alpha}{2} = \frac{D}{2} - \frac{D}{2} + \frac{h\tan\alpha}{2} = h\frac{\tan\alpha}{2}$$

即

$$\Delta = \frac{\delta}{2}$$

从以上结果可以看到，由于穿丝孔不垂直而造成了 $\delta/2$ 的定位误差。这里忽略了因孔的倾斜而产生的孔径 D 的误差。因为孔的倾斜角 α 一般很小，由此造成的孔径变化微乎其微，可以认为孔径不变。

(4) 提高穿丝孔定位精度的方法

用什么方法可以减少上述的定位误差呢？从 $\Delta = h \times \tan\alpha/2$ 可知，其方法有两个：一是当 h 一定时，减小倾斜角 α；二是当 α 一定时，减小 h。采用第一种方法时，所要涉及的方面比较多，如加工设备的精度、钻头的刚度和加工效率等。当孔径较小、工件较厚时，往往还得不到满意的效果。如果采用第二种方法，问题就可以得到较好的解决。其具体措施就是将原工艺孔的大部分进行适当扩大，如图5.7所示。从图5.7可以看到，由于采用了扩孔方法，

使 h 减小到了 h'。此时的定位误差(图 5.7) 为

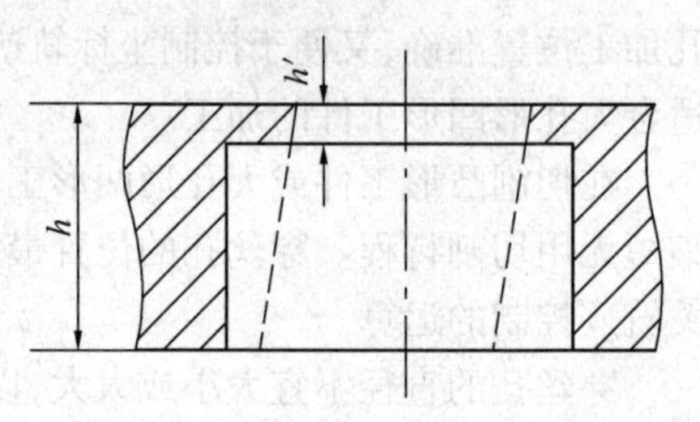

图 5.7　减小定位工艺孔深度

$$\Delta' = h'\tan\frac{\alpha}{2}$$

设该误差与原误差的比值为 K,有

$$K = \frac{\Delta'}{\Delta} = \frac{\dfrac{h'\tan\alpha}{2}}{\dfrac{h\tan\alpha}{2}} = \frac{h'}{h}$$

如果取 $h' = 2$ mm,$h = 50$ mm,则

$$K = \frac{h'}{h} = \frac{2}{50} = 0.04$$

这就说明现误差是原误差的4%。比如,原误差 $\Delta = 0.2$ mm,那么现误差就是

$$\Delta' = K\Delta = 0.04 \times 0.2\ \text{mm} = 0.008\ \text{mm}$$

可见,其定位精度有了较大幅度的提高。

对于所扩的孔并无特殊的要求。因为它在定位时不起作用,故用一般设备就可加工。至于其孔径应大于原孔多少,应根据工件的厚度和可能产生的最大倾斜角度来考虑。一般只要满足扩张部分不至参与定位就行。

6. 预加工

对于精度要求比较高的模具,为了降低线切割时工件材料中因应力释放而产生的变形对加工精度的影响,在进行热处理前,可采用预加工的方法。凹模若采用铣削预加工可留 3 ~5 mm 的加工余量,若采用线切割预加工,可留 0.5 ~ 1 mm 的加工余量,如图5.8 所示。对于凸模可在工件的坯料四周切出 1.5 ~ 2 mm 的槽,在深度方向要留出 1.5 ~ 2 mm 的线切割加工余量,如图 5.9 所示。

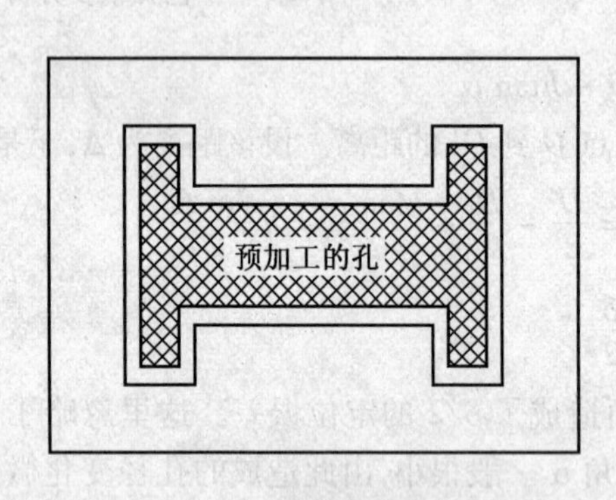

图 5.8　凹模预加工

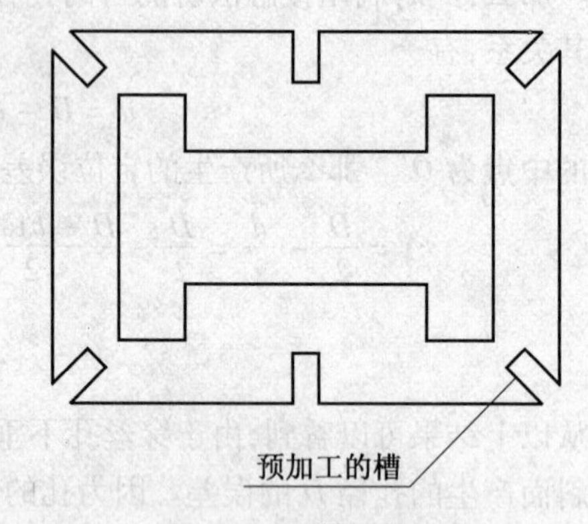

图 5.9　凸模预加工

7. 电极丝垂直度

(1) 调整电极丝垂直度。

为了准确地切割出符合精度要求的工件,电极丝必须垂直于工件的装夹基面或工作台定位面。在具有锥度加工功能的机床上,加工起始点的电极丝位置也应该是这种垂直状态。机床运行一定时间后,更换导轮或更换导轮轴承。在切割锥度工件之后和进行再次加工之前,应再进行电极丝的垂直度校正。

调整电极丝垂直度,可以使用校正尺、校正杯或校正器,也可以用工件的垂直面校正。

在对电极丝垂直度校正之前,应将电极丝张紧,张力应与加工中使用的张力相同。

用校正器校正电极丝时,应将电极丝表面处理干净,使其易于导电,否则校正精度将受影响。

若机床带有锥度切割功能丝架时,可调节锥度伺服轴,使电极丝垂直。若用有指示灯的垂直度校正器(图5.10),当电极线只接触 X 方向的上测量头,使上面指示灯亮时,可调节锥度台向U正移动,至上下两灯都亮时,垂直度就调整好了。若采用工件的侧面或其他校正工具利用火花法找正,应将校正工具慢慢移至电极丝,目测 X、Y 方向电极丝与校正工具的上下间隙是否一致;或者送上小能量脉冲电源,根据上下是否同时放电来观察电极丝的垂直度(图5.11)。

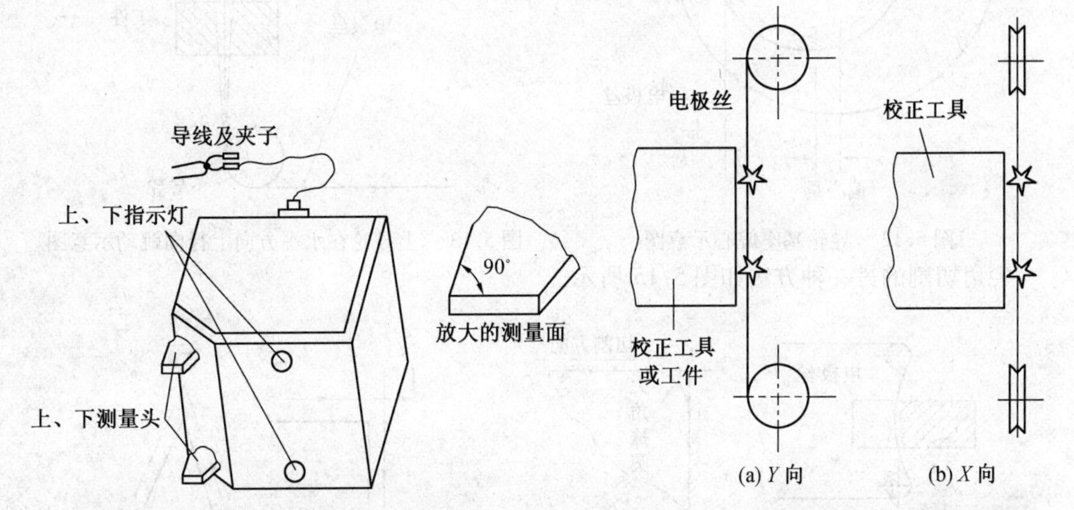

图5.10　DF55 - J50A 型垂直度校正器　　图5.11　火花法确定电极丝的垂直度

没有锥度台的机床,若导轮一般固定在一个带有偏心的基座上,如图5.12所示,调整偏心的位置使基座旋转一个角度,从而调整了电极丝在径向方向的垂直度。

(2) 调整好的电极丝垂直度会变化。

① 导轮径向跳动对电极丝垂直度的影响。电极丝运动的位置主要由导轮决定,如果导轮有径向跳动或轴向窜动,电极丝的垂直度就会发生变动,变动大小决定于导轮跳动或窜动值。假定下导轮是精确的,上导轮在水平方向上有径向跳动,如图5.13所示。这时切割出的圆柱体工件必然出现圆柱度偏差,如果上下导轮都不精确,两导轮的跳动方向又不可能相同,因此,在工件加工部位各空间位置上的精度均可能降低。

导轮V形槽底的圆角半径超过电极丝半径时,将不能保持电极丝的精确位置。两个导轮的轴线不平行,或者两导轮轴线虽平行,但V形槽不在同一平面内,导轮的圆角半径会较快地磨损,使电极丝正反向运动时不是靠在同一侧面上,加工表面上会产生正反向条纹。这就直接影响加工精度和表面粗糙度。同时,由于电极丝抖动,使电极丝与工件间瞬时短路和开路次数增多,脉冲利用率降低,切缝变宽。对于同样长度的切缝,工件的电蚀量增大,使得切割效率降低。因此导轮及导轮轴承使用一段时间磨损后,需要及时调整或更换。

② 放电力使电极丝弯曲。因为电极丝是个柔性体,加工时受放电压力、工作液压力等的作用,使加工区间的电极丝滞后于上下支点一小段距离,即电极丝工作段会发生弯曲,如

图 5.14(a) 所示;这样拐弯时就会切去工件轮廓的尖角,影响加工质量,如图 5.14(b) 所示。为了避免切去尖角,可增加一段超切程序,如图 5.14(b) 中的 $A—A'$ 段。钼丝切割的最大滞后点达到程序节点 A,然后再附加从点 A' 返回点 A 的返回程序 $A'—A$。接着再执行原来拐弯后的程序,便可切出尖角。

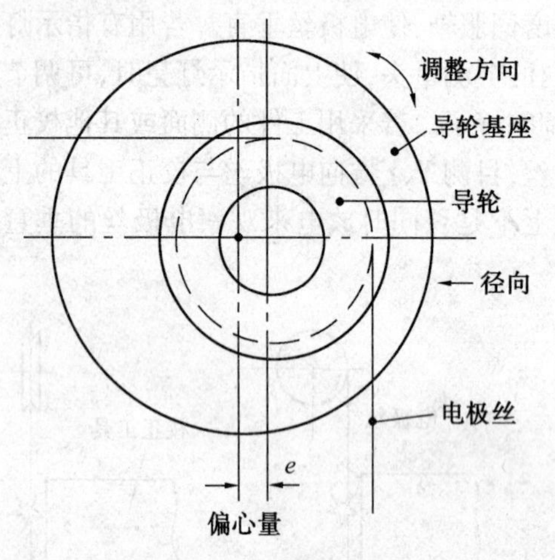

图 5.12　导轮基座偏心示意图

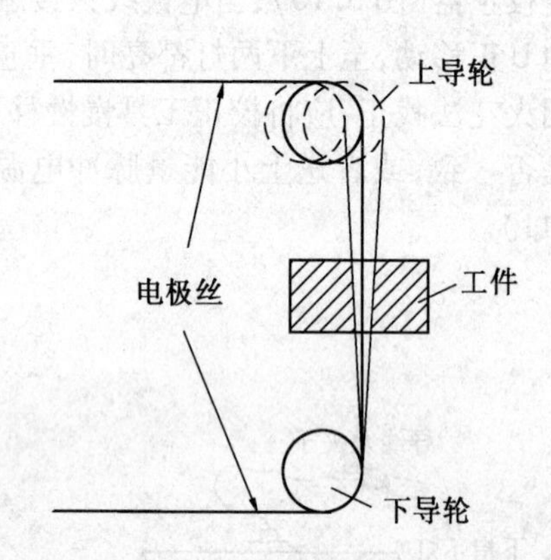

图 5.13　上导轮在水平方向上径向跳动示意图

尖角切割的另一种方法如图 5.15 所示。

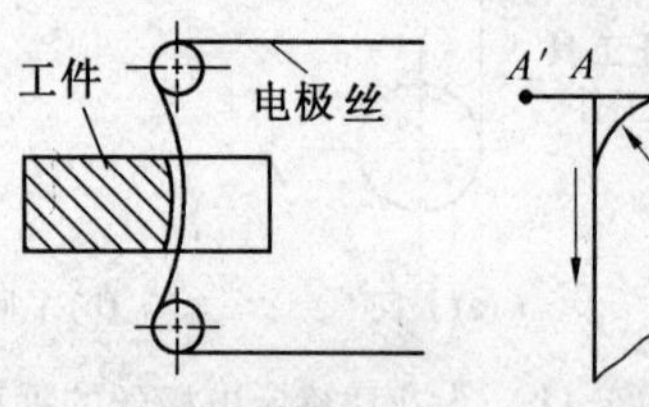

(a) 电极丝工作段弯曲

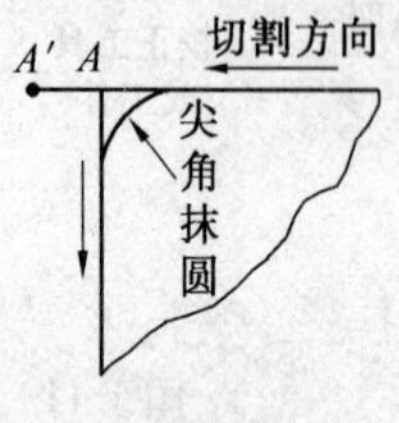

(b) 切出尖角

图 5.14　切割尖角方法一

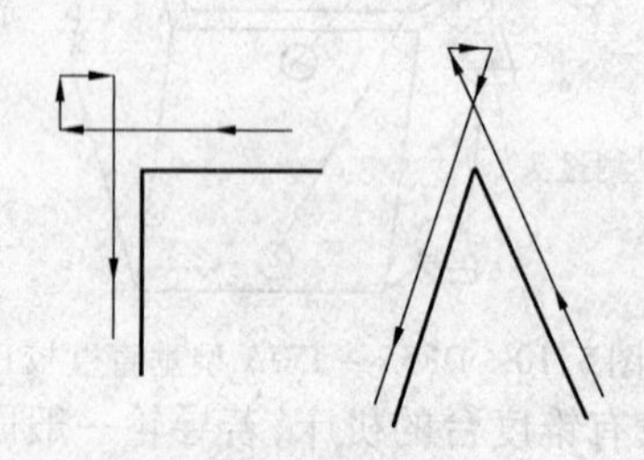

图 5.15　切割尖角方法二

紧丝时,加大电极丝的张紧力会减小弯曲,但丝太紧会引起断丝,电极丝的张力应该适中。电极丝张力对切割速度 v_{wi} 会产生影响,如图 5.16 所示,一般高速走丝线切割机床电极丝张力应在 5 ~ 10 N。

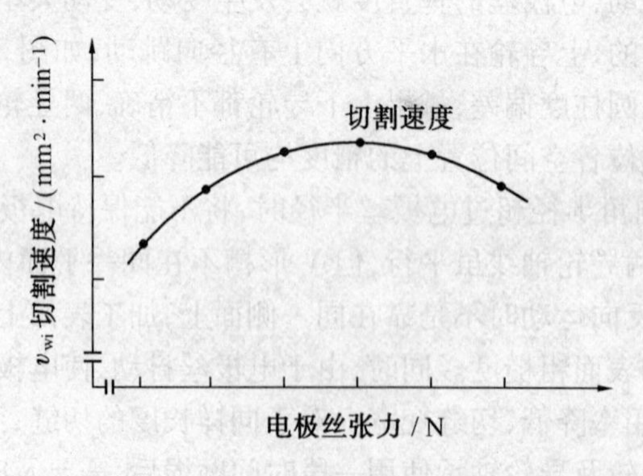

图 5.16　线切割电极丝张力与切割速度的关系

8. 电参数对表面粗度 Ra 值及切割速度 v_{wi} 的影响

影响线切割加工表面粗糙度 Ra 值的因素很多。如：脉冲宽度 t_i，脉冲间隔 t_o，开路电压 $\hat{u}_i$ 以及短路峰值电流等。

(1) 脉冲宽度 t_i 的影响。

图5.17是在一定工艺条件下，脉冲宽度 t_i 对表面粗糙度 Ra 值和切割速度 v_{wi} 影响的曲线。由图可知，增加脉冲宽度，使切割速度提高，但表面粗糙度变差。这是因为脉冲宽度增加，使单个脉冲放电能量增大，则放电痕也大。同时，随着脉冲宽度的增加，电极丝损耗变大。

通常，电火花线切割加工用于精加工和中加工时，单个脉冲放电能量应限制在一定范围内。当短路峰值电流选定后，脉冲宽度要根据具体的加工要求来选定，精加工时，脉冲宽度可在20 μs内选择；中加工时，可在20 ~ 60 μs内选择。

(2) 脉冲间隔 t_o 的影响。

图5.18是在一定的工艺条件下，脉冲间隔 t_o 对切割速度 v_{wi} 和表面粗糙度 Ra 值影响的曲线。

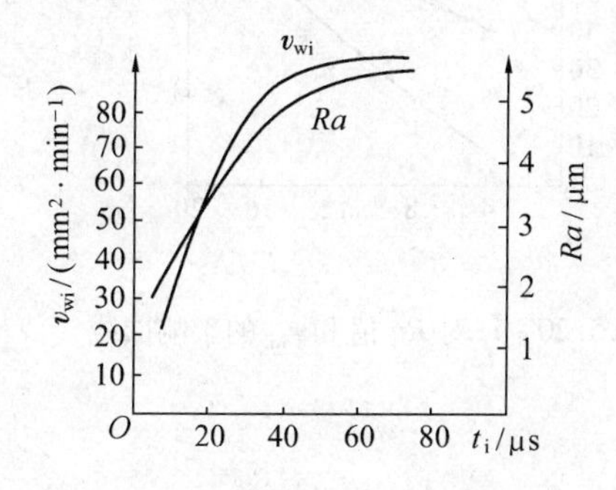

图5.17　t_i 对 v_{wi} 和 Ra 值的影响曲线

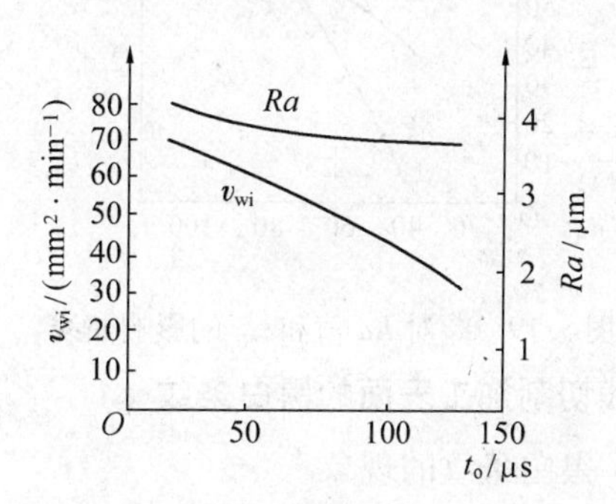

图5.18　t_o 对 v_{wi} 和 Ra 值的影响曲线

由图可知，减小脉冲间隔 t_o，切割速度提高，表面粗糙度 Ra 值稍有增大，这表明脉冲间隔对切割速度影响较大，对表面粗糙度影响较小。因为在单个脉冲放电能量确定的情况下，脉冲间隔较小，致使脉冲频率提高，即单位时间内放电加工的次数增多，平均加工电流增大，故切割速度提高。

实际上，脉冲间隔不能太小，它受间隙绝缘状态恢复速度的限制。如果脉冲间隔太小，放电产物来不及排除，放电间隙来不及充分消电离，这将使加工变得不稳定，易造成烧伤工件或断丝。但是脉冲间隔也不能太大，因为这会使切割速度明显降低，严重时不能连续进给，使加工变得不够稳定。

一般脉冲间隔在10 ~ 250 μs范围内，基本上能适应各种加工条件，可进行稳定加工。

选择脉冲间隔和脉冲宽度与工件厚度有很大关系。一般来说工件厚，脉冲间隔也要大，以保持加工的稳定性。

(3) 开路电压 $\hat{u}_i$ 的影响。

图5.19是在一定的工艺条件下，开路电压 $\hat{u}_i$ 对表面粗糙度 Ra 值和切割速度 v_{wi} 影响的曲线。

由图可知，随着开路电压 $\hat{u}_i$ 峰值的提高，加工电流增大，切割速度提高，表面粗糙度变差。因电压高使加工间隙变大，所以加工精度略有降低。但间隙大，有利于放电产物的排除和消电离，提高了加工稳定性和脉冲利用率。

采用乳化液介质和高速走丝方式时，开路电压峰值一般在60 ~ 150 V的范围内，个别的用到300 V左右。

(4) 短路峰值电流 $\hat{i}_s$ 的影响。

图5.20是在一定的工艺条件下，短路峰值电流 $\hat{i}_s$ 对表面粗糙度 Ra 值和切割速度 v_{wi} 影响的曲线。由图可知，当其他工艺条件不变时，增加短路峰值电流，切割速度提高，表面粗糙度变差。这是因为短路峰值电流大，表明相应的加工电流峰值就大，单个脉冲能量亦大，所以放电痕大，故切割速度高，表面粗糙度变差。

增大短路峰值电流，不但使工件放电痕变大，而且使电极丝损耗变大，这两者均使加工精度稍有降低。

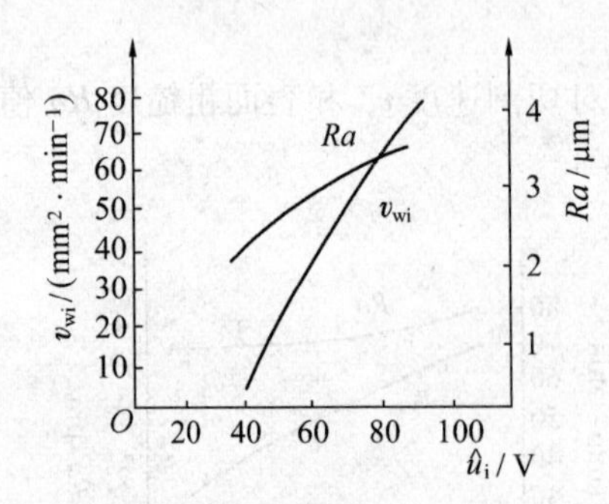

图5.19　$\hat{u}_i$ 对 Ra 值和 v_{wi} 的影响曲线

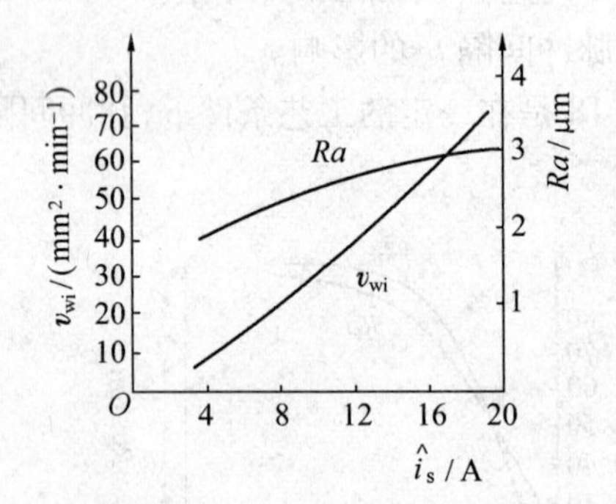

图5.20　$\hat{i}_s$ 对 Ra 值和 v_{wi} 的影响曲线

9. 线切割加工表面的黑白条纹

(1) 黑白条纹的现象。

在电火花线切割钢工件切口的表面上，往往都会出现明显的黑白相间的条纹(图5.21)，黑色部分微凹，白色部分微凸，凸凹不平相差由几微米到几十微米，对其表面粗糙度 Ra 值会造成不利的影响。

(2) 黑白条纹产生的原因。

高速走丝电火花线切割加工时，黑白条纹出现的状态与电极丝的运动方向有关，在电极丝入口处呈黑色微凹，出口处呈白色微凸(图5.21及5.22)。这是由于排屑和冷却条件不同所造成的。当电极丝从上向下运动时，工作液由电极丝从上部带入切缝内，放电产物则由电极丝从下部带出切缝。上部喷入的工作液充分，冷却条件好，下部喷过的工作液相对较少，冷却条件差，但排屑条件较上部好。工作液在放电区域内客观存在电火花高温的影响，产生瞬时高压气体，并急速向外扩张，这对上部的电蚀产物的排出造成了困难。这样就使放电产生的炭黑等物质凝聚附着在靠上部的加工表面上，使之呈现黑色。在下部，排屑条件较好，工作液少，放电产物中的炭黑较少，而且下部的放电常常是在气体中发生，使得加工表面呈现白色。同样原理，当电极丝从下向上移动时，下部呈黑色，而上部呈白色。这样，高速走丝电火花线切割加工的表面，就形成了黑白交错相间的条纹。这也是高速走丝电火花线切割加工常见的特征之一。

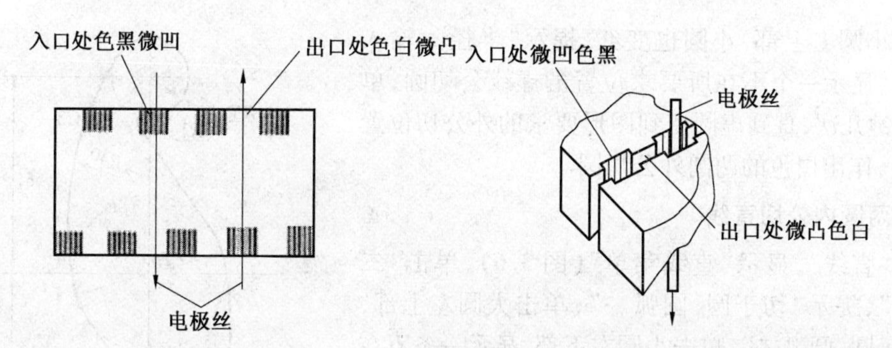

图 5.21　黑白相间的条纹　　图 5.22　入口处呈黑色微凹,出口处呈白色微凸

根据上述现象和原理可知,电极丝每个单走向的切缝并不是直壁,而是入口比出口稍宽的斜壁。

(3) 限制和消除黑白条纹的途径。

在生产实践中黑白条纹有时很明显,而有时并不太明显,这说明在一定条件下黑白条纹是可以改善的。

改善黑白条纹可以从以下几方面入手:

① 使电极丝的位置尽量稳定。

a. 尽量使导轮无轴向窜动和径向跳动现象;

b. 使储丝筒尽可能运转平稳;

c. 采用螺旋式喷流的喷嘴,使工作液包住电极丝沿电极丝的轴线方向喷出,以减小电极丝的振动。

② 选用洗涤性比较好的工作液。

③ 采用过跟踪控制,也能抑制电极丝的振动。

有人试验,使电极丝仅在向一个方向移动时放电,而在向另一个方向(反方向)移动时不放电。这样做虽可限制黑白条纹的产生,但只在单方向移动时切割的切割速度(生产率)太低,还无法在生产实践中推广应用。

5.2　用 HL 计算机编程控制软件绘公切、旋转、阵列、跳步及齿轮图形

5.2.1　两圆公切和旋转图形

图 5.23 中含有两圆的外公切圆和内公切线,并可由单元图形旋转得到全图。

1. 绘 $R = 10$ 及 $R = 5$ 的圆

单击“圆”,弹出“圆菜单”(图 3.20),单击“圆心 + 半径”,提示“圆心”,输入 0,0(回车),提示“半径”,输入 10(回车),作出 $R = 10$ 的圆。提示“圆心”,输入 0,25(回车),提示“半径”,输入5(回车),绘出 $R = 5$ 的小圆(回车),单击“满屏”,单击“缩放”,提示“放大镜系数”,输入 0.6(回车),得到适当大小的图形。

2. 作 $R = 40$ 的外公切圆

单击“双切 + 半径”,提示“切于线,圆”,单击大圆右上部,大圆变红,提示“切于线,

圆”，单击小圆右上部，小圆也变红，提示“半径”，输入40（回车），显示一个不在所要求位置的虚线公切圆，单击鼠标右键几次，直到虚圆变到图形要求的外公切位置时（回车），作出白色的两圆外公切圆。

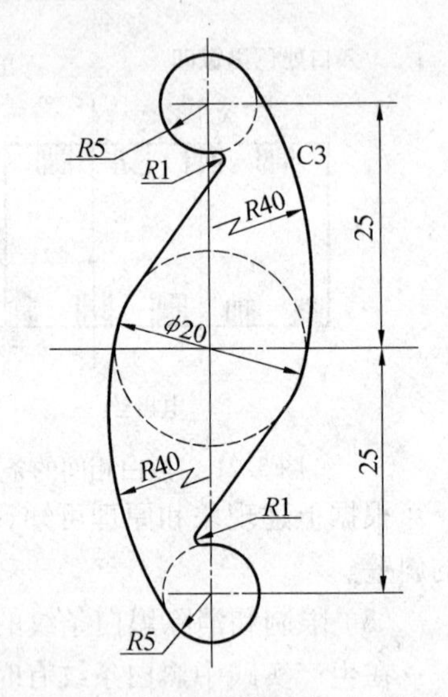

图 5.23　外公切圆内公切直线的旋转图形

3. 作两圆内公切直线

单击“直线”，显示“直线菜单”（图 3.6），单击“二圆公切线”，提示“切于圆，圆弧一”，单击大圆左上部，提示“切于圆，圆弧二”，单击小圆右下部，显示一条不在要求位置公切虚线，单击鼠标右键几次，直到公切虚直线移到图形所要求的位置时（回车），作出该内公切直线。单击“重做”，全部图形变为白色实线。

4. 作 $R=1$ 的小圆弧

单击“圆”，在显示的圆菜单中单击“双切 + 半径”，提示“切于线，圆”，单击内公切线变红，提示“切于线，圆”，单击小圆右下部，小圆变红，提示“半径”，输入1（回车），显示不在要求位置的小双切虚线圆，单击鼠标右键，当小虚线圆移到图形所要求的位置时（回车），作出$R=1$ 的小圆。单击“重做”，全部图形变为白色（图 5.24）。

5. 删除多余线段

（1）作各交、切点。

删除多余线段之前，必须先作出各交、切点，单击“交点”，提示“用光标指交点”，用光标单击大圆的两个切点及小圆的两个切点，该切点处都变为草绿色圆点（回车）。

（2）删除多余圆弧及直线。

单击“打断”，提示“打断”，单击各多余的圆弧和直线段，将各多余线段删除，得到单元图形（图 5.25）。

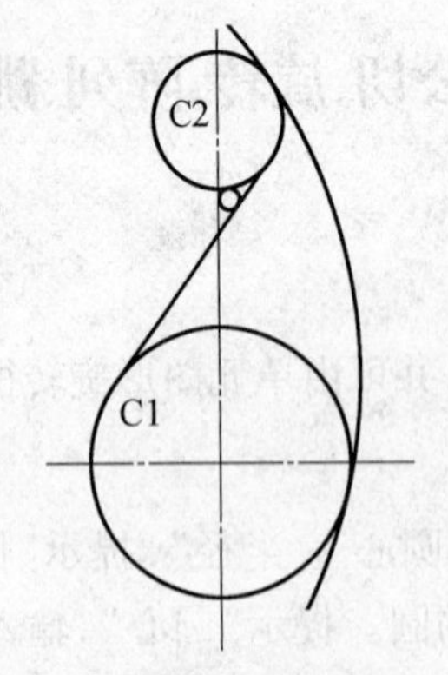

图 5.24　删除多余线段前

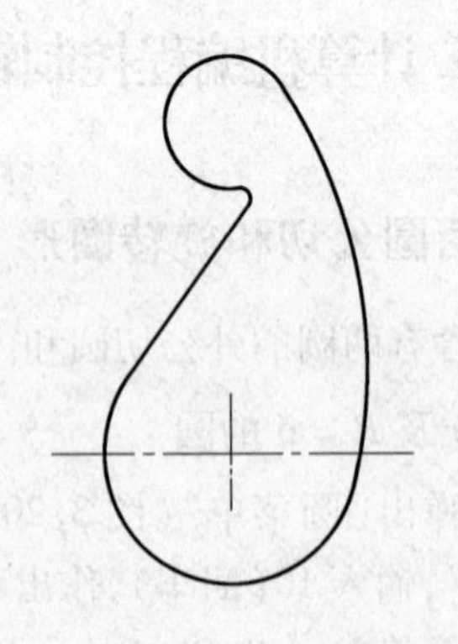
图 5.25　单元图形

6. 使单元图形（图 5.25）旋转 180°

采用块功能使图形旋转。

(1) 用窗口建块。

单击“块”，显示“块菜单”，单击“窗口选定”，提示“第一角”，单击图外左上角，提示“第二角”，光标向图外右下角移动，出现逐渐增大的黄色窗口，当窗口内有整个单元图形时，单击右下角处，窗口消失，单元图形全变为粉红色的图块。

(2) 块旋转。

单击“块旋转”，提示“旋转中心”，输入 0,0(回车)，提示“旋转角度”，输入 180(回车)，提示“旋转次数”，输入 1(回车)，显示单元图形绕原点旋转 180° 的白色图形。单击“取消块”，提示“取消块 Y/N? ”，单击“Y” 键，全部图形变为白色。单击“满屏”，单击“缩放”，提示“放大镜系数”，输入 0.7(回车)。

块菜单
1 窗口选定
2 增加元素
3 减少元素
4 取消块
5 删除块元素
6 块平移
7 块旋转
8 块对称
9 块缩放
0 清除重合线
/反向选择
\全部选定

图 5.26　块菜单

7. 删除多余圆弧得到要求的图 5.23

单击“打断”，提示“打断”，点击多余的两个圆弧将其删除，单击“重做”，得到图 5.23。

8. 存图备用

单击“退回”，单击“文件另存为”，输入 5 - 23 单击“保存”。

5.2.2　阵列及跳步

$\phi8$ 圆孔的阵列图形如图 5.27 所示。

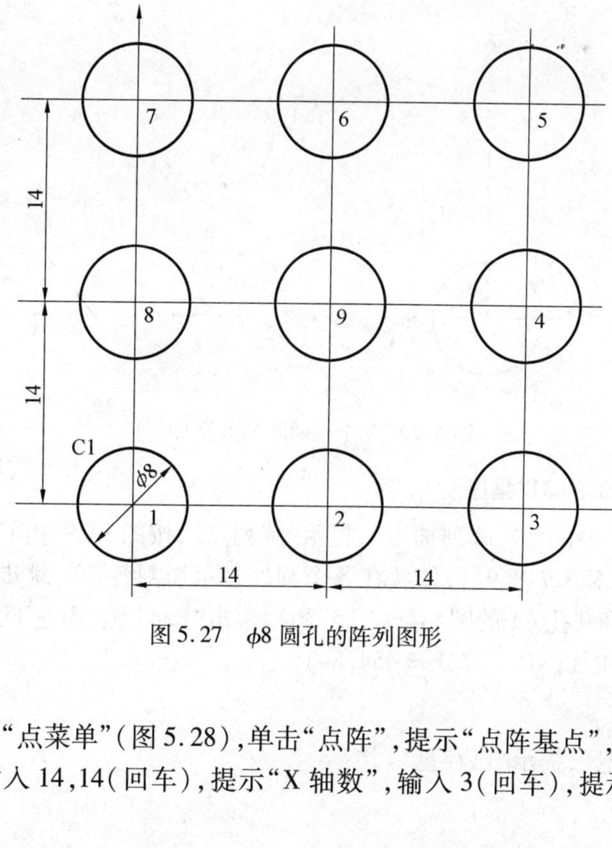

图 5.27　$\phi8$ 圆孔的阵列图形

1. 作阵列点

单击“点”，显示“点菜单”(图 5.28)，单击“点阵”，提示“点阵基点”，输入 0,0(回车)，提示“点阵距离”，输入 14,14(回车)，提示“X 轴数”，输入 3(回车)，提示“Y 轴数”，输入

3(回车),作出 9 个点的阵列点图。

2. 作圆 C1

单击“圆”,显示“圆菜单”(图 3.20),单击“圆 + 半径”,提示“圆心”,输入 0,0(回车),提示“半径”,输入 4(回车),绘出圆 C1(回车),单击“满屏”,单击“缩放”,提示“放大镜系数”,输入 0.6(回车),得到图 5.29。

3. 编写圆 C1 的 3B 程序

单击“回退”,显示“主菜单”(图 3.5),单击“数控程序”,显示“数控菜单”(同图 3.8),单击“加工路线”,提示“加工起始点”,输入 0,0(回车),提示“加工切入点”,输入 4,0(回车),在加工切入点显示箭头向上的红箭头,提示“Y/N? ”,单击“Y” 键,提示“尖点圆弧半径”,输入 0(回车),切入点显示方向相反的红箭头,指向圆孔内的红箭头尖处显示“ + ” 号, 提示“补偿间隙”, 输入 0.1(回车), 提示“重复切割 Y/N? ”,单击“N” 键,C1 圆内显示切割圆孔的红色电极丝中心轨迹,图的左下角显示“加工起始点:0,0;R = 0;F = 0.1;NC = 4;L = 32.304”。

点菜单

1 **极 / 坐标点**
2 **光标任意点**
3 **圆心点**
4 **圆上点**
5 **等分点**
6 **点阵**
7 **中点**
8 **两点中点**
9 **CL 交点**
0 **点旋转**
- **点对称**
. **删除孤立点**
: **查二点距离**

图 5.28　点菜单

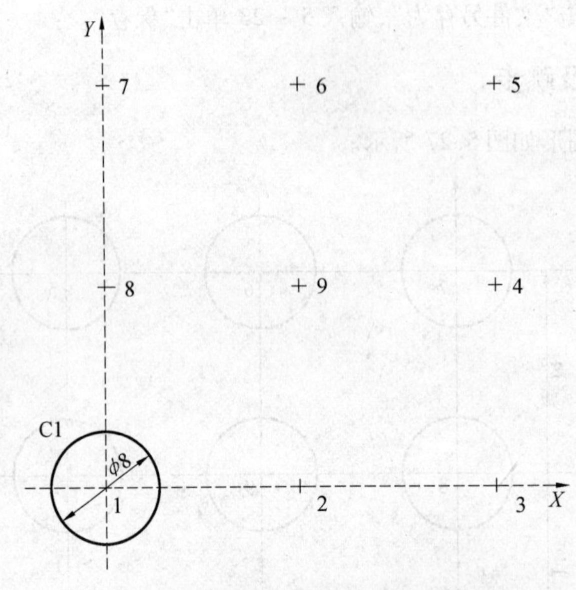

图 5.29　9 个点的阵列点及 C1 圆

4. 编写跳步加工的 3B 程序

在“数控菜单” 中,单击“阵列加工”,提示“阵列点”,按图 5.29 中阵列点的编号顺序,依次单击圆心 2、3、4、5、6、7、8、9、1,依次在各个圆处显示切割各孔的跳步轨迹及切割各孔的红轨迹,最后返回到圆孔 C1 的圆心处(图 5.30),单击“Esc” 键,图左下角处显示“加工起始点:0,0;R = 0;F = 0.1;NC = 67,L = 454.843。”

5. 存跳步程序

单击“代码存盘”,提示“已存盘”。

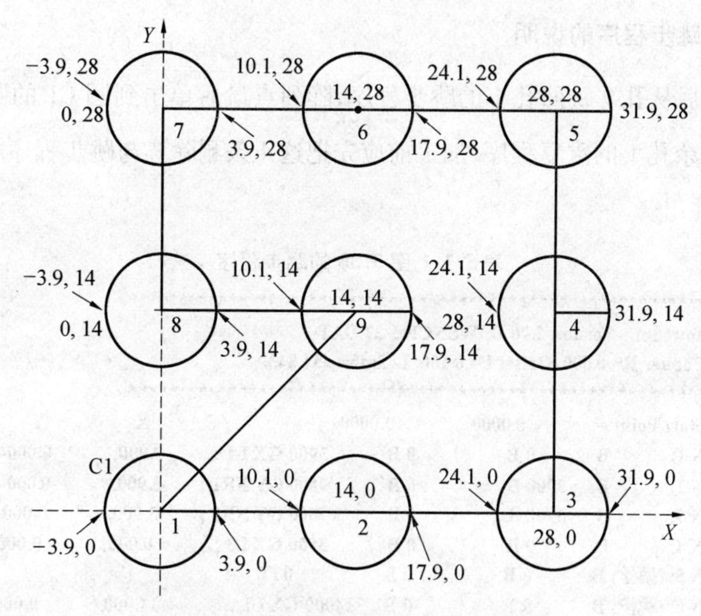

图5.30　9孔阵列图形跳步加工轨迹

6. 轨迹仿真

单击“轨迹仿真”，显示图5.31所示的轨迹仿真图，图中标注出各条3B程序所在位置的编号。

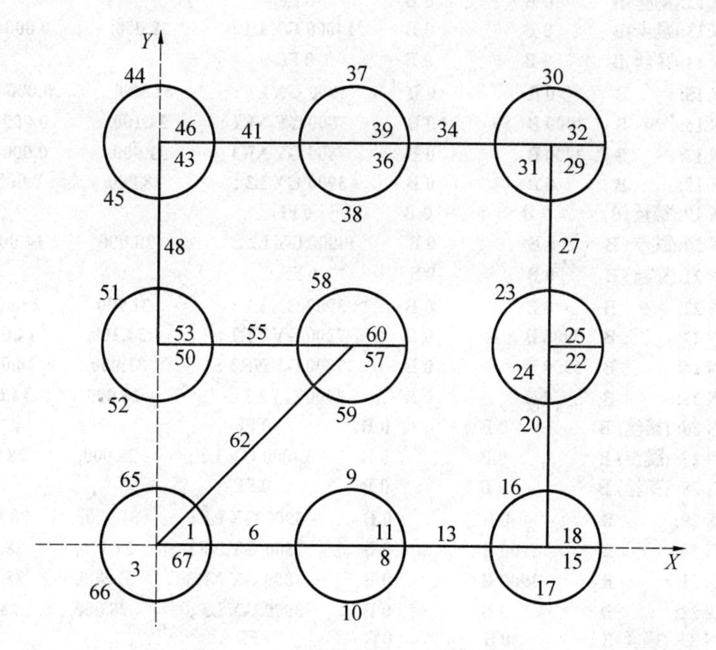

图5.31　9个跳步加工轨迹仿真图

7. 查看代码

单击“查看代码”，显示表5.1所示图5.30的跳步程序，看完后单击“Esc”键，单击“退回”。

8. 对表 5.1 跳步程序的说明

为了得到最后从孔 9 跳回孔 1 的跳步程序,阵列点最后单击到圆 C1 的圆心,在程序中 N64 到 N67 是多余孔 1 的重复程序,加工前应先把这 4 条删除。与跳步程序中有关的数据,已在图 5.30 中注出。

表 5.1 图 5.30 的跳步程序

```
*************************************************************
Towedm --Version 2.96 D:\WSNCP\5-27.DAT
Conner R= 0.000, Offset F= 0.100, Length= 454.843
*************************************************************
Start Point =        0.0000,       0.0000                  X          Y
       N 1:       B      0 B      0 B    3900 GX L1 ;    3.900,     0.000
孔 1   N 2:       B   3900 B      0 B    7800 GY NR1 ;  -3.900,     0.000
       N 3:       B   3900 B      0 B    7800 GY NR3 ;   3.900,     0.000
       N 4:       B      0 B      0 B    3900 GX L3 ;    0.000,     0.000
       N 5: (摘丝) B     0 B      0 B       0 FF
       N 6: (跳步) B     0 B      0 B   14000 GX L1 ;   14.000,     0.000
       N 7: (穿丝) B     0 B      0 B       0 FF
       N 8:       B      0 B      0 B    3900 GX L1 ;   17.900,     0.000
孔 2   N 9:       B   3900 B      0 B    7800 GY NR1 ;  10.100,     0.000
       N 10:      B   3900 B      0 B    7800 GY NR3 ;  17.900,     0.000
       N 11:      B      0 B      0 B    3900 GX L3 ;   14.000,     0.000
       N 12:(摘丝)B      0 B      0 B       0 FF
       N 13:(跳步)B      0 B      0 B   14000 GX L1 ;   28.000,     0.000
       N 14:(穿丝)B      0 B      0 B       0 FF
       N 15:      B      0 B      0 B    3900 GX L1 ;   31.900,     0.000
孔 3   N 16:      B   3900 B      0 B    7800 GY NR1 ;  24.100,     0.000
       N 17:      B   3900 B      0 B    7800 GY NR3 ;  31.900,     0.000
       N 18:      B      0 B      0 B    3900 GX L3 ;   28.000,     0.000
       N 19:(摘丝)B      0 B      0 B       0 FF
       N 20:(跳步) B     0 B      0 B   14000 GY L2 ;   28.000,    14.000
       N 21:(穿丝) B     0 B      0 B       0 FF
       N 22:      B      0 B      0 B    3900 GX L1 ;   31.900,    14.000
孔 4   N 23:      B   3900 B      0 B    7800 GY NR1 ;  24.100,    14.000
       N 24:      B   3900 B      0 B    7800 GY NR3 ;  31.900,    14.000
       N 25:      B      0 B      0 B    3900 GX L3 ;   28.000,    14.000
       N 26: (摘丝) B    0 B      0 B       0 FF
       N 27: (跳步) B    0 B      0 B   14000 GY L2 ;   28.000,    28.000
       N 28: (穿丝) B    0 B      0 B       0 FF
       N 29:      B      0 B      0 B    3900 GX L1 ;   31.900,    28.000
孔 5   N 30:      B   3900 B      0 B    7800 GY NR1 ;  24.100,    28.000
       N 31:      B   3900 B      0 B    7800 GY NR3 ;  31.900,    28.000
       N 32:      B      0 B      0 B    3900 GX L3 ;   28.000,    28.000
       N 33: (摘丝)B     0 B      0 B       0 FF
       N34: (跳步) B     0 B      0 B   14000 GX L3 ;   14.000,    28.000
       N 35: (穿丝)B     0 B      0 B       0 FF
孔 6   N 36:      B      0 B      0 B    3900 GX L1 ;   17.900,    28.000
       N 37:      B   3900 B      0 B    7800 GY NR1 ;  10.100,    28.000
```

续表 5.1

孔 6	N 38:	B	3900	B	0	B	7800 GY NR3 ;	17.900,	28.000
	N 39:	B	0	B	0	B	3900 GX L3 ;	14.000,	28.000
	N 40: (摘丝)	B	0	B	0	B	0 FF↵		
	N 41: (跳步)	B	0	B	0	B	14000 GX L3 ;	0.000,	28.000
	N 42: (穿丝)	B	0	B	0	B	0 FF↵		
	N 43:	B	0	B	0	B	3900 GX L1 ;	3.900,	28.000
	N 44:	B	3900	B	0	B	7800 GY NR1 ;	-3.900,	28.000
孔 7	N 45:	B	3900	B	0	B	7800 GY NR3 ;	3.900,	28.000
	N 46:	B	0	B	0	B	3900 GX L3 ;	0.000,	28.000
	N 47: (摘丝)	B	0	B	0	B	0 FF↵		
孔 8	N 48: (跳步)	B	0	B	0	B	14000 GY L4 ;	0.000,	14.000
	N 49: (穿丝)	B	0	B	0	B	0 FF↵		
	N 50:	B	0	B	0	B	3900 GX L1 ;	3.900,	14.000
孔 9	N 51:	B	3900	B	0	B	7800 GY NR1 ;	-3.900,	14.000
	N 52:	B	3900	B	0	B	7800 GY NR3 ;	3.900,	14.000
	N 53:	B	0	B	0	B	3900 GX L3 ;	0.000,	14.000
孔 10	N 54: (摘丝)	B	0	B	0	B	0 FF↵		
	N 55: (跳步)	B	0	B	0	B	14000 GX L1 ;	14.000,	14.000
孔 11	N 56: (穿丝)	B	0	B	0	B	0 FF↵		
	N 57:	B	0	B	0	B	3900 GX L1 ;	17.900,	14.000
孔 12	N 58:	B	3900	B	0	B	7800 GY NR1 ;	10.100,	14.000
	N 59:	B	3900	B	0	B	7800 GY NR3 ;	17.900,	14.000
	N 60:	B	0	B	0	B	3900 GX L3 ;	14.000,	14.000
	N 61: (摘丝)	B	0	B	0	B	0 FF↵		
	N 62: (跳步)	B	14000	B	14000	B	14000 GX L3 ;	0.000,	0.000
	N 63: (穿丝)	B	0	B	0	B	0 FF↵		
	N 64:	B	0	B	0	B	3900 GX L1 ;	3.900,	0.000
	N 65:	B	3900	B	0	B	7800 GY NR1 ;	-3.900,	0.000
	N 66:	B	3900	B	0	B	7800 GY NR3 ;	3.900,	0.000
	N 67:	B	0	B	0	B	3900 GX L3 ;	0.000,	0.000
	DD								

5.2.3 绘齿轮孔图形并编出齿轮孔加工的 3B 程序

1. 绘出渐开线齿轮孔(图 5.32)

单击主菜单中的“高级曲线”,显示“曲线菜单”,单击“标准齿轮”,提示“齿轮模数”,输入 2(回车),提示“齿轮齿数(负为内齿)”,输入 -30(回车),提示“有效齿数”,输入 30(回车),提示起始角度,输入 0(回车),显示齿轮图形(图 5.32),单击“满屏”,显示满屏幕大小的齿轮图形。为了查出“切入点的坐标值”,用于编程序时输入,单击“查询”,提示“查询〈点,线,圆,弧〉”,移“+”形光标,单击 X 正轴齿形上的 A 点(图 5.33)显示点 A 的坐标值为 $X_0 = 32.4966$, $Y_0 = 0.4690$(回车)。单击“缩放”,提示“放大镜系数”,输入 0.8(回车),得到图 5.32 的齿形,单击“退回”,退到“主菜单”,左下角显示“当前文件 NONAMEDO.DAT”。

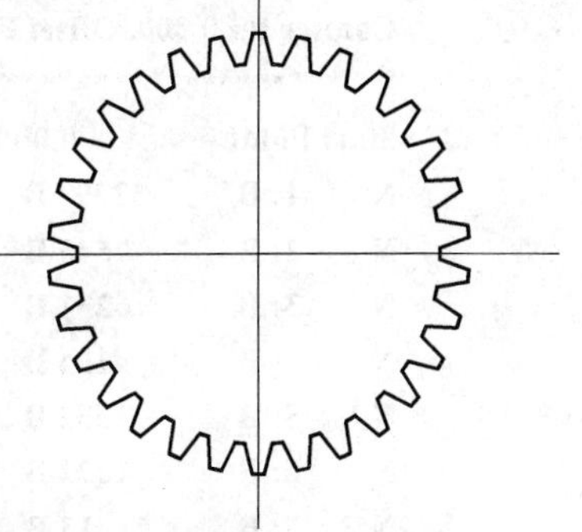

图 5.32　标准渐开线齿轮孔

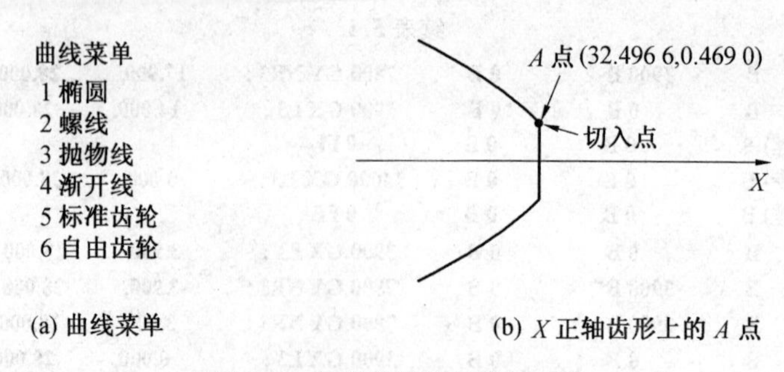

(a) 曲线菜单　　(b) X 正轴齿形上的 A 点

图 5.33　曲线菜单及齿形的 A 点

2. 编写图 5.32 内齿轮的 3B 程序

单击“主菜单”中的数控程序,单击“加工路线”,提示“加工起始点”,输入 0,0(回车),提示“加工切入点”,输入 32.4966,0.4690(回车),加工切入点处显示指向左上方的红箭头,提示“Y/N？”,要逆图形方向切割,单击“Y”键,提示“尖点圆弧半径”,输入 0.2(回车),加工切入点处显示表示间隙补偿量方向相反的红箭头,指向孔内的箭头尖处是“+”号,提示“补偿间隙”,输入 0.1(回车),提示“重复切割 Y/N”？单击“N”键,图左下方显示:“加工起始点 0,0;R = 0.2;F = 0.1;NC = 601,L = 430.256”。

3. 代码存盘

单击“代码存盘”,提示“已存盘”,已将 601 条 3B 程序存入 G:虚拟盘图形文件中,可以调出来使用。单击“退回”,右下角显示“当前文件名 NONAMEDO. DAT”,单击“退出系统”,提示“退出系统”,单击“Y”键,提示“文件存盘”,单击“Esc”键,回到 HL - PC1 主界面。

4. 查看已编好的 3B 程序

光条在“文件调入”上(回车),显示“G:虚拟盘图形文件”,其中有图 5.32 内齿轮的 3B 程序,文件名为“NONAMEOO. 3B”,光条在“NONAMEOO. 3B”上(回车),显示该内齿轮的 3B 程序,见表 5.2。表 5.2 中只有 N20 以前和 N590 以后的 3B 程序。

表 5.2　图 5.32 内齿轮的 3B 程序

Towedm --Version 2.96 NONAME00.DAT

Conner R= 0.200, Offset F= 0.100, Length= 430.256

****

Start Point =		0.0000,	0.0000		X	Y
N	1: B	32397 B	410 B	32397 GX L1 ;	32.397,	0.410
N	2: B	7543 B	13719 B	561 GX NR1 ;	31.836,	0.704
N	3: B	6231 B	12528 B	1095 GX NR1 ;	30.741,	1.191
N	4: B	4194 B	10709 B	926 GX NR1 ;	29.815,	1.509
N	5: B	2532 B	8649 B	736 GX NR1 ;	29.079,	1.691
N	6: B	1272 B	6404 B	519 GX NR1 ;	28.560,	1.773
N	7: B	13 B	98 B	13 GX NR1 ;	28.547,	1.774
N	8: B	4 B	761 B	778 GY SR4 ;	27.782,	2.552

续表 5.2

```
N    9: B      101 B        3 B      11 GY NR4 ;  27.782,   2.563
N   10: B    27780 B     2563 B     707 GY NR1 ;  27.708,   3.270
N   11: B       98 B       13 B      11 GY NR1 ;  27.705,   3.281
N   12: B      738 B      177 B     629 GX SR3 ;  28.292,   4.201
N   13: B       20 B       97 B      11 GX NR4 ;  28.303,   4.204
N   14: B     2085 B     6184 B     491 GX NR4 ;  28.794,   4.392
N   15: B     3590 B     8265 B     682 GX NR4 ;  29.476,   4.723
N   16: B     5486 B    10107 B     840 GX NR4 ;  30.316,   5.227
N   17: B     7731 B    11660 B     970 GX NR4 ;  31.286,   5.931
N   18: B     9739 B    12253 B     444 GX NR4 ;  31.730,   6.298
N   19: B       65 B       76 B      95 GY NR4 ;  31.764,   6.393
N   20: B    31762 B     6393 B     687 GY NR1 ;  31.618,   7.080
………………………………………………
N  590: B    27710 B     3268 B     707 GY NR4 ;  27.783,  -2.563
N  591: B      102 B        8 B      12 GY NR4 ;  27.783,  -2.551
N  592: B      761 B       17 B     765 GX SR3 ;  28.548,  -1.773
N  593: B        1 B       98 B      12 GX NR4 ;  28.560,  -1.772
N  594: B      754 B     6484 B     518 GX NR4 ;  29.078,  -1.691
N  595: B     1796 B     8831 B     736 GX NR4 ;  29.814,  -1.508
N  596: B     3264 B    11025 B     927 GX NR4 ;  30.741,  -1.190
N  597: B     5136 B    13015 B    1095 GX NR4 ;  31.836,  -0.703
N  598: B     6981 B    14009 B     510 GX NR4 ;  32.346,  -0.437
N  599: B       47 B       87 B      86 GY NR4 ;  32.398,  -0.351
N  600: B    32396 B      353 B     761 GY NR4 ;  32.397,   0.410
N  601: B    32397 B      410 B   32397 GX L3 ;    0.000,   0.000
DD
```

5.3　用 HF 计算机编程控制软件绘公切、旋转及跳步图形

5.3.1　两圆公切和旋转图形

图 5.34 中含有两圆的外公切圆和内公切线，可用单元图形旋转得到全图。

1. 作 $R=10$ 及 $R=5$ 的圆

在 HF 主界面单击“全绘编程”，单击“清屏”，单击“作圆”，显示“定义辅助圆”菜单（图 5.35），单击“心径圆”，提示“圆 x,y,r”，输入 0,0,10（回车），作出圆 C1，提示“圆 x,y,r”输入 0,25,5（回车），作出圆 C2，单击“Esc”键（回车）。

2. 作圆 C1 和圆 C2 右边的外公切圆 C3

单击“二切圆”，提示“取第一个圆”，单击圆 C1 右侧圆周，提示“取第二个圆”，单击圆 C2 右侧圆周，提示“切圆半径”，输入 40（回车），出现闪动的暗蓝色公切圆，单击任意键几次，至闪动圆移动到图中要求位置（回车），作出白色外公切圆 C3。

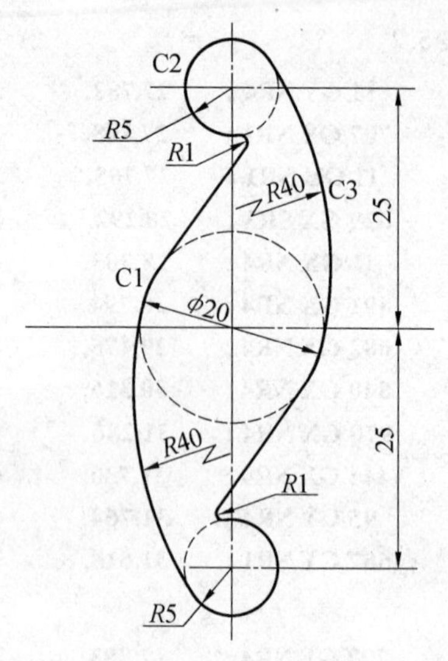

图 5.34　外公切圆及内公切直线的旋转图形

图 5.35　定义辅助圆菜单

3. 作圆 C1 和圆 C2 的内公切线

单击“公切线”，提示“取第一个圆”，单击 C2 圆周右下侧，提示“取第二个圆”，单击 C1 圆周左上部，出现闪动的暗蓝色公切线，单击任意键几次，至闪动公切线移动到图上要求位置时(回车)，作出圆 C1 和圆 C2 之间的内公切线。

4. 作 $R=1$ 的过渡圆

单击“二切圆”，提示“取第一个圆”，单击 C2 圆周右下部，提示“取第二个线”，单击内公切线，提示“切圆半径”，输入 1(回车)，出现一个闪动的暗蓝色小的切圆，点任意键几次，至闪动圆移动到 $R=1$ 的圆要求的位置时(回车)，作出 $R=1$ 的过渡圆。

将图形放大，单击“缩放”，单击图外左上角和右下角将图形放大至如图 5.36 所示，单击“Esc”键。

5. 绘出图 5.36 的轨迹线

以上所作的图是用辅助线作的白色图形，需要将其转换为图 5.34 所要求的草绿色轨迹线。单击“取轨迹”，提示“在辅助线的两端点间取一点”单击内公切线中部该内公切线变成草绿色轨迹线，顺序单击其他各段(图 5.34 中有用的圆弧)，逐条变为草绿色的轨迹线，当单击到外公切线时却不变为轨迹线，可采用绘轨迹圆弧的方法将它绘出来，单击“Esc”键，单击“绘圆弧”，显示“绘圆弧”菜单(图 5.37)，单击“取轨迹新起点”，提示“新起点”，单击外公切圆弧 C3 与 C1 圆右上方的切点，单击“顺圆:终点 + 半径”，提示“终点”，单击圆弧 C3 与 C2 圆周的右下部切点，提示“半径”，输入 40(回车)，绘出该外公切圆弧。单击“Esc”键(回车)。

6. 显示轨迹线图形

单击“显轨迹”，显示图 5.38 的单元图形，所有线段都是草绿色。

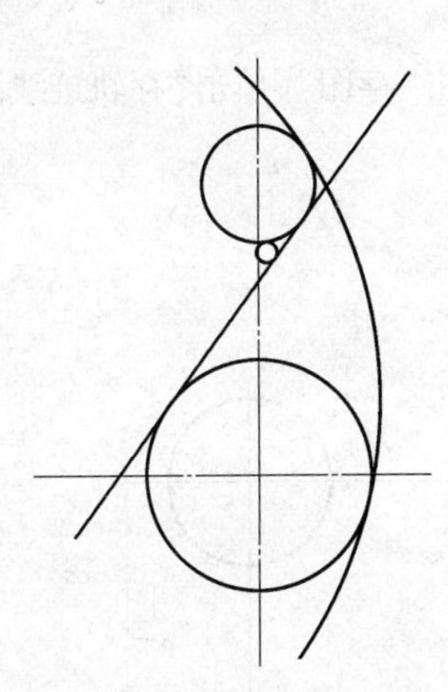

图5.36　用辅助线作出的图

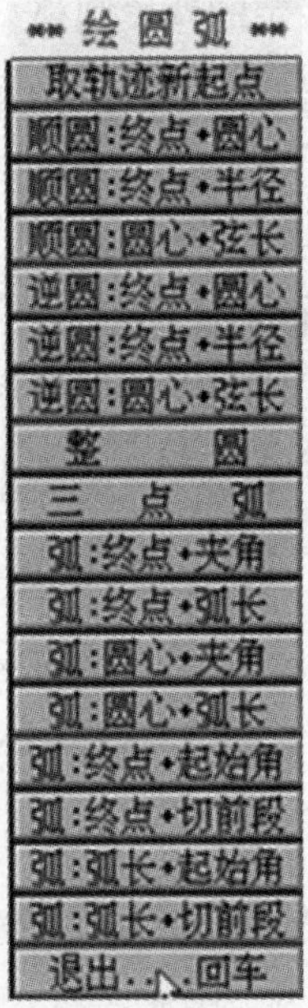

** 绘圆弧 **
取轨迹新起点
顺圆:终点+圆心
顺圆:终点+半径
顺圆:圆心+弦长
逆圆:终点+圆心
逆圆:终点+半径
逆圆:圆心+弦长
整　圆
三　点　弧
弧:终点+夹角
弧:终点+弧长
弧:圆心+夹角
弧:圆心+弧长
弧:终点+起始角
弧:终点+切前段
弧:弧长+起始角
弧:弧长+切前段
退出...回车

图5.37　“绘圆弧”菜单

7.用图块旋转作出图5.34

先将图5.38的单元图形变为图块,使图块旋转180°一次而得。单击“变图块”,显示“图块处理”菜单(图5.39),单击“取图块(方块)”,提示“用鼠标给出图块范围”,单击轨迹图外左上角和右下角处,单击“旋转”,提示“循环次数”,输入1(回车),提示“每次的旋转角(度)”,输入180(回车),提示旋转中心,输入0,0(回车),单击“退出”,单击“显轨迹”,显示出旋转前后的全部图形(图5.40)。

图5.38　已绘好的单元轨迹图形

** 图块处理 **
取图块(方块)
取图块(捕捉)
取图块(多边)
消　图　块
鼠标移动图块
鼠标缩放图块
鼠标旋转图块
复　制
缩　放
轴　对　称
位　移
旋　转
退　出

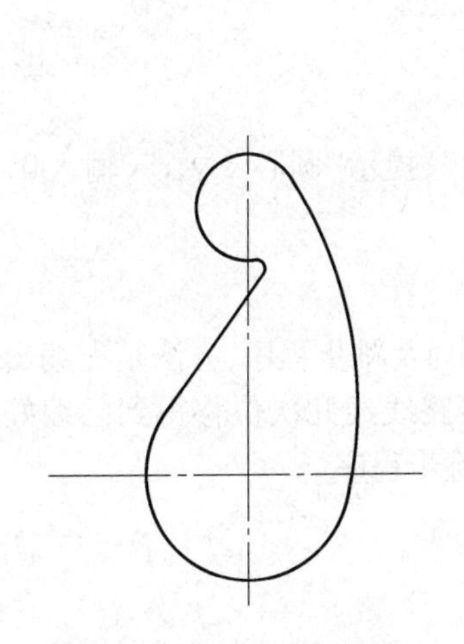

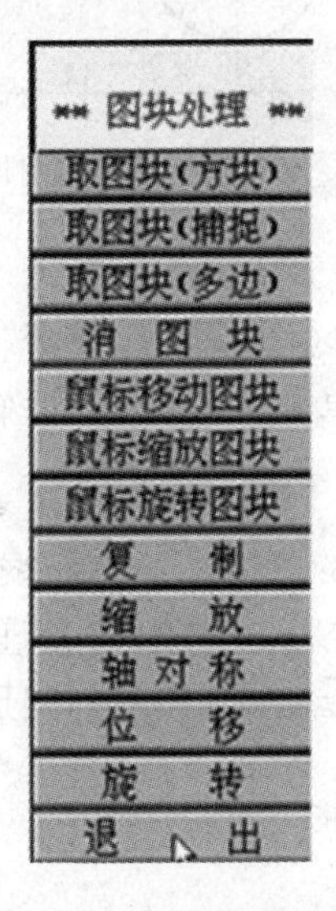

图5.39　“图块处理”菜单

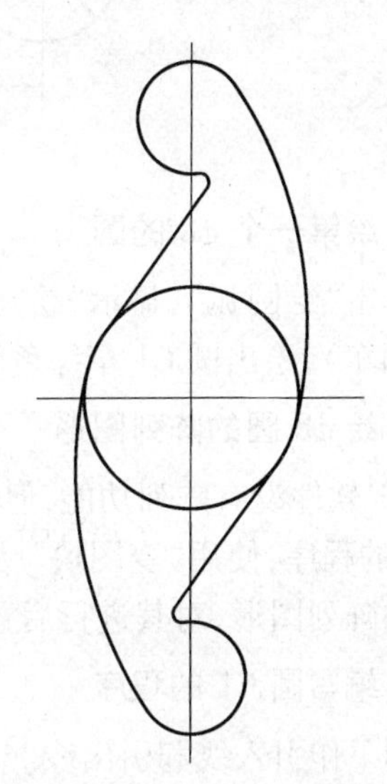

图5.40　旋转后的图形

8. 删除多余的两段圆弧

单击“消轨迹”,提示“在轨迹线的两端点间取一点”,单击多余的两段圆弧,都变为白色,单击“Esc”键,有时会把有用的圆弧也删掉,这时可以用“绘圆弧”菜单的有关功能补充绘一下,得到图5.34所要求的图形。

9. 存图备用

将绘出的轨迹图存好以后编程序时调用。单击“存图”,单击“存轨迹线图”,提示“存入轨迹线的文件名”,输入5－34(回车)(回车)。

5.3.2　阵列及跳步

图5.41是$\phi 8$圆孔的阵列图形。

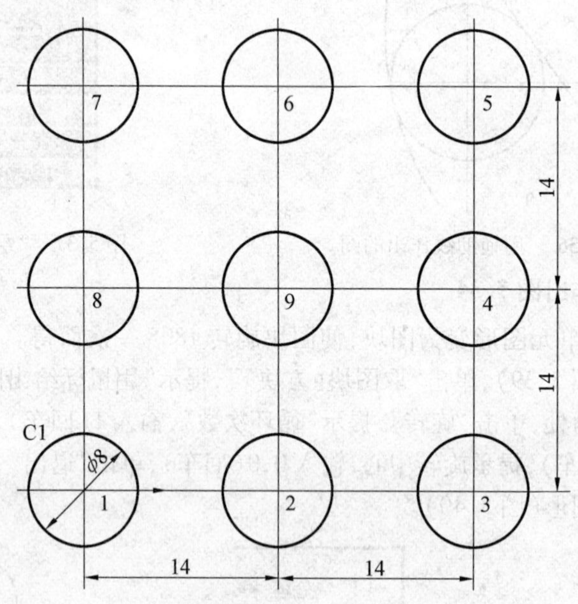

图5.41　$\phi 8$圆孔的阵列图形

1. 绘第一个$\phi 8$的圆

单击“绘圆弧”,显示“绘圆弧”菜单(图5.37),单击“整圆”,提示“圆心x,y,r”,输入0,0,4(回车),绘出圆C1草绿色轨迹图,单击“Esc”键(回车)。

2. 绘$\phi 8$圆的阵列图形

HF软件没有阵列功能,但使用HF的已有功能也能编出阵列及跳步程序,方法是先编出圆C1的程序,使用“变图块”及图块“位移”功能,按合理跳步路线经几次位移得到已编好程序的阵列图形,对其进行后置处理,就编出了该阵列图形的跳步程序。

3. 编写圆C1的程序

(1) 作引入线和引出线。

单击“作引入线和引出线”,单击“作引线(端点法)”,提示“引入线的起点”,输入0,0(回车),提示“引入线的终点”,输入4,0(回车),作出黄引入线,提示“尖角修圆半径”(回车),显示向上的红箭头,表示逆时针切割和向孔内补偿,确定该方向,单击鼠标右键,单击

"退出"。

(2) 输入间隙补偿量。

单击"执行2",提示"输入间隙补偿值",以后再输入,现在输入0(回车)。

(3) 编写圆C1的G代码。

提示"后置",显示"生成平面G代码加工单"菜单,单击"生成平面G代码加工单",弹出"显示G代码加工单(平面)"菜单,单击"显示G代码加工单(平面)",显示表5.3所示圆C1的G代码加工单。读完程序单击"Esc"键,单击"返回主菜单",返回HF主画面。

表5.3　圆C1的G代码

```
N0000 G92 X0Y0Z0 {f= 0.0 x= 0.0 y= 0.0}
N0001 G01 X    4.0000 Y    0.0000  { LEAD IN }
N0002 G03 X    4.0000 Y    0.0000 I    0.0000 J    0.0000
N0003 G01 X    0.0000 Y    0.0000  { LEAD OUT }
N0004 M02
```

4. 绘阵列加工图形

用已编好程序的圆C1,用"变图块"功能,按跳步切割加工合理顺序,经多次位移绘出阵列切割加工图形。

单击"变图块",单击"取图块(方块)",提示"用鼠标给出图块范围",单击C1圆外左上角和右下角,单击"位移",提示"循环次数",输入2(回车),提示"每次在X方向的位移值",输入14(回车),提示"每次在Y方向的位移值",输入0(回车),绘出圆C2和圆C3,用和第一次相同的方法按表5.4中的提示进行图块位移,可以得到9个已编好程序的列表圆以及所有的合理跳步路线。单击"显轨迹",显示出图5.42所示已编好程序后9个圆的阵列图形,这时跳步路线虽已由变图块位移的路线确定了,但现在跳步线还没显示出来。

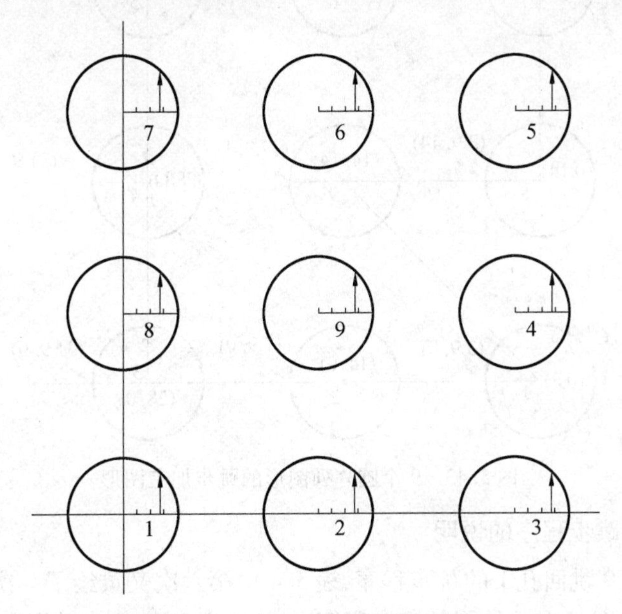

图5.42　变图块位移得到的阵列图形

表 5.4　图块位移提示

次数	变图块	循环次数	X 向位移值	Y 向位移值	绘出的图
第一次	圆 C1	2	14	0	圆 C2 和圆 C3
第二次	圆 C3	2	0	14	圆 C4 和圆 C5
第三次	圆 C5	2	– 14	0	圆 C6 和圆 C7
第四次	圆 C7	1	0	– 14	圆 C8
第五次	圆 C8	1	14	0	圆 C9
第六次	圆 C9	1	– 14	– 14	圆 C1

5. 编写 9 个圆的阵列跳步加工程序

单击“执行 2”，提示“间隙补偿值 f =”，输入 0.1（回车），显示图 5.43 所示 9 个圆阵列图形的跳步加工图形，图 5.43 中已显示所有的跳步线，它的跳步路线与变图块位移的路线相同，单击“后置”，单击“生成平面 G 代码加工单”，单击“显示 G 代码加工单（平面）”，显示表 5.5 所示的跳步加工程序。

单击“Esc” 键，单击“返回主菜单”。

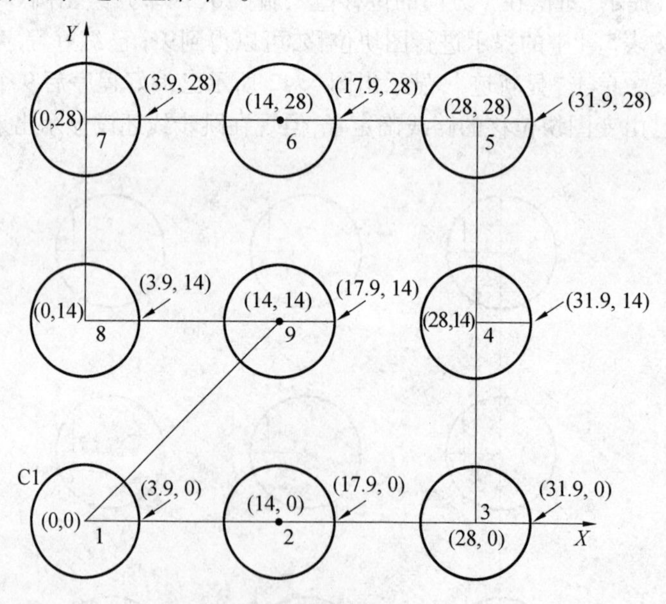

图 5.43　9 个圆阵列图形的跳步加工图形

6. 对表 5.5 中跳步程序的说明

为了得到从孔 9 跳回孔 1 的跳步程序，表 5.4 中第六次又重绘了一次圆 C1，表 5.5 中程序 N0055 到 N0058 是这个重绘圆的多余程序，加工前或存程序前应将它们删去。与跳步程序有关的数据，已在图 5.43 中给出。

表5.5　图5.43所示9个圆阵列图形的跳步加工程序

```
         N0000 G92 X0Y0Z0 {f= 0.10 x= 0.0 y= 0.0}
        ┌N0001 G01 X    3.9000 Y    0.0000  { LEAD IN }
孔1     ┤N0002 G03 X    3.9000 Y    0.0000 I    0.0000 J    0.0000
        └N0003 G01 X    0.0000 Y    0.0000  { LEAD OUT }
         N0004 M00  (摘丝)
         N0005 G00 X   14.0000 Y    0.0000  (跳步)
         N0006 M00  (穿丝)
        ┌N0007 G01 X   17.9000 Y    0.0000  { LEAD IN }
孔2     ┤N0008 G03 X   17.9000 Y    0.0000 I   14.0000 J    0.0000
        └N0009 G01 X   14.0000 Y    0.0000  { LEAD OUT }
         N0010 M00  (摘丝)
         N0011 G00 X   28.0000 Y    0.0000  (跳步)
         N0012 M00  (穿丝)
        ┌N0013 G01 X   31.9000 Y    0.0000  { LEAD IN }
孔3     ┤N0014 G03 X   31.9000 Y    0.0000 I   28.0000 J    0.0000
        └N0015 G01 X   28.0000 Y    0.0000  { LEAD OUT }
         N0016 M00  (摘丝)
         N0017 G00 X   28.0000 Y   14.0000  (跳步)
         N0018 M00  (穿丝)
        ┌N0019 G01 X   31.9000 Y   14.0000  { LEAD IN }
孔4     ┤N0020 G03 X   31.9000 Y   14.0000 I   28.0000 J   14.0000
        └N0021 G01 X   28.0000 Y   14.0000  { LEAD OUT }
         N0022 M00  (摘丝)
         N0023 G00 X   28.0000 Y   28.0000  (跳步)
         N0024 M00  (穿丝)
        ┌N0025 G01 X   31.9000 Y   28.0000  { LEAD IN }
孔5     ┤N0026 G03 X   31.9000 Y   28.0000 I   28.0000 J   28.0000
        └N0027 G01 X   28.0000 Y   28.0000  { LEAD OUT }
         N0028 M00  (摘丝)
         N0029 G00 X   14.0000 Y   28.0000  (跳步)
         N0030 M00  (穿丝)
        ┌N0031 G01 X   17.9000 Y   28.0000  { LEAD IN }
孔6     ┤N0032 G03 X   17.9000 Y   28.0000 I   14.0000 J   28.0000
        └N0033 G01 X   14.0000 Y   28.0000  { LEAD OUT }
         N0034 M00  (摘丝)
         N0035 G00 X    0.0000 Y   28.0000  (跳步)
         N0036 M00  (穿丝)
        ┌N0037 G01 X    3.9000 Y   28.0000  { LEAD IN }
孔7     ┤N0038 G03 X    3.9000 Y   28.0000 I    0.0000 J   28.0000
        └N0039 G01 X    0.0000 Y   28.0000  { LEAD OUT }
         N0040 M00  (摘丝)
         N0041 G00 X    0.0000 Y   14.0000  (跳步)
         N0042 M00  (穿丝)
        ┌N0043 G01 X    3.9000 Y   14.0000  { LEAD IN }
孔8     ┤N0044 G03 X    3.9000 Y   14.0000 I    0.0000 J   14.0000
        └N0045 G01 X    0.0000 Y   14.0000  { LEAD OUT }
         N0046 M00  (摘丝)
         N0047 G00 X   14.0000 Y   14.0000  (跳步)
         N0048 M00  (穿丝)
        ┌N0049 G01 X   17.9000 Y   14.0000  { LEAD IN }
孔9     ┤N0050 G03 X   17.9000 Y   14.0000 I   14.0000 J   14.0000
        └N0051 G01 X   14.0000 Y   14.0000  { LEAD OUT }
         N0052 M00  (摘丝)
         N0053 G00 X    0.0000 Y    0.0000
         N0054 M00  (穿丝)
        ┌N0055 G01 X    3.9000 Y    0.0000  { LEAD IN }
用时多余 │N0056 G03 X    3.9000 Y    0.0000 I    0.0000 J    0.0000
的应删去 │N0057 G01 X    0.0000 Y    0.0000  { LEAD OUT }
        └N0058 M02
```

7. 用变图块位移作阵列图形的几种方法

用编好程序的圆 C1 作图 5.42 所示的阵列图还能有两种方法。

(1) 三条跳步线。

第二次位移时用圆 C1、圆 C2 和圆 C3 变图块，在正 Y 向位移 2 次就可得到阵列图形，其方法见表 5.6。但后置处理后所得的跳步图形如图 5.44 所示。其中圆 C3 到圆 C8，圆 C4 到圆 C7 以及圆 C5 到圆 C1 的这三条跳步线太长，浪费了跳走的机时，最后几条多余的程序也要删除。

表 5.6　圆 C1、圆 C2 和圆 C3 变图块位移得到的阵列图形

次数	变图块	循环次数	X 向位移值	Y 向位移值	绘出的图
第一次	圆 C1	2	14	0	圆 C2 和圆 C3
第二次	圆 C1、圆 C2、圆 C3	2	0	14	C4、C9、C9、C8、C6、C7
第三次	圆 C5	1	－28	－28	圆 C1

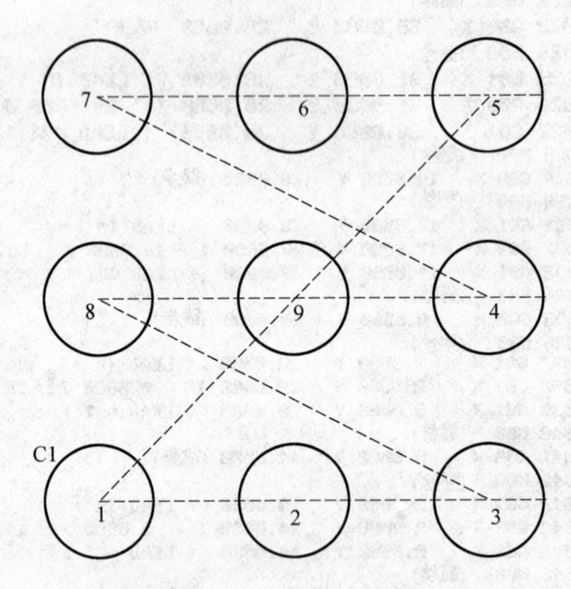

图 5.44　三条跳步线太长

(2) 采用引导排序法。

不管用什么方法得到图 5.42 所示的阵列图形后，单击“排序”，显示“排序及合并菜单”，单击“取消重复线”，单击“引导排序法”，提示“取第一根线条的首段”，单击圆 C1 的引入线，以后按提示单击圆 C2、C3、C4、C5、C6、C7、C8 和 C9 的引入线后，单击“F1”键(回车)，单击“执行2”，提示“输入间隙补偿值”，输入 0.1(回车)，显示跳步(图 5.45)，圆 C9 到 C1 的跳步程序读者可编一条加上，若排序时从圆 C9 排到 C1，在输入间隙补偿值后不容易成功。

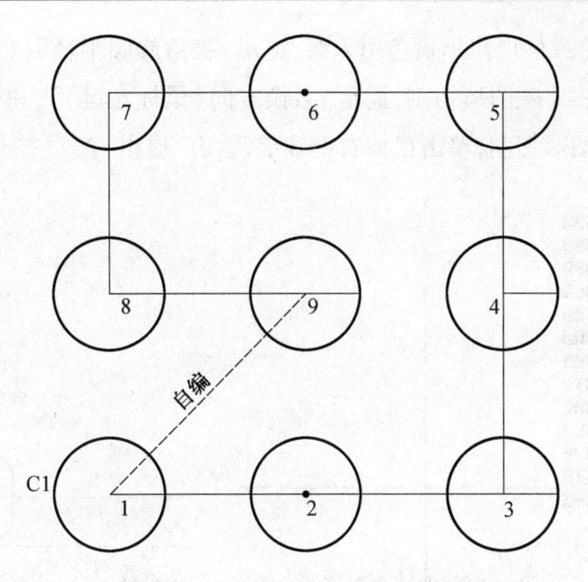

图5.45　引导排序法作出的跳步图

5.3.3　绘齿轮孔图形并编出齿轮孔加工的程序

1.绘渐开线齿轮孔

图5.46所示的渐开线内齿轮，齿数 $Z=40$，模数 $m=2$，压力角 $\alpha=20°$，齿根倒圆 $R=0.8$，齿顶倒圆 $R=0.1$。

单击"常用线"，显示出"常用曲线" 菜单，单击"标准渐开线齿轮"，显示出"标准齿轮参数" 表，填入各有关参数，如图5.47所示，单击"有效确定"，显示出渐开线齿形和各有关参数(图5.48)。

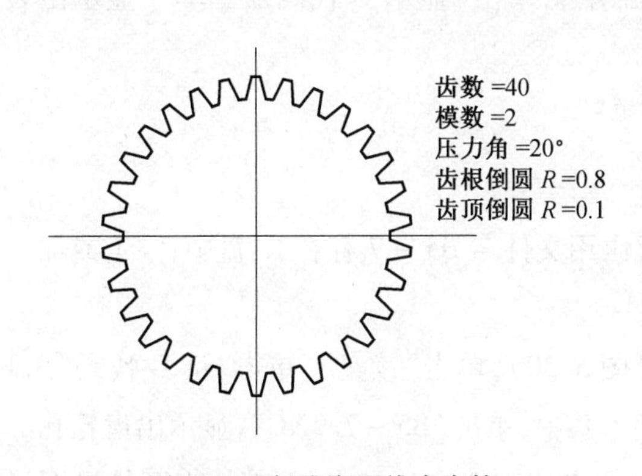

图5.46　标准渐开线内齿轮

标准齿轮参数

1)外 齿 数		1)内 齿 数	40
2) 模　数	2	2)齿顶圆R	
3)压 力 角	20		
齿根倒圆R	0.8	齿顶倒圆R	0.1
转角Q	9		
从几个半齿	1	到几个半齿	80
无效退出		有效确定	

图5.47　标准渐开线齿轮参数表

2.作引入线和引出线

单击"引入线和引出线"，单击"作引线(端点法)"，提示"引入线的起点"，输入0,0(回车)，提示"引入线的终点"，输入38.593 64，－1.101 75(右边 X 轴上齿槽下齿根圆弧的起点,如图 5.49 所示)(回车),作出黄色引入线,提示“尖角修圆半径”(回车),显示向左上方逆图形切割小红箭头,要顺图形切割,提示“另换方向(鼠标左键)”,单击鼠标左键,红色小箭头改向右下方,顺图形切割,单击鼠标右键确定,单击“退出”。

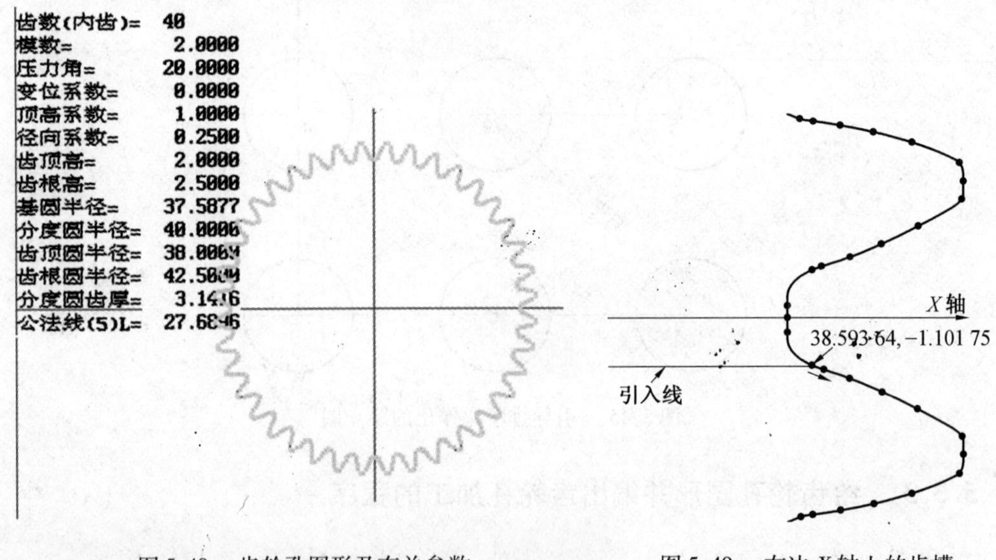

图 5.48　齿轮孔图形及有关参数　　　　　　图 5.49　右边 X 轴上的齿槽

3. 输入间隙补偿量

单击“执行 2”,提示“间隙补偿值”,输入 0.1(回车),绘出有引入线的白色齿轮图形。

4. 存 G 代码及显示 G 代码

单击“后置”,显示“生成平面 G 代码”菜单,单击“生成平面 G 代码加工单”,出现“显示 G 代码”菜单,单击“G 代码加工单存盘(平面)”,提示“请给出存盘的文件名”,输入 B5 - 7(回车),单击“Esc”键,单击“生成 G 代码加工单”,单击“显示 G 代码加工单”,显示出表 5.7 所示齿轮孔的 G 代码。

查看完毕,单击“Esc”键,单击“返回主菜单”。

5. 空走

在 G 代码加工单存盘时,已将编出的 G 代码用文件名 B5 - 7 存在 C:盘中,空走或加工时可将它从盘中调出。

在主菜单中,单击“加工”,显示加工界面(图 5.50),单击“读盘”,单击“读 G 代码”,显示“C:\HF”目录,存盘时已用文件名 B5 - 7 存入其中,单击“B5 - 7.2NC”,显示出齿轮孔的图形,单击“空走”,单击“正向空走”,一个表示空走切割轨迹的红点,从起始点开始沿图形顺时针方向移动,如图 5.51 所示,最后返回到起点(圆心),X,Y 值均为 0,单击“退出”,单击“返回主菜单”。

表5.7 齿轮孔的G代码

```
N0000 G92 X0Y0Z0 {f= 0.10 x= 0.0 y= 0.0}
N0001 G01 X   38.5679 Y   -1.1984  { LEAD IN }
N0002 G02 X   38.8353 Y   -1.2736 I   35.9184 J  -11.1249
N0003 G02 X   39.4835 Y   -1.4892 I   35.3050 J  -12.9691
N0004 G02 X   40.2513 Y   -1.7985 I   34.4356 J  -15.1273
N0005 G02 X   41.1290 Y   -2.2170 I   33.5727 J  -16.9372
N0006 G02 X   42.2784 Y   -2.8633 I   32.7699 J  -18.4286
N0007 G01 X   42.3003 Y   -2.9057
N0008 G02 X   42.2693 Y   -3.3267 I    0.0000 J    0.0000
N0009 G02 X   42.2341 Y   -3.7473 I    0.0000 J    0.0000
N0010 G01 X   42.2058 Y   -3.7858
N0011 G02 X   40.9694 Y   -4.2443 I   35.2493 J   13.0754
N0012 G02 X   40.0371 Y   -4.5203 I   35.8089 J   11.4768
N0013 G02 X   39.2304 Y   -4.7057 I   36.3780 J    9.5541
N0014 G02 X   38.5564 Y   -4.8172 I   36.8991 J    7.2865
N0015 G02 X   38.2806 Y   -4.8497 I   37.2165 J    5.3690
N0016 G03 X   37.4822 Y   -5.6118 I   38.3723 J   -5.7450
N0017 G02 X   37.4334 Y   -5.9289 I    0.0000 J    0.0000
N0018 G02 X   37.3819 Y   -6.2455 I    0.0000 J    0.0000
N0019 G03 X   37.9056 Y   -7.2170 I   38.2696 J   -6.3938
N0020 G02 X   38.1579 Y   -7.3331 I   33.7359 J  -16.6068
N0021 G02 X   38.7644 Y   -7.6475 I   32.8415 J  -18.3323
N0022 G02 X   39.4744 Y   -8.0731 I   31.6452 J  -20.3279
N0023 G02 X   40.2758 Y   -8.6237 I   30.5098 J  -21.9806
N0024 G02 X   41.3100 Y   -9.4418 I   29.4835 J  -23.3281
N0025 G01 X   41.3250 Y   -9.4872
N0026 G02 X   41.2285 Y   -9.8981 I    0.0000 J    0.0000
N0027 G02 X   41.1279 Y  -10.3080 I    0.0000 J    0.0000
---  ---  ---  ---  ---  ---  ---  ---  ---  ---  ---
N0696 G02 X   39.4744 Y    8.0731 I   30.5098 J   21.9806
N0697 G02 X   38.7644 Y    7.6475 I   31.6452 J   20.3279
N0698 G02 X   38.1579 Y    7.3331 I   32.8415 J   18.3323
N0699 G02 X   37.9056 Y    7.2170 I   33.7359 J   16.6068
N0700 G03 X   37.3819 Y    6.2455 I   38.2696 J    6.3938
N0701 G02 X   37.4334 Y    5.9289 I    0.0000 J    0.0000
N0702 G02 X   37.4822 Y    5.6118 I    0.0000 J    0.0000
N0703 G03 X   38.2806 Y    4.8497 I   38.3723 J    5.7450
N0704 G02 X   38.5564 Y    4.8172 I   37.2165 J   -5.3690
N0705 G02 X   39.2304 Y    4.7057 I   36.8991 J   -7.2865
N0706 G02 X   40.0371 Y    4.5203 I   36.3780 J   -9.5541
N0707 G02 X   40.9694 Y    4.2443 I   35.8089 J  -11.4768
N0708 G02 X   42.2058 Y    3.7858 I   35.2493 J  -13.0754
N0709 G01 X   42.2341 Y    3.7473
N0710 G02 X   42.2693 Y    3.3267 I    0.0000 J    0.0000
N0711 G02 X   42.3003 Y    2.9057 I    0.0000 J    0.0000
N0712 G01 X   42.2784 Y    2.8633
N0713 G02 X   41.1290 Y    2.2170 I   32.7699 J   18.4286
N0714 G02 X   40.2513 Y    1.7985 I   33.5727 J   16.9372
N0715 G02 X   39.4835 Y    1.4892 I   34.4356 J   15.1273
N0716 G02 X   38.8353 Y    1.2736 I   35.3050 J   12.9691
N0717 G02 X   38.5679 Y    1.1984 I   35.9184 J   11.1249
N0718 G03 X   37.8986 Y    0.3208 I   38.7986 J    0.3285
N0719 G02 X   37.9000 Y    0.0000 I    0.0000 J    0.0000
N0720 G02 X   37.8986 Y   -0.3208 I    0.0000 J    0.0000
N0721 G03 X   38.5679 Y   -1.1984 I   38.7986 J   -0.3285
N0722 G01 X    0.0000 Y    0.0000  { LEAD OUT }
N0723 M02
```

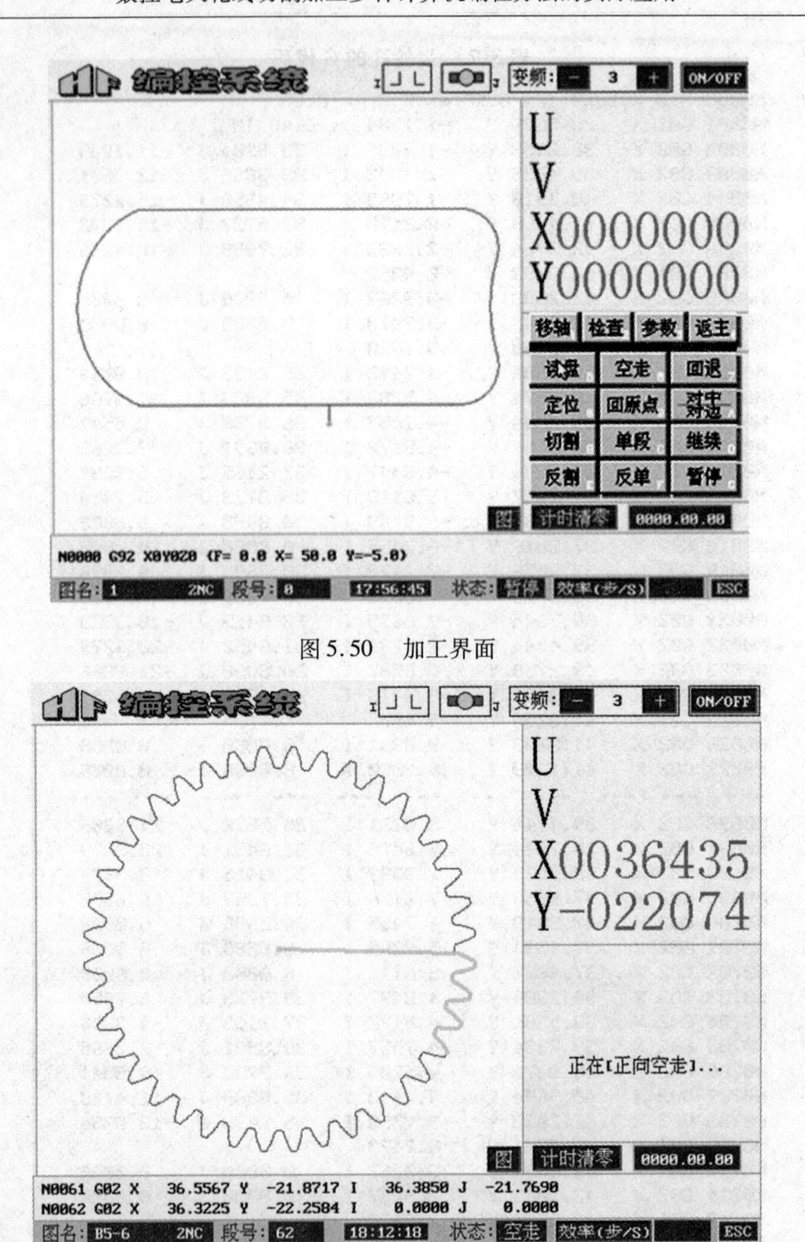

图 5.50　加工界面

图 5.51　空走进行中

5.4　用 CAXA 线切割 XP 软件绘公切、旋转及跳步图形

5.4.1　两圆公切和旋转图形

图 5.52 中含有两圆的外公切圆和内公切线,可用单元图形旋转得到全图。

1. 作 $R=10$ 及 $R=5$ 的圆

单击“绘制”,移动光标到“基本曲线”上,单击“圆”,显示圆立即菜单(图 5.54),提示

“圆心点”,输入0,0(回车),提示“输入半径”,输入10(回车),作出圆C1(回车),提示“圆心点”,输入0,25(回车),提示“输入半径”,输入5(回车)(回车)。

2. 作 $R=40$ 的外公切圆 C3

单击“绘制”,移动光标到“基本曲线”上,单击“圆弧”,三点圆弧,提示“第一点”,按“空格”键,弹出“工具点菜单”(图5.53),单击“切点”,提示“第一点(切点)”,单击圆C1右下侧圆周,向右移动光标时,提示“第二点(切点)”,单击空格键,弹出“工具点菜单”,单击“切点”,单击C2右上侧圆周,向左移动光标时出现草绿色的公切圆,移动光标使公切圆变到所要求的公切圆位置,提示“第三点”时,输入外公切圆半径40(回车),作出 $R=40$ 的外公切圆,若不成功可把它删除另作。若作到左边,可拷贝到右边。

3. 作 C1 圆和 C2 圆的内公切线

单击“绘制”,移动光标到“基本曲线”上,单击“直线”,单击“空格”键,弹出“工具点菜单”,单击“切点”,提示“第一点(切点)”,单击C1圆周左上侧,单击“空格”键,弹出“工具点菜单”,单击“切点”,单击C2圆周右下部,作出两圆的该内公切线(回车)。

4. 作内公切线与圆 C2 间 $R=1$ 的过渡圆

单击“绘制”,移动光标到“曲线编辑”上,单击“过渡”,将立即菜单的半径改为1(图5.55),提示“拾取第一条曲线”,单击“C2圆周”,C2圆周变为红色虚线,提示“拾取第二条曲线”,单击两圆内公切直线,作出 $R=1$ 的过渡圆,得到单元图形(图5.56),若有多余的外公切圆,可用曲线编辑的裁剪删除。

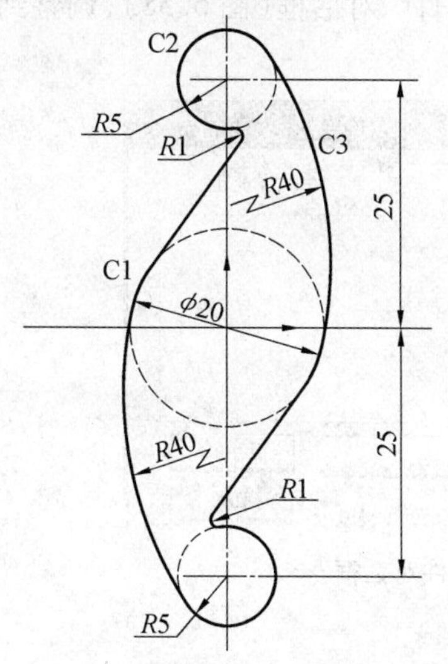

图5.52　外公切圆及内公切直线的旋转图形

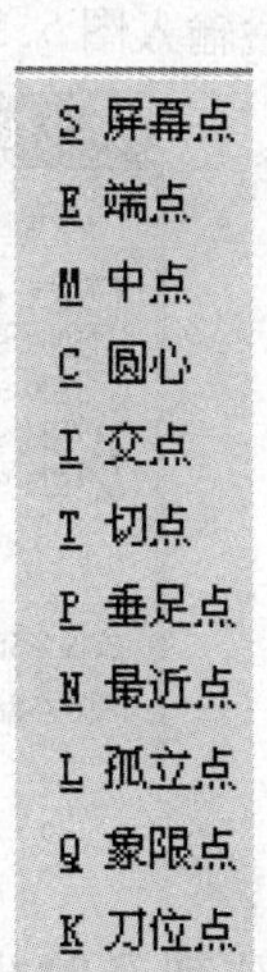

图5.53　工具点菜单

图5.54　圆立即菜单

图5.55　过渡圆立即菜单

5. 将图5.56 旋转180°

单击“绘制”,移动光标到“曲线编辑”上,单击“旋转”,立即菜单如图5.57所示,提示

"拾取添加",单击 C1 圆周,提示"拾取元素",单击参加旋转的所有线段,全部变为红色虚线,单击鼠标右键确认,提示"基点",输入0,0(回车),提示"旋转角",输入180(回车),得到旋转拷贝的图形。

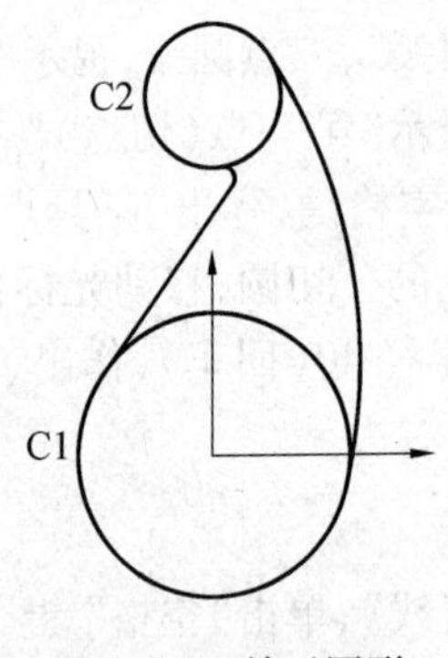

图5.56　单元图形

图5.57　旋转立即菜单

6. 删除多余线段得到图5.52

单击"绘制",移动光标到"曲线编辑"上,单击"裁剪",立即菜单调为"快速裁剪",提示"拾取要裁剪的曲线",逐个单击多余线段将其删除。得到图5.52所示的图形,最好裁剪前把图形存好,裁剪出错时可调出重新裁剪。

7. 存图备用

单击"文件",单击"另存文件",显示"另存文件"对话框(图5.58),调整到"5.4CAXA文件",文件名后输入图5.52,单击"保存"。

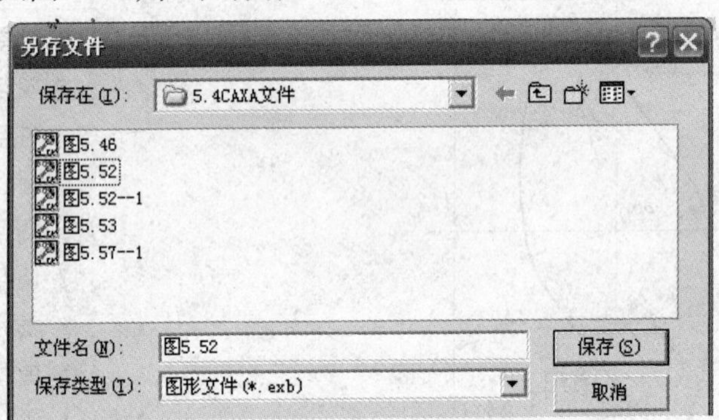

图5.58　另存文件对话框

5.4.2　阵列及跳步

图5.59是ϕ8圆孔的阵列图形。

1. 作ϕ8圆孔C1

单击"绘制",移动光标到"基本曲线"上,单击"圆",显示图5.53所示的圆立即菜单,提示"圆心点",输入0,0(回车),提示"输入半径",输入4(回车),作出ϕ8圆C1(回车)。适当将圆C1放大。

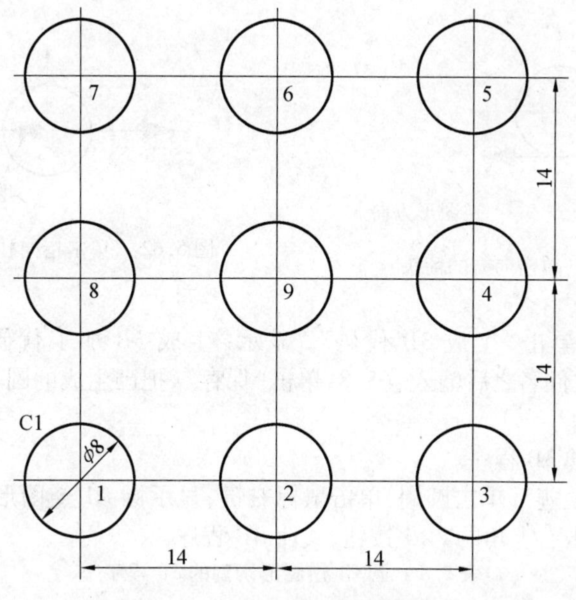

图5.59　$\phi 8$ 圆孔的阵列图形

2. 编写圆孔 C1 的 3B 程序

(1) 轨迹生成。

单击“线切割”,单击“轨迹生成”,显示“线切割轨迹生成参数表”,填好有关参数如图 5.60 所示,单击“偏移量 / 补偿值”,在第 1 次加工之后填入 0.1,单击“确定”,提示“拾取轨迹”,单击 C1 圆周,出现选择切割方向,显示方向相反的草绿色箭头,因逆时针切割,单击向右的箭头(图 5.61),出现用以选择补偿方向,显示方向相反的草绿色箭头,单击指向孔内的箭头(图 5.62),提示“输入穿丝点位置”,输入 0,0(回车),提示“输入退出点”(回车),提示“输入切入点”,输入 4,0(回车),显示“草绿色切入线”,圆周变为白色。

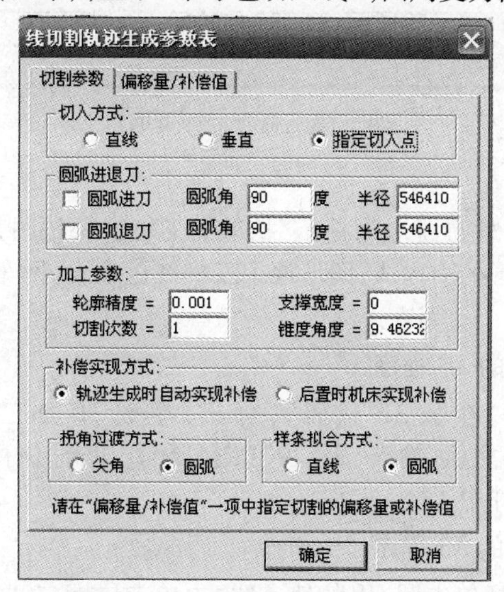

图5.60　线切割轨迹生成参数表

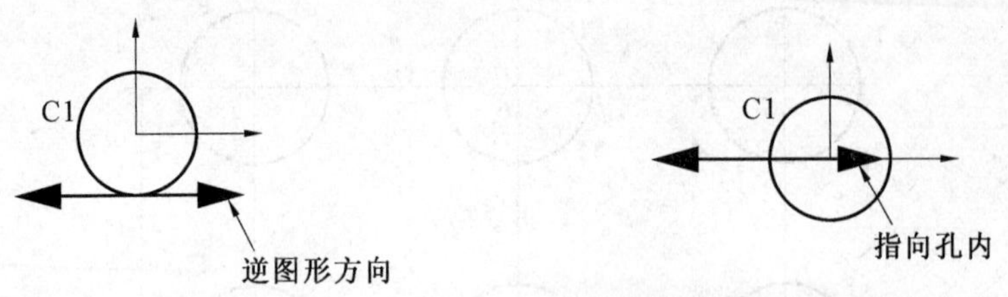

图 5.61　单击向右的箭头

图 5.62　单击指向孔内的箭头

(2) 生成 3B 程序。

单击“线切割”,单击“生成 3B 代码”,显示“生成 3B 加工代码”对话框,调整到“5.4CAXA 文件”,文件名之后输入表5.8,单击“保存”,把已生成的圆 C1 的3B 程序保存到“5.4CAXA 文件”中。

(3) 显示圆 C1 的 3B 程序。

提示“拾取加工轨迹”,单击圆周,单击鼠标右键,显示圆 C1 逆图形切割的 3B 程序(表5.8)。查看完毕,单击右上角的“×”按钮,关闭 3B 程序。

表 5.8　圆 C1 逆图形切割的 3B 程序

```
****************************************
CAXAWEDM -Version 2.0 , Name : 表5.8.3B
Conner R=    0.00000    , Offset F=     0.10000 ,Length=       32.304 mm
****************************************
Start Point  =      0.00000 ,    0.00000    ;         X    ,        Y
N   1: B   3900 B      0 B    3900 GX   L1 ;      3.900 ,      0.000
N   2: B   3900 B      0 B  15600 GY  NR1 ;     3.900 ,     -0.000
N   3: B   3900 B      0 B    3900 GX   L3 ;      0.000 ,     -0.000
N   4: DD
```

3. 生成圆孔 C1 轨迹图形的矩形阵列

单击“绘制”,移动光标到“曲线编辑”上,单击“阵列”,调整阵列立即菜单如图 5.63 所示,提示“拾取添加”,单击图中的圆周,单击鼠标右键,作出图 5.64 所示 9 个圆编写 3B 程序后轨迹图的矩形阵列。将图形适当缩小。

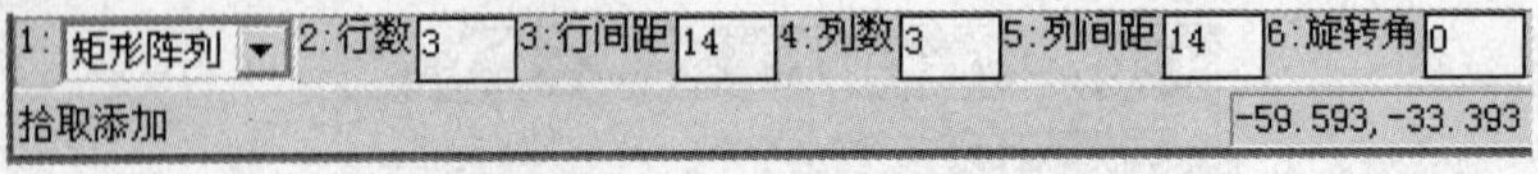

1: 矩形阵列　2:行数 3　3:行间距 14　4:列数 3　5:列间距 14　6:旋转角 0

拾取添加　-59.593,-33.393

图 5.63　阵列立即菜单

4. 生成跳步轨迹

单击“线切割”,单击“轨迹跳步”,提示“拾取加工轨迹”,按图 5.64 中圆的顺序号 1、2、3、4、5、6、7、8、9 单击每个圆的引入线,图形逐个变成红色虚线(回车),作出圆 1 到圆 9 的全部跳步线(图 5.65)。

5. 编出矩形阵列跳步的 3B 程序

单击“线切割”,单击“生成 3B 代码”,弹出“生成 3B 加工代码”对话框,调整到“5.4CAXA 文件”,文件名之后,输入“表5.9”(图5.66),单击“保存”,已把矩形阵列的跳步程序保存到 5.4CAXA 文件中了。

6. 显示矩形阵列跳步的 3B 程序

提示“拾取加工轨迹”,单击圆 C1 的轨迹线,再单击鼠标右键,显示出矩形阵列图形的跳步3B 程序,见表5.9。该表中没有从圆 C9 中心跳回圆 C1 中心的直线跳步程序,需要自己手写一条,关闭 3B 程序。

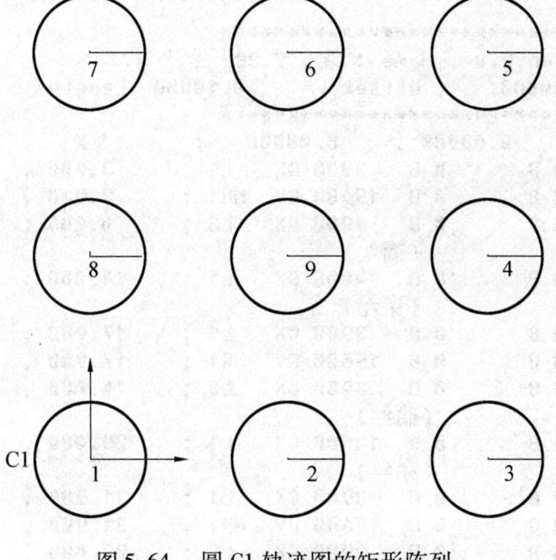

图5.64　圆C1轨迹图的矩形阵列

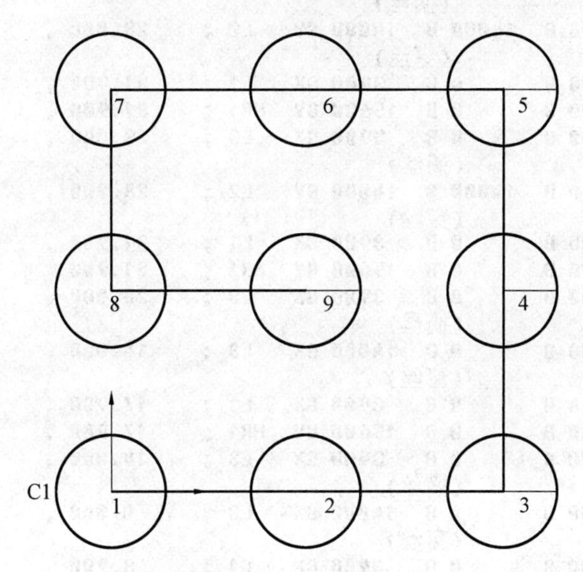

图5.65　作出跳步线的图

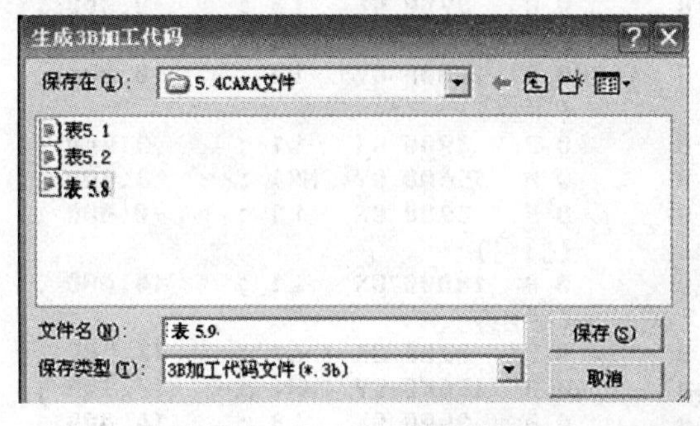

图5.66　生成3B代码对话框

表5.9 图5.53中 $\phi8$ 圆矩形阵列的跳步3B程序

```
****************************************
CAXAWEDM -Version 2.0 , Name : 表5.9.3B
Conner R=   0.00000    , Offset F=    0.10000 ,Length=     402.740 mm
****************************************
Start Point  =     0.00000 ,     0.00000    ;        X    ,        Y
N   1: B   3900 B       0 B   3900 GX   L1 ;     3.900 ,     0.000
N   2: B   3900 B       0 B  15600 GY  NR1 ;     3.900 ,    -0.000
N   3: B   3900 B       0 B   3900 GX   L3 ;     0.000 ,    -0.000
N   4: D                   (摘丝)
N   5: B  14000 B       0 B  14000 GX   L1 ;    14.000 ,    -0.000
N   6: D                   (穿丝)
N   7: B   3900 B       0 B   3900 GX   L1 ;    17.900 ,    -0.000
N   8: B   3900 B       0 B  15600 GY  NR1 ;    17.900 ,    -0.000
N   9: B   3900 B       0 B   3900 GX   L3 ;    14.000 ,    -0.000
N  10: D                  (摘丝)
N  11: B  14000 B       0 B  14000 GX   L1 ;    28.000 ,    -0.000
N  12: D                  (穿丝)
N  13: B   3900 B       0 B   3900 GX   L1 ;    31.900 ,    -0.000
N  14: B   3900 B       0 B  15600 GY  NR1 ;    31.900 ,    -0.000
N  15: B   3900 B       0 B   3900 GX   L3 ;    28.000 ,    -0.000
N  16: D                  (摘丝)
N  17: B      0 B   14000 B  14000 GY   L2 ;    28.000 ,    14.000
N  18: D                  (穿丝)
N  19: B   3900 B       0 B   3900 GX   L1 ;    31.900 ,    14.000
N  20: B   3900 B       0 B  15600 GY  NR1 ;    31.900 ,    14.000
N  21: B   3900 B       0 B   3900 GX   L3 ;    28.000 ,    14.000
N  22: D                 (摘丝)
N  23: B      0 B   14000 B  14000 GY   L2 ;    28.000 ,    28.000
N  24: D                 (穿丝)
N  25: B   3900 B       0 B   3900 GX   L1 ;    31.900 ,    28.000
N  26: B   3900 B       0 B  15600 GY  NR1 ;    31.900 ,    28.000
N  27: B   3900 B       0 B   3900 GX   L3 ;    28.000 ,    28.000
N  28: D                 (摘丝)
N  29: B  14000 B       0 B  14000 GX   L3 ;    14.000 ,    28.000
N  30: D                 (穿丝)
N  31: B   3900 B       0 B   3900 GX   L1 ;    17.900 ,    28.000
N  32: B   3900 B       0 B  15600 GY  NR1 ;    17.900 ,    28.000
N  33: B   3900 B       0 B   3900 GX   L3 ;    14.000 ,    28.000
N  34: D                 (摘丝)
N  35: B  14000 B       0 B  14000 GX   L3 ;    -0.000 ,    28.000
N  36: D                 (穿丝)
N  37: B   3900 B       0 B   3900 GX   L1 ;     3.900 ,    28.000
N  38: B   3900 B       0 B  15600 GY  NR1 ;     3.900 ,    28.000
N  39: B   3900 B       0 B   3900 GX   L3 ;    -0.000 ,    28.000
N  40: D                 (摘丝)
N  41: B      0 B   14000 B  14000 GY   L4 ;    -0.000 ,    14.000
N  42: D                 (穿丝)
N  43: B   3900 B       0 B   3900 GX   L1 ;     3.900 ,    14.000
N  44: B   3900 B       0 B  15600 GY  NR1 ;     3.900 ,    14.000
N  45: B   3900 B       0 B   3900 GX   L3 ;    -0.000 ,    14.000
N  46: D                 (摘丝)
N  47: B  14000 B       0 B  14000 GX   L1 ;    14.000 ,    14.000
N  48: D                 (穿丝)
N  49: B   3900 B       0 B   3900 GX   L1 ;    17.900 ,    14.000
N  50: B   3900 B       0 B  15600 GY  NR1 ;    17.900 ,    14.000
N  51: B   3900 B       0 B   3900 GX   L3 ;    14.000 ,    14.000
N  52: DD
```

5.4.3　绘齿轮孔图形并编出齿轮孔加工的3B程序

1. 绘出渐开线齿轮孔

图5.67所示的渐开线内齿轮，齿数$z=40$，压力角$\alpha=20°$，模数$m=2$，齿顶高系数$h=1$，齿顶间隙系数$c=0.25$，齿顶过渡圆半径为0.1，齿根过渡圆半径为0.8，有效齿数为40。

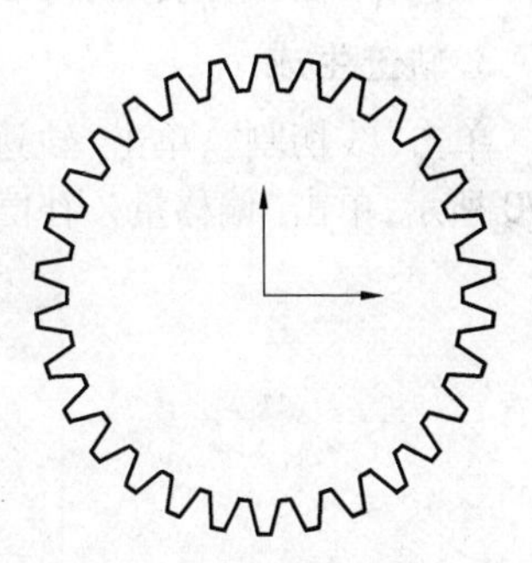

图5.67　标准渐开线齿轮

单击"绘制"，移动光标到"高级曲线"上，单击"齿轮"，显示"渐开线齿轮齿形参数"表，填入各有关参数(图5.68)，单击"下一步"，显示"渐开线齿轮齿形预显"表，填写各有关参数后，如图5.69所示。单击"完成"，显示图5.67所示的标准渐开线齿轮图形，提示"齿轮定位点"，输入0,0(回车)，齿轮中心定在0,0点，图形变成白色。

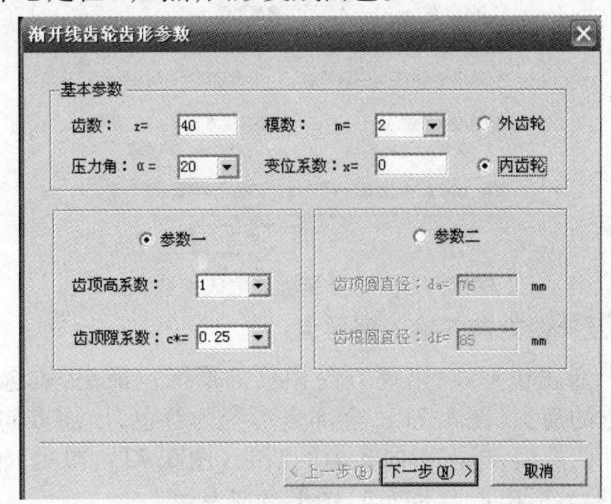

图5.68　渐开线齿轮齿形参数表

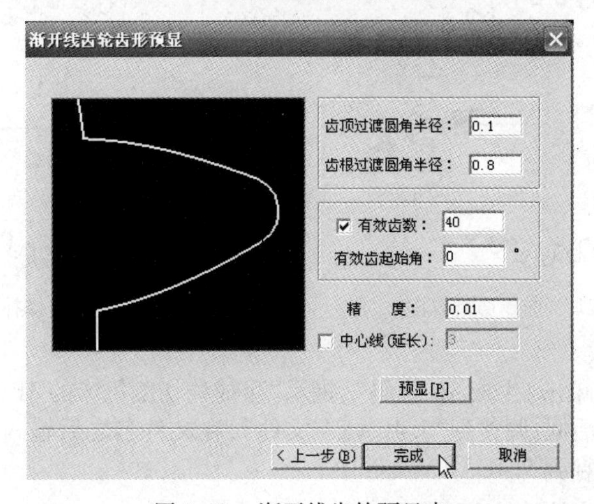

图5.69　渐开线齿轮预显表

2. 块打散

单击“绘制”,移动光条到“块操作”上,单击“块打散”,提示“拾取添加”,单击齿形线全变为红色,单击鼠标右键,图形全变成白色。

3. 轨迹生成

单击“线切割”,单击“轨迹生成”,显示“线切割轨迹生成参数表”,填入有关参数,如图5.70所示,单击“偏移量/补偿值”,第一次加工后输入0.1,单击“确定”。齿轮图变为白色。

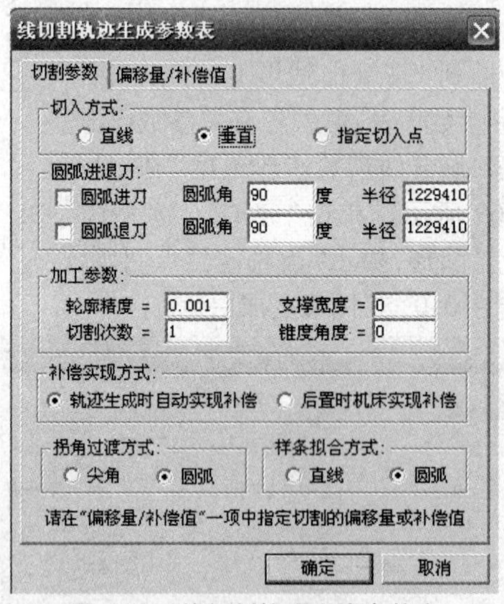

图5.70 线切割轨迹生成参数表

4. 选定切割方向及补偿方向并输入穿丝点

提示“拾取轮廓”,单击齿形线,出现方向相反的草绿色箭头,供选择切割方向,顺时针切割,单击指向右下方的箭头(图5.71),全部齿形变为红色,出现方向相反的草绿色箭头,供选择补偿方向,向孔内补偿,单击指向孔内的箭头(图5.72),提示“输入穿丝点位置”,输入0,0(回车),提示“输入退出点”(回车),图形变成白色。

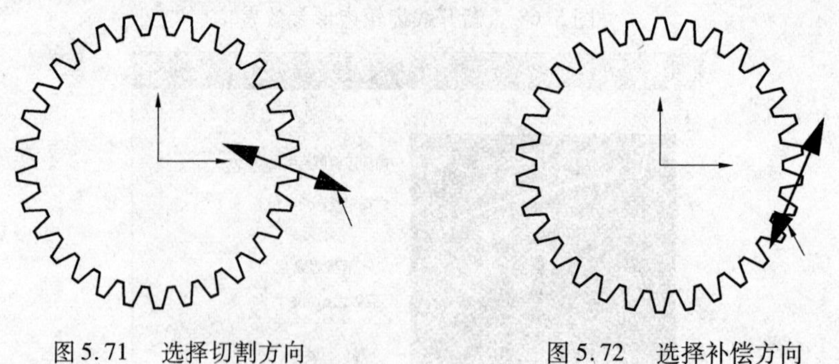

图5.71 选择切割方向　　图5.72 选择补偿方向

5. 生成3B程序

单击“线切割”,单击“生成3B代码”,提示“生成线切割机床的3B加工指令”,显示“生成3B加工代码”对话框,调整到“5.4CAXA文件”,在文件名之后输入“表5.10”,单击“保存”,已把表5.10保存到5.4CAXA文件中。

6. 显示表5.10齿轮孔的3B代码

立即菜单显示如图5.73所示,提示“拾取加工轨迹”,单击齿轮的轮廓线,单击鼠标右键,显示出表 5.10 内齿轮的 3B 程序,读完关闭该程序。

1: 指令校验格式 ▼ 2: 显示代码 ▼ 3:停机码 DD 4:暂停码 D 5: 应答传输 ▼
拾取加工轨迹: 189.206,104.472

图 5.73　显示代码立即码

表 5.10　图 5.67 内齿轮的 3B 程序

```
****************************************
CAXAWEDM -Version 2.0 , Name : 表5.10.3B
Conner R=    0.00000     , Offset F=     0.10000 ,Length=      569.302 mm
****************************************
Start Point  =      0.00000 ,     0.00000    ;           X     ,       Y
N   1: B   38049 B    1081 B  38049 GX    L4 ;     38.049 ,      -1.081
N   2: B    2142 B   10393 B     329 GX   SR1 ;     38.378 ,      -1.154
N   3: B    2366 B    9884 B     322 GX   SR1 ;     38.700 ,      -1.237
N   4: B    2574 B    9388 B     314 GX   SR1 ;     39.014 ,      -1.329
N   5: B    2908 B    9348 B     325 GX   SR1 ;     39.339 ,      -1.436
N   6: B    3666 B   10476 B     339 GX   SR1 ;     39.678 ,      -1.561
N   7: B    4659 B   12040 B     352 GX   SR1 ;     40.030 ,      -1.703
N   8: B    5967 B   14169 B     554 GX   SR1 ;     40.584 ,      -1.949
N   9: B    7142 B   15246 B     686 GX   SR1 ;     41.270 ,      -2.290
N  10: B    8155 B   15543 B     425 GX   SR1 ;     41.695 ,      -2.521
N  11: B    8456 B   15090 B     252 GX   SR1 ;     41.947 ,      -2.665
N  12: B     332 B     570 B     621 GY   SR1 ;     42.273 ,      -3.286
N  13: B   42272 B    3286 B      81 GY   SR4 ;     42.266 ,      -3.367
N  14: B     658 B      52 B     419 GX   SR4 ;     41.847 ,      -3.930
N  15: B    6285 B   16184 B     452 GX   SR4 ;     41.395 ,      -4.098
N  16: B    5901 B   16542 B     569 GX   SR4 ;     40.826 ,      -4.290
N  17: B    4922 B   15436 B     726 GX   SR4 ;     40.100 ,      -4.503
N  18: B    3749 B   13974 B     447 GX   SR4 ;     39.653 ,      -4.616
```

5.5　用 YH 线切割计算机编程控制软件绘公切、旋转及跳步图形

5.5.1　两圆公切和旋转图形

图 5.74 中含有两圆的外公切圆和内公切线,可用单元图形旋转得到全图。

1. 绘 $R = 10$ 及 $R = 5$ 的圆 C1 和圆 C2

单击“圆”图标,移动光标到“键盘命令框”上,在 No:0 之后输入[0,0],10(回车),绘出圆 C1。移动光标到“键盘命令框”上,输入[0,25],5(回车),绘出圆 C2。

2. 绘 $R = 40$ 的外包公切圆 C3

单击“切圆”图标,因为圆 C3 是外包二切圆,先在两圆之间绘一条直线,移动光标到 C1 圆周右边上,光标变手指形,按住“命令”键不放,并移动光标到 C2 圆周右边上时,光标变手指形时放开“命令”键,已在 C1 圆和 C2 圆间绘出一条

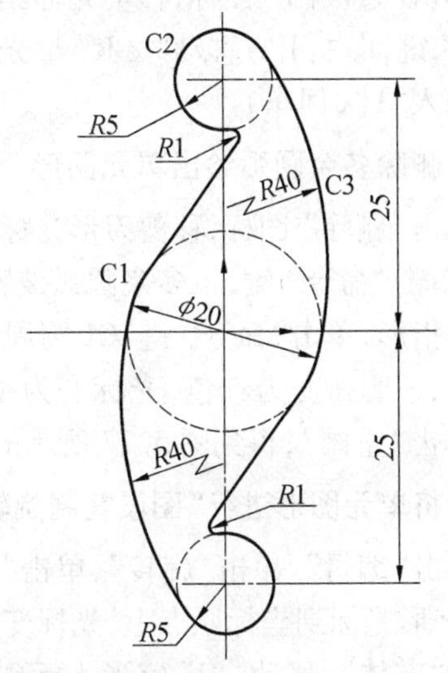

图 5.74　外公切圆及内公切直线及旋转图形

蓝色直线,移动光标到 C1 圆内光标变为“×”形时单击“命令”键,在 C1 圆内出现一个红色小圆,移动光标到 C2 圆内,光标变“×”形时单击“命令”键,C2 圆内也出现一个红色小圆(图 5.75),将光标移到蓝色直线上,按下“命令”键,并向左移动光标,弹出一个半径及圆心坐标值显示窗,轻微移动光标,使显示窗中“半径”的数值显示为 40 时放开“命令”键,图中绘出右侧的外包 C1 圆和 C2 圆的公切圆,单击“Yes”键,绘出右侧黄色的外包公切圆 C3(图 5.76)。

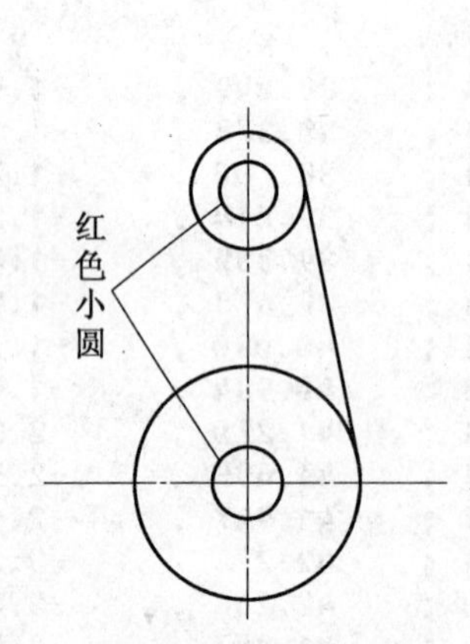

图 5.75　C1 圆和 C2 圆中都显示一个小圆

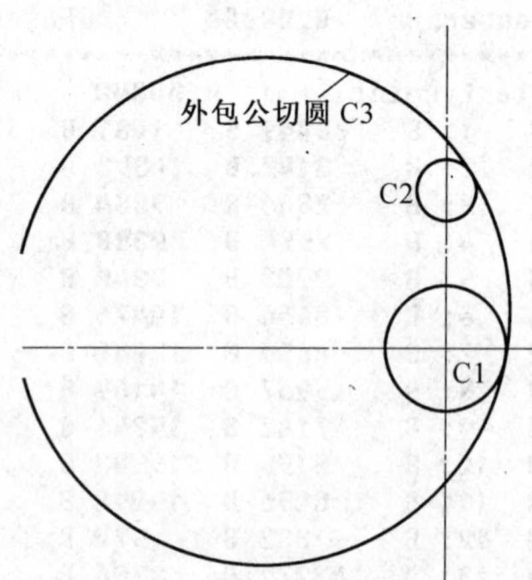

图 5.76　绘出右侧外包公切圆

3. 绘左侧 C1 圆和 C2 圆的内公切线 L1

单击“切圆(切线)”图标,移动光标到 C1 左上侧圆周上,光标呈手指形,按下“命令”键不放,移动光标到 C2 圆周左下侧,光标呈手指形时放开“命令”键,两圆之间出现一条蓝色连线,再将“田”字形光标移到该蓝色连线上,光标变为手指形时轻点“命令”键,绘出 C1 圆和 C2 圆的黄色内公切线。

4. 绘内公切线与 C2 圆间 $R=1$ 的过渡圆

单击“过渡圆”图标,移动光标到内公切线与 C2 圆周的切点上,光标呈“×”形时按下“命令”键,向左下方移动“∠R”形光标至适当位置时放开“命令”键,该处提示“$R=$”,用小键盘输入“1”(回车)。

5. 删除多余圆弧绘出单元图形

单击“删除”图标,移剪刀形光标到 C3 圆周左边上时,光标呈手指形,C3 圆周左侧变为红色,单击“命令”键,该多余圆弧被删除,移剪刀形光标到 C1 圆周上部无用圆弧上时,光标变为手指形,单击“命令”键,C1 圆周的多余圆弧被删除,移剪刀形光标到 C2 圆周的多余圆弧上时,该圆弧变为红色,光标变为手指形,单击“命令”键,删除该多余圆弧,单击“工具包”,单击“重画”,得到图 5.77 所示的单元图形。将单元图形用图名“图 5.77”存好。

6. 将单元图形进行“图段复制旋转”

单击“编辑”,单击“旋转”,单击“图段复制旋转”,屏幕右上角提示“(旋转)中心”,移“田”字形光标到坐标原点上,光标变“×”形,单击“命令”键,该处显示一个红点,屏幕右上角提示“转体”,移动“田”字形光标到单元图形某线段上,光标变为手指形,单击“命令”键,弹出“旋转参数窗”,将其“角度”输入为 180,如图 5.78 所示,单击“Yes”键,得到图 5.79,单击"工具包"。

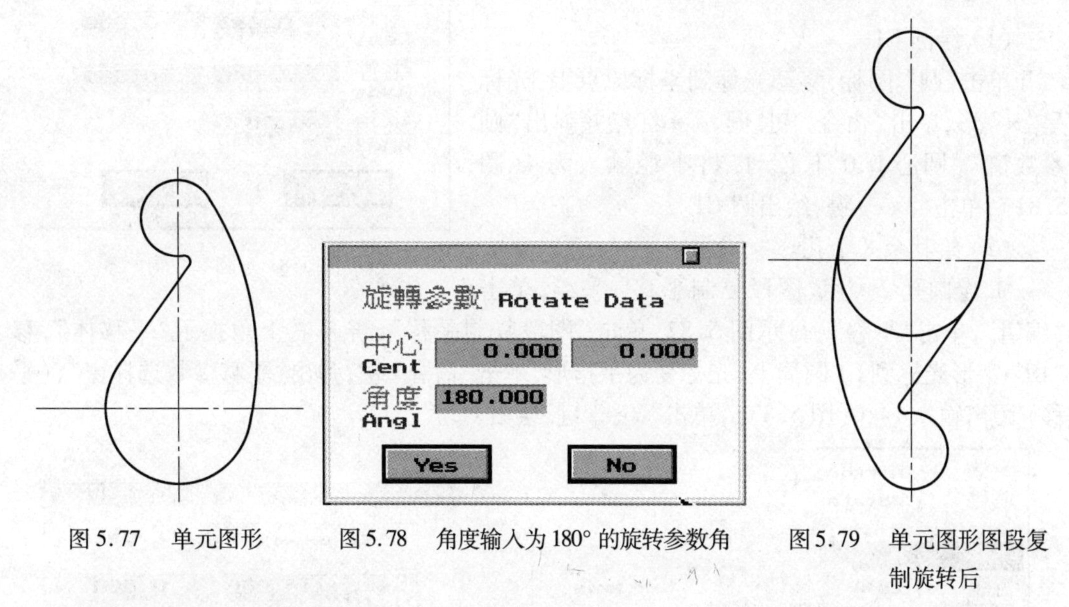

图5.77　单元图形　　图5.78　角度输入为180°的旋转参数角　　图5.79　单元图形图段复制旋转后

7. 删去多余的一段圆弧

单击"删除"图标，从工具包移出剪刀形光标，移到多余圆弧段上，该段圆弧变为红色，光标变为手指形，单击"命令"键，移剪刀形光标单击工具包，单击"重画"图标，得到图5.74所要求的图形。

5.5.2　阵列及跳步

图5.80是$\phi 8$圆孔的阵列图形。

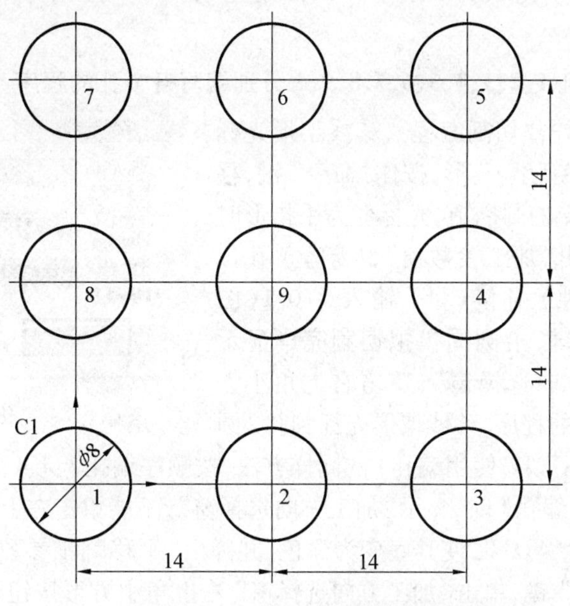

图5.80　$\phi 8$圆孔的阵列图形

1. 绘图 5.80

(1) 绘圆 C1。

单击“圆”图标,移动光标到坐标原点上,光标呈“×”形,单击“命令”键,显示一红点并弹出“圆参数窗”,圆心 0,0 不必动,将半径输入为 4(图 5.81),单击“Yes”键,绘出圆 C1。

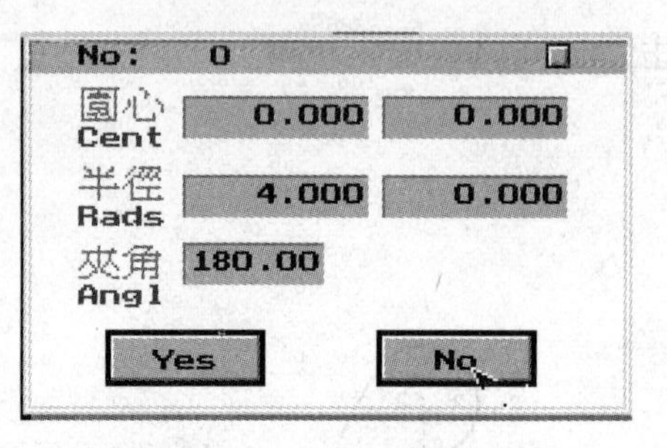

图 5.81　圆参数窗

(2) 绘其余 8 个孔。

① 绘圆孔 2。用“图段复制平移”来绘,单击“编辑”,单击“平移”,显示图 5.82,单击“图段复制平移”,屏幕右上角提示“平移体”,移“田”字形光标到 C1 圆周上,光标变为手指形,单击“命令”键,弹出“平移参数选择窗”,(平移) 距离输入 14,0(图 5.83),单击“Yes”键,绘出 C2。

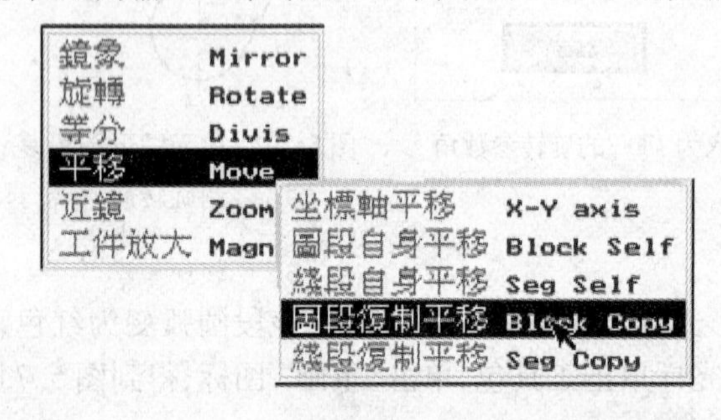

图 5.82　图段复制平移

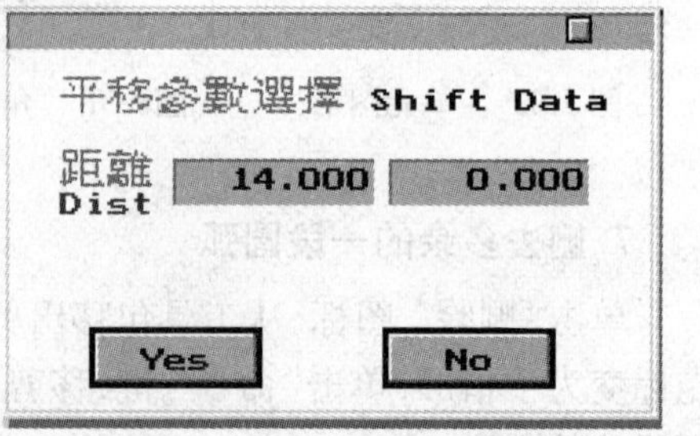

平移参數選擇　Shift Data
距離 Dist　14.000　0.000
Yes　No

图 5.83　平移参数选择窗

② 按顺序绘圆孔 3、4、5、6、7、8、9。采用“图段复制平移”方法按圆孔 3、4、5、6、7、8、9、1 的顺序对每个孔编程序,用孔 2 平移 14,0 绘孔 3;孔 3 平移 0,14 绘孔 4;孔 4 平移 0,14 绘孔 5;孔 5 平移 －14,0 绘孔 6;孔 6 平移 －14,0 绘孔 7;孔 7 平移 0,－14 绘孔 8;孔 8 平移 14,0 绘孔 9。

2. 按跳步顺序孔 1、2、3、4、5、6、7、8、9、1 分别编写各个孔的程序

单击“编程”,单击“切割编程”,移线架形光标到 C1 圆心上,光标变为“×”形,按住“命令”键,移动光标到与 X 轴相交的圆周上,光标变为手指形时放开“命令”键,弹出“加工参数窗”,(穿丝) 孔位 0,0 起割 4,0,(间隙) 补偿(量) 输入 －0.1(图 5.84),单击“Yes”键,沿圆周模拟切割完毕显示“OK”,弹出“加工方向选择窗”,单击右上角小方形按钮,编好第1孔的程序,移线架形光标到孔2圆心点上,光标变成“×”形,使用编孔 1 的同样方法,按顺序编孔 2、3、4、5、6、7、8、9、1 各个孔的程序,但是当最后重编孔 1 时,显示“加工方向选择窗”,不能单击右上角的小方形按钮,应单击“平移跳步后边的‘NO’”,使其底变为深色,并弹出“平移跳步参数窗”(图5.85),将步数输入为 1,单击“Yes”键,单击“加工方向选择窗”右上角小方形按钮,单击工具包,弹出“代码显示窗”,并显示各孔之间的跳步(图 5.86)。

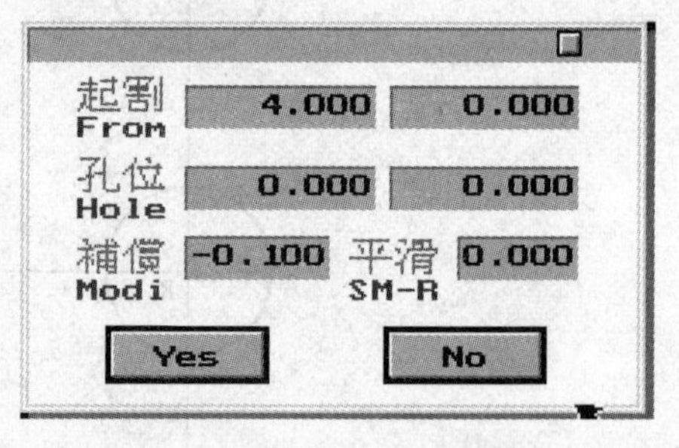

图 5.84　孔 1 的加工参数角

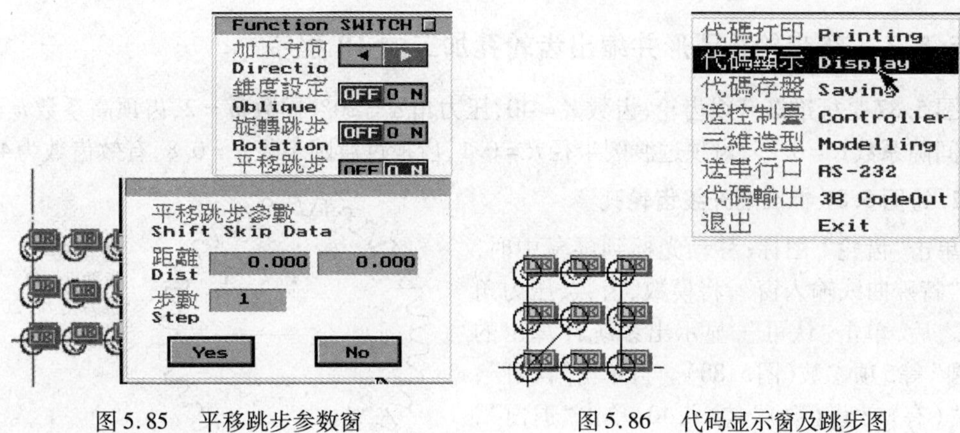

图 5.85　平移跳步参数窗　　　　图 5.86　代码显示窗及跳步图

3. 显示跳步代码及代码存盘

(1) 显示跳步代码。

单击“代码显示”，显示出图 5.80 的跳步加工代码，见表 5.11。

表 5.11　图 5.80 的跳步加工代码

```
G92 X0.0000   Y0.0000
G01 X3.9000   Y0.0000
G03 X0.0000   Y0.0000   I-3.9000  J-0.0000
G01 X-3.9000  Y0.0000
M00 (摘丝)
G01 X14.0000  Y0.0000 (跳步)
M00 (穿丝)
G01 X3.9000   Y0.0000
G03 X0.0000   Y0.0000   I-3.9000  J-0.0000
G01 X-3.9000  Y0.0000
M00 (摘丝)
G01 X14.0000  Y0.0000 (跳步)
M00 (穿丝)
G01 X3.9000   Y0.0000
G03 X0.0000   Y0.0000   I-3.9000  J-0.0000
G01 X-3.9000  Y0.0000
M00 (摘丝)
G01 X0.0000   Y14.0000 (跳步)
M00 (穿丝)
G01 X3.9000   Y0.0000
G03 X0.0000   Y0.0000   I-3.9000  J-0.0000
G01 X-3.9000  Y0.0000
M00 (摘丝)
G01 X0.0000   Y14.0000 (跳步)
M00 (穿丝)
G01 X3.9000   Y0.0000
G03 X0.0000   Y0.0000   I-3.9000  J-0.0000
G01 X-3.9000  Y0.0000
M00 (摘丝)
G01 X-14.0000 Y0.0000 (跳步)
M00 (穿丝)
G01 X3.9000   Y0.0000
G03 X0.0000   Y0.0000   I-3.9000  J-0.0000
G01 X-3.9000  Y0.0000
M00 (摘丝)
G01 X-14.0000 Y0.0000 (跳步)
M00 (穿丝)
G01 X3.9000   Y0.0000
G03 X0.0000   Y0.0000   I-3.9000  J-0.0000
G01 X-3.9000  Y0.0000
M00 (摘丝)
G01 X0.0000   Y-14.0000 (跳步)
M00 (穿丝)
G01 X3.9000   Y0.0000
G03 X0.0000   Y0.0000   I-3.9000  J-0.0000
G01 X-3.9000  Y0.0000
M00 (摘丝)
G01 X14.0000  Y0.0000 (跳步)
    (穿丝)
M00
G01 X3.9000   Y0.0000
G03 X0.0000   Y0.0000   I-3.9000  J-0.0000
G01 X-3.9000  Y0.0000
M00 (摘丝)
G01 X-14.0000 Y-14.0000 (跳步)
M00 (穿丝)
G01 X3.9000   Y0.0000
G03 X0.0000   Y0.0000   I-3.9000  J-0.0000
G01 X-3.9000  Y0.0000
M00
```

5.5.3 绘齿轮孔图形并编出齿轮孔加工的3B程序

图5.87是标准渐开线齿轮，齿数$Z=40$，压力角$\alpha=20°$，模数$m=2$，齿顶高系数$h=1$，齿顶间隙系数$C=0.25$，齿顶过渡圆半径$R=0.1$，齿根过渡圆半径$R=0.8$，有效齿数为40。

1. 绘图5.87标准渐开线齿轮孔

单击“齿轮”图标，移动光标到屏幕中时，弹出“特殊曲线输入窗”，将模数、齿数、压力角输入之后，单击“认可”，显示出系统计算出的“基圆”等5项参数(图5.88)。再单击“认可”，提示“(有)效齿(数)”，输入40，单击“退出”，显示出图5.87所示的图形。比例输入4∶1。

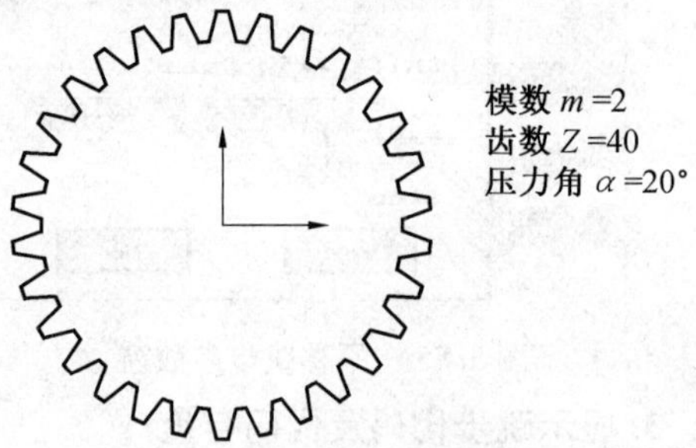

模数 m=2
齿数 Z=40
压力角 α=20°

图5.87　标准渐开线齿轮孔

2. 编程

单击“编程”，单击“切割编程”，屏幕右上角提示“丝孔”，移线架形光标到齿轮中心点上，光标变为“×”形，移线架形光标到正X轴上齿形的右上角上时，屏幕右下角光标的坐标值为41.993，0.761，放开“命令”键，弹出“加工参数窗”，将“补偿(量)”输入0.1(图5.89)，单击“Yes”键，弹出“加工路径选择窗”，单击左上方的齿形线，右上角C337底色变黑，单击“认可”，火花沿齿轮逆圆方向绕一圈，回到41.993，0.761齿尖处显示“模拟完毕OK”，单击右上角的小方形按钮，单击工具包，弹出“代码显示窗”。

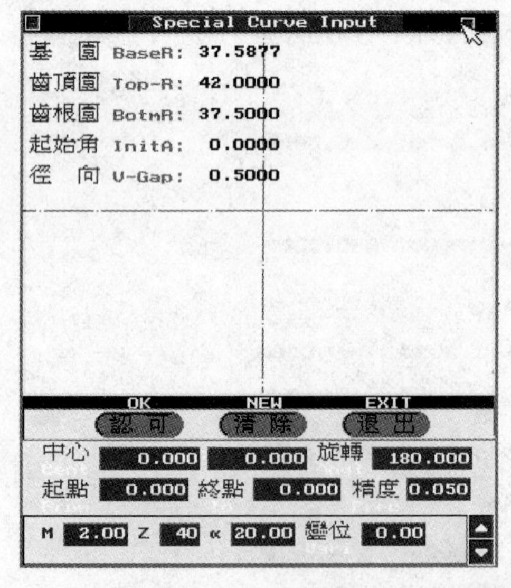

图5.88　特殊曲线输入窗

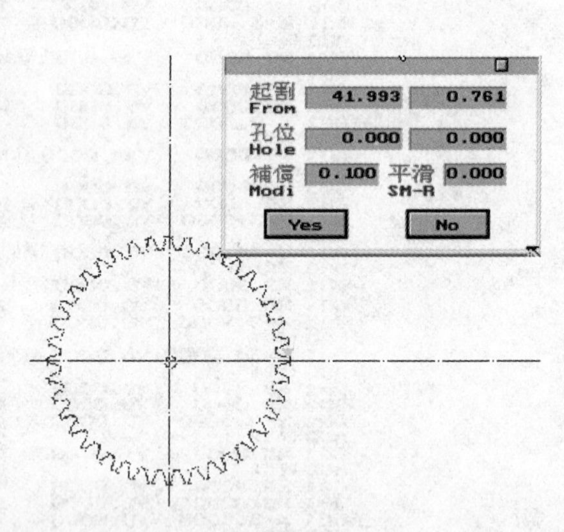

图5.89　加工参数窗

3. 显示代码

单击“代码显示”，显示出齿轮的ISO代码，见表5.12。

表5.12中只列出前16条和最后4条程序。

表5.12　图5.84标准渐开线齿轮孔的ISO代码

```
G92 X0.0000   Y0.0000
G01 X41.8942  Y0.6969
G03 X-1.7746  Y0.7418   I-9.0345   J-19.1184
G03 X-1.5189  Y0.4477   I-2.7964   J-7.6498
G03 X-0.2548  Y0.0266   I-3.4113   J-31.4807
G03 X-0.4567  Y0.0192   I-0.3065   J-1.8480
G02 X-0.1602  Y0.3724   I0.4386    J0.4094
G03 X-0.0991  Y1.2587   I-37.3289  J-2.3046
G02 X0.1000   Y0.3929   I0.5973    J0.0572
G03 X0.1997   Y0.0262   I-0.1437   J1.8677
G03 X0.4959   Y0.1303   I-7.7980   J30.6898
G03 X1.8253   Y0.7424   I-2.1334   J7.8605
G03 X1.6367   Y1.0103   I-10.2773  J18.4800
G03 X-0.2180  Y1.3766   I-41.4874  J-5.8654
G03 X-1.8688  Y0.4551   I-5.9324   J-20.2963
G03 X-1.9653  Y0.1420   I-1.5652   J-7.9931
G03 X1.7746   Y0.7418   I-7.2598   J19.8603
G03 X0.0000   Y1.3937   I-41.8942  J0.6969
G01 X-41.8942 Y-0.6969
M00
```

第2部分　学生练习

学生用本校的计算机编程软件完成以下工作：

(1) 绘制图5.23所示的两圆公切和旋转图形；

(2) 绘制图5.27所示的阵列及跳步图形，并编出跳步加工的3B程序；

(3) 绘制图5.32所示的内齿轮，并编出3B程序。

第3部分　学生实践

在计算机上模拟及参观样件。

(1) 在计算机上模拟切割阵列跳步工件；

(2) 参观样件(应有不同材料)：

① 陈列一些已加工好的典型样件，供学生对比研究，样件旁应用卡片写上以下内容：

a. 工件材料；b. 所用机床；c. 电参数；d. 所用的工作液；e. 切割次数；f. 表面粗糙度 *Ra* 值；g. 尺寸精度；h. 切割速度 v_{wi}(mm^2/min)。

(应该有几个中走丝加工的样件。)

② 要求学生记录重点。

第6单元　线切割锥度和上下异形面

教学目的

（1）了解切割锥度和斜度及锥体程序的概念；

（2）用计算机编写锥体程序和上下异形面程序的实例。

第1部分　教师授课

6.1　线切割加工锥度和上下异形面工件

6.1.1　与线切割锥度有关的名词

1. 锥度、斜角和锥度角(图6.1)

（1）锥度 C。

$$C=\frac{D-d}{L}$$

式中　D—— 锥孔大端直径；

d—— 锥孔小端直径；

L—— 工件上圆锥段长度，mm。

（2）斜角 α，又称圆锥半角。

$$\tan\alpha=\frac{D-d}{2L}=\frac{C}{2},\quad \alpha=\arctan\frac{C}{2}$$

（3）锥度角 2α，为斜角的2倍。

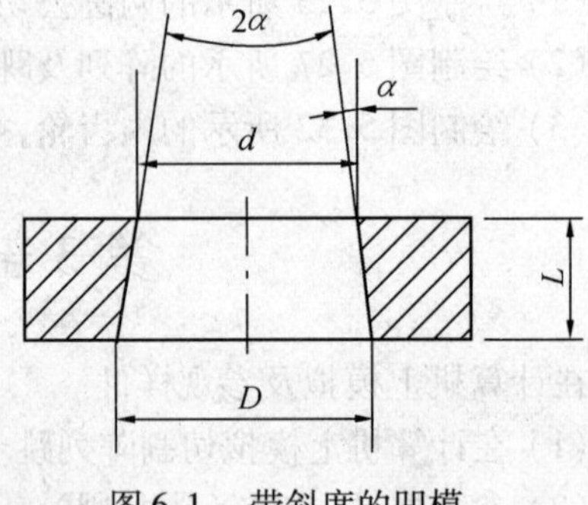

图6.1　带斜度的凹模

2. 线切割加工时的左锥度加工和右锥度加工(图6.2)

左锥度加工时，钼丝上端应向左偏转斜角 α，右锥角加工时，钼丝上端应向右偏转斜角 α。

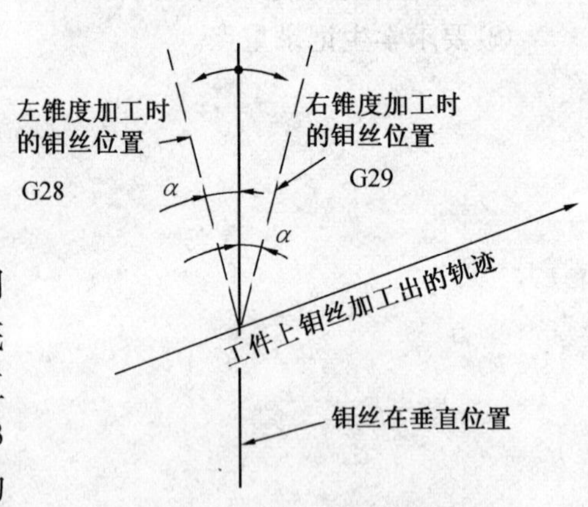

图6.2　右锥度加工和左锥度加工

6.1.2　锥体加工编程

1. 加工如图6.3所示的锥体工件

要加工如图6.3所示的锥体工件，现在以使用“HF编程控制软件”为例，首先应分别编出锥体底圆和顶圆的G代码程序，然后再用它们编出加工锥体用的G代码程序，才能用于锥体加工。图6.3锥体底圆的G代码程序见表6.1。表6.2是顶圆的G代码程序，表6.3是加工锥体用的G代码程序。

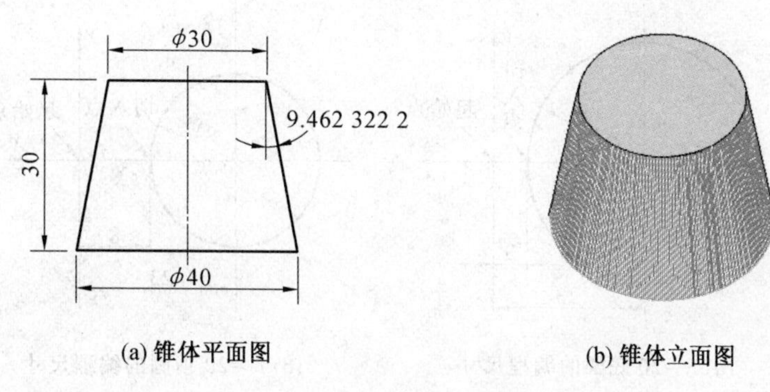

(a) 锥体平面图　　(b) 锥体立面图

图6.3　锥体工件

表6.1　底圆的G代码程序(坐标原点在起始点)

```
N0000 G92 X0Y0Z0 {f= 0.0 x= 23.0 y= 0.0}
N0001 G01 X   -3.0000 Y    0.0000  { LEAD IN }
N0002 G03 X   -3.0000 Y    0.0000 I  -23.0000 J    0.0000
N0003 G01 X    0.0000 Y    0.0000 { LEAD OUT }
N0004 M02
```

表6.2　顶圆的G代码程序(坐标原点在起始点)

```
N0000 G92 X0Y0Z0 {f= 0.0 x= 23.0 y= 0.0}
N0001 G01 X   -8.0000 Y    0.0000  { LEAD IN }
N0002 G03 X   -8.0000 Y    0.0000 I  -23.0000 J    0.0000
N0003 G01 X    0.0000 Y    0.0000  { LEAD OUT }
N0004 M02
```

表6.3　加工锥体的G代码程序(坐标原点在起始点)

```
N0000 G92 X0Y0 Z 30.0 {x= 23.0 y= 0.0}
N0001 G01 X   -3.0000 Y    0.0000  { LEAD IN }
N0002 G03 X   -3.0000 Y    0.0000 I  -23.0000 J    0.0000
N0003 G01 X    0.0000 Y    0.0000  { LEAD OUT }
N0004 M02                          { ENDDOWN }
N0001 G01 U   -8.0000 V    0.0000  { LEAD IN }
N0002 G03 U   -8.0000 V    0.0000 K  -23.0000 L    0.0000
N0003 G01 U    0.0000 V    0.0000  { LEAD OUT }
N0004 M02                          { ENDUP }
```

从3个表中可以看出,切割时的“起始点”是(23,0)其坐标原点与图6.3一致,但G代码中的数值,其坐标原点是在“起始点”处,所以3个表的G代码中,对下表面的“切入点”是(-3,0),对上表的“切入点”是(-8,0),如图6.4所示。

从表6.3中可以看出,下表面的G代码程序是由*XY*坐标工作台执行的,而上表面的G代码程序是由上丝架的*UV*小坐标台执行的。

每种编程控制软件编锥体程序的具体过程及表达方法不完全相同。

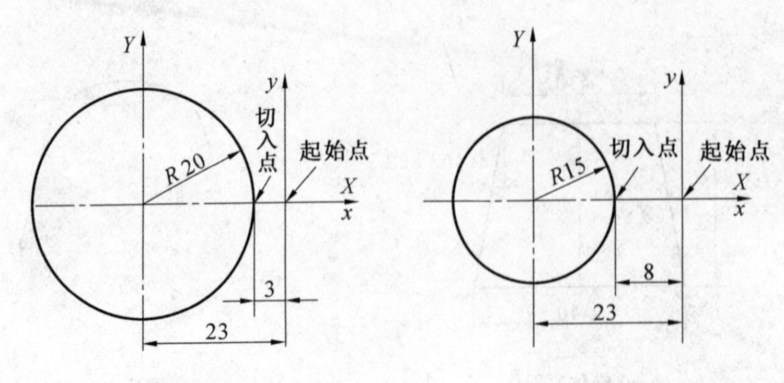

(a) R =20 底圆的编程尺寸　　(b) R =20 顶圆的编程尺寸

图 6.4　G 代码中以起始点作坐标原点的各个尺寸

6.2　用 HL 软件编写锥体及上下异形面程序

6.2.1　编写锥体程序及模拟加工

1. 作 10 × 5 的图形及编写平面 3B 程序

(1) 工件图形。

切割图 6.5 所示底面为 10 × 5 的长方形正锥体(上小下大),斜角 $\alpha = 3°$,工件厚度 S = 40 mm。

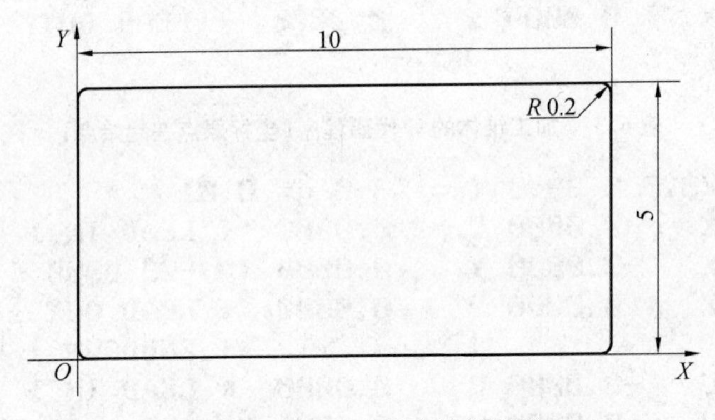

图 6.5　10 × 5 的长方形(底面)

(2) 作图。

与 4.2.1 小节相同,作完图后将其存为 6 - 5。

(3) 编图 6.5 的 3B 程序。

① 打开图 6.5。在主菜单中,单击“打开文件”,提示“文件存盘”,单击“Y”键,在文件夹 D:\WSNCP\ 中,单击“6 - 5. DAT”,单击“打开”,单击“缩放”,提示“放大镜系数”,输入 0.6(回车)。

② 编写图 6.5(10 × 5) 的 3B 程序。在主菜单中,单击“数控程序”,显示“数控菜单”,单击“加工路线”,提示“加工起始点”,输入 13, 2.5(回车),提示“加工切入点”,输入 10, 2.5(回车),提示“Y/N”,现打算沿逆图形方向切割,若切入点处显示顺图形方向(向下)的

红箭头,应将箭头方向改为向上,单击“N”键,红箭头变为向上的逆图形方向,提示“Y/N”,单击“Y”键,提示“尖点圆弧半径”,输入0(回车),切入点处显示左右方向相反的红箭头表示间隙补偿方向,提示补偿间隙,此处先不输入间隙补偿量f,等到切锥度时再输入间隙补偿量f。输入0(回车),图形全变为草绿色,还没显示切入线。提示“重复切割”,单击“N”键,切入线及全部图形都变为红色,图下显示“加工起始点X、Y=13,2.5,R=0,F=0,NC=11,L=35.657”。图6.5的平面3B程序已编出。

(4) 存图6.5的平面3B程序。

在数控菜单,单击“代码存盘”,提示“已存盘”,已将图6.5的平面3B程序6-5.3B存入D:\WSNCP\图形文件中。

(5) 查看代码。

在数控菜单中,单击“查看代码”,显示表6.4所示的图6.5的平面3B程序,读完单击“Esc”键。单击“退回”,单击“退出系统”,提示“退出系统”,单击“Y”键,返回HL主界面。

表6.4　图6.5的平面3B程序6-5.3B

```
*************************************************************
Towedm --Version 2.96 D:\WSNCP\6-5.DAT
Conner R= 0.000, Offset F= 0.000, Length= 35.657
*************************************************************
Start Point =      13.0000,       2.5000              X          Y
N    1: B        0 B        0 B     3000 GX L3 ;    10.000,     2.500
N    2: B        0 B        0 B     2300 GY L2 ;    10.000,     4.800
N    3: B      200 B        0 B      200 GX NR1 ;    9.800,     5.000
N    4: B        0 B        0 B     9600 GX L3 ;     0.200,     5.000
N    5: B        0 B      200 B      200 GY NR2 ;    0.000,     4.800
N    6: B        0 B        0 B     4600 GY L4 ;     0.000,     0.200
N    7: B      200 B        0 B      200 GX NR3 ;    0.200,     0.000
N    8: B        0 B        0 B     9600 GX L1 ;     9.800,     0.000
N    9: B        0 B      200 B      200 GY NR4 ;   10.000,     0.200
N   10: B        0 B        0 B     2300 GY L2 ;    10.000,     2.500
N   11: B        0 B        0 B     3000 GX L1 ;    13.000,     2.500
DD
```

(6) 将6-5.3B存入#:图库及G:虚拟盘中。

光条在“文件调入”上(回车),显示“G:虚拟盘图形文件”,单击“F4”键,显示“调磁盘”菜单,移动光条到“D:磁盘上”(回车),显示“D:\WSNCP图形文件”,移动光条到“6-5.3B”上,单击“F3”键,显示“存盘菜单”,移动光条到“#:图库”上(回车),显示“OK!”,“嘟”的一声,6-5.3B已存入#:图库中。

移动光条到“6-5.3B”上,单击“F3”键,显示“存盘”菜单,移动光条到“G:虚拟盘”上(回车),显示“OK!”,“嘟”的响一声,6-5.3B已存入“G:虚拟盘”中。单击“Esc”键返回HL主界面。

2. 设置锥度参数

(1) 调出6-5.3B的图形。

在HL主画面,单击“X”键,显示“G:虚拟盘加工文件”,移动光条到“6-5.3B”上(回车),显示6-5.3B的图形,可单击“+、-、↑、↓、→、←”键,将图形调整到适当大小,并处于屏幕中间位置。

(2) 设置锥度参数。

单击“F3”键,显示“模拟参数设置”菜单,步速一般取最大值4 096(不必改),移动光条到“补偿值”上(回车),输入 - 0.1(回车),输入了补偿值$f = -0.1$,如图6.6所示。

模拟参数设置 :

Step	步　速	4096
Offset	补偿值	-0.100
Gradient	锥　度 ▶	...
Ratio	加工比例	1.000
Axis	坐标转换	X→,Y↑ (标准)
Loop	循环加工	1

图6.6　“模拟参数设置”菜单

移动光条到“锥度”上(回车),显示“锥度参数设置”菜单,正锥度斜角$\alpha = 3°$,光条在“锥度”上(回车),输入3(回车),输入了正锥(上端小,下端大)的斜角3°。若锥度机床为小拖板式锥度台,各有关参数如图6.7,将有关参数输入“锥度参数设置”菜单后,如图6.8所示。锥度参数设置完毕后,单击“Esc”键退出。

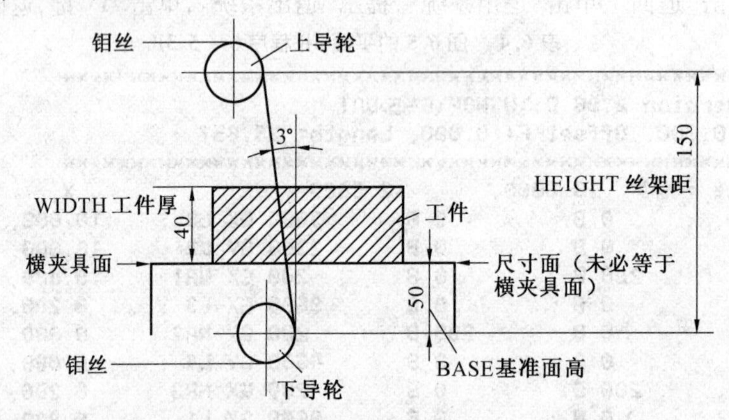

图6.7　小拖板式各有关参数

锥度参数设置 :

Degree	锥度	3.000
File2	异形文件	
Width	工件厚	40.000
Base	基准面高	50.000
Height	丝架距	150.000
Idler	导轮半径	14.000
Vmode	锥度模式	slide拖板
Y diff.	Y相差	0.000
Rmin	等圆半径	0.000
Cali.	校正计算	

图6.8　“锥度参数设置”菜单

3. 模拟切割锥度

单击“F1”键,提示“起始段1”(回车),提示“终止段11”(回车),提示“重复加工次数”,输入1(回车),屏幕上显示出钼丝上端与下端与导轮相切点的运动轨迹,上端运动轨迹为浅蓝色,下端运动轨迹为黄色,下端的黄色是间隙补偿后的轨迹,红色是下端平面图形的轨迹,如图6.9所示。

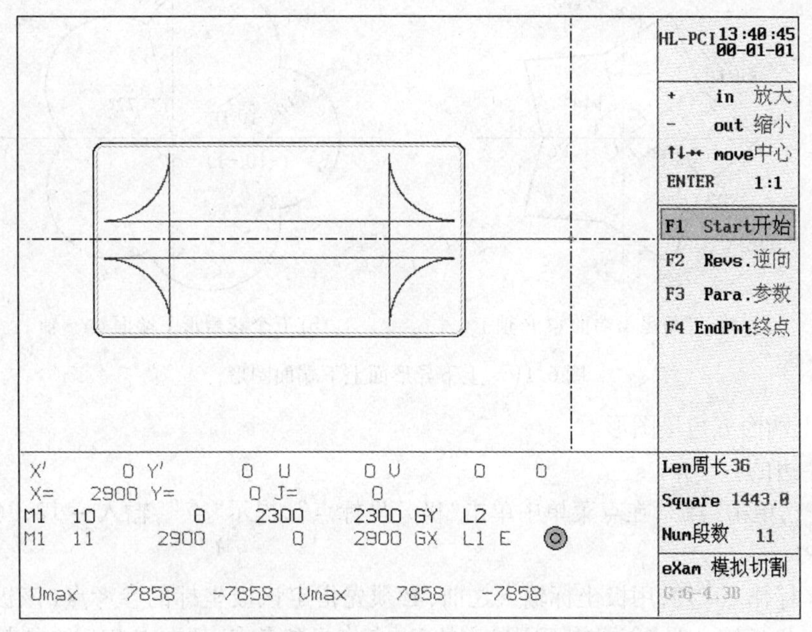

图6.9　10×5长方形正锥工件模拟切割平面图形

6.2.2　上下异形面编程及模拟加工

1. 上端五角星下端五个花瓣的上下异形面编程

上下异形面图形如图6.10所示。图6.10是该上下异形面的立体图形,上端面是五角星,下端面是五瓣圆弧,每一瓣由两个不是同一个圆心的圆弧组成,五瓣共有十段不同心的圆弧。

图6.11是上下异形面上下端面的图形,图6.11(a)是五角星上端面,图6.11(b)是五个花瓣形下端面。

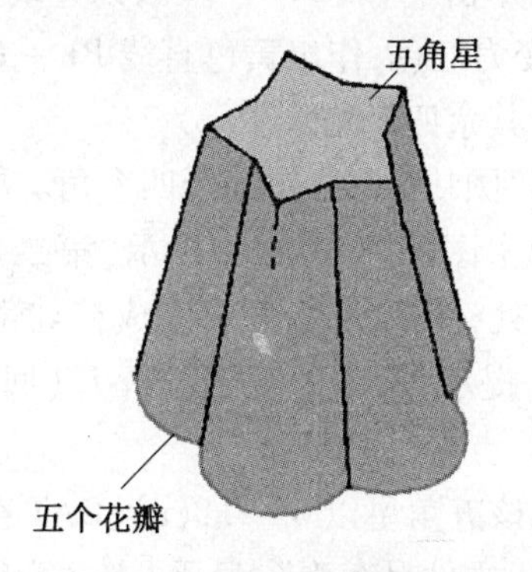

图6.10　上下异形面立体图

(1) 绘上端面五角星的图形及编程序。

首先需要分别编出上端面五角星的3B程序以及下端面五个花瓣图形的程序,再使用"File 2 异形文件"功能获得上下异形面叠加图形,上端面及下端面分别进行编程,分别编写3B程序时必须遵守以下3个条件:① 上下图形程序的起始点必须在同一个位置;② 上下图形的切割方向必须相同,不能一个沿图形的顺时针方向切割,而另一个沿图形的逆时针方向切割,本例上下图形都沿图形的逆时针方向切割;③ 上下图形的程序条数必需相等,且互相对应,本例五角星及五个花瓣都分别是10条程序。

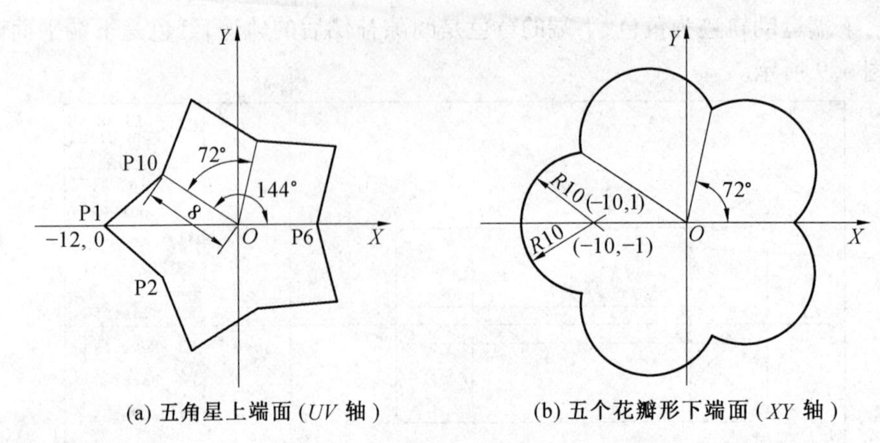

(a) 五角星上端面（*UV* 轴）　　(b) 五个花瓣形下端面（*XY* 轴）

图 6.11　上下异形面上下端面图形

① 绘上端面五角星图形。

a. 绘左边的一个角。

作点 P1，单击“点”，在点菜单中单击“极／坐标点”，提示“点”，输入 －12，0（回车），作出绿色点 P1。

用极坐标作点 P10，用极坐标输入之前，必须先指定该极坐标的参考点（该极坐标的原点），否则极坐标输入时，会把前面刚输入的 P1 点作为参考点，现在点 P10 的参考点是 0，0，所以当提示“点”时，应输入 0，0（回车），提示“点”时，输入 < 144，8（回车），作出草绿色点 P10，图太小应将它放大 10 倍（回车），单击“缩放”，提示“放大镜系数”，输入 10（回车），已将图形放大 10 倍。

作直线 P1 － P10，单击“直线”，单击“两点直线”，提示“直线端点”，单击“P1 点”，提示“直线端点”，单击“P10 点”，作出黄色直线 P1 － P10。

作直线 P1 － P2，用直线 P1 － P10 与 *X* 轴对称而得（回车）。单击“直线对称”，提示“选定直线”，单击“直线 P1 － P10”，该直线变为红色，提示“对于直线”，要求指定对称轴，单击 *X* 轴，*X* 轴变为红色，作出黄色直线 P1 － P2。

b. 作其余四个角。

采用“图块旋转”作其余四个角。单击“块”，显示“菜单”，单击“窗口选定”，提示“第一角点”，单击图外左上角处，提示“第二角点”，移鼠标至图形外右下角处，使图形在框内，单击右下角处，图框消失，图形变成粉红色的图块，单击“块旋转”，提示“旋转中心”，输入 0，0（回车），提示“旋转角度”，输入 72（回车），提示“旋转次数”，输入 4（回车），作出其余四个白色的角，点击“回退”。

c. 将该五角星以 6 － 11（a）. DAT 存入 D：\WSNCP\ 盘中。

单击“文件另存为”，显示“文件管理器”，输入 6 － 11（a），单击“保存”，提示“已保存”，图 6.11（a）所示图形已保存到文件管理器的 D：\WSNCP\ 盘中。可打开看一下，单击“打开文件”，提示“文件存盘？”，单击“Y”键，显示“文件夹 D：\WSNCP\”，单击“6 － 11（a）. DAT”，变红并显示五角星图形，单击“打开”，满屏显示该五角星图形，单击“回退”，提示“当前文件 D：\WSNCP\6 － 11（a）. DAT”。

② 编写上端面五角星的3B程序。

在主菜单中单击“数控程序”，在数控菜单中单击“加工路线”，提示“加工起始点”，输入18,0(回车)，提示“加工切入点”，单击“P6点”，显示逆图形切割方向朝上的红箭头，提示“Y/N”，切割方向与要求的一致，单击“Y”键，提示“尖点圆弧半径”，输入0(回车)，在点P6处显示补偿方向的两个红箭头，向图外补偿的箭头尖处显示“-”号，此处补偿值先输入0，等形成上下异形面时再输入-0.1补偿值，输入0(回车)，整个图形变为草绿色，提示“重复切割”，单击“N”键，包括切入线全部图形变成红色，左下角显示“加工起始点:18,0;R = 0;F =0;NC = 12;L = 92.573”。程序已编好。

③ 将编好的3B程序存入D:盘。

在数控菜单中单击“代码存盘”，提示“已存盘”，已将6-11(a).3B存入D:盘中备用。

④ 查看6-11(a).3B的3B程序。

在数控菜单中，单击“查看代码”，显示表6.5，即为图6.11(a)所示五角星的3B程序。读完程序，点“Esc”键，单击“清屏”。

表6.5　图6.11(a)五角星的3B程序

```
**********************************************************
Towedm --Version 2.96 D:\WSNCP\6-11(A).DAT
Conner R= 0.000, Offset F= 0.000, Length= 92.573
**********************************************************
Start Point =      18.0000,      0.0000                X          Y
N    1: B       0 B       0 B   10000 GX L3 ;    8.000,     0.000
N    2: B    1708 B    7053 B    7053 GY L1 ;    9.708,     7.053
N    3: B    7236 B     555 B    7236 GX L2 ;    2.472,     7.608
N    4: B    6180 B    3805 B    6180 GX L2 ;   -3.708,    11.413
N    5: B    2764 B    6711 B    6711 GY L3 ;   -6.472,     4.702
N    6: B    5528 B    4702 B    5528 GX L3 ;  -12.000,     0.000
N    7: B    5528 B    4702 B    5528 GX L4 ;   -6.472,    -4.702
N    8: B    2764 B    6711 B    6711 GY L4 ;   -3.708,   -11.413
N    9: B    6180 B    3805 B    6180 GX L1 ;    2.472,    -7.608
N   10: B    7236 B     555 B    7236 GX L1 ;    9.708,    -7.053
N   11: B    1708 B    7053 B    7053 GY L2 ;    8.000,     0.000
N   12: B       0 B       0 B   10000 GX L1 ;   18.000,     0.000
DD
```

(2) 绘下端面五个花瓣的图形及编程。

① 绘左边的一个花瓣的两段圆弧。绘上半圆弧。单击“圆”，在圆菜单中单击“圆心+半径”，提示“圆心”，输入-10,-1(回车)，提示“半径”，输入10(回车)，绘出圆C1(回车)，用圆对称绘圆C2，单击“圆对称”，提示“圆”，单击“C1圆周”，C1圆变红色，提示“对称于直线”，单击“*X*轴”，C1圆变为黄色，对称得的C2圆为红色。将图放大10倍，单击“缩放”，提示“放大镜系数”，输入10(回车)，得到放大后的白色C1圆和C2圆。

② 用块旋转绘五个花瓣。单击“块”，在块菜单中单击“窗口选定”，提示“第一角点”，单击图外左上角和右下角，图形变为粉红色的图块，单击“块旋转”，提示“旋转中心”，按“O”键，提示角度输入72(回车)，绘出五瓣十个完整的圆，原来的C1圆和C2圆是红色，旋转得到的十个圆是白色。单击“满屏”。

③ 删除无用的线段。先作交点以便删除无用的线段。作每个花瓣顶点处的五个交点及五个花瓣之间的另五个交点(回车)。单击“交点”，提示“用光标指交点”，单击上面说的

十个交点,如图 6.12 所示(回车),单击“打断”,提示“打断”,单击各个无用的圆弧,当无用的各段圆弧删除后,得到图 6.11(b) 所要求的图形(回车),单击“回退”。

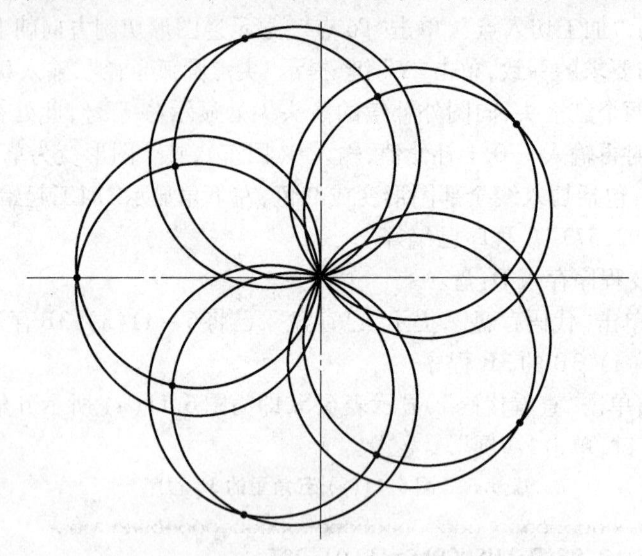

图 6.12 单击十个交点后的图形

④ 将五个花瓣图形以 6 - 11(b) 文件名保存。单击“文件另存为”,单击“F4”键,输入 6 - 11(b),单击“保存”,提示“已保存”,已将6 - 11(b) 存入 D:\WSNCP\ 盘中,单击“打开文件”,提示“文件存盘”,单击“Yes”键,单击文件夹 D:\WSNCP\ 中的“6 - 11(b). DAT”,单击“打开”,全屏显示出图 6.11(b) 所示的五个花瓣图形,单击“回退”,左下角显示“当前文件 D:\WSNCP\6 - 11(b). DAT”。

⑤ 编写下端面五个花瓣的 3B 程序。单击“缩放”,提示“放大镜系数”,输入 0.6(回车),在主菜单中单击“数控程序”,显示“数控菜单”,单击“加工路线”,提示“加工起始点”,输入 18,0(回车),提示“加工切入点”,单击图形与 X 正轴的交点,该点显示指向右上方表示逆图形切割方向的红箭头,与上端面五角星切割方向相同,提示“Y/N”,单击“Y”键,提示“尖点圆弧半径”,输入 0(回车),提示“补偿间隙”,向图外的红箭头为“-”号,此处先不补偿,输入 0(回车),整个图形变为草绿色,提示“重复切割”,单击“N”键,整个图形包括切入线都变为红色,左下角提示“加工起始点:18,0;R = 0;F = 0;NC = 12,L = 132.182”。已编好 3B 程序。

⑥ 将编好的 3B 程序 6 - 11(b).3B 存入 D:盘。在数控菜单中,单击“代码存盘”,提示“已存盘”,已将 6 - 11(b).3b 存入 D 盘中。

⑦ 显示图 6.11(b) 所示五个花瓣的 3B 程序。在数控菜单中,单击“查看代码”,显示表 6.6 所示的图 6.11(b) 所示五个花瓣的 3B 程序。单击“Esc”键,单击“回退”,单击“退出系统”,单击“Y”键,退回 HL 主界面。

(3) 将五角星及五个花瓣的程序都存入 #:图库和 G:虚拟盘中。

① 存入 #:图库。光条在“文件调入”上(回车),显示“G:虚拟盘图形文件”,单击“F4”键,显示“调磁盘”菜单,移动光条到“D:磁盘”上(回车),显示“D:\WSNCP 图形文件”,移动光条到“6 - 11(a).3B”上,单击“F3”键,显示“存盘”菜单,移动光条到“#:图库”上(回车),显示“OK! ”,“嘟”的一声将 6 - 11(a).3B 存入图库。光条在“6 - 11(b).3B 上”,单击“F3”键,显示“存盘”菜单,移动光条到“#:图库”上(回车),显示“OK! ”,“嘟”的一声

将6 - 11(b).3B存入图库。

表6.6　图6.11(b)所示五个花瓣的3B程序

```
*******************************************************
Towedm --Version 2.96 D:\WSNCP\6-11(B).DAT
Conner R= 0.000, Offset F= 0.000, Length= 132.182
*******************************************************
Start Point =        18.0000,                          X          Y
N    1: B        0 B        0 B     3062 GX L3 ;    14.938,     0.000
N    2: B     7434 B     6687 B    11727 GY NR4 ;   16.140,    11.727
N    3: B     7462 B     6660 B    11524 GX NR1 ;    4.616,    14.207
N    4: B     8658 B     5006 B    10781 GX NR1 ;   -6.165,    18.974
N    5: B     4025 B     9153 B    10194 GY NR2 ;  -12.085,     8.780
N    6: B     2086 B     9781 B     8780 GY NR2 ;  -19.949,     0.000
N    7: B     9950 B     1000 B     7864 GX NR3 ;  -12.085,    -8.780
N    8: B     9947 B     1038 B     6029 GX NR2 ;   -6.164,   -18.973
N    9: B     2123 B     9772 B     5222 GY NR3 ;    4.615,   -14.207
N   10: B     4062 B     9138 B     4205 GY NR3 ;   16.140,   -11.726
N   11: B     8639 B     5039 B    11726 GY NR4 ;   14.938,     0.000
N   12: B        0 B        0 B     3062 GX L1      18.000,     0.000
DD
```

② 存入G:虚拟盘。将6 - 11(a).3B和6 - 11(b).3B存入G:虚拟盘。移动光条到“6 - 11(a).3B”上,单击“F3”键,显示“存盘”菜单,移动光条到“G:虚拟盘上”(回车),显示“OK!”,“嘟”的一声将6 - 11(a).3B存入“G:虚拟盘”。移动光条在“6 - 11(b).3B上”,单击“F3”键,显示“存盘”菜单,移动光条到“G:虚拟盘”上(回车),显示“OK!”,“嘟”的一声将6 - 11(b).3B存入“G:虚拟盘”。单击“Esc”键,返回HL主界面。

(4) 用虚拟盘中的6 - 11(a).3B及6 - 11(b).3B进行模拟切割。

① 先调出下端面五个花瓣的图形6 - 11(b).3B。在HL主界面,单击“X”键,显示“G:虚拟盘加工文件”,移动光条到“6 - 11(b).3B”上(回车),显示带起始点,切入线及五个花瓣的下表面图形,如图6.13所示。

② 补偿量及锥度参数设置。单击“F3”键,显示“模拟参数设置”菜单,步速4 096不必动,移动光条到“补偿值”上(回车),输入 - 0.1(回车),移动光条到“锥度”上(回车),显示“锥度参数设置”菜单,移动光条到相应的位置上,将工件厚度输入50,基准面高度输入50,丝架距输入150,导轮半径输入14,其余不变,如图6.14所示。

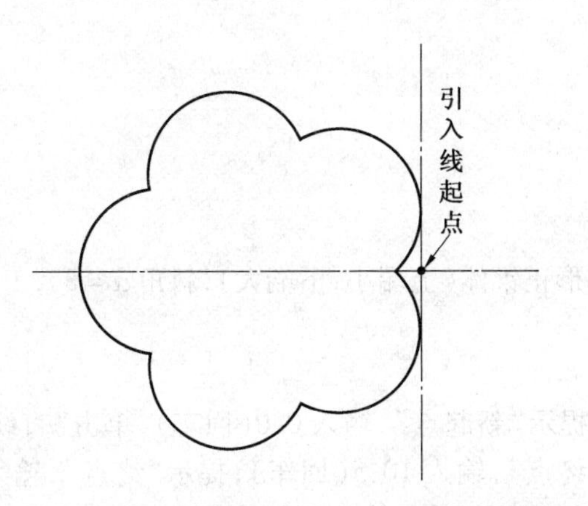

图6.13　下端面五个花瓣6 - 11(b).3B的切割图形

锥度参数设置：

Degree	锥度	0.000
File2	异形文件	
Width	工件厚	50.000
Base	基准面高	50.000
Height	丝架距	150.000
Idler	导轮半径	14.000
Vmode	锥度模式	slide拖板
Y diff.	Y相差	0.000
Rmin	等圆半径	0.000
Cali.	校正计算	

图6.14　锥度参数设置菜单

③ 显示上下异形面上下端面重叠平面图形。

a. 进入 File 2 异形文件。

移动光条到“File 2 异形文件”上(回车),显示“G:虚拟盘加工文件”,移动光条到 6 - 11(a).3B 上(回车),显示“锥度参数设置菜单”。

b. 显示上下端面重叠图形。

单击“Esc”键,显示上下异形端面重叠平面图。

④ 进行上下异形面模拟切割。单击“F1”键,再按两次(回车),开始进行上下异形面模拟切割,切割完毕如图 6.15 所示,切入线及上端面五角星为浅蓝色,下端面五个花瓣为黄色。模拟切割完毕,单击“Esc”键,移动光条到“停止”上(回车),单击“Esc”键,返回 HL 主界面。

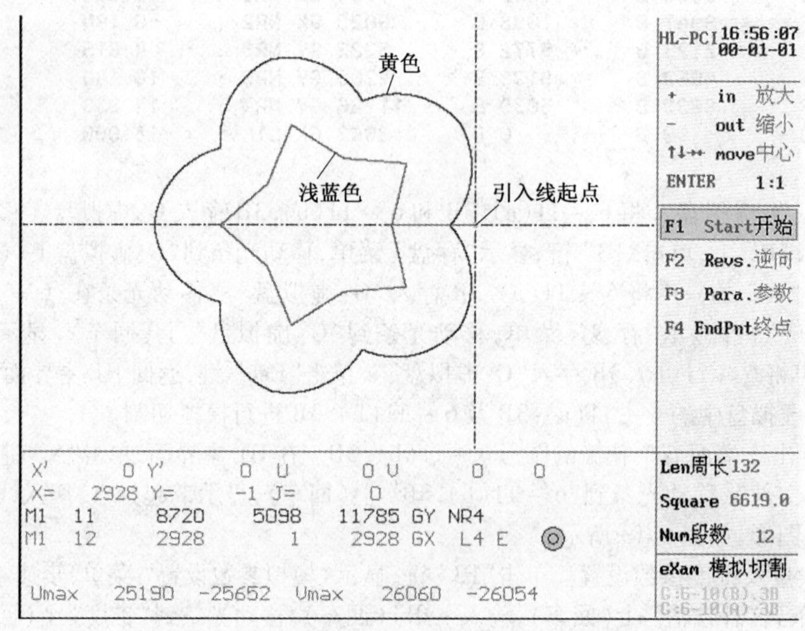

图 6.15　五角星五花瓣上下异形面模拟切割图

6.3　用 HF 软件编写锥体及上下异形面程序

6.3.1　锥体编程及空走

1. 编 10 × 5(R = 0.2) 的正锥体程序

(1) 工件图形。

切割图 6.16 所示底面为 10 × 5 的长方形正锥体(上端小,下端大),斜角 $\alpha = 3°$,工件厚度 $s = 40$ mm。

(2) 作图。

单击“绘直线”,单击“取轨迹新起点”,提示“新起点”,输入 0,0(回车),单击“直线:终点”,提示“终点”,输入 10,0(回车),提示“终点”,输入 10,5(回车),提示“终点”,输入 0,5(回车),提示“终点”,输入 0,0(回车),单击“Esc”键,单击“退出”,退回全绘式编程。

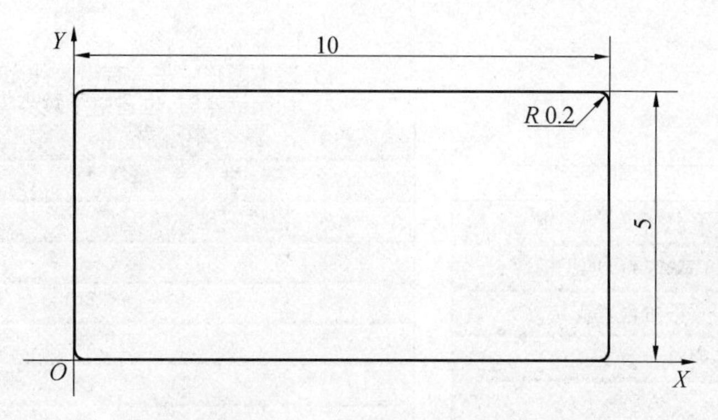

图6.16　10×5的长方形(底面)

绘四个$R=0.2$的圆角。将图形放大,单击“满屏”,单击“缩放”,单击“左上角”,在右下角单击鼠标右键,将图变为适当大小。单击“Esc”键,单击“倒圆边”,提示“在尖点处点一下”,单击左下角尖点处,提示“倒圆R”,输入0.2(回车),该点已变为$R=0.2$的圆角,提示“在尖点处点一下”,用同样的方法把其余三个尖角都倒圆。单击“Esc”键。

(3) 存图。

单击“存图”,单击“存轨迹图”,单击“存入轨迹线的文件名”,输入6－16(回车),单击“退出”。

(4) 作引入线和引出线。

单击“引入线和引出线”,单击“作引线(端点法)”,提示“引入线的起点”,输入13,2.5(回车),提示“引入线的终点”,输入10,2.5(回车),作出黄色引入线。提示“不修圆回车”(回车),在引入线上显示一个向上的红箭头,若按逆图形方向切表示向图外方向补偿,提示“确定该方向(鼠标右键)”,单击鼠标右键(回车)。

(5) 存轨迹图。

单击“存图”,单击“存轨迹图”,提示“存入轨迹的文件名”,输入6－17(a)(回车),单击“退出”。

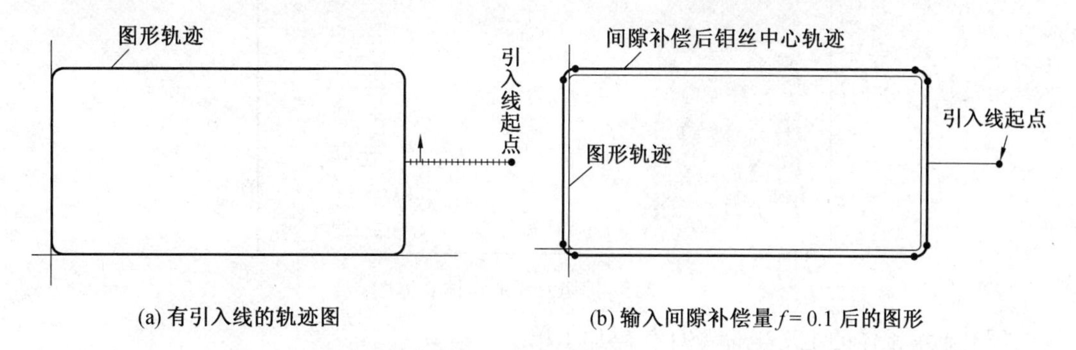

(a) 有引入线的轨迹图　　(b) 输入间隙补偿量$f=0.1$后的图形

图6.17　10×5长方形有引入线的轨迹图

(6) 后置处理。

单击“执行2”,提示“间隙补偿量”,输入0.1(回车),显示补偿后的图形,如图6.17(b),图中多出浅蓝色的外圈图,浅蓝色外圈表示补偿后的钼丝中心轨迹。再单击“后置”,显示图6.18所示的后置处理菜单,单击“生成一般锥度加工单”,显示“生成锥体菜单”,将其中有关数据修改后,如图6.19所示,其中锥体的单边锥度,即斜度输入3即可,方向已由正锥确定。

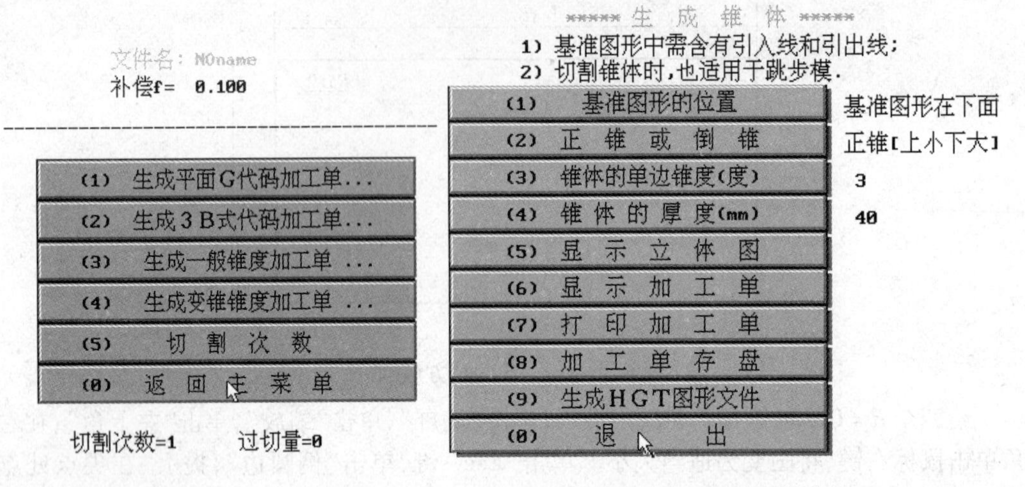

图6.18　后置处理菜单　　图6.19　生成锥体菜单

(7) 显示立体图。

单击“显示立体图”，单击“绕Z轴转角”，移动光标，使图中X轴处为－10°左右，单击鼠标左键，单击“显示1”，显示如图6.20所示的带切入线的锥体立体图。上端面是钼丝与上导轮切点的UV轴轨迹图，下端面是钼丝与下导轮切点的XY轨迹图，单击“退回”，退回“生成锥体菜单”。

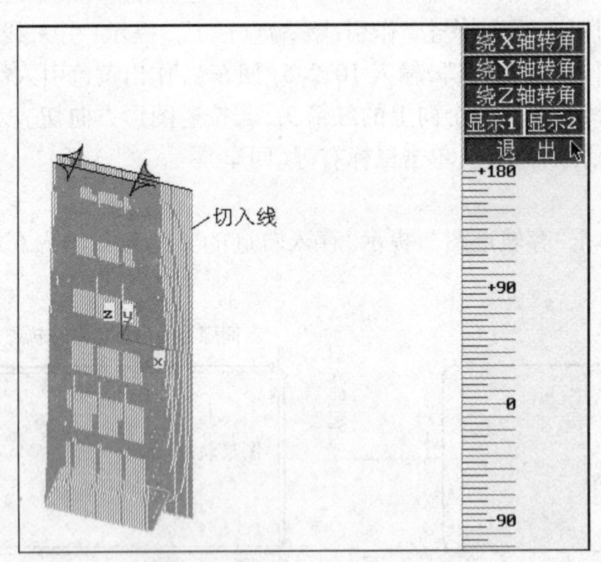

图6.20　带切入线的锥体立体图

(8) 显示锥体的绝对坐标ISO代码加工单。

单击“显示加工单”，显示表6.7所示的锥体绝对坐标ISO代码加工单。从表6.7中可以看出，工件在Z轴方向的厚度为40，斜角Q为3°，引入线的起点是13，2.5。代码的第一条至11条是锥体底面X、Y坐标的代码，是以引入线的起点(13，2.5)为新的坐标原点。后一段的第1条至11条，是锥体顶面U、V坐标的代码，第一条引入线的终点是$U=-4.9963$，$V=0$，也是以引入线起点作为坐标原点。当X坐标的引入线终点为－2.9，0时，因钼丝上端向左偏

3°,工件厚 40 mm,在上端面偏转的距离为 40 × tan 3° ≈ 2.096 3,所以 - 2.9 + (- 2.096 3) = - 4.996 3。其坐标原点也是 13,2.5。单击"Esc" 键,返回"生成锥体" 菜单。

表 6.7　10 × 5 正锥体的 ISO 代码加工单

```
G92 X0Y0 Z 40.0 {Q= 3.0 x= 13.0 y= 2.50}
N0001 G01 X    -2.9000 Y    0.0000  { LEAD IN }
N0002 G01 X    -2.9000 Y    2.3000
N0003 G03 X    -3.2000 Y    2.6000 I    -3.2000 J    2.3000
N0004 G01 X   -12.8000 Y    2.6000
N0005 G03 X   -13.1000 Y    2.3000 I   -12.8000 J    2.3000
N0006 G01 X   -13.1000 Y   -2.3000
N0007 G03 X   -12.8000 Y   -2.6000 I   -12.8000 J   -2.3000
N0008 G01 X    -3.2000 Y   -2.6000
N0009 G03 X    -2.9000 Y   -2.3000 I    -3.2000 J   -2.3000
N0010 G01 X    -2.9000 Y    0.0000
N0011 G01 X     0.0000 Y    0.0000  { LEAD OUT }
N0012 M02                           { ENDDOWN }
N0001 G01 U    -4.9963 V    0.0000  { LEAD IN }
N0002 G01 U    -4.9963 V    2.3000
N0003 G03 U    -3.2000 V    0.5037 K    -3.2000 L    2.3000
N0004 G01 U   -12.8000 V    0.5037
N0005 G03 U   -11.0037 V    2.3000 K   -12.8000 L    2.3000
N0006 G01 U   -11.0037 V   -2.3000
N0007 G03 U   -12.8000 V   -0.5037 K   -12.8000 L   -2.3000
N0008 G01 U    -3.2000 V   -0.5037
N0009 G03 U    -4.9963 V   -2.3000 K    -3.2000 L   -2.3000
N0010 G01 U    -4.9963 V    0.0000
N0011 G01 U     0.0000 V    0.0000  { LEAD OUT }
N0012 M02                           { ENDUP }
```

(9) 加工单存盘。

将加工单存盘,以备加工时调出使用。单击"加工单存盘",提示"给出存盘的文件名",输入 BIAO6 - 7(回车),单击"退出",单击"返回主菜单",返回 HF 主界面。

2. 空走

可以使用不带动机床的"空走" 来验证代码的执行过程。

(1) 读 ISO 代码。

在 HF 主界面单击"加工",单击"读盘",单击"读 G 代码程序",显示"C:\HF 目录下",单击"BIAO6 - 7.3NC",显示与导轮及工件厚度有关的数据,如图 6.21 所示。

上导轮和下导轮间距离:	194.000
下导轮到工作台面距离:	76.000
导 轮 半 径 :	19.100
工 件 厚 度 :	40.000

图 6.21　与导轮和工件厚度有关的数据

然后显示上面 *UV* 轴和下面 *XY* 轴的平面图形如图 6.22 所示。单击 *UV* 图形右上角的"平" 时,该字变成"立" 字,上下图变为立体位置。

(2) 空走。

单击"空走",单击"正向空走",立体图上显示出钼丝上下端的红色切割轨迹线,右上角显示 *U*、*V*、*X*、*Y* 的数据变化,图下边显示 *U*、*X* 正在切割该条的代码。图 6.23 是空走中途的状态。当空走完毕 *U*、*V*、*X*、*Y* 的数据均为 0,图下面的两条代码均为 N0012 M02。单击"退出",单击"返回主界面"。

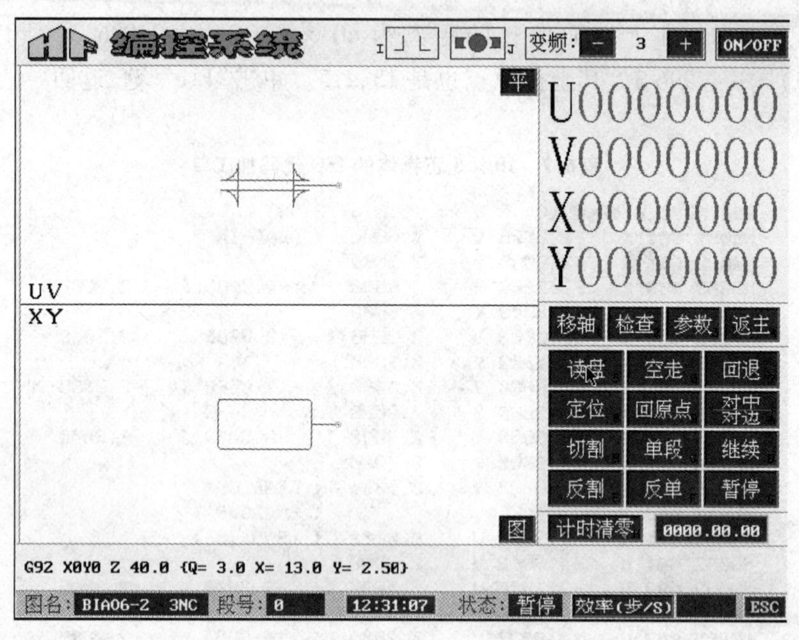

图 6.22　*UV* 及 *XY* 的上下端平面图形

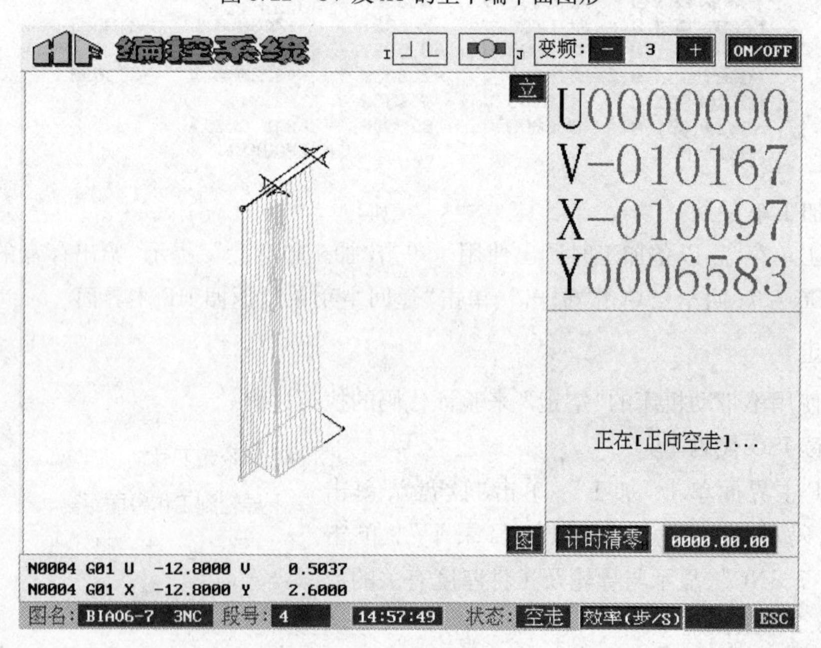

图 6.23　空走到中途的状态

6.3.2　上下异形面编程及空走

1. 上下异形面的编程图形

(1) 上下异形面的立体图形及平面图形。

图6.24是该上下异形面的立体图形,图6.25是上端面五角星和下端面五个花瓣的平面图形。

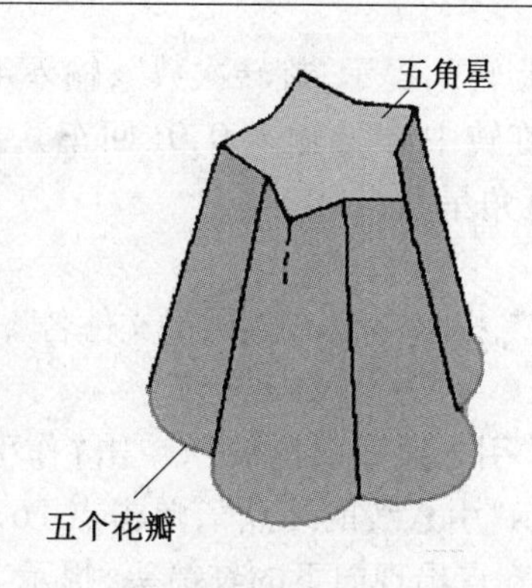

图6.24　五角星五个花瓣上下异形面的立体图形

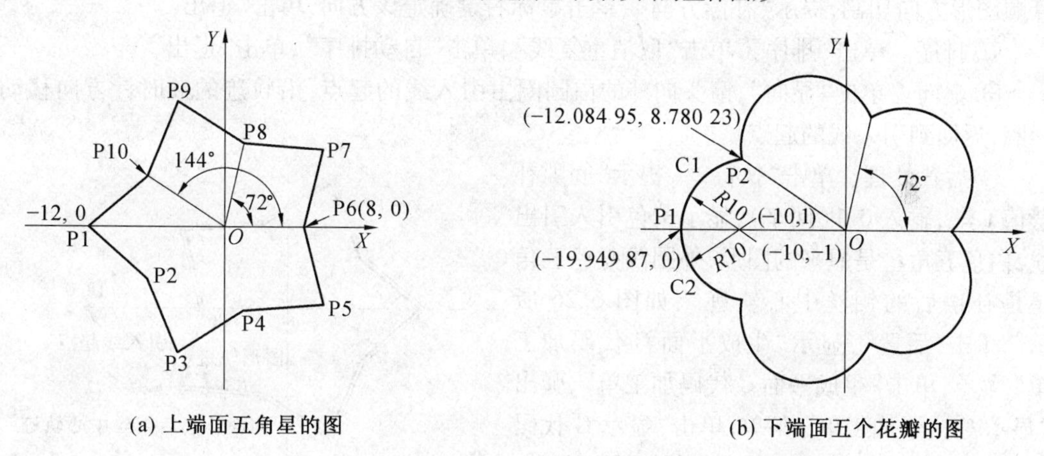

图6.25　上端面五角星和下端面五个花瓣的平面图形

2. 五角星绘图及编程

编程时，先分别将上、下端面的程序编出来，然后使用"异形合成"功能将上、下两个图形的程序生成切割上下异形面的程序。在对上、下两个图形分别进行编程时，应注意以下几点：① 上、下两个图的段数必须相等；② 上、下两个图形的切割方向必须相等，本例采用图形的顺时针方向切割；③ 上、下图形的引入线起点位置必须相同。

(1) 绘五角星的一个角。

单击"作点"，再击"作点"，提示"X，Y"，输入8，0(回车)，作出点P6，单击"Esc"键，单击"旋转"，提示"已知点"，单击点P6，提示"旋转中心"，输入0，0(回车)；提示"旋转角"，输入144(回车)，提示"旋转次数"，输入1(回车)，作出点P10，单击"Esc"键，单击"作点"，提示"X，Y"，输入 − 12，0(回车)，作出点P1，单击"Esc"键，单击"退出"。

绘直线P1 − P10。单击"绘直线"，单击"取轨迹新起点"，提示"新起点"，单击点P1，单击"直线：终点"，提示"终点"，单击点P10，绘出直线P1 − P10，单击"Esc"键，单击"退出"。

用轴对称作直线P1 − P2。单击"变图块"，单击"取图块(方块)"，提示"用鼠标给出图块范围"，单击直线P1 − P10外左上方和右下方，单击"轴对称"，提示"给出对称轴"，单击*X*轴，绘出直线P1 − P2，单击"退出"。单击"显轨迹"，得到左边草绿色的一个角。

(2) 绘其余四个角。

用块旋转来绘。单击"变图块"，单击"取图块(方块)"，提示"用鼠标绘出图块范围"，点击图外左上角和右下角，单击“旋转”，提示“旋转次数”，输入4(回车)，提示“绘出每次旋转角度”，输入72(回车)，提示“旋转中心”，输入0,0(回车)，绘出其余四个角，单击“退出”，单击“显轨迹”，绘出草绿色五角星。

(3) 存五角星图。

单击“存图”，单击“存轨迹线图”，提示“存入轨迹线的文件名”，输入tu6 - 25(a)(回车)。

(4) 编写五角星程序。

① 作引入线和引出线。单击“引入线和引出线”，单击“作引线(端点法)”，提示“引入线的起点”，输入18,0(回车)，提示“引入线的终点”，单击点P6，显示黄色引入线，提示“尖角修圆半径”，不修圆(回车)，在P6点出现向下的红箭头，提示“指定补偿方向”，该图已打算顺图形方向切割，提示“补偿方向”，单击鼠标右键确定该方向，单击“退出”。

② 排序。单击“排序”，单击“取消重复线”，单击“自动排序”，单击“退出”。

③ 显向。单击“显向”，箭头向外的白圆圈由引入线的起点，沿轨迹的顺时针方向移动一圈，返回到引入线的起点。

④ 后置处理。单击“执行2”，提示“间隙补偿值f =”，输入0.1(回车)，显示黄色引入引出线，白色五角星是原来的图形，外圈浅蓝色五角星是补偿后的钼丝中心轨迹。如图6.26所示。单击“后置”，显示“生成平面G代码加工单”菜单，单击“生成平面G代码加工单”，弹出“显示G代码加工单”菜单，单击“显示G代码加工单(平面)”，显示表6.8所示的上端面五角星的G代码加工单。单击“Esc”键，单击“生成平面G代码加工单”，单击“生成HGT图形文件”，提示“给出HGT图形文件名”，输入6 - 26(回车)。单击“Esc”键，单击“返回主菜单”，返回HF主界面。

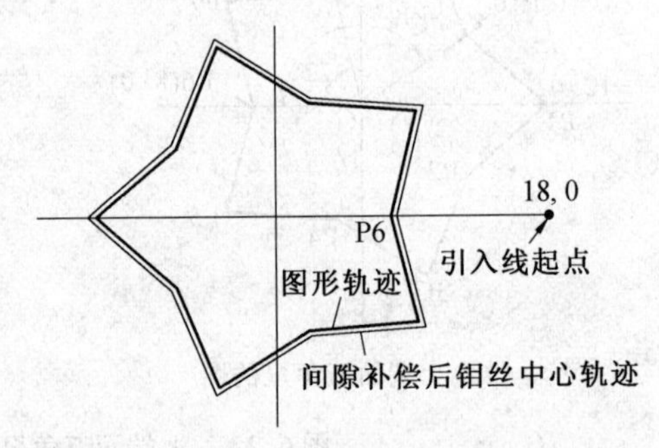

图6.26 输入间隙补偿值后的五角星

表6.8 上端面五角星的G代码加工单

```
N0000 G92 X0Y0Z0 {f= 0.10 x= 18.0 y= 0.0}
N0001 G01 X   -9.8971 Y    0.0000  { LEAD IN }
N0002 G01 X   -8.1669 Y   -7.1441
N0003 G01 X  -15.4961 Y   -7.7063
N0004 G01 X  -21.7559 Y  -11.5595
N0005 G01 X  -24.5554 Y   -4.7628
N0006 G01 X  -30.1543 Y    0.0000
N0007 G01 X  -24.5554 Y    4.7628
N0008 G01 X  -21.7559 Y   11.5595
N0009 G01 X  -15.4961 Y    7.7063
N0010 G01 X   -8.1669 Y    7.1441
N0011 G01 X   -9.8971 Y    0.0000
N0012 G01 X    0.0000 Y    0.0000  { LEAD OUT }
N0013 M02
```

3. 绘下端面五个花瓣及编程

图6.25(b) 所示五个花瓣,每个花瓣由两个不同圆心的圆弧组成,共有10个圆弧。

(1) 绘五个花瓣的下端面。

① 绘圆弧 C1。单击"绘圆弧",单击"取轨迹新起点",提示"新起点",输入 - 19.949 87,0(回车),绘出 P1 点,单击"顺圆:终点 + 圆心",提示"终点",输入 - 12.084 95,8.780 23(回车),提示"圆心",输入 - 10, - 1(回车),绘出圆弧 C1,单击"Esc" 键(回车)。

② 绘圆弧 C2。用图块 X 轴对称绘圆弧 C2。单击"变图块",单击"取图块(方块)",提示"用鼠标绘出图块范围",单击图外左上角和右下角,单击"轴对称",提示"给出对称轴",单击 X 轴,绘出圆弧 C2,单击"退出",单击"显轨迹",显示出圆弧 C1 及 C2 的轨迹。

③ 绘其余四个花瓣。用图块旋转来绘。单击"变图块",单击"取图块(方块)",提示"用鼠标绘出图块范围",单击图外左上角和右下角处,单击"旋转",提示"循环次数",输入4(回车),提示"给出每次的旋转角",输入72(回车),提示"旋转中心",输入0,0(回车),绘出其余四个花瓣的草绿色轨迹,单击"退出",单击"显轨迹",显示草绿色五个花瓣的十段圆弧轨迹。

(2) 存五个花瓣图。

单击"存图",单击"存轨迹图",提示"存入轨迹线的文件名",输入 tu6 - 25(b)(回车)(回车)。

(3) 编写五个花瓣的程序。

① 作引入线和引出线。单击"引入线和引出线",单击"作引线(端点法)",提示"引入线的起点",输入18,0(回车),提示"引入线的终点",单击五个花瓣右侧与正 X 轴的交处,作出黄色引入线,提示"修圆半径"(回车),显示顺时针方向切割的红箭头,提示"确定该方向(鼠标右键)",单击鼠标右键,单击"退出"。

② 排序。单击"排序",单击"取消重复线",单击"自动排序"(回车)。

③ 显向。单击"显向",一个箭头向外的白色显向标志从引入线起点处开始沿顺图形方向移动一圈,返回到引入线起点处。

④ 后置处理。单击"执行2",提示"间隙补偿值",输入0.1(回车),显示黄色引入引出线,草绿色花瓣是补偿后的钼丝中心轨迹,如图6.27所示。单击"后置",显示"生成平面G代码加工单" 菜单,单击"生成平面G代码加工单",单击"显示G代码加工单(平面)",显示表6.9所示的下端面五个花瓣的G代码加工单。查看完G代码,单击"Esc" 键,单击"生成平面G代码加工单",单击"生成HGT图形文件",提示"请给出HGT图形文件名",输入6 - 27(回车),单击"Esc" 键,单击"返回主菜单",返回HF主画面。

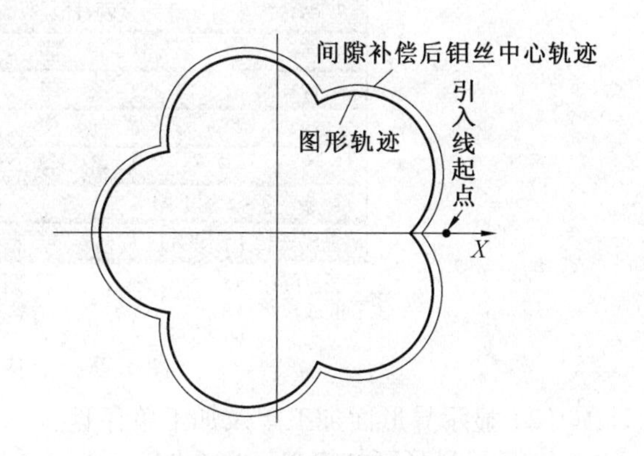

图6.27　输入间隙补偿后的五个花瓣

表 6.9　下端面五个花瓣的 G 代码加工单

```
N0000 G92 X0Y0Z0 {f= 0.10 x= 18.0 y= 0.0}
N0001 G01 X   -2.9282 Y    0.0000  { LEAD IN }
N0002 G02 X   -1.7789 Y  -11.7853 I  -10.4976 J   -6.6869
N0003 G02 X  -13.3426 Y  -14.3341 I   -9.3220 J   -5.0688
N0004 G02 X  -24.1959 Y  -19.0690 I  -22.0412 J   -9.2015
N0005 G02 X  -30.1933 Y   -8.8590 I  -20.1391 J   -9.8196
N0006 G02 X  -38.0504 Y    0.0000 I  -28.0000 J    1.0000
N0007 G02 X  -30.1933 Y    8.8590 I  -28.0000 J   -1.0000
N0008 G02 X  -24.1959 Y   19.0690 I  -20.1391 J    9.8196
N0009 G02 X  -13.3426 Y   14.3341 I  -22.0412 J    9.2015
N0010 G02 X   -1.7789 Y   11.7853 I   -9.3220 J    5.0688
N0011 G02 X   -2.9282 Y    0.0000 I  -10.4976 J    6.6869
N0012 G01 X    0.0000 Y    0.0000  { LEAD OUT }
N0013 M02
```

4. 异形面合成

(1) 显示异形面合成立体图。

在 HF 主画面,单击“异面合成”,显示“合成异面体”菜单,单击“给出上端面图形名”,输入 6 - 25(回车),单击“给出下端面图形名”,输入 6 - 26(回车),单击“给出工件厚度”,输入 40(回车),该合成异面菜单如图 6.28 所示。单击“显示立体图”,单击“显示图形中的绕 Z 轴转角”,移动鼠标,使图形的 X 正轴指向正右方向,单击鼠标左键,单击“显示 1”,显示出图 6.29 所示的有切入线的上下异形面立体图。单击“退出”。在显示的“合成异面体”菜单中,比图 6.28 下面多出“合成后线段数 12”及“合成后线段 12”两句话。

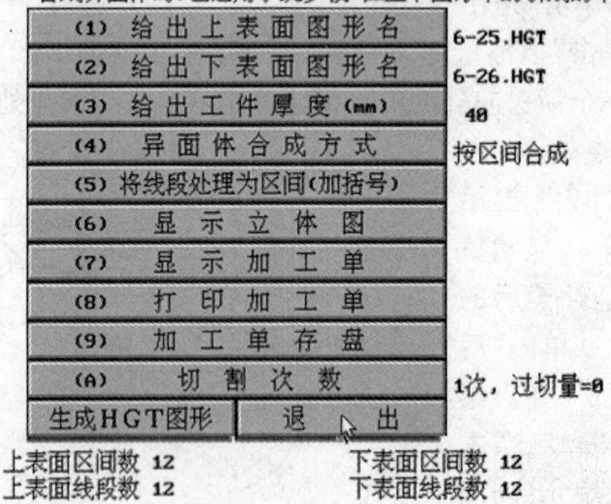

图 6.28　合成异面体菜单

(2) 显示异形面加工单及加工单存盘。

① 显示异形面加工单。单击“显示加工单”,显示表 6.10 所示的上下异形面合成后的 G 代码加工单。单击“Esc”键。

② 将表 6.10 上下异形面加工单存盘。在图 6.28 中,单击“加工单存盘”,提示“给出存盘的文件名:”输入 B6 - 10(回车),单击“Esc”键,单击“退出”,退回至 HF 主界面。

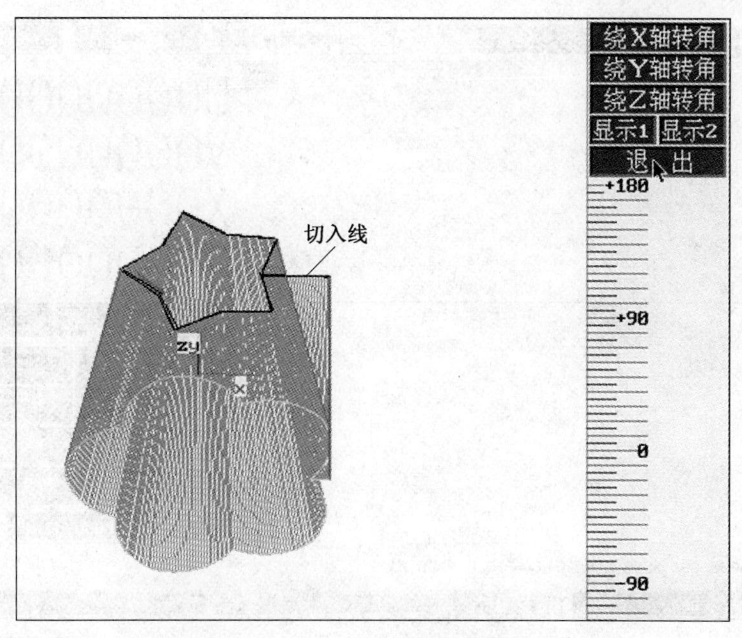

图6.29　上下异形面立体图

表6.10　上下异形面合成后的G代码加工单

```
N0000 G92 X0Y0 Z 40.0 {x= 18.0 y= 0.0}
N0001 G01 X   -2.9282 Y    0.0000  { LEAD IN }
N0002 G02 X   -1.7789 Y  -11.7853 I  -10.4976 J  -6.6869
N0003 G02 X  -13.3426 Y  -14.3341 I   -9.3220 J  -5.0688
N0004 G02 X  -24.1959 Y  -19.0690 I  -22.0412 J  -9.2015
N0005 G02 X  -30.1933 Y   -8.8590 I  -20.1391 J  -9.8196
N0006 G02 X  -38.0504 Y    0.0000 I  -28.0000 J   1.0000
N0007 G02 X  -30.1933 Y    8.8590 I  -28.0000 J  -1.0000
N0008 G02 X  -24.1959 Y   19.0690 I  -20.1391 J   9.8196
N0009 G02 X  -13.3426 Y   14.3341 I  -22.0412 J   9.2015
N0010 G02 X   -1.7789 Y   11.7853 I   -9.3220 J   5.0688
N0011 G02 X   -2.9282 Y    0.0000 I  -10.4976 J   6.6869
N0012 G01 X    0.0000 Y    0.0000  { LEAD OUT }
N0013 M02                          { ENDDOWN }
N0001 G01 U   -9.8971 V    0.0000  { LEAD IN }
N0002 G01 U   -8.1669 V   -7.1441
N0003 G01 U  -15.4961 V   -7.7063
N0004 G01 U  -21.7559 V  -11.5595
N0005 G01 U  -24.5554 V   -4.7628
N0006 G01 U  -30.1543 V    0.0000
N0007 G01 U  -24.5554 V    4.7628
N0008 G01 U  -21.7559 V   11.5595
N0009 G01 U  -15.4961 V    7.7063
N0010 G01 U   -8.1669 V    7.1441
N0011 G01 U   -9.8971 V    0.0000
N0012 G01 U    0.0000 V    0.0000  { LEAD OUT }
N0013 M02                          { ENDUP }
```

5. 上下异形面的空走

(1) 把上下异形面的程序读出来。

单击HF主菜单中的“加工”,单击“读盘”,单击“读G代码”,显示“C:\HF目录下”,单击“B6 - 10NC”,显示导轮及工件的数据及读盘过程,结果显示*UV*上端面有切线的五角星及*XY*下端面有切入线的五个花瓣的平面图形,如图6.30所示。

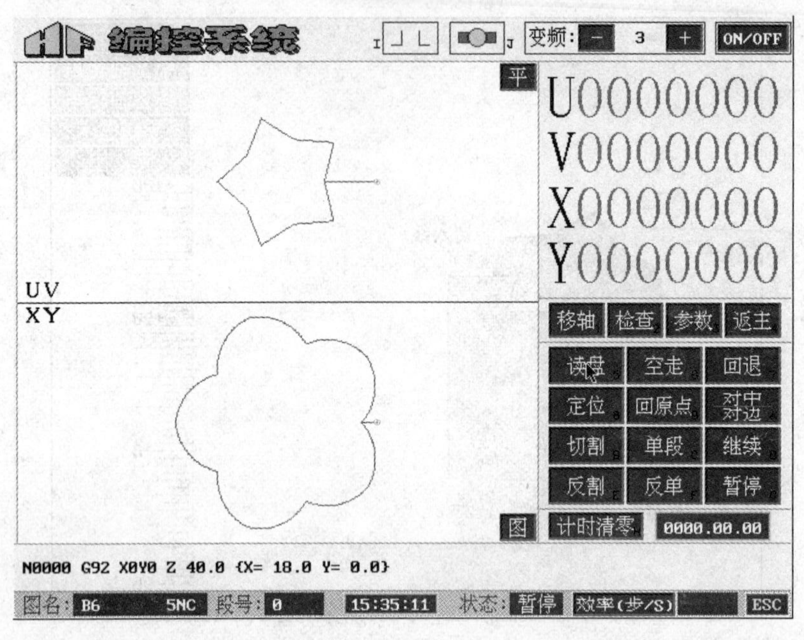

图 6.30 五角星上端面和五个花瓣下端面有切入线的平面图形

(2) 空走及显示立体图形。

把图 6.30 中五角星平面图右上角的“平”字单击一下,“平”字变成“立”字,上下两个图形也变成立体位置,单击“空走”,单击“正向空走”,右上角 U,V,X,Y 的数据开始变化,立体图中按已走到的位置显示正在切割过程的轨迹图形,如图 6.31 所示。图的下面显示正在进行中的上端面,UV 和下端面 XY 的程序。空走完毕如图 6.32 所示。

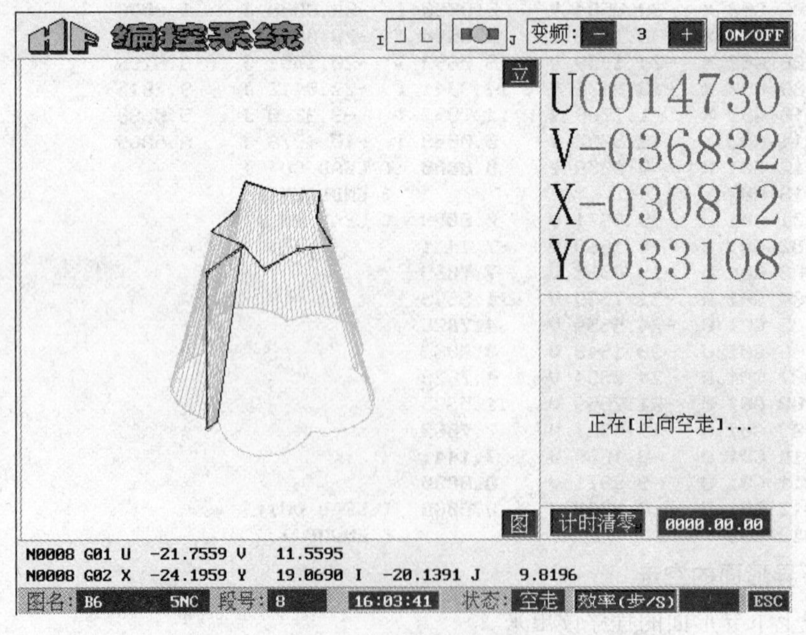

图 6.31 正在空走到中间位置的立体图形

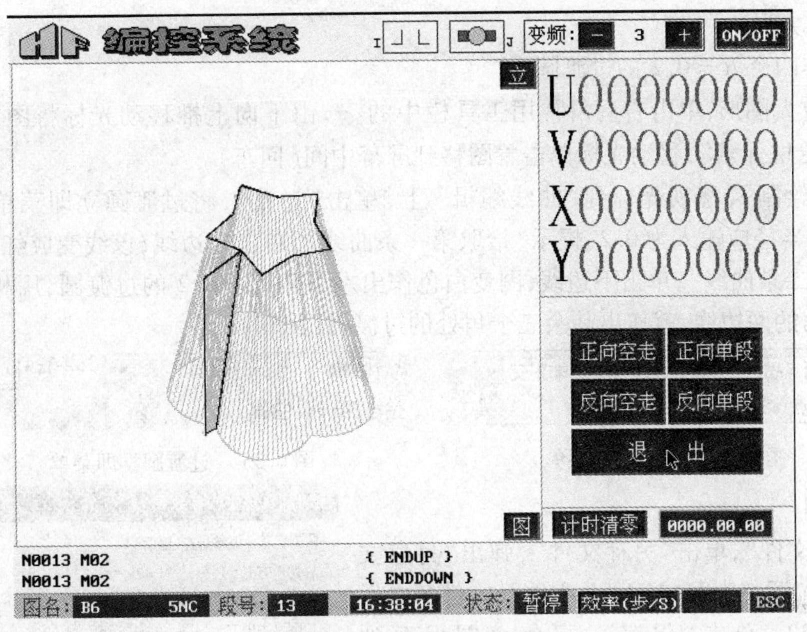

图6.32　空走完毕

6.4　用CAXA线切割XP软件编锥体及绘公式曲线

6.4.1　编 $10\times5(R=0.2)$ 的正锥体程序

1. 工件图形

切割图6.33所示底面为10×5的长方形正锥体(上端小、下端大),斜角 $\alpha=3°$,工件厚度 $s=40$ mm。

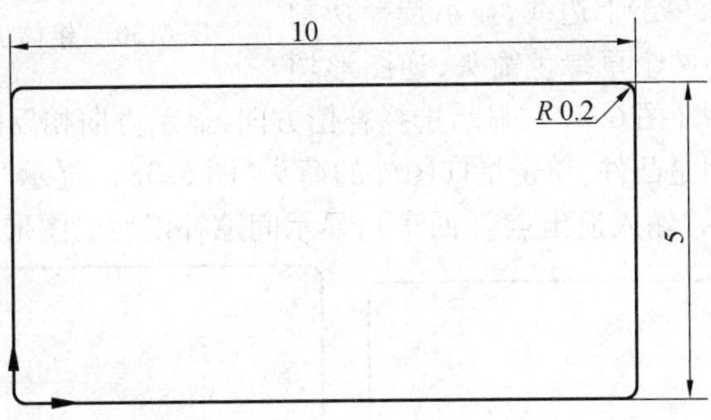

图6.33　10×5的长方形(底面)

2. 作图

(1) 作图。

单击"绘制",移动光标到"基本曲线"上。单击"直线",显示直线立即菜单如图6.34,提示"第一点",输入0,0(回车),提示"第二点",输入10,0(回车),提示"第二点",输入10,5(回车),提示"第二点",输入0,5(回车),提示"第二点",输入0,0(回车)(回车),绘出

10 ×5 的长方形。

(2) 作四个 $R = 0.2$ 的过渡圆。

适当放大图形,单击右上角常用工具栏中的,由下向上推移动光标将图放大,单击,提示“拾取元素”,移动光标单击着图移到屏幕中间(回车)。

单击“绘制”,移动光标到“曲线编辑”上,单击“过渡”,将过渡圆立即菜单调整成图6.35 所示,半径应输入为0.2,提示“拾取第一条曲线”,单击左边线,该线变成红色虚线,提示“拾取第二条曲线”,单击下边线,图变白色作出左下角 $R = 0.2$ 的过渡圆,用相同的方法单击每个角的两边线,就作出其余三个角处的过渡圆(回车)。

图6.34　直线立即菜单

1: 圆角 2: 裁剪 3:半径= 0.2
拾取第一条曲线:

图6.35　过渡圆立即菜单

3. 存图

单击“文件”,单击“另存文件”,弹出“另存文件”对话框,调整为“6.4CAXA 文件”,文件名之后输入图 6.33, 单击“保存”, 已将该图保存到“6.4CAXA 文件”中。

4. 编写锥体的3B 程序

(1) 轨迹生成。

单击“线切割”,单击“轨迹生成”,显示“线切割轨迹生成参数表”,按切割图6.33 正锥体工件的有关条件填写,如图6.36 所示。锥度角度应输入为3,单击“偏移量/补偿值”,在第1次加工之后填0.1,单击“确定”,调整立即菜单为“恒(左)锥度”,提示“拾取轮廓”,单击下边线,显示选择切割方向,显示方向相反的两个草绿色箭头,逆图形切割。单击指向右的箭头(图6.37),显示选择补偿方向,显示方向相反的两个草绿色箭头,提示“选择补偿方向”,因是凸件,单击指向图外的箭头(图6.38),提示“输入穿丝点位置”,输入5,-3(回车),提示“输入退出点”(回车),显示间隙补偿后的图形(图6.39)。

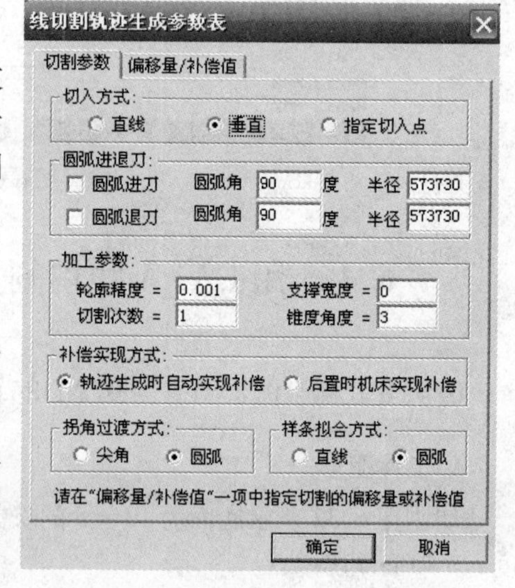

图6.36　锥体工件轨迹生成参数表

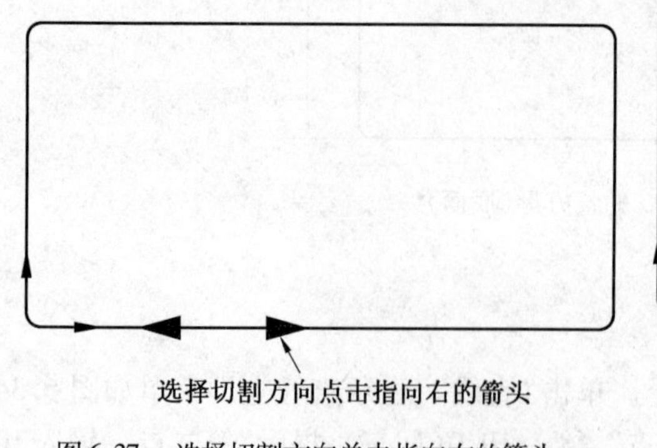

图6.37　选择切割方向单击指向右的箭头

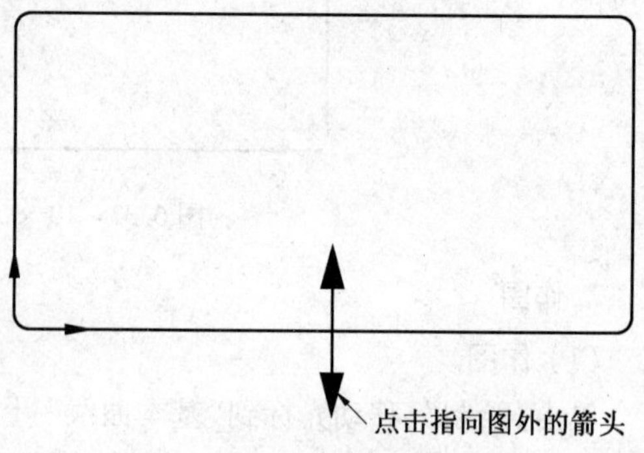

图6.38　单击指向图外的箭头

图6.39　间隙补偿后的图形

(2) 轨迹仿真(略)。

(3) 生成3B代码。

单击“线切割”,单击“生成3B代码”,弹出“生成3B加工代码”对话框,调整到“6.4CAXA文件”,在文件名之后输入表6.11,单击“保存”,已将表6.11的3B程序存入“6.4CAXA文件”中。

(4) 显示3B代码。

提示“拾取加工轨迹”,单击轨迹线,电极丝中心草绿色轨迹线变成红色虚线,单击鼠标右键,显示出表6.11图6.39间隙补偿后的3B程序。

表6.11　图6.39间隙补后的3B程序

```
******************************************
CAXAWEDM -Version 2.0 , Name : 表6.11.3B
Conner R=    0.00000    , Offset F=    0.10000 ,Length=      36.085 mm
******************************************
Start Point  =     5.00000 ,     -3.00000    ;        X    ,        Y
N   1: B      0 B   1450 B   1450 GY   L2 ;     5.000 ,    -1.550
N   2: B      0 B   1450 B   1450 GY   L2 ;     5.000 ,    -0.100
N   3: B   4800 B      0 B   4800 GX   L1 ;     9.800 ,    -0.100
N   4: B      0 B    300 B    300 GY  NR4 ;    10.100 ,     0.200
N   5: B      0 B   4600 B   4600 GY   L2 ;    10.100 ,     4.800
N   6: B    300 B      0 B    300 GX  NR1 ;     9.800 ,     5.100
N   7: B   9600 B      0 B   9600 GX   L3 ;     0.200 ,     5.100
N   8: B      0 B    300 B    300 GY  NR2 ;    -0.100 ,     4.800
N   9: B      0 B   4600 B   4600 GY   L4 ;    -0.100 ,     0.200
N  10: B    300 B      0 B    300 GX  NR3 ;     0.200 ,    -0.100
N  11: B   4800 B      0 B   4800 GX   L1 ;     5.000 ,    -0.100
N  12: B      0 B   1450 B   1450 GY   L4 ;     5.000 ,    -1.550
N  13: B      0 B   1450 B   1450 GY   L4 ;     5.000 ,    -3.000
N  14: DD
```

6.4.2　绘公式曲线及列表曲线

公式曲线就是由数学表达式确定的曲线,公式的表达方式可以采用直角坐标形式,也可以用极坐标形式。

1. 阿基米德螺旋线

阿基米德螺旋线的标准极坐标方程为

$$\rho = at + \rho_0$$

式中 a—— 阿基米德螺旋线系数,mm/(°),表示每旋转 1° 时极径的增加(或减小)量;

t—— 极角,(°),表示阿基米德螺旋线转过的总度数;

ρ_0—— 当 $t = 0°$ 时的极径,mm。

图 6.40 为一个含有阿基米德螺旋线的凸轮,点 P1 至 P2 为第一段阿基米德螺旋线,点 P3 至 P4 为第二段阿基米德螺旋线。

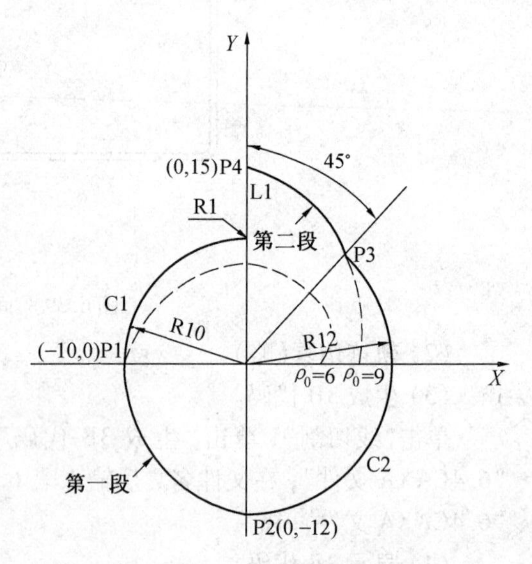

图 6.40 具有阿基米德螺旋线的凸轮

(1) 绘图。

① 作圆 C1 和 C2。单击“基本曲线”图标,在弹出的功能工具栏菜单中单击“圆”图标,选立即菜单中“1:圆心_半径”,提示“圆心点”时,输入 0,0(回车),提示“输入半径”时,输入 10(回车),作出 $R = 10$ 的圆 C1,提示“输入半径”时,输入 12(回车),作出 $R = 12$ 的圆 C2,按鼠标右键结束。

因为图形尺寸很小,为了看得更清楚,可将显示的图形放大至屏幕大小。单击 Page Up 键,图形随之放大。

② 作点 P1 至 P2 之间的第一段阿基米德螺旋线。作图前必须先算出阿基米德螺旋线系数 a 和当极角 $t = 0°$ 时的极径 ρ_0。

a. 计算点 P1 和点 P2 之间的阿基米德螺旋线系数 a。

点 P1 的极径为 10,点 P2 的极径为 12,点 P1 至 P2 转过 90°,每转过 1° 时极径的增大量就是 a,故该段的阿基米德螺旋线系数为

$$a = (12 - 10) \div 90 = 0.022\ 2\dot{2}\ \text{mm/(°)}$$

b. 计算当极角 $t = 0°$(即 X 轴正向)时的极径 ρ_0。

点 P1(极角为 180° 时)的极径 $P_{180} = 10$ mm,极角每减小 1° 时,极径减小 $a = 0.022\ 2\dot{2}$ mm/(°),当极角减小至 $t = 0°$ 时的极径为 ρ_0,计算如下

$$\rho_0/\text{mm} = 10 - 180° \times a = 10 - 180° \times 0.022\ 22 = 6$$

c. 起始角和终止角。由图 6.40 中可以直接看出,这段阿基米德螺旋线的起始角为 180°,终止角为 270°。

d. 绘图。单击绘制,移动光标到弹出菜单中的“高级曲线”图标上,在弹出的菜单中单击“公式曲线”,弹出如图6.41 所示的公式曲线对话框(先不管图形),根据图形已知数据特点,应选极坐标系,用光标单击极坐标系前面的小白圆,出现一小黑点,单位选角度,参变量名仍用 t 表示极角的角度,起始值即起始角输入 180,终止值即终止角输入 270,公式名可输入P1 - P2,公式输为

$$\rho(t) = 0.022\ 222\ 2 \times t + 6$$

单击“预显”,公式曲线对话框中出现点 P1 至 P2 间的这段阿基米德螺旋线,如图6.41 所示,单击“确定”按钮,移动光标时这条绿色的阿基米德螺旋线随光标移动,提示曲线定位点时,输入 0,0(回车),在点 P1 和点 P2 之间作出了一条白色阿基米德螺旋线。

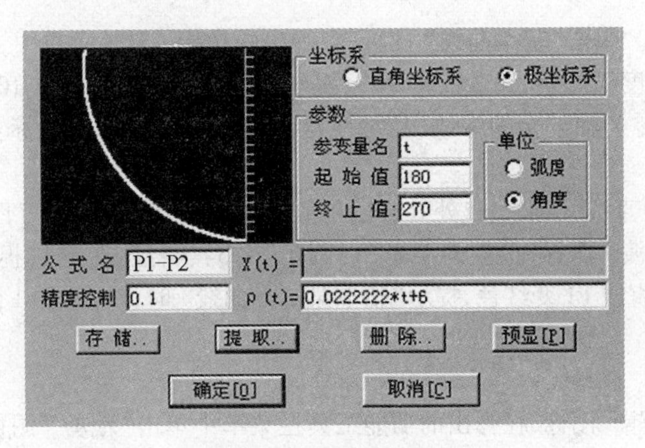

图6.41　公式曲线对话框

③ 作点P3至P4之间的另一段阿基米德螺旋线。

a. 计算点P3至P4之间的阿基米德螺旋线系数a。点P3的极径为12,点P4的极径为15,点P3至P4之间转过45°,故点P3至P4间的阿基米德螺旋线系数为

$$a/[\mathrm{mm}\cdot(°)^{-1}]=(15-12)\div 45=0.066\ 666\ \dot{6}$$

b. 计算极角$t=0°$时的极径ρ_0。点P3(极角$t=45°$)的极径$\rho_{45}=12$ mm,极角每减小1°时极径减小$a=0.066\ 666\ \dot{6}$ mm/(°),当极角减小至$t=0°$时的极径为ρ_0,计算如下

$$\rho_0/\mathrm{mm}=12-45°\times a=12-45°\times 0.066\ 666\ \dot{6}=9$$

c. 起始角和终止角。在图6.42中可以直接看出点P3至P4这段阿基米德螺旋线的起始角为45°,终止角为90°。

d. 绘图。单击"高级曲线"图标,在弹出的功能工具栏菜单中单击"公式曲线"图标,弹出如图6.42所示的公式曲线对话框,选极坐标系,单位选角度,参变量t,起始值输入45,终止值输入90,公式名输入P3 - P4,公式输为$\rho=0.066\ 666\ 7\times t+9$,单击"预显"按钮,"公式曲线对话框"中出现P3至P4两点间这段阿基米德螺旋线。如图6.42所示,单击"确定"按钮,移动光标时这条绿色的阿基米德螺旋线随光标移动,提示曲线定位点时,输入0,0(回车),在点P3至P4之间作出一条白色阿基米德螺旋线。

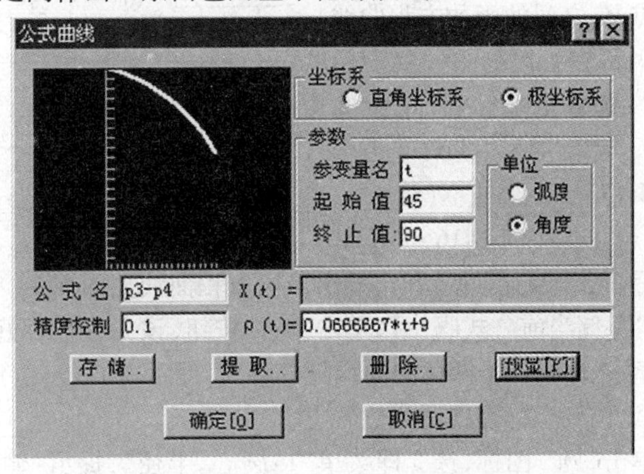

图6.42　点P3至P4公式曲线对话框

④ 作直线 L1。单击“基本曲线”图标，在弹出的功能工具栏菜单中，单击“直线”图标，选立即菜单“1:角度线”，“4:角度改输 90”，提示“第一点”时，输入 0,10(回车)，向上移动光标时拉出一条与 Y 轴重合的绿线，拉绿线至点 P4 以上时，单击鼠标左键作出白色直线 L1。

⑤ 作圆 C1 至直线 L1 上交点处 $R=1$ 的过渡圆。单击“曲线编辑”图标，在弹出的功能工具栏中单击“过渡”图标，选立即菜单“1:圆角”，“3:半径”改为 1，提示“拾取第一条曲线”时，光标单击直线 L1 变红色，提示“拾取第二条曲线”时，单击圆 C1 圆周，作出 $R=1$ 的白色过渡圆弧。

(2) 裁剪。

单击“曲线编辑”图标，在弹出的功能工具栏菜单中单击“裁剪”图标，提示“拾取裁剪曲线”时，光标单击多余线段，可以逐段剪除，有时裁剪不顺利，不希望剪除的线段会随剪除的部分一起消失，这时可用标准工具栏中的“取消操作”图标来恢复不该消失的线段，然后重新调整裁剪顺序就会得到满意的结果。

(3) 公式曲线对话框中“存储”、“提取”及“删除”按钮的用法。

单击“存储”按钮时，提问“存储当前公式吗？”单击“是”，就把当前公式存储起来备用。当需要使用已存储过的公式时，单击“提取”按钮，就显示出一系列已存储过的公式，单击某个需要用的公式时，该公式就被显示出来，同时该公式所表达的图形也显示出来。单击“确定”按钮，“公式曲线对话框”消失，一条绿色曲线随光标移动，提示曲线定位点时，输入 0,0(回车)曲线定位到坐标轴上，颜色变为白色。当需要删除某个已存储的公式时，单击“删除”按钮，显示出一系列已存储的公式，单击要删除的公式，弹出对话框提问“删除此公式吗？”，单击“是”按钮，该公式就被删除。

2. 已知函数方程式的曲线

图6.43 中的 P1 与 P2 两点间为已知函数方程式的曲线，该曲线的方程式为

$$Y = 12.5 \times 3.1416 \times (X/50)^{3.521}$$

(1) 绘图。

① 作点 P1 与点 P2 之间的函数方程曲线。单击“公式曲线”图标，在弹出如图6.44 所示的公式曲线对话框中，选直角坐标系，单位选角度，参变量名改输 X，起始值输入 0，终止值输入 50，公式名输入 FCH，第一个公式 X(t) = X，第二个公式 Y(t) = 12.5 * 3.1416 * (X/50)^3.521。输完公式后单击“预显”按钮时，显出该段方程曲线如图 6.44 中左上角所示，单击“储存”按钮，提问“存储当前公式吗？”，单击“是”按钮，该方程被存好，单击“确定”按钮时，对话框消失，移动光标时一条绿色的曲线随着移动，提示“曲线定位点”时，输入 0,0(回车)，该曲线变白色定位到坐标轴的适当位置上。

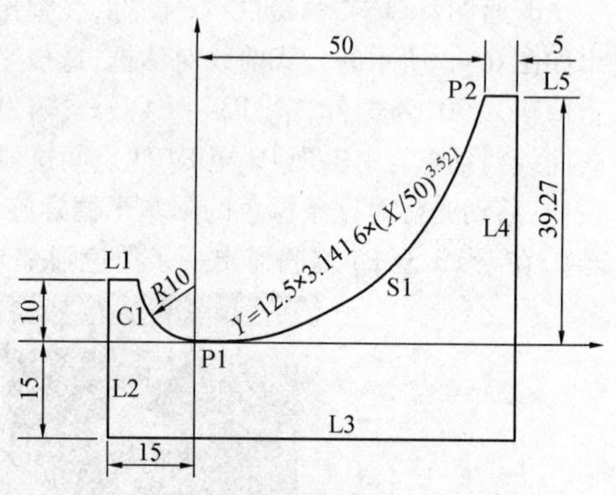

图 6.43　含有函数方程曲线的图形

② 绘圆 C1。单击“圆”图标，选立即菜单“1:圆心_半径”，提示“输入圆心点”时，输入 0,10(回车)，提示“输入半径”时，输入 10(回车)绘出圆 C1，单击鼠标右键结束。

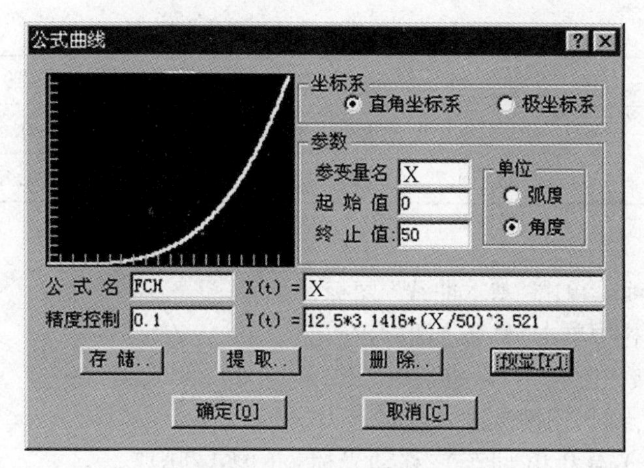

图6.44　公式曲线对话框

③绘直线L1、L3和L5。用角度线(0°)作出直线L3,再将L3平移两次得直线L1及L5。

单击"基本曲线"图标,在弹出的功能工具栏中,单击"直线"图标,选立即菜单中"1:角度线","4:角度改输0",提示"第一点"时,输入-15,-15(回车),右移动光标时,拉出一条绿色直线,提示"第二点"(切点)或"长度"时,输入70(回车),作出一条白色直线L3。

将直线L3平移后绘出L1和L5,选立即菜单中"1:平行线","2:偏移方式","3:单向",提示"拾取直线"时,移动光标单击直线L3变红色,向上移动光标时,出现一条绿色的直线L3向上移动,提示"输入距离"或"点"时,输入25(回车)作出一条L3的平行线L1,再向上移动光标时,又出现一条绿色的直线向上移动,提示"输入距离"或"点"时,输入54.27(回车)作出L3的另一条平行线L5,直线L5的Y坐标为,当$X=50$时,$Y=12.5\times3.1416\times(50/50)^{3.521}=39.27$。

④绘直线L2及L4。用直线L3绕一输入点转90°得直线L2和L4。选立即菜单"1:角度线","2:直线夹角","3:到线上","4:角度输90",提示"拾取直线"时,移动光标单击直线L3变红色,提示"第一点"时,输入-15,-15(回车),向上移动光标时拉出一条绿色直线,提示"拾取直线"时,移动光标单击直线L1,作出白色直线L2,继续提示"输入第一点"时,输入55,-15(回车),向上移动光标从点55,-15处向上拉出一条绿色直线,提示拾取曲线时,移动光标单击直线L5,绘出直线L4。

(2)裁剪。

裁剪掉多余线段,就得到如图6.43所示的图形。

3.列表曲线、椭圆及正多边形

(1)列表曲线。

列表曲线就是用已知的一系列列成表格的坐标点绘制出的曲线。CAXA线切割XP可用"样条"功能来生成给定点(样条插值点)的样条曲线。点的输入可由鼠标输入或键盘输入,也可以从外部样条数据文件中直接读取数据。列表点数据可用直角坐标表达,也可用极坐标表达。

①直角坐标表达的列表曲线。

表6.12是一条列表曲线的列表点坐标值。

图6.45中除列表曲线外,还有一个$R=1$的半圆。

表 6.12　一条列表曲线的直角坐标值

列表点编号	T1	T2	T3	T4	T5	T6	T7	T8	T9	T10	T11
X	-1	-0.8	-0.6	-0.4	-0.2	0	0.2	0.4	0.6	0.8	1
Y	2	1.28	0.72	0.32	0.08	0	0.08	0.32	0.72	1.28	2

a. 绘图。

(a) 绘列表曲线。单击“基本曲线”图标，在弹出的功能工具栏中单击“样条”图标，在立即菜单中选“1:直接作图”，“2:缺省切失”，“3:开曲线”，提示输入点时，用键盘输入点 T1 至 T6 的坐标 -1,2(回车) 至 0,0(回车)，移动光标时从点 T1 至点 T6 拉出一条已用“样条”拟合好的曲线，按鼠标右键结束。如果图形尺寸太小看不清，可用常用工具栏中的“动态缩放”功能将其适当放大，单击“动态缩放”图标，按住鼠标左键向前推鼠标，就可以使图逐渐放大至适当大小。因该列表曲线是一个与 Y 轴对称的图形，在对称前，需先作一条与 Y 轴重合的直线，单击“直线”图标，选立即菜单“1:角度线”，“3:到点”，“4:角度改输 90”，提示“第一点”时，输入 0,0(回车)，往上移动光标时拉出一条与 Y 坐标轴重合的绿色直线，提示“第二点”时，输入 0,2(回车)，作出一条白色直线。

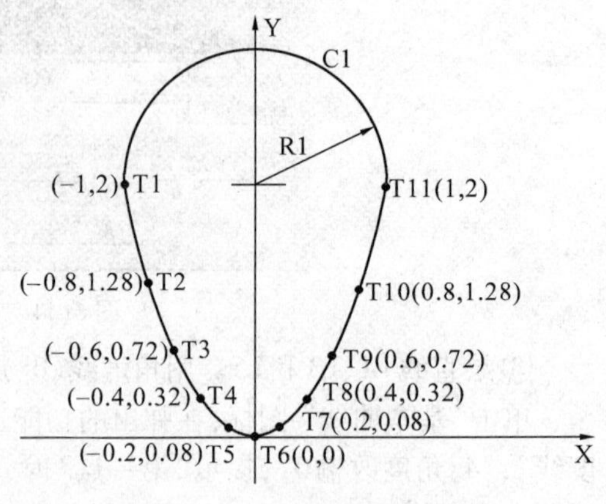

图 6.45　含列表曲线的图形

单击“曲线编辑”图标，在弹出的功能工具栏中，单击“镜像”图标，选立即菜单“1:选择轴线”，“2:拷贝”，提示“拾取添加(元素)”时，单击已作出的列表曲线变为红色，单击鼠标右键确定，提示“拾取轴线”时，单击和 Y 轴重合的直线，立即得到对称的该列表曲线的右边图形。

(b) 绘圆弧 C1。单击“基本曲线”图标，在弹出的功能工具栏菜单中单击“圆弧”图标，选立即菜单“1:两点 - 半径”，提示“第一点”时，输入 -1,2(回车)，提示“第二点”时，输入 1,2(回车)，向上移动光标出现一个绿色圆弧，提示“第三点”或“半径”时，输入 1(回车)，绘出了 $R=1$ 的半圆弧。

b. 裁剪。裁剪掉与 Y 坐标轴重合的直线，即可得到如图 6.45 所示的图形。

② 极坐标表达的列表曲线。

图 6.46 所示的凸轮上点 P1 至 P2 之间这段列表曲线，其列表点见表 6.13。

表 6.13　图 6.46 中点 P1 至点 P2 的极坐标列表点

极径 P/mm	16.4	16.2	15.1	14	12.9	11.9	10.9	9.9	8.9	7.9	6.9
极角 θ/(°)	72.25	75	90	105	120	135	150	165	180	194.75	209.5

a. 绘图。

(a) 绘制点 P1 至 P2 之间的列表曲线。单击“基本曲线”图标，在弹出的功能工具栏中单击“样条”，选立即菜单“1:直接作图”，“2:缺省切失”，“3:开曲线”，提示“输入点”时，输入 16.4 < 72.25(回车)，16.2 < 75(回车)。以下用同样方法把表 6.13 中的各列表点全部

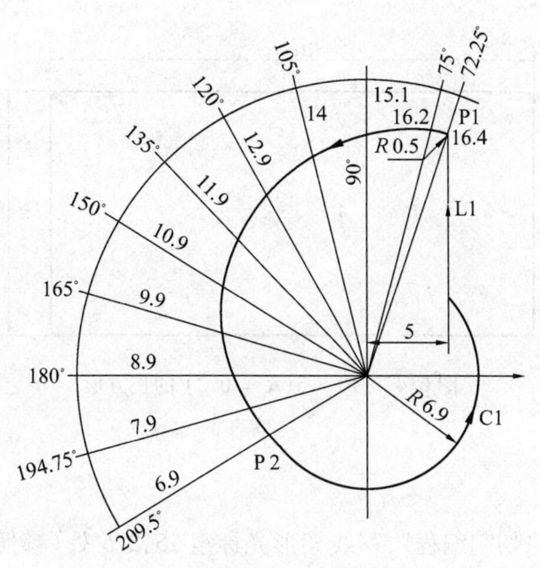

图6.46　含有极坐标列表曲线的凸轮

输入,最后一点为6.9 < 209.5(回车),每输入一点后移动光标出现一条绿线,全部极坐标点输入完毕后,按鼠标右键,显示出点P1至P2之间的白色列表点曲线。若图形在视屏外,单击右上方的动态显示,将其适当缩小,按右键结束。

(b)绘制 $R=6.9$ 的圆C1。单击"圆"图标,选立即菜单"1:圆心 - 半径",提示"圆心点"时,输入0,0(回车),提示"输入半径"时,输入6.9(回车),作出白色圆C1,按鼠标右键结束。

(c)绘制直线L1。单击"直线"图标,选立即菜单"1:角度线","3:到点","4:角度输90",提示"第一点"时,输入5,0(回车),向上移动光标时拉出一条绿线,提示"第二点"时,输入16.4 < 72.25(回车),绘出白色直线L1。

(d)绘制直线L1与列表曲线间 $R=0.5$ 的过渡圆。单击"曲线编辑"图标,在弹出的功能工具栏菜单中,单击"过渡"图标,选立即菜单"1:圆角","3:半径值改输0.5",移动光标单击直线L1,变红色,再单击 $R=0.5$ 附近的列表曲线,就作出该过渡圆弧。

(2)裁剪。

裁剪掉多余线段,就得如图6.45所示的图形。

6.5　用YH线切割计算机编程软件编写锥体及上下异形面程序

6.5.1　编10×5($R=0.2$)的正锥体程序

1. 绘图

图6.47的作图方法与4.5.1小节绘图4.62相同,可以直接调用TU4 - 62。

单击"文档",单击"读图",单击"图形",单击"TU4 - 62",单击左上角小方形按钮,将屏幕下方的比例修改为8∶1,将图形放大。

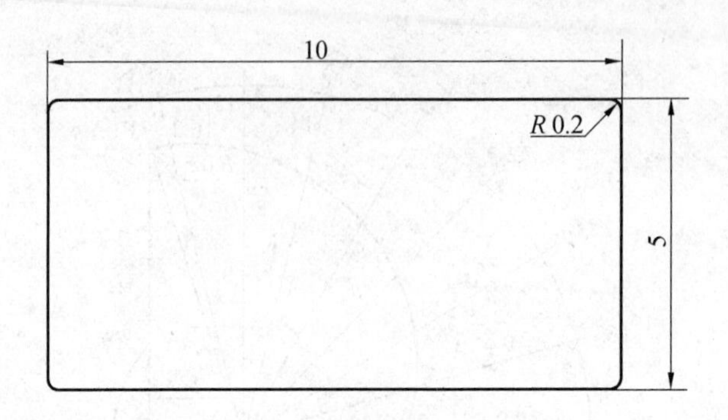

图 6.47　10 × 5(R = 0.2) 的长方形

2. 编程

(1) 绘引入线。

单击“编程”,单击“切割编程”,移线架形光标至 15,2.5 处(参照屏幕右下角的光标坐标值显示),按住“命令”键,移动光标到长方形右侧边上 10,2.5 处时,放开“命令”键,弹出“加工参数窗”,将其数据改正为“孔位”15,2.5,起割 10,2.5,补偿 0.1(图 6.48),单击“Yes”键,弹出“加工路径选择窗”,移动光标到指示牌上方直线上,单击“命令”键,右上角下边 L1 的底色变黑(图6.49),单击“认可”键,弹出“锥度设定窗”,单击“锥度设定”后边的“ON”,其底色变黑,弹出“锥度参数窗”,将斜度输入为 -3(正锥,上小下大),标度 200,基面 50(图6.50),单击“Yes”键,单击“锥度设定窗”右上角的小方形按钮,单击工具包,弹出“代码显示窗”,单击“三维造形”,提示“厚度”,输入 60,单击回车,显示锥体的三维图形(图 6.51),单击工具包,单击“代码显示”,显示出切割图 6.47 正锥体的 ISO 代码,见表 6.14。

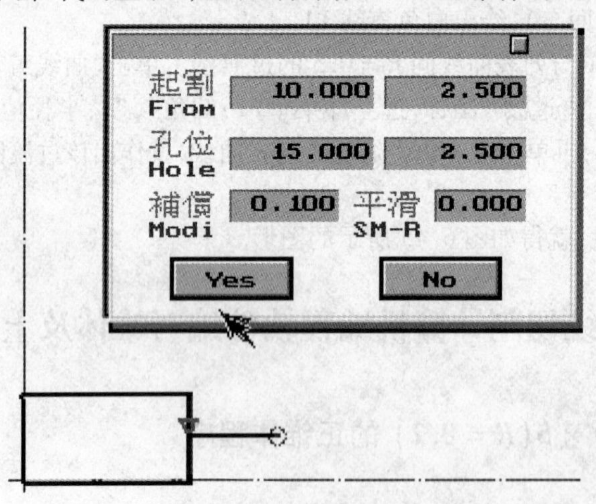

图 6.48　加工参数窗

单击左上角的方形小按钮,单击“退出”,单击“文档”,单击“退出”。

读完程序,点击左上角的小方形按钮,单击“退出”,单击“退出”。

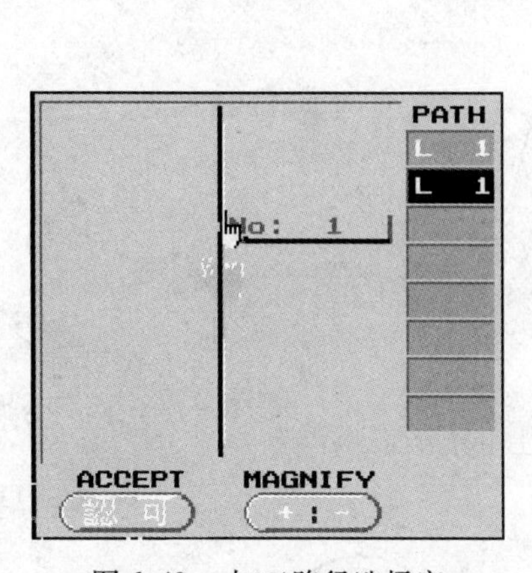

图 6.49　加工路径选择窗

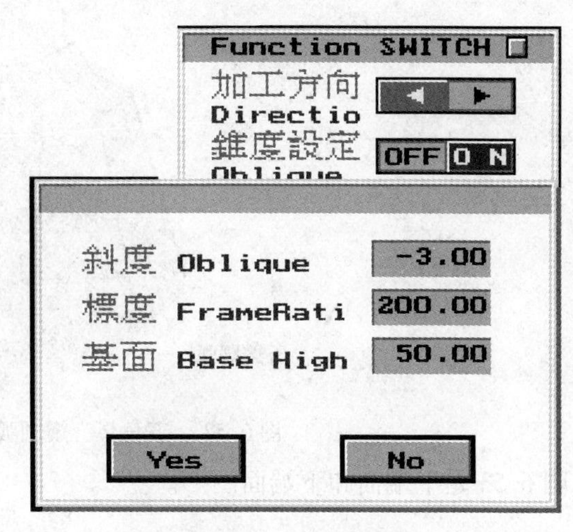

图 6.50　锥度参数窗

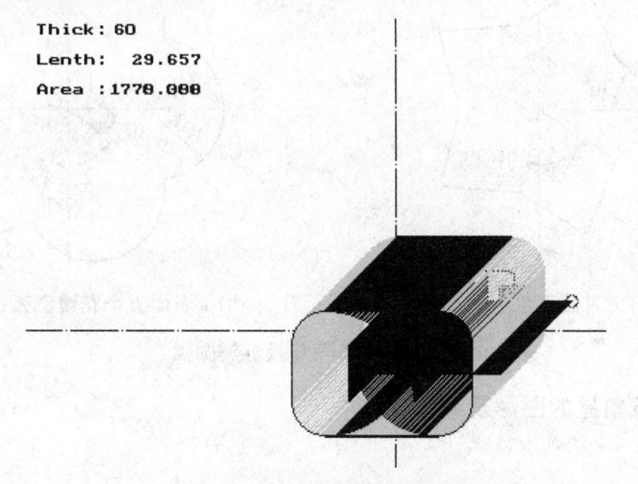

图 6.51　正锥体的三维图形

表 6.14　图 6.47 正锥体的 ISO 代码

```
G92 X15.0000  Y2.5000
G27
G01 X-2.2796  Y0.0000   U-12.7612 V0.0000
G01 X0.0000   Y2.3000   U0.0000   V2.3000
G03 X-2.9204  Y2.9204   I-2.9204  J-0.0000  U7.5612   V-7.5612
G01 X-9.6000  Y0.0000   U-9.6000  V0.0000
G03 X-2.9204  Y-2.9204  I-0.0000  J-2.9204  U7.5612   V7.5612
G01 X0.0000   Y-4.6000  U0.0000   V-4.6000
G03 X2.9204   Y-2.9204  I2.9204   J-0.0000  U-7.5612  V7.5612
G01 X9.6000   Y0.0000   U9.6000   V0.0000
G03 X2.9204   Y2.9204   I-0.0000  J2.9204   U-7.5612  V-7.5612
G01 X0.0000   Y2.3000   U0.0000   V2.3000
G01 X2.2796   Y0.0000   U12.7612  V0.0000
M00
```

6.5.2　上下异形面编程及模拟加工

上下异形面是指工件的上端面和下端面不是相同的图形，如图 6.52 上端面是五角星共有 10 个边，下端面是五瓣圆弧，每瓣由两个圆弧组成，故下端面实际有 10 个圆弧，在上下端面间是平滑过渡的。

上端面和下端面要分别编出平面图形的程序存好，然后使用四轴合成功能将上下两个图形的程序生成切割上下异形面的程序。

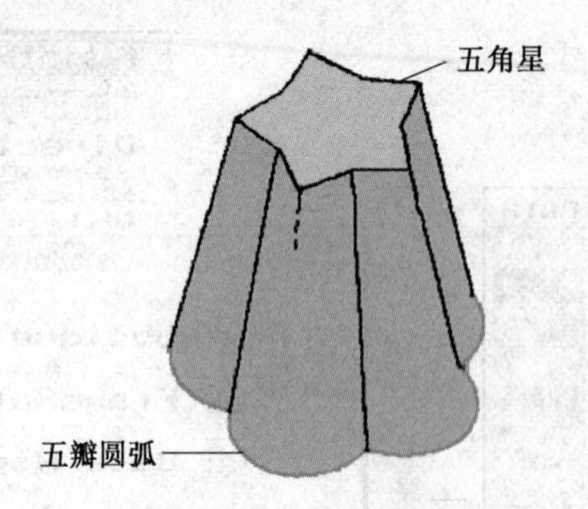

图 6.52 五角星五瓣圆弧的上下异形面

图 6.53 是上端面和下端面图形。

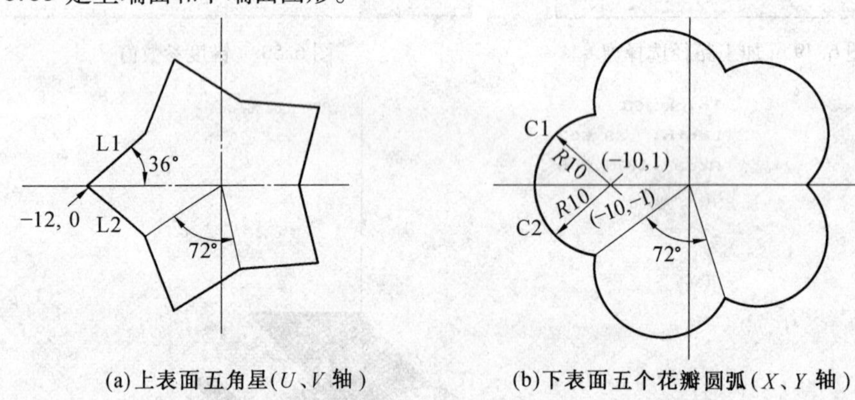

(a) 上表面五角星(U、V 轴)　(b) 下表面五个花瓣圆弧(X、Y 轴)

图 6.53 五角星及五瓣圆弧

1. 绘上表面五角星的图形及编程

(1) 绘五角星。

① 绘直线 L1 及 L2。单击“线”图标,移动光标到 - 12,0 处,按住“命令”键,弹出“直线参数窗”,向右上角移动光标,斜角显示 36 左右,终点 X 显示 - 5 左右,放开“命令”键,将各项数据修改为图 6.54 所示,单击“Yes”键,绘出直线 L1。单击“编辑”,单击“镜像”,单击“水平轴”,提示“镜像”,移动光标到直线 L1 上,光标变为手指形,单击“命令”键,绘出直线 L2。将比例输入为 8 : 1。

② 绘其余 4 个角。单击“编辑”,单击“旋转”,单击“图段复制旋转”,提示“中心”,移动光标到坐标原点上,光标变为“×”形,单击“命令”键,提示“转体”,移动光标到直线 L1 上,光标变手指形,单击“命令”键,弹出“旋转参数窗”,将角度输入为 72(图 6.55),单击“Yes”键,绘出左下方的角,提示“转体”,移动光标到直线 L1 上,光标变为手指形,单击“命令”键,弹出“旋转参数窗”,将“角度”输入为 144,单击“Yes”键,绘出右边两个角,还差左上角,用左角旋转 - 72° 就可得到。移动光标到左边角上,光标变为手指形,轻点“命令”键,弹出“旋转参数窗”,将角度输入为 - 72,单击“Yes”键,绘出左上角。单击“工具包”,单击“重画”图标,移动光标进屏幕,显示出含有多余线段的五角星(图 6.56)。

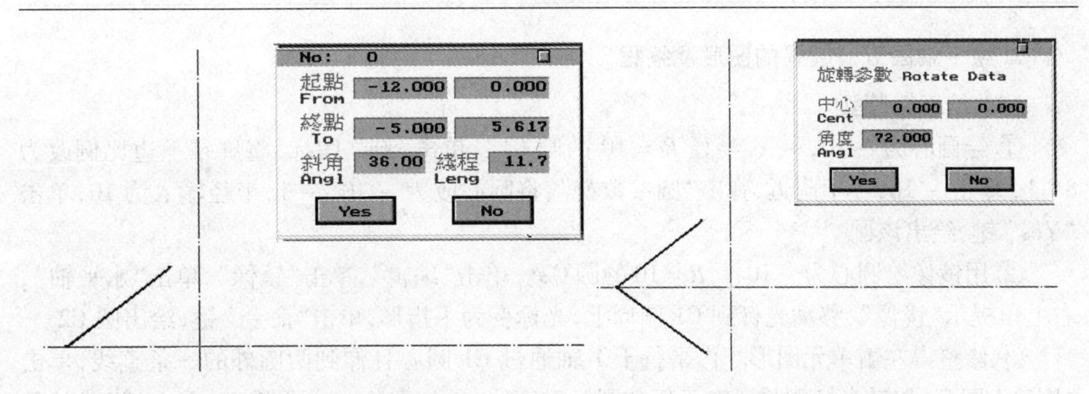

图6.54 直线参数窗 图6.55 旋转参数窗

③ 删除多余线段。单击“删除”图标,移动光标到多余线段上,该多余线段变为红色,单击“命令”键,删去该红色线段,逐步将10个多余线段删除,得到图6.53(a)所示的五角星。单击“工具包”。

④ 五角星存盘。先将屏幕左下角图号输入为TU6－53A,单击“文档”,单击“存盘”,提示“文件重写吗”,单击“Yes”键,存好。

(2) 编写上端面五角星程序。

调出五角星图TU6－53A,将比例改为8∶1。

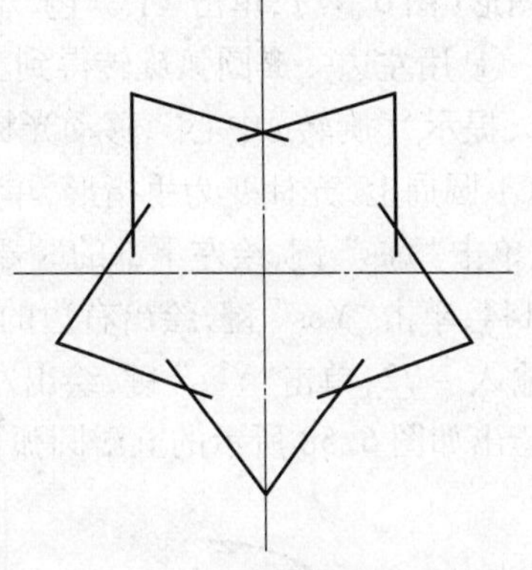

图6.56 含多余线段的五角星

① 编写五角星的ISO代码。单击“编程”,单击“切割编程”,移动光标到－24,0附近,按住“命令”键,移动光标到左角尖点处,光标变×形,放开“命令”键,弹出“加工参数窗”,起割应为－12,0,孔位输入为－24,0,补偿输入为0.1,单击“Yes”键,弹出“路径选择窗”,移动光标到上边直线上,光标变为手指形,单击“命令”键,右上角L0底色变黑,单击“认可”,模拟火花顺时针绕图一周,切入点显示“OK”,单击右上角小方形按钮,单击工具包,显示“代码显示窗”,单击“代码显示”,显示五角星的ISO代码,见表6.15。

表6.15 五角星顺时针切割的ISO代码

```
G92 X-24.0000 Y0.0000
G01 X11.8299 Y0.0000
G01 X6.0851 Y4.4211
G01 X2.3243 Y7.1534
G01 X6.0851 Y-4.4211
G01 X7.5216 Y0.0000
G01 X-2.3243 Y-7.1534
G01 X2.3243 Y-7.1534
G01 X-7.5216 Y0.0000
G01 X-6.0851 Y-4.4211
G01 X-2.3243 Y7.1534
G01 X-6.0851 Y4.4211
G01 X-11.8299 Y-0.0000
M00
```

② 代码存盘。查看完毕,单击左上角小方形按钮,单击“代码存盘”后输入TU6－53A,单击回车,单击“退出”。单击“文档”,单击“新图清屏幕”。

2. 绘下端面五瓣圆弧的图形及编程

(1) 绘五瓣圆弧。

① 绘圆心为 - 10, - 1,半径 R = 10 的圆 C1。单击“圆” 图标,将屏幕下边比例改为 8∶1,单击 - 10, - 1 附近,弹出“圆参数窗”,将圆心改为 - 10, - 1,半径输入为 10,单击“Yes” 键,绘出该圆。

② 用镜像绘圆心为 - 10,1,R = 10 的圆 C2。单击“编辑”,单击“镜像”,单击“水平轴”,右上角提示“镜像”,移动光标到 C1 圆周上,光标变为手指形,单击“命令” 键,绘出圆 C2。

③ 修整得左瓣单元图形。作平行于 Y 轴通过 C1 圆心且伸到两圆外的一条直线,单击“删除” 图标,移动光标删除所有无用的圆弧和直线,得到左边一半圆弧 C1 和 C2 组成的单元图形(图 6.57),单击“工具包”,单击“重画” 图标。

④ 用左边一瓣圆弧旋转得到五瓣圆弧。单击“编辑”,单击“旋转”,单击“图段复制旋转”,提示“(旋转) 中心”,移动光标到坐标原点上,光标变为 × 形,单击“命令” 键,移动光标到 C1 圆周上,光标变为手指形,单击“命令” 键,弹出“旋转参数窗”,中心为 0,0,角度输入 72,单击“Yes” 键,绘左下部的一瓣。单击 C1 圆弧,弹出“旋转参数窗”,中心为 0,0,角度输入 144,单击“Yes” 键,绘出右边的两瓣。单击 C1 圆周,弹出“旋转参数窗”,中心为 0,0,角度输入 - 72,单击“Yes” 键,绘出左上边的一瓣,单击“工具包”,单击“重画”,移动光标进屏幕绘出如图 6.58 所示的五瓣圆弧。

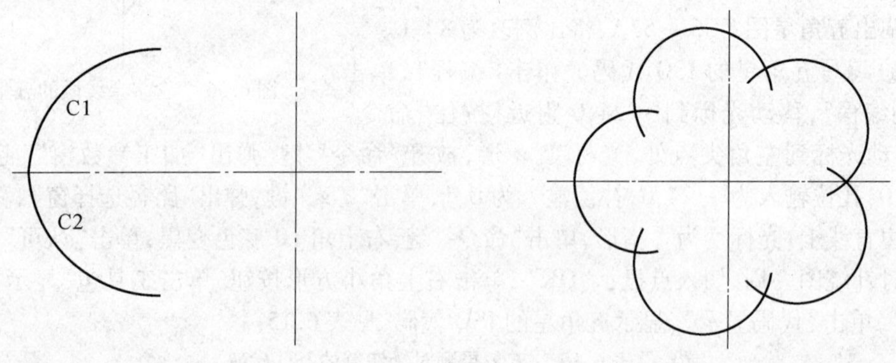

图 6.57　左边一瓣圆弧的单元图形　　　图 6.58　有多余线段的五瓣圆弧

⑤ 删除多余圆弧绘出图 6.53(b) 所示五瓣圆弧。单击“删除” 图标,移动光标删除 10 小段多余圆弧,单击“工具包”,单击“重画”,移动光标进屏幕绘出下端面五瓣圆弧(图 6.53(b))。

⑥ 存盘。用图号 TU6 - 53B 存盘。

(2) 编写五瓣圆弧图 TU6 - 53B 的程序。

① 编写五瓣圆弧的 ISO 代码。调出图 TU6 - 53B,比例输入为 8∶1。单击“编程”,单击“切割编程”,移动光标到 - 24,0 附近,按住“命令” 键并移动光标到负 X 轴图线上,光标变为 × 形,放开“命令” 键,弹出“加工参数窗”,起割是 - 19.95,0,孔位改为 - 24,0,补偿输入 0.1,单击“Yes” 键,弹出“路径选择窗”,移动光标单击上边的圆弧,C0 底色变黑,单击“认可”,火花顺时针方向沿图线模拟切割一周,回切入点显示“OK”,单击右上角的小方形按钮,单击“工具包”,弹出“代码显示窗”,单击“代码显示” 显示出图 TU6 - 53B 五瓣圆弧的 ISO 代码见表 6.16。读完程序后单击左上角小方形按钮。

表6.16　五瓣圆弧顺图形切割的ISO代码

```
G92 X-24.0000 Y0.0000
G01 X3.9496   Y-0.0000
G02 X7.8570   Y8.8590    I10.0504  J-1.0000
G02 X5.9974   Y10.2101   I10.0542  J0.9606
G02 X10.8533  Y-4.7349   I2.1547   J-9.8675
G02 X11.5637  Y-2.5488   I4.0205   J-9.2653
G02 X-1.1493  Y-11.7853  I-8.7187  J-5.0984
G02 X1.1493   Y-11.7853  I-7.5694  J-6.6869
G02 X-11.5637 Y-2.5488   I-7.5431  J6.7165
G02 X-10.8533 Y-4.7349   I-8.6987  J5.1326
G02 X-5.9974  Y10.2101   I4.0568   J9.2495
G02 X-7.8570  Y8.8590    I2.1933   J9.8590
G01 X-3.9496  Y0.0000
M00
```

② 代码存盘。单击"代码存盘","文件"后面输入TU6－53B(回车),单击"退出"。

3. 编写上下异形面的程序

单击"编程",单击"4－轴合成",弹出"4－轴合成窗",左边是$X-Y$轴(下端面),右边是$U-V$轴(上端面)。

(1) 填入TU6－53B。

填写$X-Y$轴的"文档",单击左边文档后面的长条,弹出编程时已存盘的文件目录(图6.59),单击"TU6－53B",单击左上边的小方形按钮,显示出下端面的切割图形。

图6.59　编程时已存盘的文件目录

(2) 填入TU6－53A。

填写$U-V$轴的文档,单击右边文档右边的长条,弹出编程时已存盘的文件目录(与图6.59相同),单击"TU6－53A",单击左上角小方形按钮,显示上端面的切割图形,输入以下数据:线架,200;厚度,60;基面,50;标度,200(图6.60)。

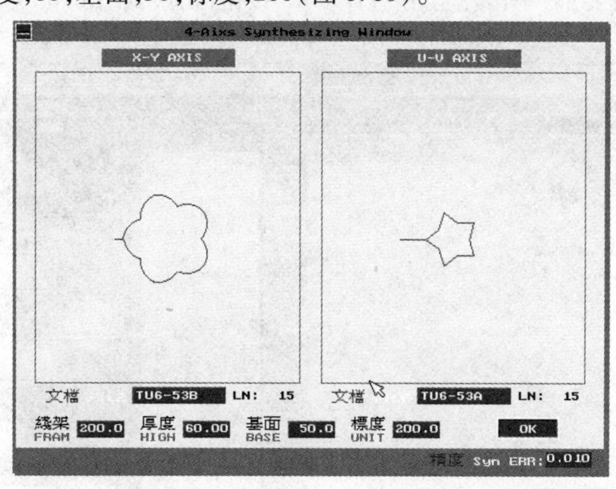

图6.60　填写完毕的4－轴合成窗

(3) 显示三维图形。

单击"OK",$X-Y$轴图形改变(图6.61),弹出"代码显示窗",单击"三维造型",提示"厚度",输入60(回车),显示图6.62所示的三维图形,此图是上下线架的运动轨迹,与工件实际形状相差很大,但在控制模拟加工时看得比较清楚,单击"工具包"。

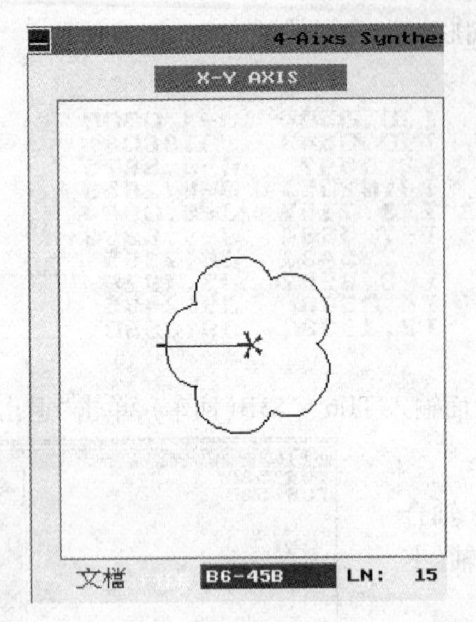

图 6.61　单击"OK" 键后显示的 $X-Y$ 轴图形

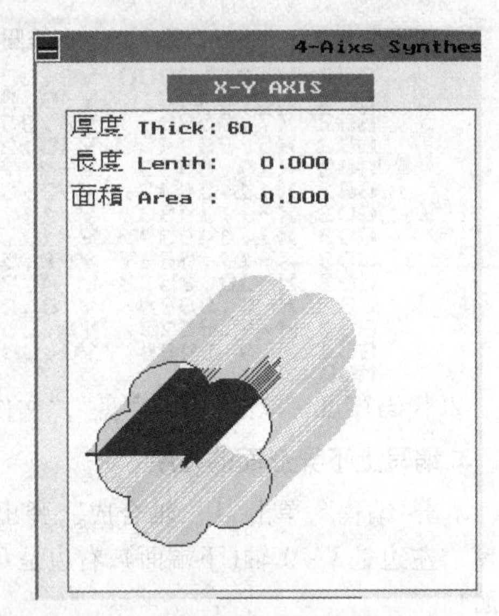

图 6.62　上下异形面的三维图形

(4) 代码显示。

单击"代码显示",显示出上下异形面的 4 - 轴合成的 ISO 代码。

(5) 代码存盘。

单击"代码存盘",提示"文件",输入"SXB6 - 17"(回车),单击"退出",单击"4 - 轴合成窗",左上角的小方形按钮。

退回到 YH - 8 编程界面。

4. 上下异形面模拟切割

在 YH - 8 编程界面,单击左上角"YH - 8" 按钮,切换到"U8.0"YH 加工控制界面(图 6.63)。

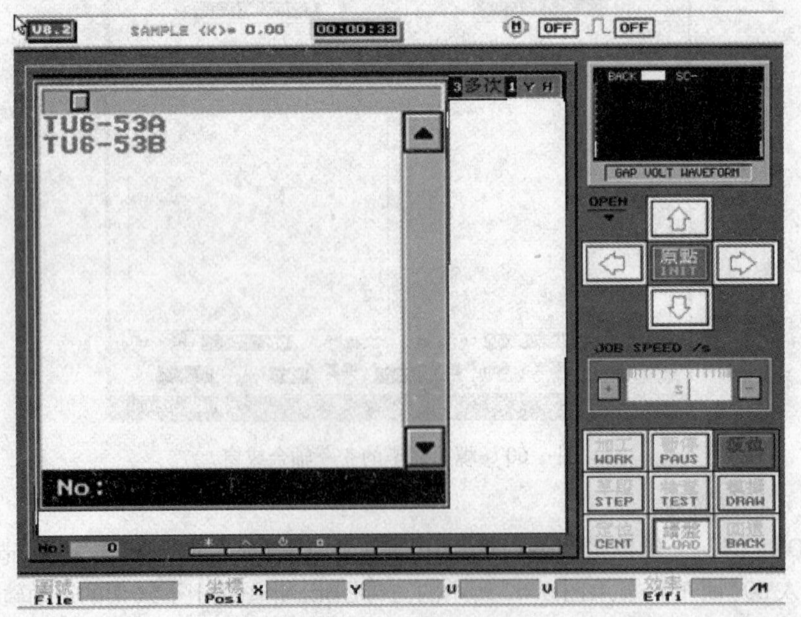

图 6.63　H8.0 加工控制界面

单击“读盘”,单击“ISO code 代码”,显示出加工工件的代码目录,如图6.63左上角所示,单击“SXB6 - 17”,单击左上角的小方形按钮,显示该图,单击“模拟”,屏幕上进行三维图形模拟,模拟的三维图形如图6.64所示。

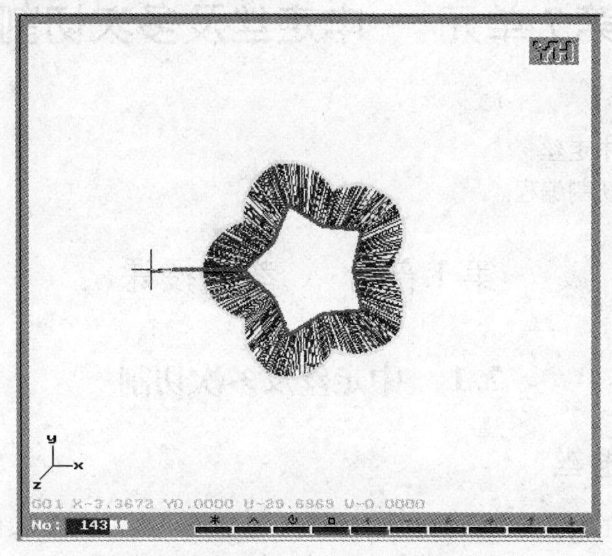

图6.64　上下异形面模拟的三维图形

第2部分　学生练习

学生用本校的计算机编程软件完成以下工作:

(1) 练习编写锥体程序;

(2) 练习编写上下异形面程序及模拟加工。

第3部分　学生参观

参观锥体和上下异形面加工及样件:

(1) 参观切割锥体和上下异形面工件;

(2) 参观各种特殊形状的线切割加工样件。

第7单元　中走丝及多次切割

教学目的

(1) 初步了解中走丝；

(2) 熟悉多次切割编程。

第1部分　教师授课

7.1　中走丝及多次切割

7.1.1　中 走 丝

我国长期使用的高速走丝数控电火花切割工艺都是一次切割加工,但其加工的尺寸精度和表面粗糙度很难满足精密模具加工的要求,其突出的优点是机床价格不高,低速走丝数控电火花线切割工艺是采用多次切割加工,其加工的尺寸精度和表面粗糙度都比较好,但其机床价格很高。

要用原来的高速走丝电火花线切割机床进行多次切割来提高加工质量是很难的,所以近些年来,很多公司都在研究改进机床的结构,采用多种走丝速度,增设电极丝张力机构,更新脉冲电源,更新工作液系统等,在此基础上采用多次切割编程方法进行多次切割,使其加工出的尺寸精度和表面粗糙度有显著的提高,这种机床的走丝速度既有高速又有中速和低速,为了与高速走丝和低速走丝机床区别,所以称为"中走丝",中走丝机床采用多次切割。

7.1.2　多次切割

现在以图7.1所示的三次切割为例。电极丝半径 $r_{丝}=0.09$,偏离量是指每次切割时,电极丝外圆表面与工件上最后一次切割出表面之间的距离。每次切割的放电间隙包括在偏离量中,一般第三次切割时的放电能量很小,放电间隙和偏离量视为零。每次切割时的间隙补偿量等于电极丝半径加偏离量,每次切割的偏离量是经过很多工艺实验得出的。

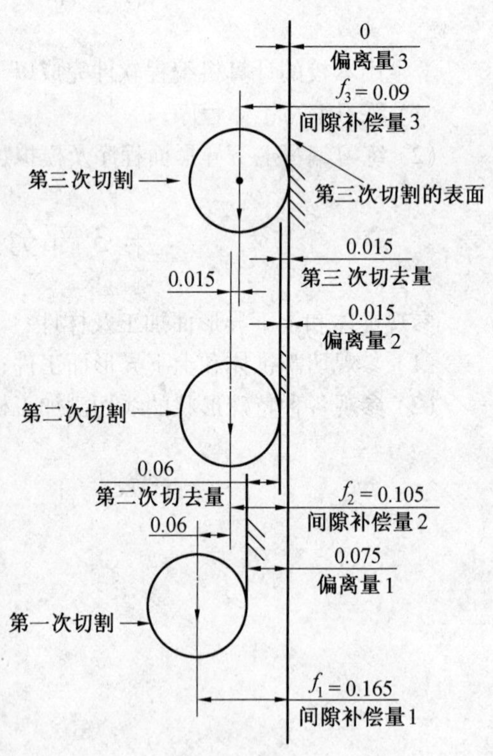

图7.1　三次切割示意图

7.2　用HL编程控制软件做三次切割编程

7.2.1　用HL编程控制软件做凹件三次切割编程

1. 调出图4.21

在主菜单,单击"打开文件",单击文件夹D:\WSNCP\ 中的"4 - 21.DAT",单击"打开",单击"缩放",提示"放大镜系数",输入0.8(回车),得到适当大小的图4.21。

2. 顺图形编写孔的三次切割程序

(1) 输入加工起始点和加工切入点,确定切割方向。

单击"主菜单"中的"数控程序",单击"数控菜单"中的"加工路线",提示"加工起始点",输入5,2.5(回车),提示"加工切入点",输入5,5(回车),在加工切入点处出现一个表示切割方向逆图形方向指向左的红箭头,因要顺图形方向切割,提示"Y/N"时,单击"N"键,该红箭头改变了方向指向右为顺图形方向,提示"Y/N",单击"Y"键确认,提示"尖点圆弧半径",输入0(回车)。

(2) 输入间隙补偿量f。

电极丝半径$r_{丝}=0.09$,第三次切割能量很小$\delta_{电3}=0$,第三次切割的间隙补偿量$f_3=r_{丝}=0.09$,第三次切割的切去量取0.015。第二次切割的间隙补偿量$f_2=r_{丝}+$第三次切去量0.015 =0.105,第一次切割的间隙补偿量$f_1=r_{丝}+$第二次切去量0.06 + 第三次切去量0.015 =0.165,如图7.1所示。

提示"补偿间隙",图中指向孔内表示补偿方向的红箭头为负号,输入 - 0.165(回车),提示"重复切割",单击"Y"键,提示"切割留空",切割的是内孔,不必留空,输入0(回车),提示"第2刀补偿间隙",指示补偿方向箭头向内为负号,输入 - 0.105(回车),提示"重复切割",单击"Y"键,显示图7.2指向图内表示补偿方向的红箭头上是负号,提示"第三刀补偿间隙",输入 - 0.09(回车),提示"重复切割",单击"N"键,屏幕显示红色切割轨迹及白色工件图形,左下角显示:"加工起始点5,2.5;R = 0;F =- 0.09;NC = 33;L = 91.528"。

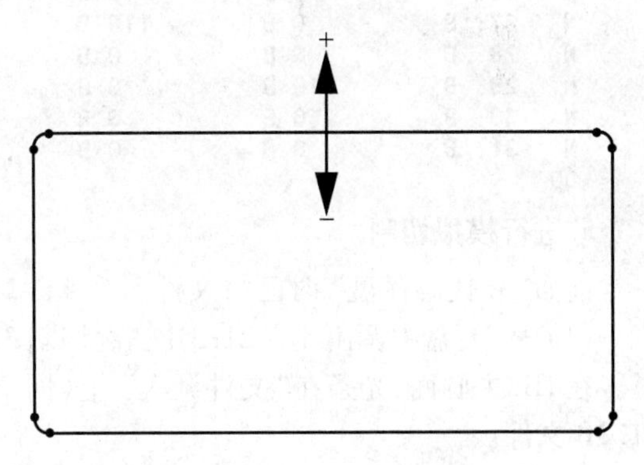

图7.2　指向图内的红箭头上是负号

3. 代码存盘

单击数控菜单中的"代码存盘",提示"已存盘"已将4 - 21.3B的加工代码存入D:盘了。

4. 显示

单击"查看代码",显示表7.1中图4.21的三次切割加工3B代码。查看完毕单击"Esc"键,单击"回退",单击"退出系统",提示"退出系统",单击"Y"键,退至HL主界面。

表7.1 图7.21凹件的三次切割程序

```
Towedm --Version 2.96 D:\WSNCP\4-21.DAT
Conner R= 0.000, Offset F= -0.090, Length= 91.528
************************************************************
Start Point =        5.0000,        2.5000                    X          Y
N    1: B         0 B         0 B      2335 GY L2 ;   5.000,     4.835
N    2: B         0 B         0 B      4800 GX L1 ;   9.800,     4.835
N    3: B         0 B        35 B        35 GY SR1 ;  9.835,     4.800
N    4: B         0 B         0 B      4600 GY L4 ;   9.835,     0.200
N    5: B        35 B         0 B        35 GX SR4 ;  9.800,     0.165
N    6: B         0 B         0 B      9600 GX L3 ;   0.200,     0.165
N    7: B         0 B        35 B        35 GY SR3 ;  0.165,     0.200
N    8: B         0 B         0 B      4600 GY L2 ;   0.165,     4.800
N    9: B        35 B         0 B        35 GX SR2 ;  0.200,     4.835
N   10: B         0 B         0 B      4800 GX L1 ;   5.000,     4.835
R D F
N   11: B         0 B         0 B        60 GY L2 ;   5.000,     4.895
N   12: B         0 B         0 B      4800 GX L3 ;   0.200,     4.895
N   13: B         0 B        95 B        95 GY NR2 ;  0.105,     4.800
N   14: B         0 B         0 B      4600 GY L4 ;   0.105,     0.200
N   15: B        95 B         0 B        95 GX NR3 ;  0.200,     0.105
N   16: B         0 B         0 B      9600 GX L1 ;   9.800,     0.105
N   17: B         1 B        94 B        95 GY NR3 ;  9.895,     0.200
N   18: B         0 B         0 B      4600 GY L2 ;   9.895,     4.800
N   19: B        95 B         0 B        95 GX NR1 ;  9.800,     4.895
N   20: B         0 B         0 B      4800 GX L3 ;   5.000,     4.895
R D
N   21: B         0 B         0 B        15 GY L2 ;   5.000,     4.910
N   22: B         0 B         0 B      4800 GX L1 ;   9.800,     4.910
N   23: B         0 B       110 B       110 GY SR1 ;  9.910,     4.800
N   24: B         0 B         0 B      4600 GY L4 ;   9.910,     0.200
N   25: B       110 B         0 B       110 GX SR4 ;  9.800,     0.090
N   26: B         0 B         0 B      9600 GX L3 ;   0.200,     0.090
N   27: B         0 B       110 B       110 GY SR3 ;  0.090,     0.200
N   28: B         0 B         0 B      4600 GY L2 ;   0.090,     4.800
N   29: B       110 B         0 B       110 GX SR2 ;  0.200,     4.910
N   30: B         0 B         0 B      4800 GX L1 ;   5.000,     4.910
N   31: B         0 B         0 B      2410 GY L4 ;   5.000,     2.500
DD
```

5. 进行模拟切割

前面“3. 代码存盘”时已将文件名为4－21.3B的三次切割程序存入D:盘中了。

(1) 从D:盘中调出4－21.3B三次切割3B程序存入G:虚拟盘中。

在HL主画面,光条在“文件调入”上(回车),显示“G:虚拟盘图形文件”,其中没有4－21.3B文件。

单击“F4”键,显示“调磁盘”菜单,移动光条到“D:磁盘”上(回车),显示“D:\WSNCP图形文件”,移动光条到“4－21.3B”上,单击“F3”键,显示“存盘”菜单,移动光条到“G:虚拟盘”上(回车),显示“OK!”,“嘟”的一声,4－21.3B已存入“G:虚拟盘”中,单击“Esc”键,返回HL主界面。

(2) 进行模拟切割。

① 调出图形调整到适当大小。移动光条到模拟切割上(回车),显示“G:虚拟盘加工文件”,移动光条到“4－21.3B”上(回车),显示模拟切割界面,单击“+”和“↑↓→←”键,将图形放大到适当大小,并位于屏幕中间。

② 开始模拟切割。单击“F1”键,提示“起始段1”(回车),提示“终点段31”(回车),开始模拟切割,当表示电极丝轨迹的黄色线端点移动至图形右上边上时,单击“空格”键使模

拟停止，如图7.3所示，图中第一条黄色程序是已经切割完的，第二条草绿色程序是正在切割的，第三条红色程序是准备要切割的，切割点的坐标X'后面的数值是当时的X坐标值，Y'后面的数值是当时的Y坐标值2 335，在切割这条水平直线的过程中，该Y坐标值是不变化的（回车），继续模拟切割，第一次（顺图形）切割完后，开始第二次（逆图形）切割，切割至右上边时单击“空格”键暂停，这时的Y'坐标值是2 395，比第一次切割的Y坐标值大2 395 - 2 335 =60，如图7.4所示（回车）。继续模拟切割完毕，开始顺图形做第三次顺图形模拟切割至右上边，单击“空格”键暂停，Y'后显示2 410，如图7.5（回车）所示，继续切割至起始点上（回车），移动光条到“停止”上（回车），单击“Esc”键，返回HL主界面。

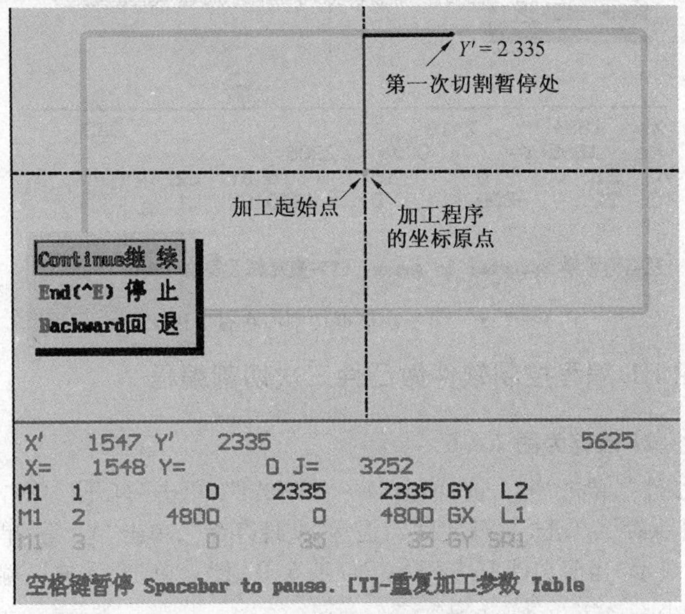

图7.3　第一次模拟切割停在右上边上

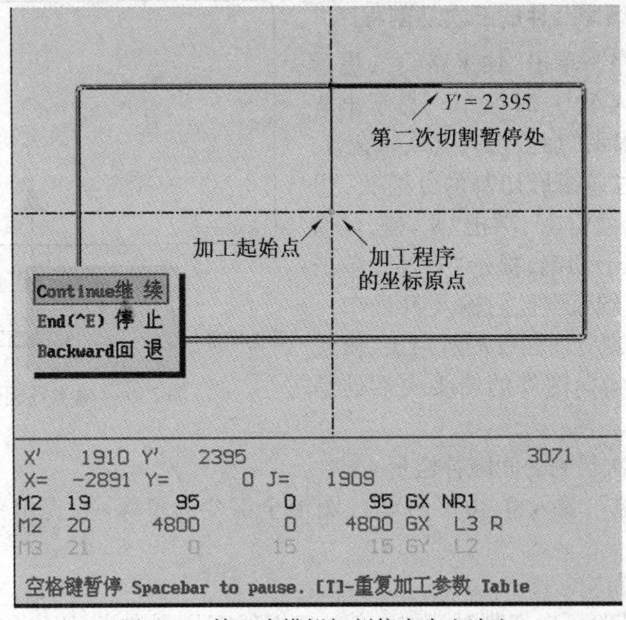

图7.4　第二次模拟切割停在右上边上

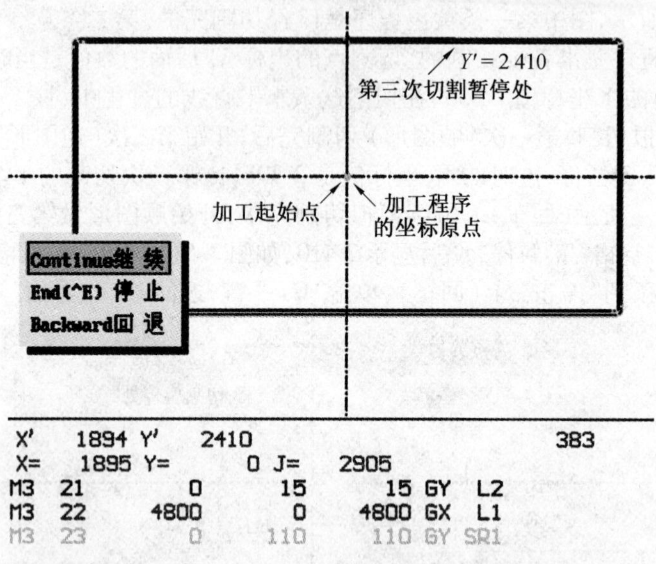

图 7.5　第三次模拟切割停在右上边上

7.2.2　用 HL 编程控制软件做凸件三次切割编程

1. 调出图 4 - 21 改存为图 7 - 6

单击“打开文件”,单击“F4” 键,单击“4 - 21. DAT”,单击“打开”,单击“文件另存为”,输入7 - 6,单击“保存”,单击“打开文件”,提示“文件存盘”,单击“Y” 键,单击“打开”,在打开的图形右下角显示“当前文件 D:\WSNCP\7 - 6. DAT”。单击“缩放”,输入 0.6(回车),将图缩至适当大小。

2. 顺图 7 - 6 编写凸件的三次切割程序

单击“数控程序”,单击“加工路线”,提示“加工起始点”,输入 5, - 3(回车),显示出草绿色加工起始点,提示“加工切入点”,输入 5,0(回车),显示向右逆图形切割的红箭头,想要顺图形切割,提示“Y/N”,单击“N” 键,红箭头改指向左边顺图形切割,提示“Y/N”,单击“Y” 键,提示“尖点圆弧半径”,输入0(回车),在加工切入点处出现方向相反的红箭头,供选择间隙补偿方向,指向图外的箭头尖端处是“+” 号(图 7.6)。

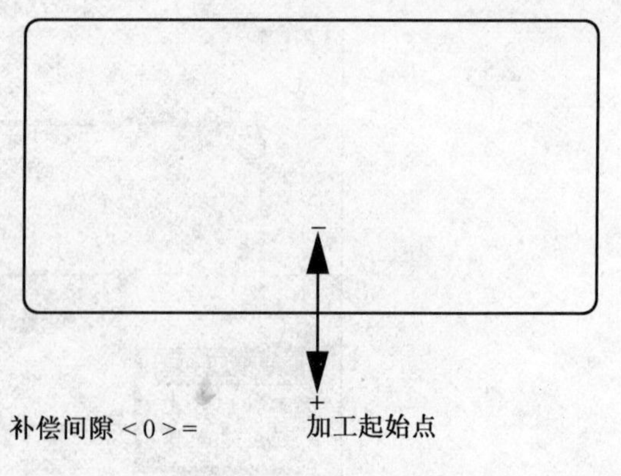

图 7.6　输尖点圆弧半径后

(1) 输入第一次切割的间隙补偿量。

提示“补偿间隙”,输入 0.165(回车),图形全部变为草绿色,提示“重复切割”,单击“Y” 键。

(2) 输入切割留空。

切割凸件时,若第一次切割时就把全部轮廓图线都切割完毕,切出的凸件会掉落下去,也就不可能进行第二次和第三次切割了。所以应留出一小段轮廓线(切割留空) 先不切割,以便用以支承着凸件，当最后一次切割完毕时才把这小段“切割留空”切掉。

提示“切割留空（负值过切入点停）”，输入 1（回车）。显示第一次切割的电极丝中心轨迹及切割留空（图 7.7）。

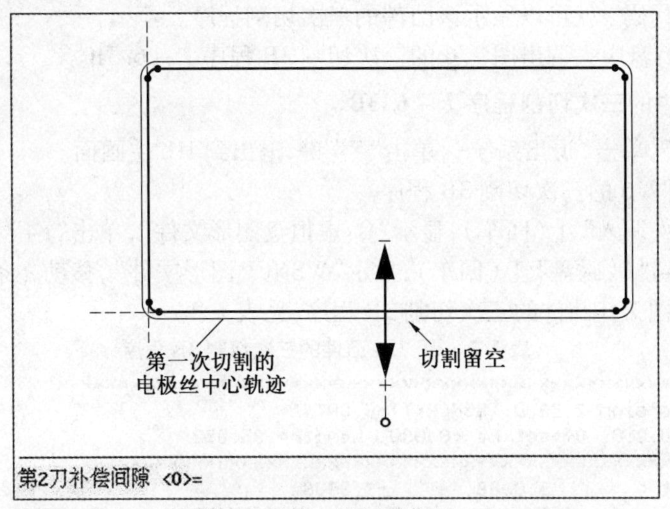

图 7.7　输入切割留空后

（3）输入第二次切割的间隙补偿量。

显示有切割留空的图 7.7，提示“第 2 刀补偿间隙”，输入 0.105（回车），提示“重复切割”，单击“Y”键，图中显示出第一次和第二次切割的电极丝中心轨迹。

（4）输入第三次切割的间隙补偿量。

提示“第 3 刀补偿间隙”，输入 0.09（回车），提示“重复切割”，单击“N”键。

（5）输入切割留空间隙补偿量。

提示“最后一刀补偿间隙”，因为切割留空处须切去的金属比其他部分的厚，需把间隙补偿量减少一点，才不会留有微凸的痕迹，这个减小的量需要根据具体条件确定，此处仍输入 0.09（回车）。

（6）显示三次切割图形和有关参数。

显示出图 7.8 所示三次切割的图形及有关参数。

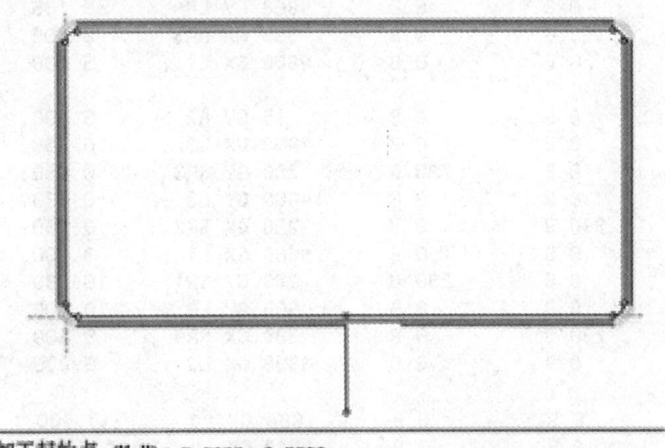

图 7.8　输入完各次间隙补偿量后

(7) 代码存盘。

单击“代码存盘”,显示“已存盘”,已将编好的凸件三次切割程序7－6.3B存入D:盘中。

(8) 显示已编好的凸件的三次切割程序。

单击“查看代码”就可以显示该凸件的三次切割程序。

现在是到D:盘中去调出图7.6的三次切割3B程序7－6.3B。

3.调D:盘中的三次切割程序7－6.3B

单击“回退”,单击“退出系统”,单击“Y”键,退出到HL主画面。

(1) 调出图7.6的三次切割3B程序。

光条在“文件调入”上(回车),显示“G:虚拟盘图形文件”,单击“F4”键,显示“调磁盘”菜单,移动光条到“D:磁盘”上(回车),显示“WSNCP图形文件”,移动光条到“7－6.3B”上(回车),显示出图7.6凸件的三次切割3B程序,见表7.2。

表7.2 图7.6凸件的三次切割3B程序

```
************************************************************
Towedm --Version 2.96 D:\WSNCP\T7-6.DAT
Conner R= 0.000, Offset F= -0.090, Length= 95.052
************************************************************
Start Point =        5.0000,      -3.0000              X          Y
N    1: B       0 B       0 B    2835 GY L2 ;     5.000,    -0.165
N    2: B       0 B       0 B    4800 GX L3 ;     0.200,    -0.165
N    3: B       0 B     365 B     365 GY SR3 ;   -0.165,     0.200
N    4: B       0 B       0 B    4600 GY L2 ;    -0.165,     4.800
N    5: B     365 B       0 B     365 GX SR2 ;    0.200,     5.165
N    6: B       0 B       0 B    9600 GX L1 ;     9.800,     5.165
N    7: B       0 B     365 B     365 GY SR1 ;   10.165,     4.800
N    8: B       0 B       0 B    4600 GY L4 ;    10.165,     0.200
N    9: B     365 B       0 B     365 GX SR4 ;    9.800,    -0.165
N   10: B       0 B       0 B    3800 GX L3 ;     6.000,    -0.165
R D
N   11: B       0 B       0 B      60 GY L2 ;     6.000,    -0.105
N   12: B       0 B       0 B    3800 GX L1 ;     9.800,    -0.105
N   13: B       0 B     305 B     305 GY NR4 ;   10.105,     0.200
N   14: B       0 B       0 B    4600 GY L2 ;    10.105,     4.800
N   15: B     305 B       0 B     305 GX NR1 ;    9.800,     5.105
N   16: B       0 B       0 B    9600 GX L3 ;     0.200,     5.105
N   17: B       0 B     305 B     305 GY NR2 ;   -0.105,     4.800
N   18: B       0 B       0 B    4600 GY L4 ;    -0.105,     0.200
N   19: B     305 B       0 B     305 GX NR3 ;    0.200,    -0.105
N   20: B       0 B       0 B    4800 GX L1 ;     5.000,    -0.105
R D
N   21: B       0 B       0 B      15 GY L2 ;     5.000,    -0.090
N   22: B       0 B       0 B    4800 GX L3 ;     0.200,    -0.090
N   23: B       0 B     290 B     290 GY SR3 ;   -0.090,     0.200
N   24: B       0 B       0 B    4600 GY L2 ;    -0.090,     4.800
N   25: B     290 B       0 B     290 GX SR2 ;    0.200,     5.090
N   26: B       0 B       0 B    9600 GX L1 ;     9.800,     5.090
N   27: B       0 B     290 B     290 GY SR1 ;   10.090,     4.800
N   28: B       0 B       0 B    4600 GY L4 ;    10.090,     0.200
N   29: B     290 B       0 B     290 GX SR4 ;    9.800,    -0.090
N   30: B       0 B       0 B    3800 GX L3 ;     6.000,    -0.090
R D
N   31: B       0 B       0 B    1000 GX L3 ;     5.000,    -0.090
N   32: B       0 B       0 B    2910 GX L4 ;     5.000,    -3.000
D D
```

4. 将表7.2凸件的三次切割3B程序存入G:虚拟盘中

单击“F3”键,提示存盘的“文件名”,将文件名改输为G:7 - 6.3B(回车),显示“OK!”,“嘟”的一声,已将7 - 6.3B存入G:虚拟盘。单击“Esc”键,返回HL主界面。

5. 进行模拟切割

(1) 调出图形调整到适当大小。

移动光条到“模拟切割”上(回车),显示“G:虚拟盘加工文件”,其中已有刚才存入的“7 - 6.3B”,移动光条到“7 - 6.3B”上(回车),显示“7 - 6.3B”带切入线的图形,单击“+”和“↑↓→←”键,将图形放大到适当大小,并位于屏幕中间。

(2) 开始模拟切割。

① 第一次切割。单击“F1”键,提示“起始段:1”(回车),提示“终止段:32”(回车),从起始点顺时针方向用黄色表示第一次切割的电极丝中心轨迹,当模拟至图线右上边线上时,单击“空格”键使模拟停止,如图7.9所示,Y′ = 8 165,按回车继续模拟切割到切割留空处。

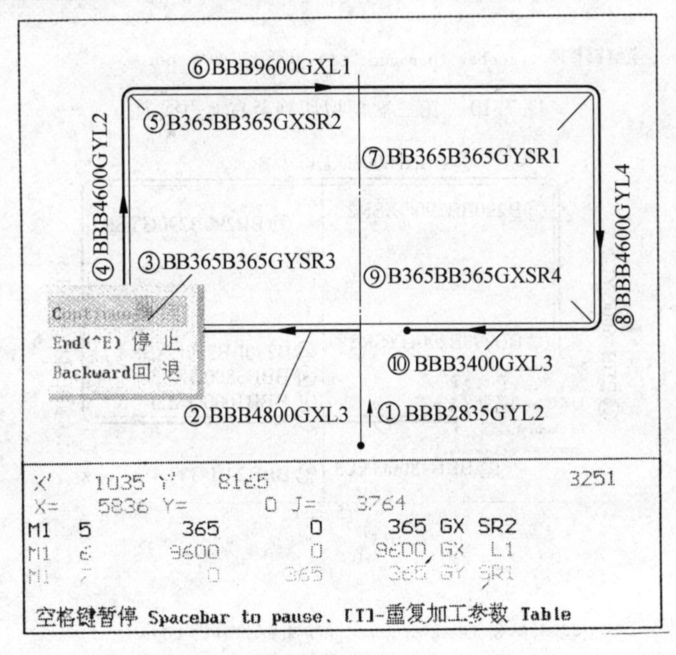

图7.9　第一次模拟切割至右上边线上

② 第二次切割。自动从切割留空处反时针方向用浅蓝色表示模拟切割轨迹,当模拟到图线右上边线上时,单击“空格”键,使模拟停止,如图7.10所示,Y′ = 8 105,按回车键继续切割到切割留空左端处。

③ 第三次切割。自动从切割留空左端改为顺时针方向用草绿色表示切割轨迹,当切割到右上边线上时,单击“空格”键暂停,如图7.11所示,Y′ = 8 090,单击“回车”键继续切割,从表7.2中每条程序的终点坐标值可以看出,第30条向左切到“切割留空”之前,该条程序的终点坐标值为6,- 0.09,第31条程序继续向左把“切割留空”切下来,该条程序的终点坐标值为5,- 0.09。

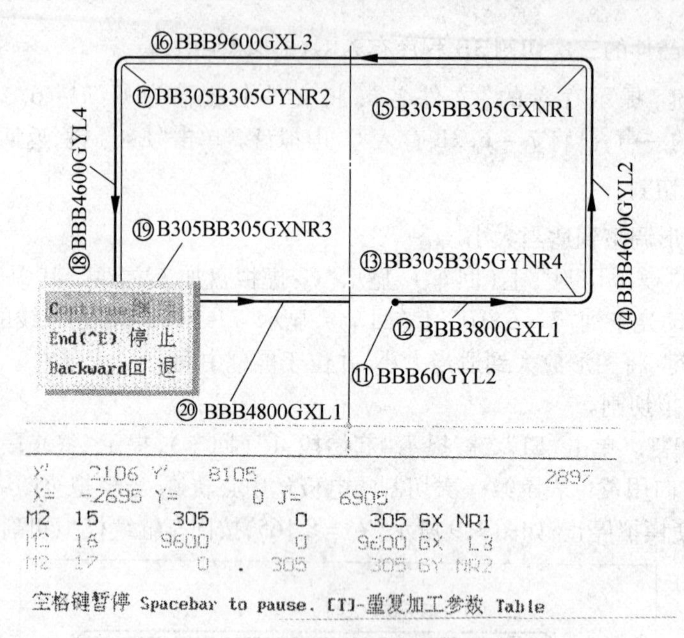

图 7.10　第二次模拟切割至右上边线上

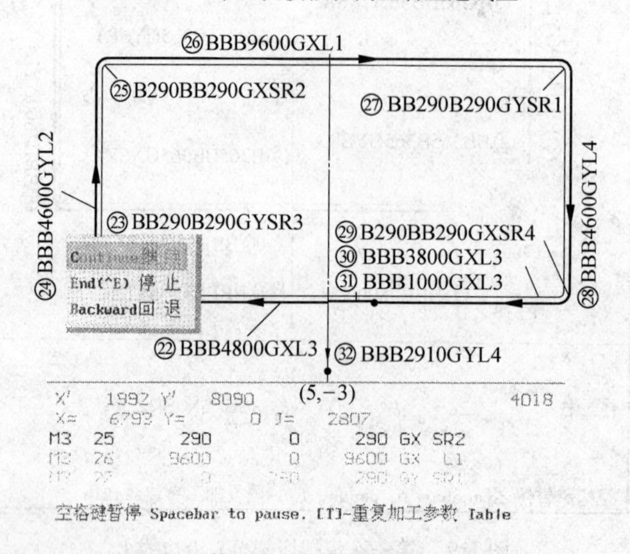

图 7.11　第三次模拟切割到右上边线上

7.3　用 HF 计算机编程控制软件做凹件三次切割编程

7.3.1　用 HF 计算机编程控制软件做凹件三次切割编程

1. 调出图 4 – 37

单击“全绘式编程”中的“清屏”，单击“调图”，单击“调轨迹线图”，提示“要调的文件名”，输入 4 – 37(回车)，调出 10 × 5、四个圆角 $R = 0.2$ 的长方图形，单击“退出”，单击“缩放”，单击图形的左上角和右下角，将图形适当放大。单击“Esc” 键。

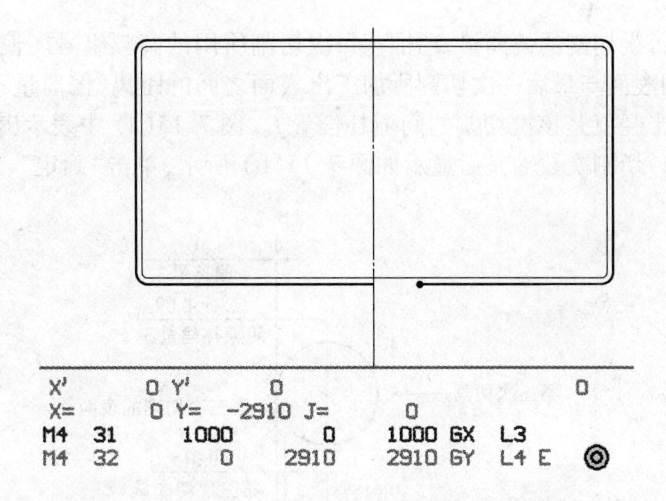

图7.12　切下切割留空之后

2. 作引入线和引出线

单击“引入线和引出线”，单击“作引线(端点法)”，提示“引入线的起点”，输入5，2.5(回车)，提示“引入线终点”，输入5,5(回车)，作出黄色引入线，提示“尖角修圆”(回车)，引入线上端出现一个指向左的红箭头，表示逆图形切割，现要顺图形切割，提示“另换方向(鼠标左键)”，单击鼠标左键，引入线上端的红箭头改为指向右，表示顺图形切割向图内补偿，如图7.13所示，单击鼠标右键，单击“退出”。

3. 存图

单击“存图”，单击“存轨迹线图”，提示“存入轨迹线的文件名”，输入7－13(回车)，单击“退出”，退回到“全绘式编程”。

4. 输入间隙补偿值

单击“执行2”，提示“间隙补偿值f=”，输入0.09(回车)，显示有切入线和绿色内圈补偿后电极丝中心轨迹线的图形(图7.14)。

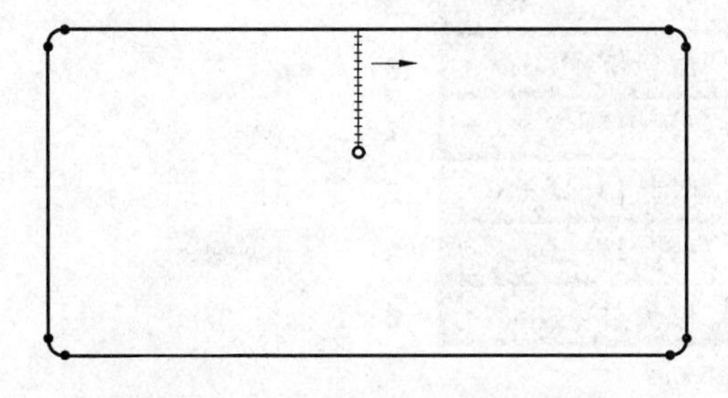

图7.13　顺时针切割向图内补偿

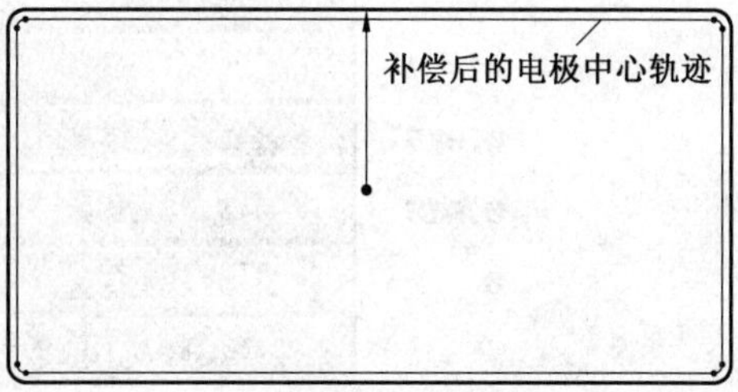

补偿后的电极中心轨迹

图7.14　输入f = 0.09后的图形

5. 确定切割次数生成G代码加工单

(1) 确定切割次数。

单击“后置”，显示出确定切割次数的菜单，单击“切割次数”，显示输切割次数的菜单，切割次数最多为7次，本例是3次，单击“切割次数”，输入3(回车)，切割次数确定为3次，菜单中自动推荐出每次切割的偏离量,还推荐每次切割所用的高频组号。偏离量是指每次切割时,电极丝外圆表面与最后一次切割所加工出表面之间的距离,偏离量不是间隙补偿量,偏离量加电极丝半径就是该次切割的间隙补偿量 f。图 7.15(a) 中表示出三次切割的偏离量和间隙补偿量。切割次数输完后显示如图 7.15(b) 所示,单击“确定”,显示生成 G 代码菜单。

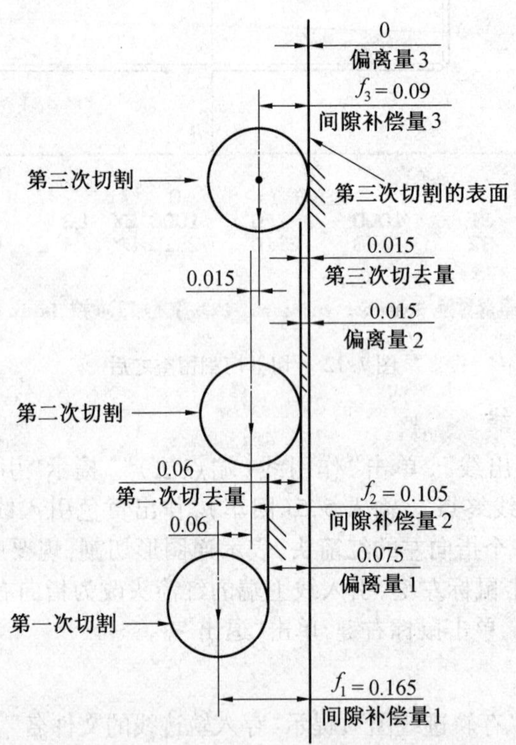

(a)　三次切割的偏离量和间隙补偿量

文件名:　7-13
补偿f=　0.090

	确　定	切割次数 (1-7)	3
0	过切量(mm)	凸模台阶宽(mm)	0
0.075	第1次偏离量	高频组号(1-7)	1
0.015	第2次偏离量	高频组号(1-7)	2
0	第3次偏离量	高频组号(1-7)	3
	开始切割台阶时高频组号(1-7)(自动=0)		0

注1: 如过切量<0,则过切后沿引出线回终点.
注2: 如凸模台阶宽<0,则仅最后一次切割台阶(切割次数=3,5,7时适用).
注3: 关于偏离量: 第1次>第2次>第3次...,最后次一般=0.
注4: 关于高频组号: 如高频与控制卡未分组连接,则组号无效.

(b)　输入切割次数 3 后

图 7.15　三次切割的偏离量

(2) 生成G代码加工单。

单击“生成平面G代码加工单”,出现“显示G代码及存盘”菜单如图7.16所示。

单击“G代码加工单存盘”,提示“请给出存盘文件名”,输入B7 - 3(回车)。

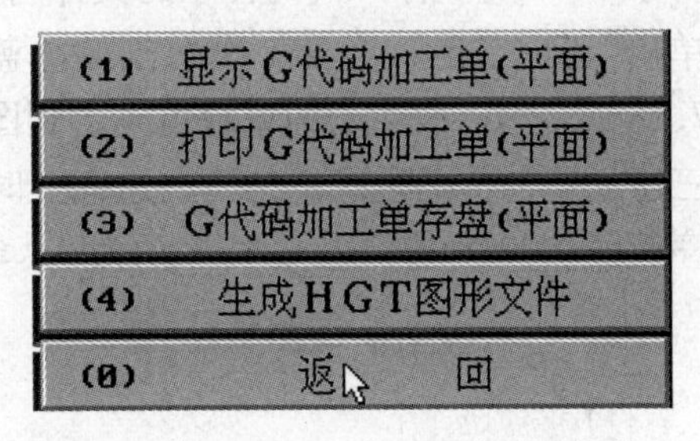

图7.16　“显示G代码及存盘”菜单

6. 显示G代码加工单

单击“显示G代码加工单”,显示表7.3,图7.6顺时针三次切割的G代码。查看完毕单击“Esc”键,单击“返回主菜单”。

表7.3　图7.6顺时针三次切割的G代码

```
N0000 G92 X0Y0Z0 {f= 0.090 x= 5.0 y= 2.50}
N0001 G01 X    0.0000 Y    2.1100  ( LEAD IN )
N0002 G01 X    0.0000 Y    2.3350
N0003 M11
N0004 G01 X    4.8000 Y    2.3350
N0005 G02 X    4.8350 Y    2.3000 I    4.8000 J    2.3000
N0006 G01 X    4.8350 Y   -2.3000
N0007 G02 X    4.8000 Y   -2.3350 I    4.8000 J   -2.3000
N0008 G01 X   -4.8000 Y   -2.3350
N0009 G02 X   -4.8350 Y   -2.3000 I   -4.8000 J   -2.3000
N0010 G01 X   -4.8350 Y    2.3000
N0011 G02 X   -4.8000 Y    2.3350 I   -4.8000 J    2.3000
N0012 G01 X    0.0000 Y    2.3350
N0013 G01 X    0.0000 Y    2.3950
N0014 M12
N0015 G01 X    4.8000 Y    2.3950
N0016 G02 X    4.8950 Y    2.3000 I    4.8000 J    2.3000
N0017 G01 X    4.8950 Y   -2.3000
N0018 G02 X    4.8000 Y   -2.3950 I    4.8000 J   -2.3000
N0019 G01 X   -4.8000 Y   -2.3950
N0020 G02 X   -4.8950 Y   -2.3000 I   -4.8000 J   -2.3000
N0021 G01 X   -4.8950 Y    2.3000
N0022 G02 X   -4.8000 Y    2.3950 I   -4.8000 J    2.3000
N0023 G01 X    0.0000 Y    2.3950
N0024 G01 X    0.0000 Y    2.4100
N0025 M13
N0026 G01 X    4.8000 Y    2.4100
N0027 G02 X    4.9100 Y    2.3000 I    4.8000 J    2.3000
N0028 G01 X    4.9100 Y   -2.3000
N0029 G02 X    4.8000 Y   -2.4100 I    4.8000 J   -2.3000
N0030 G01 X   -4.8000 Y   -2.4100
N0031 G02 X   -4.9100 Y   -2.3000 I   -4.8000 J   -2.3000
N0032 G01 X   -4.9100 Y    2.3000
N0033 G02 X   -4.8000 Y    2.4100 I   -4.8000 J    2.3000
N0034 G01 X    0.0000 Y    2.4100
N0035 G01 X    0.0000 Y    2.1100
N0036 M10
N0037 G01 X    0.0000 Y    0.0000  { LEAD OUT }
N0038 M02
```

7. 空走

单击“加工”，显示加工界面（图7.17），单击“读盘”，单击“读G代码程序”，显示“C:\目录下”，其中有G代码程序的文件名，单击“B7－3.2NC”，显示切割的图形，单击“空走”，单击“正向空走”，当第一次切割的深蓝色线走到图形右上边线上时，Y坐标显示2 335（图7.18），当第二次切割的草绿色线走到图形右上边线上时，Y坐标显示2 395（图7.19）。当第三次切割的深蓝色线走到右上边线上时，Y坐标显示2 410（图7.20），第三次切割完毕时，程序行号M0038，X、Y坐标均显示为0。单击“退出”，单击“返回主菜单”。

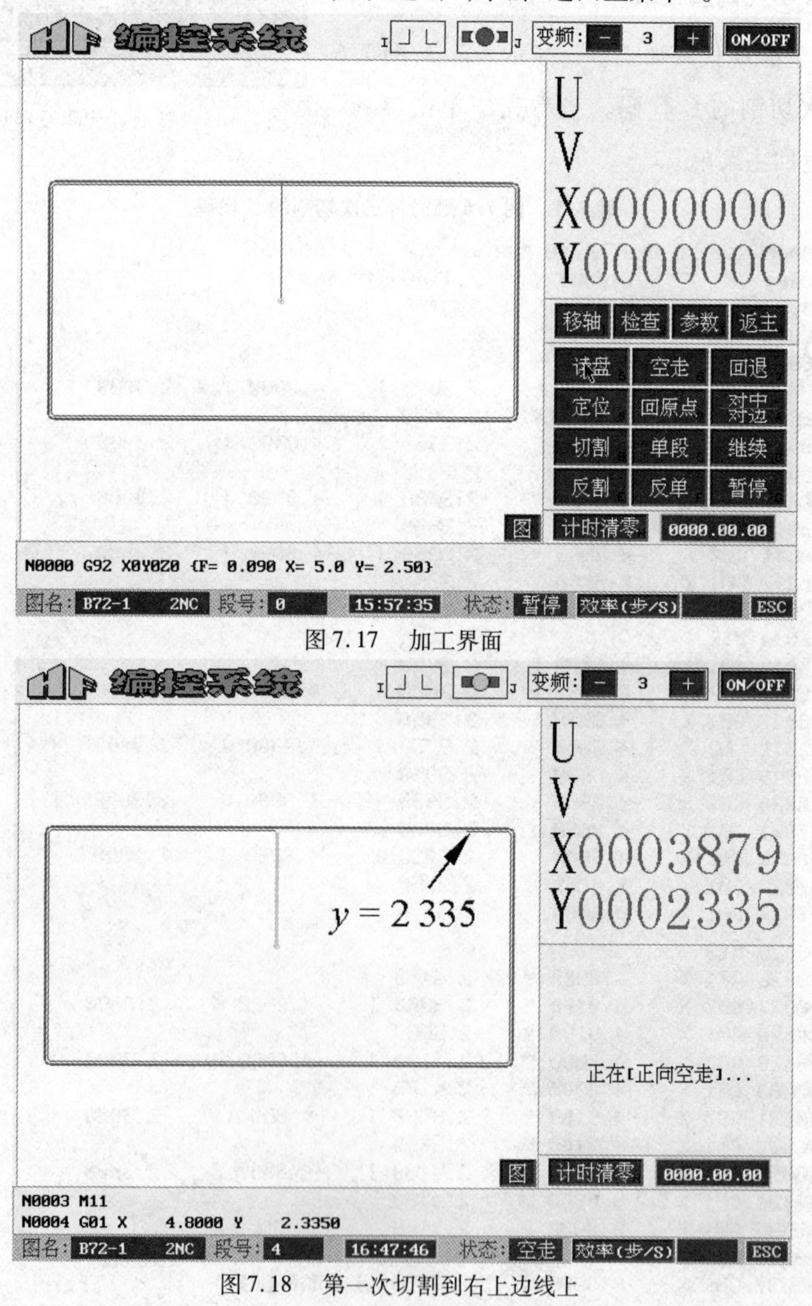

图7.17 加工界面

图7.18 第一次切割到右上边线上

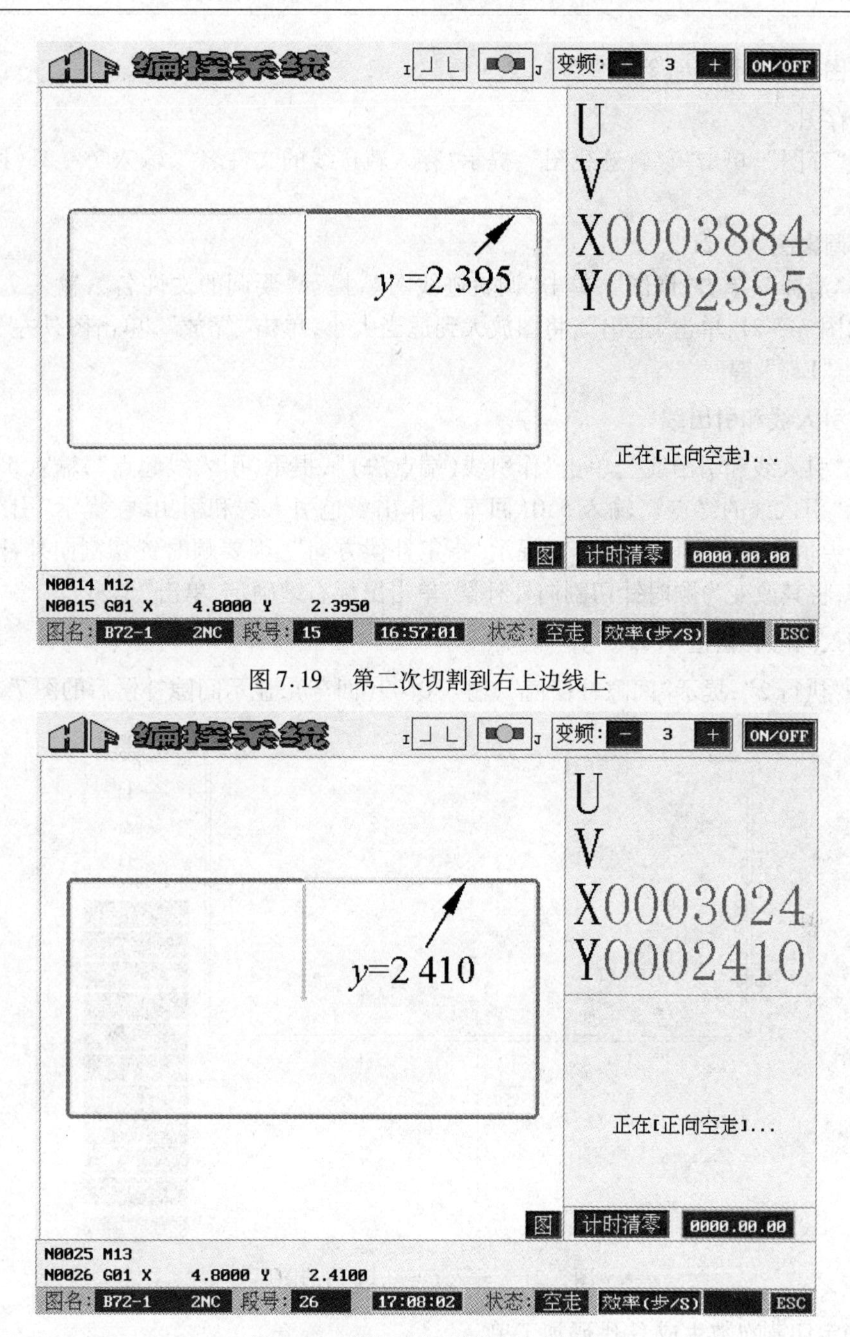

图 7.19　第二次切割到右上边线上

图 7.20　第三次切割到右上边线上

7.3.2　用 HF 计算机编程控制软件做凸件三次切割编程

1. 调出图 4 - 37

单击全绘式编程中的“清屏”，单击“调图”，单击“调轨迹线图”，提示“要调图的文件名”，输入 4 - 37（回车），调出该长方形图形。

2. 将图号改为图7 - 21

(1) 存图。

单击“存图”,单击“存轨迹线图”,提示“存入轨迹线的文件名”,输入7 - 21(回车),单击“退出”。

(2) 调出图7 - 21。

单击“清屏”,单击“调图”,单击“调轨迹线图”,提示“要调的文件名”,输入7 - 21(回车),调出图7 - 21,单击“退出”,将图放大到适当大小,单击“缩放”,单击图外左上角和右下角,单击“Esc”键。

3. 作引入线和引出线

单击“引入线和引出线”,单击“作引线(端点法)”,提示“引入线起点”,输入5, - 3(回车),提示“引入线的终点”,输入5,0(回车),作出黄色引入线和引出线,提示“引线括号内自动进行尖角修圆的半径”(回车),提示“指定补偿方向”,因要顺时针切割向外补偿,单击鼠标左键,将其改变为顺时针切割向外补偿,单击鼠标右键确定,单击“退出”。

4. 输入间隙补偿值0.09

单击“执行2”,提示“间隙补偿值”,输入0.09(回车),显示间隙补偿后的图7.21。

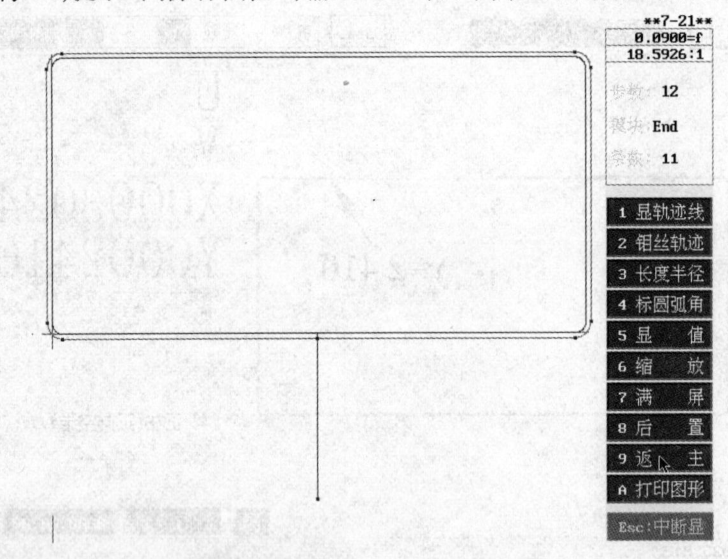

图7.21　输入$f = 0.09$后的图形

5. 确定切割次数生成G代码加工单

(1) 确定切割次数。

单击“后置”,显示能输入切割次数的菜单(图7.22),单击“切割次数”,显示图7.23,单击“切割次数”,输入3(回车),显示图7.24。

(2) 确定切割暂留量(凸模台阶宽)。

第一次和第二次切割时,不能把凸件全部切下,需留下一小段不切,称为切割暂留量或称为凸模台阶宽,用以支承着凸件,等到最后一次切割时才把它切下。单击“凸模台阶宽”输入1(回车),切割三次的偏离量及高频组号,软件推荐出适当数值,还可以根据经验进行每项修改,如图 7.24 所示,单击“确定”,显示图 7.25。

文件名: 7-21
补偿f= 0.090
(1) 生成平面G代码加工单...
(2) 生成3B式代码加工单...
(3) 生成一般锥度加工单 ...
(4) 生成变锥锥度加工单 ...
(5) 切 割 次 数
(0) 返 回 主 菜 单
切割次数=1
过切量=0

图 7.22　生成平面 G 代码加工单

文件名: 7-21
补偿f= 0.090
确 定
切割次数(1-7)
1
过切量(mm)
0
注1: 如过切量<0,则过切后沿引出线回终点.

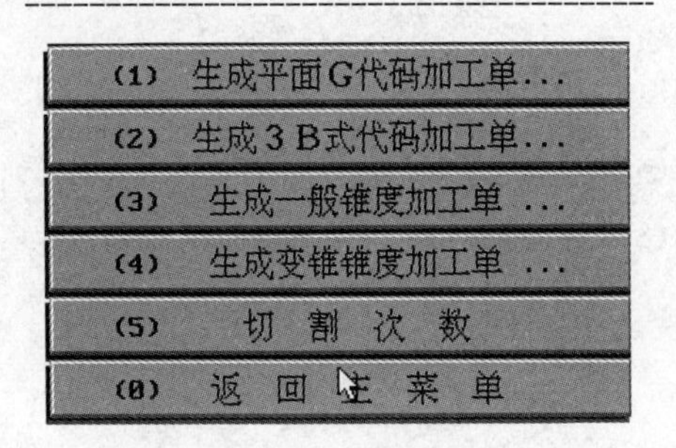

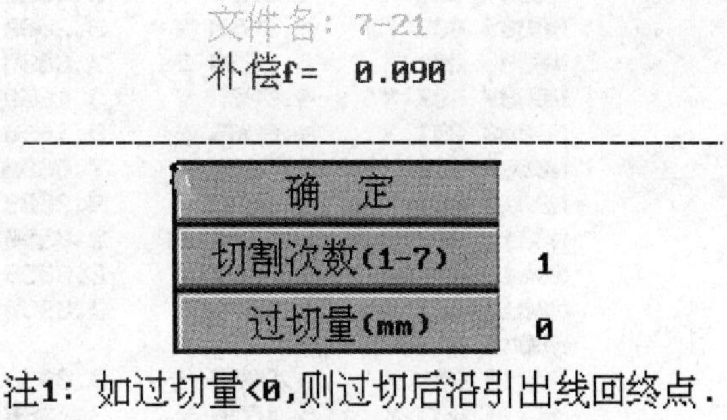

图 7.23　输入切割次数菜单

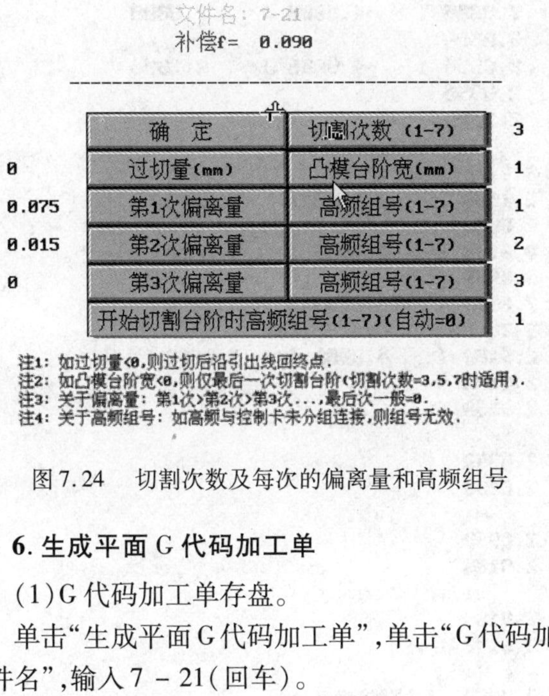

文件名: 7-21
补偿f= 0.090
确 定
切割次数 (1-7)
3
0
过切量(mm)
凸模台阶宽(mm)
1
0.075
第1次偏离量
高频组号(1-7)
1
0.015
第2次偏离量
高频组号(1-7)
2
0
第3次偏离量
高频组号(1-7)
3
开始切割台阶时高频组号(1-7)(自动=0)
1
注1: 如过切量<0,则过切后沿引出线回终点.
注2: 如凸模台阶宽<0,则仅最后一次切割台阶(切割次数=3,5,7时适用).
注3: 关于偏离量: 第1次>第2次>第3次....,最后次一般=0.
注4: 关于高频组号: 如高频与控制卡未分组连接,则组号无效.

图 7.24　切割次数及每次的偏离量和高频组号

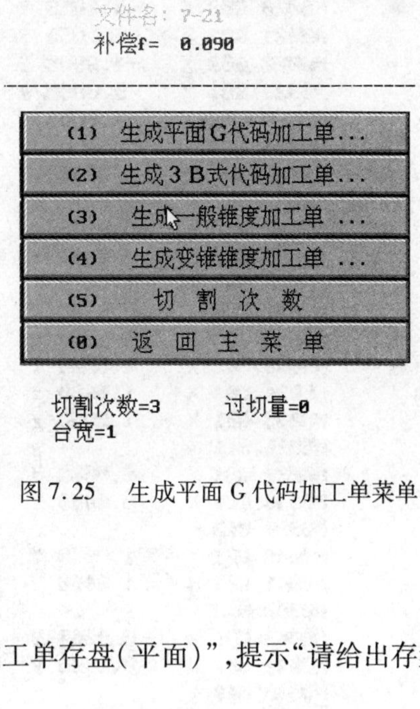

文件名: 7-21
补偿f= 0.090
(1) 生成平面G代码加工单...
(2) 生成3B式代码加工单...
(3) 生成一般锥度加工单 ...
(4) 生成变锥锥度加工单 ...
(5) 切 割 次 数
(0) 返 回 主 菜 单
切割次数=3
过切量=0
台宽=1

图 7.25　生成平面 G 代码加工单菜单

6. 生成平面 G 代码加工单

(1)G 代码加工单存盘。

单击“生成平面 G 代码加工单”,单击“G 代码加工单存盘(平面)”,提示“请给出存盘的文件名”,输入 7 - 21(回车)。

(2) 显示 G 代码加工单。

单击“显示 G 代码加工单(平面)”,显示出图 7.21 的 G 代码加工单,见表 7.4。

读完程序后,单击“Esc” 键,单击“返回主菜单”。

7. 空走

(1) 第一次切割。

单击“加工”,显示加工界面(图 7.17),单击“读盘”,单击“读 G 代码”,显示“C:\HF 目录下”,单击目录中的“7 - 21.2NC”,显示切割的图形,单击“空走”,单击“正向空走”,当切割至图形右下边线上时,Y 坐标显示 2 835(图 7.26)。

表 7.4 凸件图 7.21 三次切割 G 代码加工单

```
N0000 G92 X0Y0Z0 {f= 0.090 x= 5.0 y=-3.0}
N0001 G01 X     0.0000 Y     2.6100  { LEAD IN }
N0002 G01 X     0.0000 Y     2.8350
N0003 M11
N0004 G01 X    -4.8000 Y     2.8350
N0005 G02 X    -5.1650 Y     3.2000 I   -4.8000 J    3.2000
N0006 G01 X    -5.1650 Y     7.8000
N0007 G02 X    -4.8000 Y     8.1650 I   -4.8000 J    7.8000
N0008 G01 X     4.8000 Y     8.1650
N0009 G02 X     5.1650 Y     7.8000 I    4.8000 J    7.8000
N0010 G01 X     5.1650 Y     3.2000
N0011 G02 X     4.8000 Y     2.8350 I    4.8000 J    3.2000
N0012 G01 X     1.0000 Y     2.8350
N0013 G01 X     1.0000 Y     2.8950
N0014 M12
N0015 G01 X     4.8000 Y     2.8950
N0016 G03 X     5.1050 Y     3.2000 I    4.8000 J    3.2000
N0017 G01 X     5.1050 Y     7.8000
N0018 G03 X     4.8000 Y     8.1050 I    4.8000 J    7.8000
N0019 G01 X    -4.8000 Y     8.1050
N0020 G03 X    -5.1050 Y     7.8000 I   -4.8000 J    7.8000
N0021 G01 X    -5.1050 Y     3.2000
N0022 G03 X    -4.8000 Y     2.8950 I   -4.8000 J    3.2000
N0023 G01 X     0.0000 Y     2.8950
N0024 G01 X     0.0000 Y     2.9100
N0025 M13
N0026 G01 X    -4.8000 Y     2.9100
N0027 G02 X    -5.0900 Y     3.2000 I   -4.8000 J    3.2000
N0028 G01 X    -5.0900 Y     7.8000
N0029 G02 X    -4.8000 Y     8.0900 I   -4.8000 J    7.8000
N0030 G01 X     4.8000 Y     8.0900
N0031 G02 X     5.0900 Y     7.8000 I    4.8000 J    7.8000
N0032 G01 X     5.0900 Y     3.2000
N0033 G02 X     4.8000 Y     2.9100 I    4.8000 J    3.2000
N0034 G01 X     1.0000 Y     2.9100
N0035 G01 X     1.0000 Y     2.8350
N0036 M11
N0037 G01 X     0.0000 Y     2.8350
N0038 G01 X     0.0000 Y     2.8950
N0039 M12
N0040 G01 X     1.0000 Y     2.8950
N0041 G01 X     1.0000 Y     2.9100
N0042 M13
N0043 G01 X     0.0000 Y     2.9100
N0044 G01 X     0.0000 Y     2.6100
N0045 M10
N0046 G01 X     0.0000 Y     0.0000  { LEAD OUT }
N0047 M02
```

(2) 第二次切割。

当切割至切割留空右端时,改变切割方向,用草绿色逆时针方向切割,在右下边线上时,Y 坐标显示 2 895(图 7.27),继续逆时针方向切割。

(3) 第三次切割。

当第二次切割到切割留空左端时,改变为顺时针方向用蓝色表示切割路径,当切割到右下边线上时,Y 坐标值为 2 910(图 7.28)。

(4) 切下切割留空(图 7.29)。

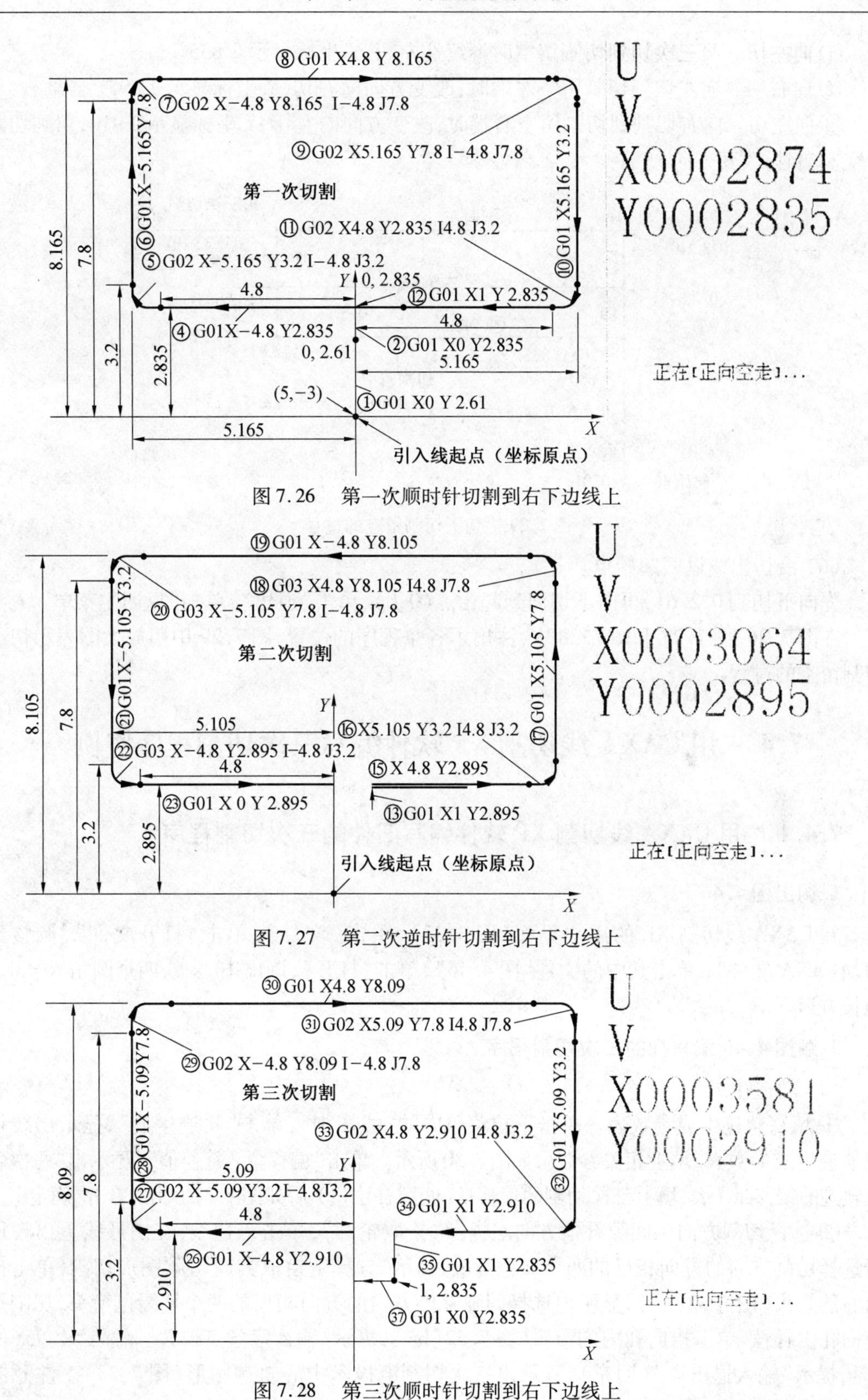

图7.26　第一次顺时针切割到右下边线上

图7.27　第二次逆时针切割到右下边线上

图7.28　第三次顺时针切割到右下边线上

① 向左切。第三次切到切割留空时继续往左切,Y 坐标显示 2 835。

② 向右切。向左切到切割留空左端时,改变方向向右切,Y 坐标显示 2 895。

③ 向左切。向右切割到切割留空右端时,改变方向向左切,Y 坐标显示 2 910,切到切割留空左端时,改变方向。

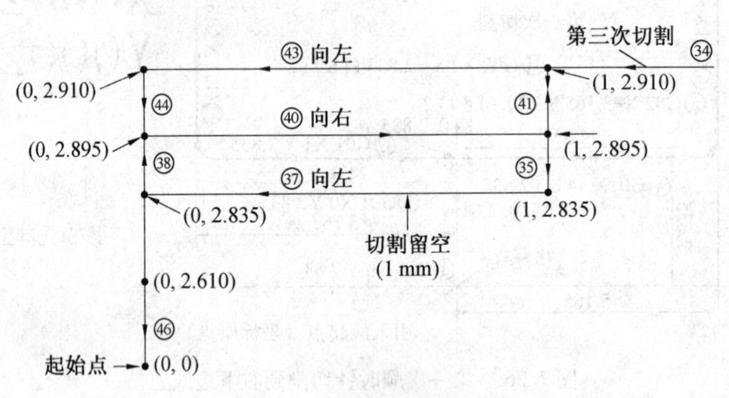

图 7.29 切下切割留空的过程

(6) 沿切出线返回起始点。

先向下切到 0,2.61,再向下切回到起始点(0,0),单击“退出”,单击“返回主菜单”。

在图 7.26、图 7.27 和图 7.28 中,注出了各条程序的位置,图 7.29 中用放大图表示切下切割留空的过程。

7.4 用 CAXA 线切割 XP 软件编写三次切割程序实例

7.4.1 用 CAXA 线切割 XP 软件编写凹件的三次切割程序

1. 调出图 4.46

在 CAXA 线切割 XP 的用户界面(图 3.37),单击“文件”,单击“打开文件”,调整到“4.4CAXA 文件”,单击其中的文件“图 4.46”,单击“打开”,调出 10 × 5、四个圆角 $R = 0.2$ 的长方形。

2. 顺图 4.46 编写孔的三次切割程序

(1) 轨迹生成。

① 填写轨迹生成参数表。单击下拉菜单中的“线切割”,单击“轨迹生成”,显示出线切割轨迹生成参数表,填上相关参数后如图 7.30 所示。单击“偏移量/补偿值”,显示出“每次生成轨迹的偏移量”表,填上三次切割的偏移量(间隙补偿量)后如图 7.31 所示,单击“确定”。

② 选择切割方向和间隙补偿方向。提示“拾取轮廓”,单击上边线,在图形线上出现用于选择切割方向的方向相反的两个绿色箭头,提示“选择链拾取方向”,顺图形切割,单击指向右的箭头(图 7.32(a)),显示出选择间隙补偿方向的方向相反的两个草绿色箭头,切割孔应向孔内补偿,单击指向孔内的箭头(图 7.32(b)),提示“输入穿丝点位置”,输入 5,2.5(回车),提示“输入退出点”(回车),显示出三次切割电极丝中心轨迹图形(图 7.33)。注意图 7.30 中必需选“轨迹生成时自动实现补偿”,否则编不出三次切割程序。

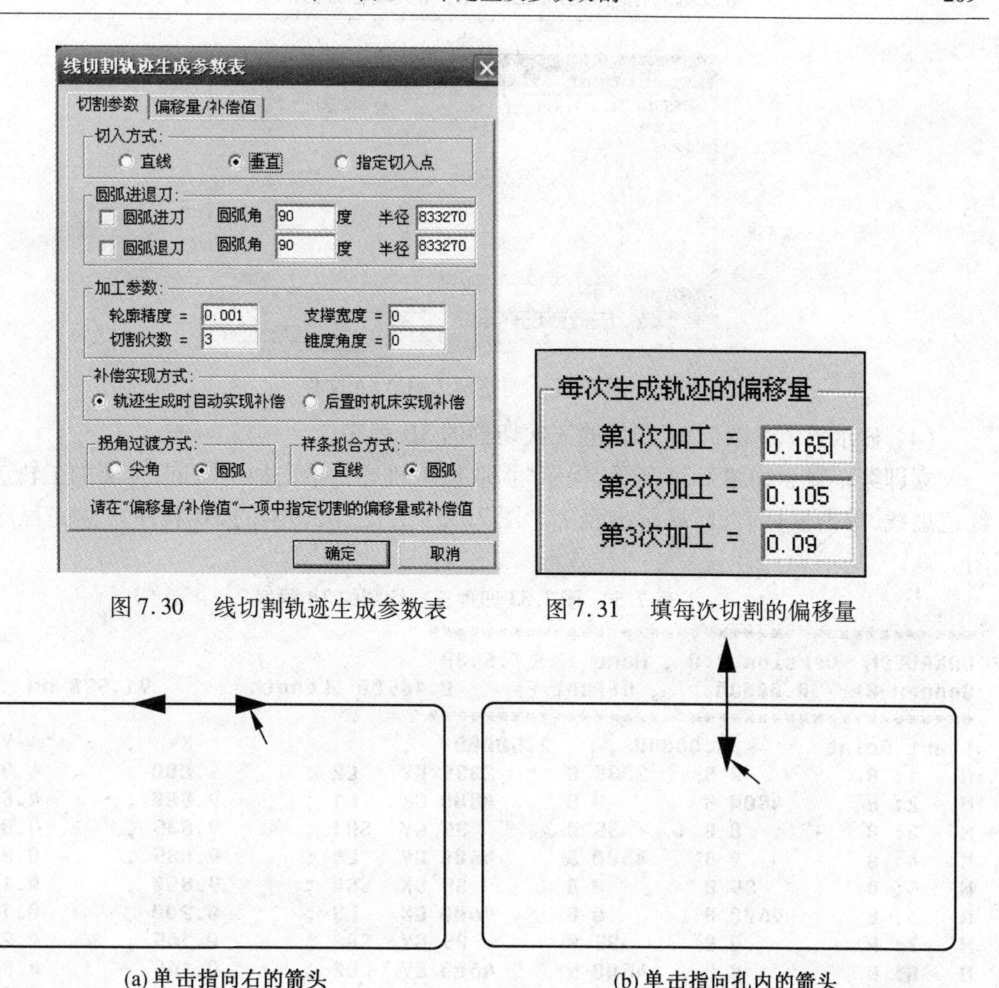

图 7.30　线切割轨迹生成参数表　　图 7.31　填每次切割的偏移量

(a) 单击指向右的箭头　　(b) 单击指向孔内的箭头

图 7.32　选择切割方向和间隙补偿方向

(2) 轨迹仿真。

单击“线切割”,单击“轨迹仿真”,提示“拾取加工轨迹”,单击草绿色轨迹,显示出三次切割的轨迹仿真图,电极丝在仿真图上沿三次切割轨迹快速移动(图 7.34),仿真结束,单击“Esc”键。

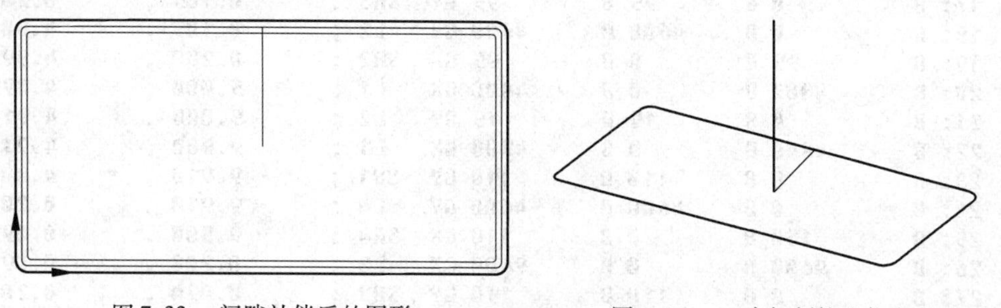

图 7.33　间隙补偿后的图形　　图 7.34　三次切割轨迹仿真

(3) 生成 3B 代码。

单击“线切割”,单击“生成3B代码”,显示“生成3B代码”对话框,调整至“7.4CAXA 文件”,文件名后输入表 7.5,单击“保存”,已将表 7.5 的 3B 程序保存到 7.4CAXA 文件中。

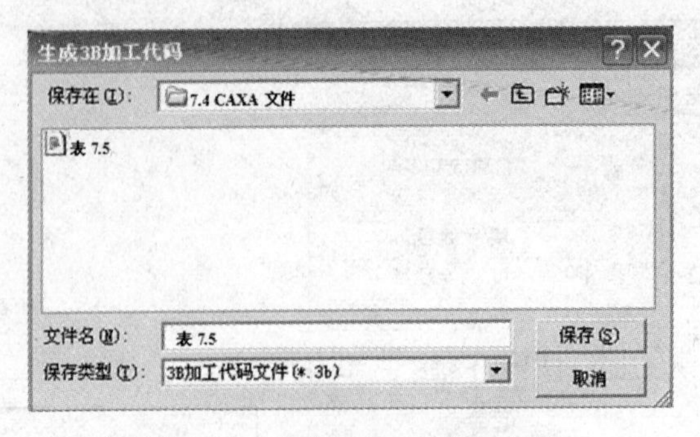

图 7.35 调整至 7.4CAXA 文件

(4) 显示表 7.5 图 7.33 凹件的三次切割的 3B 程序。

立即菜单显示如图 7.36 所示,提示“提取加工轨迹”,单击加工轨迹,全部加工轨迹变成红色虚线,单击鼠标右键,显示出表 7.5 图 7.33 凹件三次切割的 3B 程序。读完程序后关闭。

表 7.5 图 7.33 凹件三次切割的 3B 程序

```
****************************************
CAXAWEDM -Version 2.0 , Name : 表7.5.3B
Conner R=   0.00000    , Offset F=     0.16500 ,Length=        91.528 mm
****************************************
Start Point  =     5.00000 ,     2.50000    ;                X    ,          Y
N    1: B         0 B     2335 B     2335 GY    L2 ;      5.000 ,        4.835
N    2: B      4800 B        0 B     4800 GX    L1 ;      9.800 ,        4.835
N    3: B         0 B       35 B       35 GY   SR1 ;      9.835 ,        4.800
N    4: B         0 B     4600 B     4600 GY    L4 ;      9.835 ,        0.200
N    5: B        35 B        0 B       35 GX   SR4 ;      9.800 ,        0.165
N    6: B      9600 B        0 B     9600 GX    L3 ;      0.200 ,        0.165
N    7: B         0 B       35 B       35 GY   SR3 ;      0.165 ,        0.200
N    8: B         0 B     4600 B     4600 GY    L2 ;      0.165 ,        4.800
N    9: B        35 B        0 B       35 GX   SR2 ;      0.200 ,        4.835
N   10: B      4800 B        0 B     4800 GX    L1 ;      5.000 ,        4.835
N   11: B         0 B       60 B       60 GY    L2 ;      5.000 ,        4.895
N   12: B      4800 B        0 B     4800 GX    L1 ;      9.800 ,        4.895
N   13: B         0 B       95 B       95 GY   SR1 ;      9.895 ,        4.800
N   14: B         0 B     4600 B     4600 GY    L4 ;      9.895 ,        0.200
N   15: B        95 B        0 B       95 GX   SR4 ;      9.800 ,        0.105
N   16: B      9600 B        0 B     9600 GX    L3 ;      0.200 ,        0.105
N   17: B         0 B       95 B       95 GY   SR3 ;      0.105 ,        0.200
N   18: B         0 B     4600 B     4600 GY    L2 ;      0.105 ,        4.800
N   19: B        95 B        0 B       95 GX   SR2 ;      0.200 ,        4.895
N   20: B      4800 B        0 B     4800 GX    L1 ;      5.000 ,        4.895
N   21: B         0 B       15 B       15 GY    L2 ;      5.000 ,        4.910
N   22: B      4800 B        0 B     4800 GX    L1 ;      9.800 ,        4.910
N   23: B         0 B      110 B      110 GY   SR1 ;      9.910 ,        4.800
N   24: B         0 B     4600 B     4600 GY    L4 ;      9.910 ,        0.200
N   25: B       110 B        0 B      110 GX   SR4 ;      9.800 ,        0.090
N   26: B      9600 B        0 B     9600 GX    L3 ;      0.200 ,        0.090
N   27: B         0 B      110 B      110 GY   SR3 ;      0.090 ,        0.200
N   28: B         0 B     4600 B     4600 GY    L2 ;      0.090 ,        4.800
N   29: B       110 B        0 B      110 GX   SR2 ;      0.200 ,        4.910
N   30: B      4800 B        0 B     4800 GX    L1 ;      5.000 ,        4.910
N   31: B         0 B     2410 B     2410 GY    L4 ;      5.000 ,        2.500
N   32: DD
```

图7.36　显示代码立即菜单

7.4.2　用CAXA线切割XP软件编写凸件的三次切割程序

1. 调出图4.46

方法与7.4.1小节相同。

2. 将图改存为图7.37

单击“文件”，单击“另存文件”，把另存文件夹调整为7.4CAXA文件，文件名后输入图7.37，单击“保存”，已将图7.37保存到7.4CAXA文件中。

3. 按图7.37顺时针编写三次切割程序

(1) 轨迹生成。

① 填写轨迹生成参数表。单击“线切割”，单击“轨迹生成”，显示“线切割轨迹生成参数表”，填写各项参数如图7.30所示，再把支撑宽度输入为1，切割次数输入为3，单击“偏移量／补偿值”，照图7.31输入三次切割的间隙补偿量后，单击“确定”。

② 选择切割方向和间隙补偿方向。提示“拾取轮廓”，单击图线左下边线，该处出现供选择切割方向，方向相反的草绿色箭头，如图7.37所示，顺图形切割，单击向左的箭头，显示方向相反供选择补偿方向的草绿色箭头，单击指向图外的箭头(图7.38)。

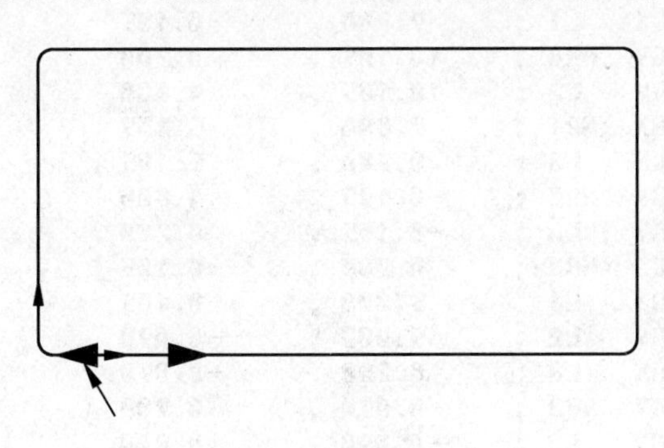

图7.37　选择切割方向

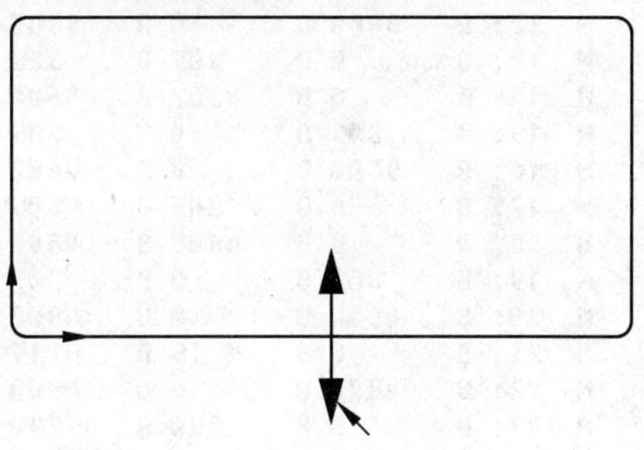

图7.38　选择补偿方向

(2) 输入穿丝点位置。

提示“输入穿丝点位置”，输入5，-3(回车)(回车)，显示出切入线及三次切割电极丝中心轨迹图(图7.39)。

(3) 生成3B代码。

单击“线切割”，单击“生成3B代码”，显示“生成3B加工代码”输入框，调整7.4CAXA文件，文件名后面输入表7.6，单击“保存”，已将表7.6的凸件3次切割3B程序存到7.4CAXA文件中。

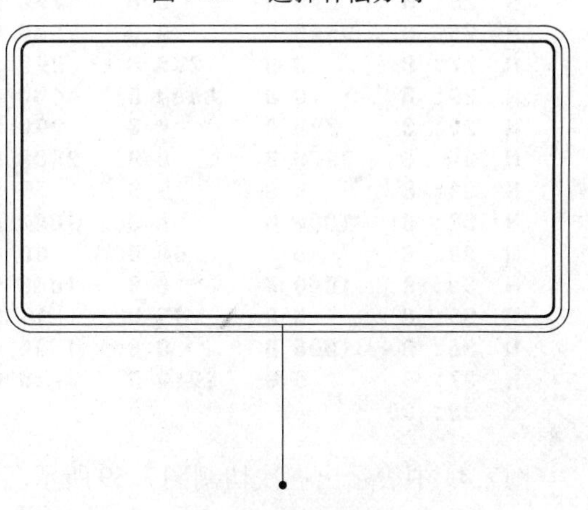

图7.39　凸件三次切割电极丝中心轨迹

(4) 显示凸件的三次切割 3B 程序。

显示出图 7.40 所示的立即菜单,提示“提取加工轨迹”,单击左下边加工轨迹线,轨迹线变红色虚线,单击鼠标右键,显示表 7.6 所示的凸件三次切割 3B 程序。

图 7.40　显示代码立即菜单

表 7.6　凸件的三次切割 3B 程序

```
****************************************
CAXAWEDM -Version 2.0 , Name : 表7.6.3B
Conner R=   0.00000     , Offset F=    0.16500 ,Length=        94.382 mm
****************************************
Start Point  =     5.00000 ,    -3.00000    ;        X     ,        Y
N   1: B      0 B   2835 B   2835 GY  L2 ;   5.000 ,   -0.165
N   2: B   4800 B      0 B   4800 GX  L3 ;   0.200 ,   -0.165
N   3: B      0 B    365 B    365 GY SR3 ;  -0.165 ,    0.200
N   4: B      0 B   4600 B   4600 GY  L2 ;  -0.165 ,    4.800
N   5: B    365 B      0 B    365 GX SR2 ;   0.200 ,    5.165
N   6: B   9600 B      0 B   9600 GX  L1 ;   9.800 ,    5.165
N   7: B      0 B    365 B    365 GY SR1 ;  10.165 ,    4.800
N   8: B      0 B   4600 B   4600 GY  L4 ;  10.165 ,    0.200
N   9: B    365 B      0 B    365 GX SR4 ;   9.800 ,   -0.165
N  10: B   3800 B      0 B   3800 GX  L3 ;   6.000 ,   -0.165
N  11: B      0 B     60 B     60 GY  L2 ;   6.000 ,   -0.105
N  12: B   3800 B      0 B   3800 GX  L1 ;   9.800 ,   -0.105
N  13: B      0 B    305 B    305 GY NR4 ;  10.105 ,    0.200
N  14: B      0 B   4600 B   4600 GY  L2 ;  10.105 ,    4.800
N  15: B    305 B      0 B    305 GX NR1 ;   9.800 ,    5.105
N  16: B   9600 B      0 B   9600 GX  L3 ;   0.200 ,    5.105
N  17: B      0 B    305 B    305 GY NR2 ;  -0.105 ,    4.800
N  18: B      0 B   4600 B   4600 GY  L4 ;  -0.105 ,    0.200
N  19: B    305 B      0 B    305 GX NR3 ;   0.200 ,   -0.105
N  20: B   4800 B      0 B   4800 GX  L1 ;   5.000 ,   -0.105
N  21: B      0 B     15 B     15 GY  L2 ;   5.000 ,   -0.090
N  22: B   4800 B      0 B   4800 GX  L3 ;   0.200 ,   -0.090
N  23: B      0 B    290 B    290 GY SR3 ;  -0.090 ,    0.200
N  24: B      0 B   4600 B   4600 GY  L2 ;  -0.090 ,    4.800
N  25: B    290 B      0 B    290 GX SR2 ;   0.200 ,    5.090
N  26: B   9600 B      0 B   9600 GX  L1 ;   9.800 ,    5.090
N  27: B      0 B    290 B    290 GY SR1 ;  10.090 ,    4.800
N  28: B      0 B   4600 B   4600 GY  L4 ;  10.090 ,    0.200
N  29: B    290 B      0 B    290 GX SR4 ;   9.800 ,   -0.090
N  30: B   3800 B      0 B   3800 GX  L3 ;   6.000 ,   -0.090
N  31: B      0 B     75 B     75 GY  L4 ;   6.000 ,   -0.165
N  32: B   1000 B      0 B   1000 GX  L3 ;   5.000 ,   -0.165
N  33: B      0 B     60 B     60 GY  L2 ;   5.000 ,   -0.105
N  34: B   1000 B      0 B   1000 GX  L1 ;   6.000 ,   -0.105
N  35: B      0 B     15 B     15 GY  L2 ;   6.000 ,   -0.090
N  36: B   1000 B      0 B   1000 GX  L3 ;   5.000 ,   -0.090
N  37: B      0 B   2910 B   2910 GY  L4 ;   5.000 ,    0.000
N  38: DD
```

图 7.41 中表示出三次切割图 7.39 所示凸件时各条程序的位置和有关数据,因图上空间不够,所以图中没写 BXBY。

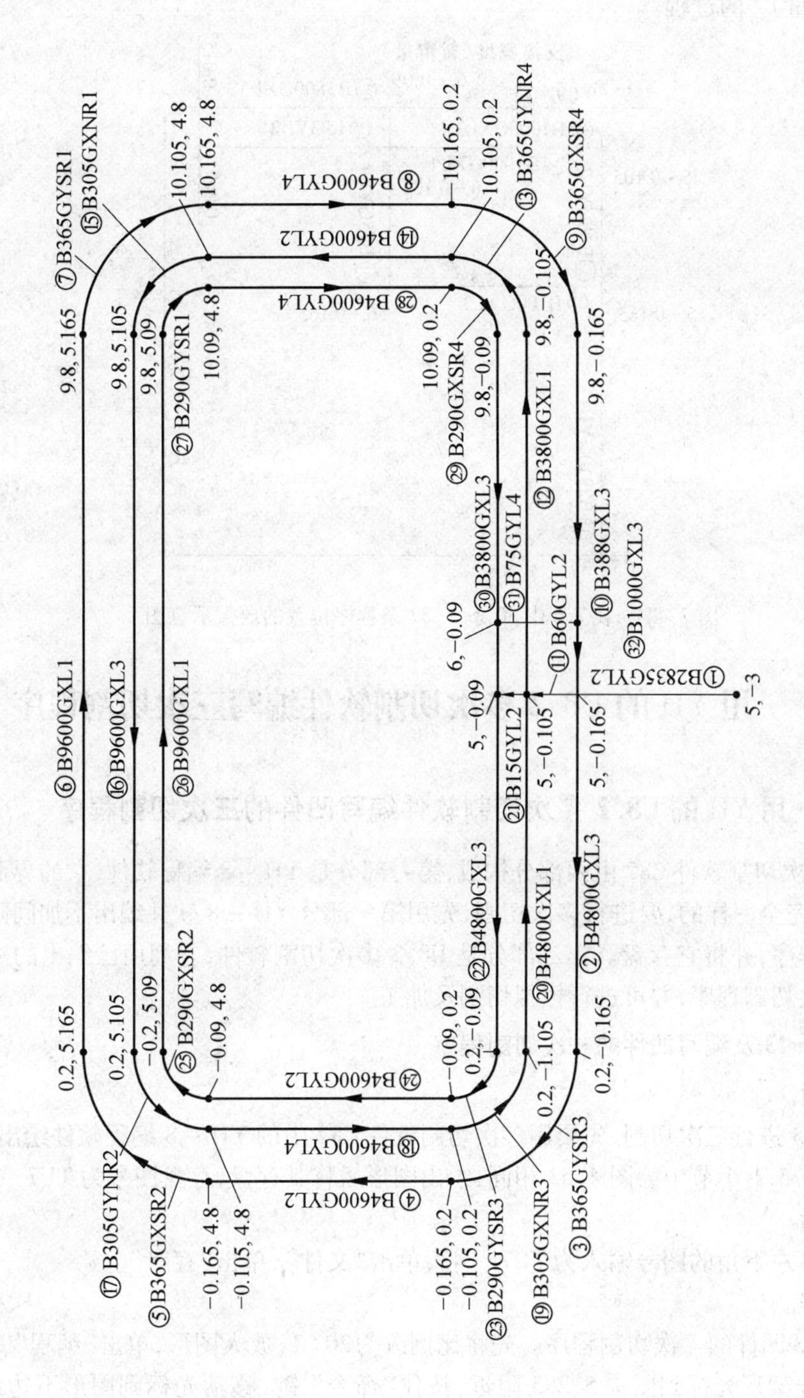

图 7.41　三次切割图 7.39 所示凸件时各条程序的位置和有关数据

图7.42是图7.41中30条～37条程序位置的放大图,从这里可以清楚地看到切去“支撑宽度(暂留量)”的过程。

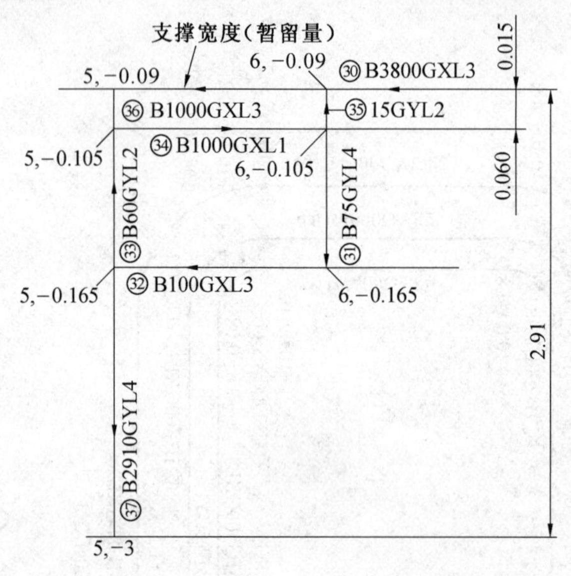

图7.42　表7.6中30条～37条程序位置的放大示意图

7.5　用YH的U8.2多次切割软件编写三次切割程序

7.5.1　用YH的U8.2多次切割软件编写凹件的三次切割程序

YH的多次切割软件C82由两部分构成,第一部分是YH－8编程软件,它的界面及功能和图3.58是完全一样的,要进行多次切割,先用第一部分YH－8软件编出不加间隙补偿量的一次切割程序,并将它存盘。第二部分是U8.2多次切割软件,它利用已编出的一次切割程序编出多次切割程序,并可进行模拟切割及加工。

1. 绘图7.43及编写凹件的一次切割程序

(1) 绘图。

对图7.43进行三次切割,先要用多次切割软件C82中的YH－8编程软件绘出图7.43,绘图方法与4.5.1小节中绘图4.62相同,绘出图形后将其存盘,存盘图号为TU7－43。

(2) 存盘。

先将屏幕左下角的图号输入为TU7－43,单击“文件”,单击“存盘”。

(3) 编程。

编图7.43凹件的一次切割程序。先将比例改为20∶1,放大图形,单击“编程”,单击“切割编程”,移线架形光标到图中5,2.5附近,按住“命令”键,移动光标到图形下边线上5,0处,放开“命令”键,弹出“加工参数窗”,将孔位改输为5,2.5,起割5,0,如图7.44所示,单击“Yes”键,显示出“切割路径选择窗”,单击指示牌▼右边的横线,显示“No:0”,右上角下边L0的底色变黑,单击“认可”,弹出“加工方向选择窗”,单击右上角小方形按钮,单击“工具包”,弹出“代码显示选择窗”(同图3.66)。

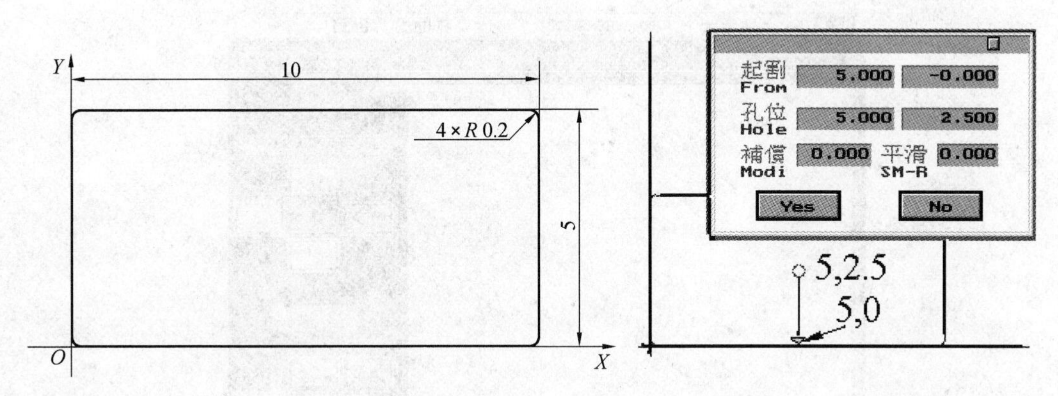

图7.43　要进行三次切割的图　　图7.44　加工参数窗

(4) 显示一次切割 ISO 代码。

单击“代码显示”,显示出表7.7中图7.43所示凹件的一次切割 ISO 代码。

表7.7　图7.43所示凹件的一次切割 ISO 代码

```
G92 X5.0000    Y2.5000
G01 X0.0000    Y-2.5000
G01 X4.8000    Y0.0000
G03 X0.2000    Y0.2000    I-0.0000   J0.2000
G01 X0.0000    Y4.6000
G03 X-0.2000   Y0.2000    I-0.2000   J-0.0000
G01 X-9.6000   Y0.0000
G03 X-0.2000   Y-0.2000   I-0.0000   J-0.2000
G01 X0.0000    Y-4.6000
G03 X0.2000    Y-0.2000   I0.2000    J-0.0000
G01 X4.8000    Y-0.0000
G01 X0.0000    Y2.5000
M00
```

查看完毕,单击左上角小方形按钮。

(5) 代码存盘。

将一次切割 ISO 代码存盘,以备在 U8.2 多次切割软件中调出来使用。

单击“代码存盘”,在提示“文件”之后输入“B7 - 7 - ISO”,单击小键盘的回车键,单击“退出”。

2. 编写图7.43所示凹件的三次切割程序

(1) 转换到加工界面。

单击屏幕左上角的“YH - 8”按钮,显示出“U8.2”加工界面(图7.45)。

(2) 调出图形。

单击“读盘”,单击“ISO code 代码”,显示已编出并存盘的一次切割程序名,单击“B7 - 7 -ISO”,单击左上角小方形按钮,调出“B7 - 7 - ISO”代码的凹件一次切割图形,点按下方的“↑ ↓ →←”键,将图形移到中间位置。

(3) 编写凹件的三次切割程序。

在加工界面,使用大键盘右端的小键盘,单击小键盘上的“0”键,弹出“确定切割次数及电参数设置”菜单,因是模拟切割,电参数先不管,其他参数设置为:多次“Yes”(图7.46),

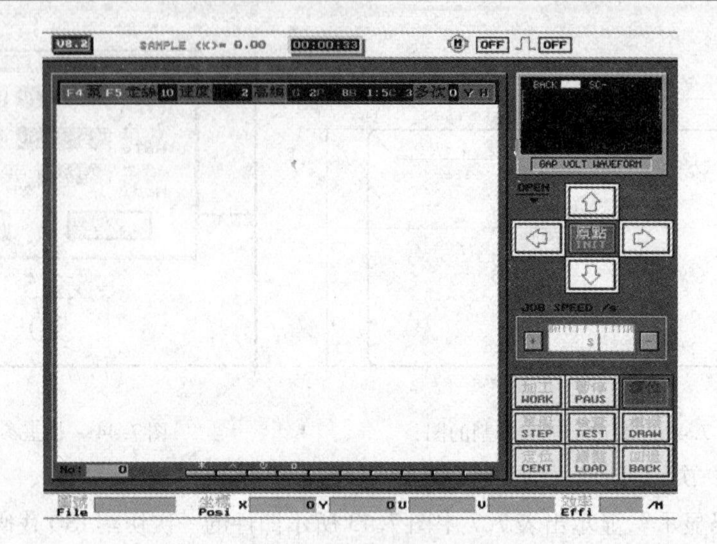

图 7.45　U8.2 加工界面

单击“Esc”键，弹出“多次切割参数”菜单，各项设置为：多次“Yes”，切割次数“3”，补偿方向▲↑，过渡圆弧“Yes”，预留长度“0”，段数“0”，段数是指“预留长度”设几段，补偿量 0.1（图 7.47），单击“F1　Ok”，显示凹件三次切割图形，单击右上角红色“YH”，单击右上角草绿色“YH”，显示凹件的三次切割 ISO 代码见表 7.8。

图 7.46　切割次数及电参数设置

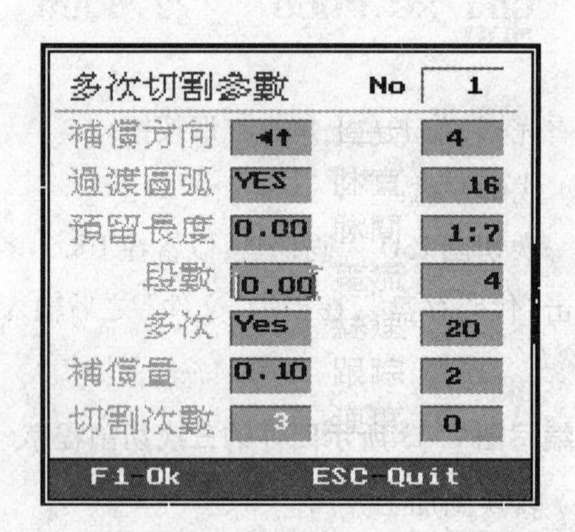

图 7.47　多次切割参数菜单

读完三次切割程序，单击“YH”，显示凹件三次切割图形。

（3）模拟切割。

单击“模拟”，进行模拟三次切割的过程。若屏幕上看不到模拟切割的图形，可单击右边的“OPEN”，显示出“机床参数”，查看一下“三维”后面，若是“Yes”，单击“Yes”，使其变为“NO”，就能看到三次切割的模拟切割过程。

表7.8　图7.43凹件三次切割程序

```
G90
G92 X5000 Y2500
G01 X5000 Y190
G01 X9800 Y190
G03 X9810 Y200 I0 J10
G01 X9810 Y4800
G03 X9800 Y4810 I-10 J0
G01 X200 Y4810
G03 X190 Y4800 I0 J-10
G01 X190 Y200
G03 X200 Y190 I10 J0
G01 X5000 Y190
M06
G01 X5000 Y120
G01 X9800 Y120
G03 X9880 Y200 I0 J80
G01 X9880 Y4800
G03 X9800 Y4880 I-80 J0
G01 X200 Y4880
G03 X120 Y4800 I0 J-80
G01 X120 Y200
G03 X200 Y120 I80 J0
G01 X5000 Y120
M06
G01 X5000 Y100
G01 X9800 Y100
G03 X9900 Y200 I0 J100
G01 X9900 Y4800
G03 X9800 Y4900 I-100 J0
G01 X200 Y4900
G03 X100 Y4800 I0 J-100
G01 X100 Y200
G03 X200 Y100 I100 J0
G01 X5000 Y100
G01 X5000 Y190
G01 X5000 Y2500
M00
```

7.5.2　用YH的U8.2多次切割软件编写凸件的三次切割程序

1. 调出图TU7 - 43

在YH - 8界面,单击“文档”,单击“读盘”,单击“图形”,单击文件名“TU7 - 43”,点击左上角小方形按钮,调出图7.43,将比例改输入为20∶1将图形放大。

2. 编写凸件一次切割程序

(1) 编程序。

单击“编程”,单击“切割编程”,移线架形光标到5, - 3附近,按住“命令” 键,移动光标到图形上5,0位置,放开“命令” 键,弹出“加工参数窗”,将起割改正为5,0,孔位应为5, - 3,单击“Yes” 键,弹出“加工路径选择窗”,单击指示牌右侧的横线,右上方下边的L0底色变黑,单击“认可”,显示“加工方向选择窗”,单击右上角的小方形按钮。

(2) 显示程序。

单击“工具包”,弹出“代码显示窗”,单击“代码显示”,显示出TU7 - 43凸件的一次切割ISO代码,见表7.9。读完程序单击左上方的小方形按钮,弹出“代码显示窗”。

(3) 代码存盘。

单击“代码存盘”,在文件后输入“B7 - 9 - ISO” 单击“回车” 键,单击“退出”。

3. 编写凸件的三次切割程序

单击左上角的“YH - 8按钮”,显示U8.2加工界面。

表7.9 图7.43凸件的一次切割ISO代码

```
G92 X5.0000   Y-3.0000
G01 X0.0000   Y3.0000
G01 X4.8000   Y0.0000
G03 X0.2000   Y0.2000   I-0.0000  J0.2000
G01 X0.0000   Y4.6000
G03 X-0.2000  Y0.2000   I-0.2000  J-0.0000
G01 X-9.6000  Y0.0000
G03 X-0.2000  Y-0.2000  I-0.0000  J-0.2000
G01 X0.0000   Y-4.6000
G03 X0.2000   Y-0.2000  I0.2000   J-0.0000
G01 X4.8000   Y-0.0000
G01 X0.0000   Y-3.0000
M00
```

(1) 读盘。

单击“读盘”,单击“ISO code代码”,显示一次切割的文件名,单击“B7-9-ISO”,单击左上角小方形按钮,显示切割凸件的图形。

(2) 编写三次切割的程序。

单击右端小键盘的“0”键,显示“切割次数及电参数菜单”,单击“多次后面的NON”,变为“Yes”,单击“Esc”键,显示“多次切割参数窗”,单击“多次后面的NON”,变为“Yes”,单击“切割次数”后面的数,使其变为“3”,单击“补偿方向”变为↑▶(向图外补偿),“过渡圆弧”变为“Yes”,“预留长度”输入1,“补偿量”输入0.1,只设一段预留长度,“段数”输入1。

单击“F1 Ok”,显示出凸件的三次切割图形,单击右上角的红底“YH”,单击草绿色“YH”,显示出凸件的三次切割程序见表7.10,读完凸件三次切割程序,单击“YH”,显示三次切割图形。

表7.10 图7.43凸件的三次切割程序

```
G90
G92 X5000 Y-3000
G01 X5000 Y-190
G01 X9800 Y-190
G03 X10190 Y200 I0 J390
G01 X10190 Y4800
G03 X9800 Y5190 I-390 J0
G01 X200 Y5190
G03 X-190 Y4800 I0 J-390
G01 X-190 Y200
G03 X200 Y-190 I390 J0
G01 X4000 Y-190
M06
G01 X4000 Y-120
G01 X200 Y-120
G02 X-120 Y200 I0 J320
G01 X-120 Y4800
G02 X200 Y5120 I320 J0
G01 X9800 Y5120
G02 X10120 Y4800 I0 J-320
G01 X10120 Y200
G02 X9800 Y-120 I-320 J0
G01 X5000 Y-120
M06
G01 X5000 Y-100
G01 X9800 Y-100
G03 X10100 Y200 I0 J300
G01 X10100 Y4800
G03 X9800 Y5100 I-300 J0
G01 X200 Y5100
G03 X-100 Y4800 I0 J-300
G01 X-100 Y200
G03 X200 Y-100 I300 J0
G01 X4000 Y-100
G01 X4000 Y-190
M06
G01 X5000 Y-190
```

图7.48中表示出三次切割图7.43时各条程序的位置和有关的数据。

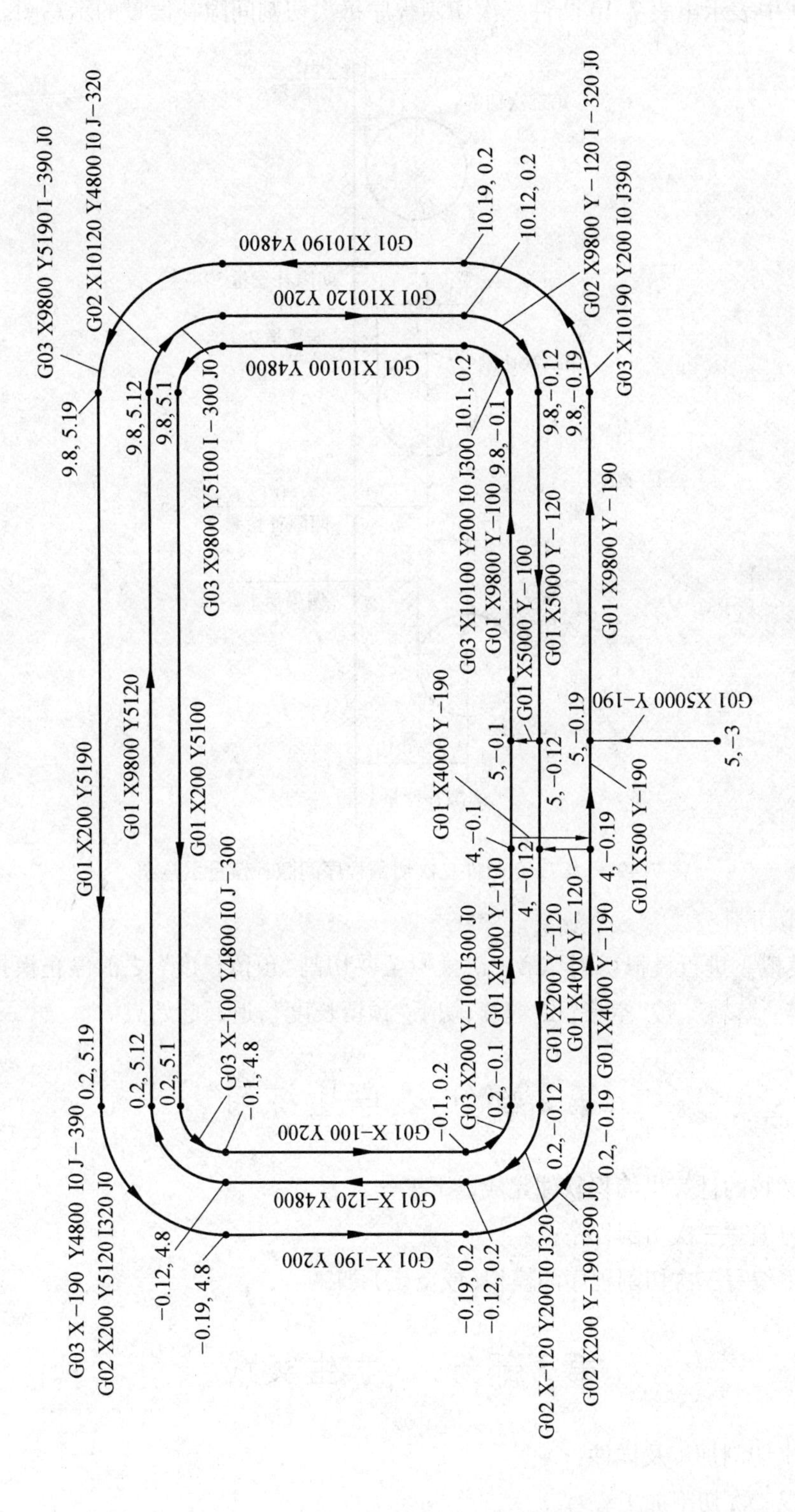

图 7.48　表 7.10 各条程序的位置和有关数据

图7.49中表示出表7.10凸件三次切割程序每次切割间隙补偿量的示意图。

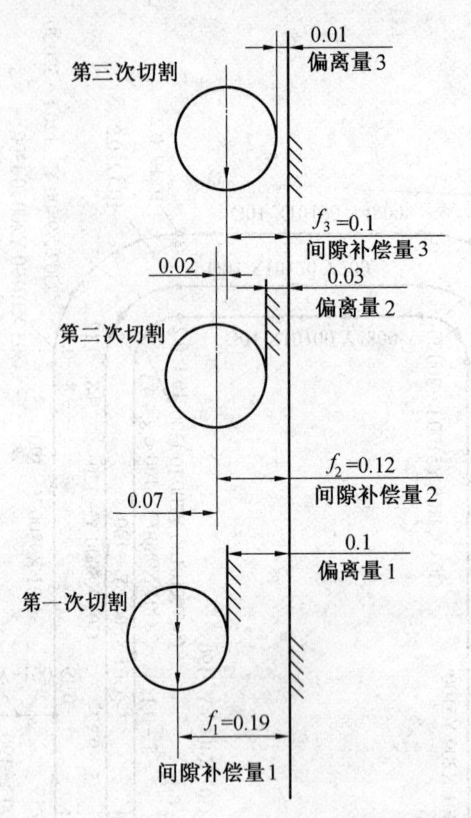

图7.49　表7.10凸件三次切割程序间隙补偿量示意图

(3) 模拟切割。

单击“模拟”,进行模拟切割。第三次模拟至要切割“预留长度”之前停止模拟,显示红色提示“取料/落料”,按“空格”键继续,切下“预留长度”,返回起始点。

第2部分　学生练习

学生用本校的计算机编程软件完成以下工作:

(1) 练习编写三次切割程序;

(2) 练习编写三次切割程序的模拟(或空走)加工。

第3部分　学生实践

参观三次切割加工及样件:

(1) 参观三次切割加工;

(2) 参观三次切割加工出的样件。

第8单元　江苏冬庆的高速走丝机床加工实例

8.1　江苏冬庆数控机床有限公司机床简介

8.1.1　公司简介

江苏冬庆数控机床有限公司(泰州东方数控机床厂)是国内较早生产电火花数控线切割机床、电火花成型机床、数控铣床和加工中心的专业厂家。是集产品开发设计、生产和销售为一体的专业企业。公司还设有冬庆数控机床研究所,长期致力于产品的开发设计,该公司有完善的工艺文件和完备的工艺设施,并执行严格的工艺制度。

其产品结构良好、精度高、质量好。现有职工480人,其中工程技术人员115人。占地面积为30 000 m^2,建筑面积为20 000 m^2,固定资产5 000多万元。拥有各种加工设备200多台套(其中导轨磨床、高精密平面磨床、大型龙门铣床、加工中心等大中型设备50多台套);高精密检测设备330件套。

企业主要产品有DK77系列(DK7725 ~ DK77120)电火花数控线切割机床、DK76系列低速走丝电火花线切割机床、D71及CNC系列成型机、小孔机、XK71系列数控铣床、XH71系列加工中心等。获国家多项专利。

该公司于2000年通过ISO9002质量体系认证,并获得出口商品许可证书;2002年进一步转版为ISO9001:2000国际质量体系认证,2005年顺利地通过了国际质量认证中心的复查;连续2届获泰州市"重点保护产品"和"重点保护企业"的光荣称号,被评为江苏省知名商标。2008年被确认为江苏省外商投资先进技术企业。

该公司和哈尔滨工业大学、上海交通大学、山东大学、大连理工大学、北京电加工研究所等院校和科研机构长期合作,并和苏州电加工研究所长期共同生产低速走丝电火花线切割机床,电火花成型机床和小孔机床等产品。

使用该公司产品的企业遍布全国。在国际上已远销印度、马来西亚、越南、意大利、加拿大等国。近年实现利税1 305万元,是泰州市的纳税大户。

8.1.2　机床的特点

DK7732Z型线切割机床外观如图8.1所示。

1. 机械部分

(1)铸件。床身、工作台拖板、走丝拖板、线架、立柱均进行二次人工热处理及自然时效处理,大大降低了机床过冷过热的变形系数,保证整机精度稳定。

(2)导轨。

①V平导轨机床。全部采用GCr15轴承结构钢,淬火硬度保证在HRC50 ~ 56之间,保证了导轨的耐磨性。

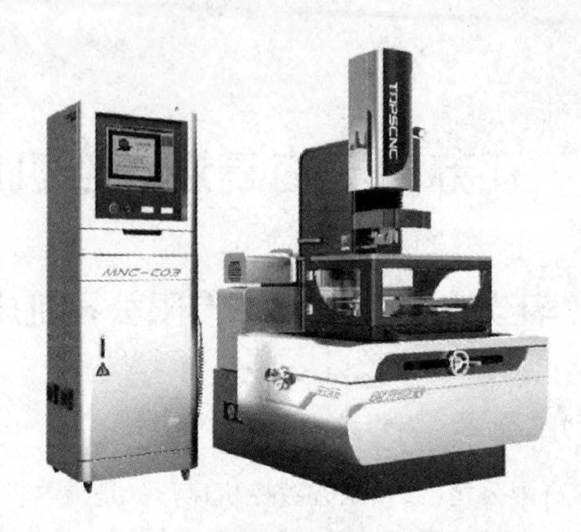

图 8.1　DK7732Z 型线切割机床外观照片

② 线性导轨机床。选用台湾上银直线导轨,精度高,运行灵活。

(3) 丝杠:选用航天军工企业西北机器厂生产的高精度滚珠丝杠,滚动精度高,耐磨性好。

(4) 工作台拖板和走丝拖板,分别采用 $\phi16$ 和 $\phi12$ 的精密滚柱,摩擦力小、运动平稳且耐磨性好。

(5) 储丝筒。

① 储丝筒的材料及制造:采用无缝合金钢管,MC 高级绝缘及 40Cr 合金钢主轴,经过动平衡用双轴承组装。耐磨性好、耐腐蚀、不平衡转矩小且绝缘强度高。

② 储丝筒的传动:采用同步齿轮带传动,走丝时拖板平稳且噪声小。

③ 储丝筒的控制:采用变频调速控制,全封闭走丝机构,电动上丝及紧丝。

(6) 工作台拖板:采用五相十拍步进电动机驱动,精密滚珠丝杆副传动;摩擦阻力小、传动精度高、力矩大、步距小、不易丢步且切割精度高。

(7) 储丝筒的轴承、丝杠的轴承以及导轨的轴承,均采用 SFK(瑞典) 或 NSK(日本) 进口产品,耐磨性好,使整机寿命延长。

(8) 安全可靠:储丝筒、线架、工作台、导轨均为封闭式;各用电部位设有安全警示标记。

(9) 变跨距切割:上线架采用升降机构,方便操作。(可以选配电动)

2. 电控部分

(1) 机床电器。

① 关键部分的继电器,采用欧姆龙及上海长城牌等继电器;

② 交流接触器,采用西门子牌;

③ 场效应管及整流桥均采用进口产品;

④ 变压器,采用无锡富杰高性能的变压器。

(2) 电动机驱动。

① 步进驱动,采用常州产的 BF 反应式步进电动机,具有响应速度快,运行特性好,调速

范围宽等特点；

② 伺服驱动，采用松下的交流伺服电动机，具有速度响应快，定位精度高，低频特性和矩频特性好，过载能力高及运行平稳等特点，编码器反馈能保证机床的加工精度；

③ 走丝电动机采用德国博世力变频器控制，换向速度快、柔性换向使换向平稳、可靠性好、可以电动低速上丝和紧丝；变频器还有故障输出控制功能，防止故障的扩大；变频器的显示器上显示故障代码，便于查找分析故障。

(3) 脉冲电源。

高频电路采用高性能的数字脉冲（主振电路采用高速数字振荡）；功放采用大功率 VMOS 场效应管，进一步提高了加工效率，并改善了加工工件的表面质量。

3. 其他

(1) 节省空间，方便操作。

把走丝、水泵、高频、驱动等几部分集中到一个控制柜中，既节省空间、方便操作、又便于维修并提高了可靠性。

(2) 既环保又美观。

工作台配装大积水盘及刚性、柔性防护水罩，有效地防止乳化液的流淌及飞溅，既环保又美观。

(3) 使各部位都能得到可靠的润滑。

机床有油泵润滑系统，使各丝杠、导轨和滑块等关键部件及传动部位都能得到可靠地加油润滑，从而保证机床使用精度的持久性。

(4) 工作液使用时间长，无毒、无味，且加工效率高。

(5) 四面开门，端子连接，维修方便。

(6) 强电弱电分开，无干扰，性能稳定。

(7) 走丝部分采用德国博世力变频器（世界 500 强）控制，换向速度快、换向平稳、可靠性好、可以电动低速上丝和紧丝。

(8) 变频器有故障输出控制功能，防止故障扩大；变频器的显示器上显示故障代码，便于查找分析故障。

(9) 有双向启停功能，在电控柜和机床上都可以启动和停止。

(10) PC 机选用品牌电脑、LCD 液晶显示器，故障率低。

(11) 电子元件选用进口或合资产品，交流接触器是西门子品牌的，继电器是欧姆龙品牌的，整流桥是三菱品牌的，保证了控制柜性能可靠和稳定。

(12) 可选线架电动升降及数显。

(13) 符合国标 GB 5226—2008 的电路设计，开门断电、欠压保护、过流过载保护、满足三项试验的要求。

8.2　江苏冬庆的高速走丝机床加工凸模实例

以切割图 8.2 所示工件的冲孔模具凸模为例。

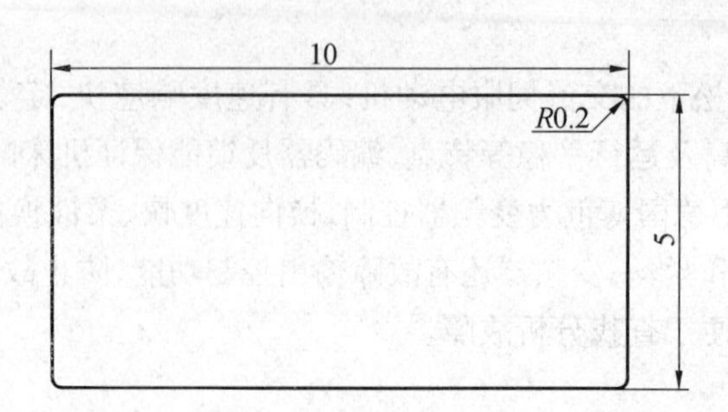

图 8.2　10 × 5(四角 $R = 0.2$) 的图形

8.2.1　工件的加工条件

(1) 模具类型:冲孔模的凸模。
(2) 工件材料:Cr12 模具钢。
(3) 厚度:40 mm。
(4) 工作液:水基工作液。
(5) 表面质量:中。
(6) 切割次数:1 次。

8.2.2　开机及作图

1. 开机

开机进入冬庆数控 HL PCI 主画面(图 8.3)。

图 8.3　冬庆数控 HL PCI 主画面

2. 作图 8.2

作图方法见 4.2.1 小节,作出的图已存为图 4.21,若不作图,也可以将图 4.21 调出使用。

(1) 调出图 4.21 并另存为图 8.2。

① 调出图 4.21。移动光条到“绘图编程”上(回车),显示“主菜单”(图 8.4),单击“打开文件”,单击“F4”键,单击“文件管理器”中的文件名“4 - 21. DAT”,显示出该图形,单击“打开”,全屏显示出图 4.21,单击“缩放”,输入 0.6(回车),使图形缩至适当大小。

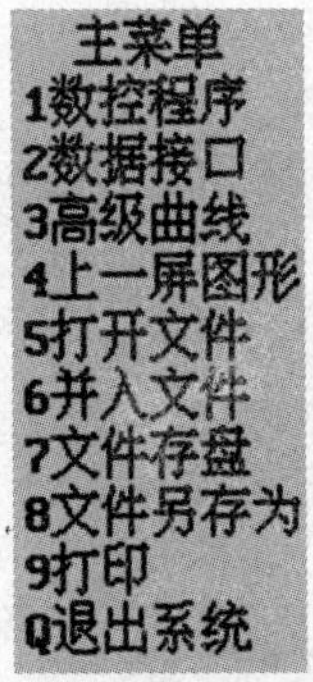

主菜单
1数控程序
2数据接口
3高级曲线
4上一屏图形
5打开文件
6并入文件
7文件存盘
8文件另存为
9打印
Q退出系统

图 8.4　主菜单

② 将图号另存为图 8.2。单击“文件另存为”,在“文件管理器”中的“保存”之前输入“8 - 2”,单击“保存”,图下显示“已保存”,为了以后使用的图号是图 8.2,此时应打开图 8.2,单击“打开文件”,提示“文件存盘吗”,单击“Y”键,在显示的文件名清单中,“8 - 2. DAT”上有红条,在“打开”这个按钮之前的绿色条上也显示为“8 - 2. DAT”,单击“打开”,单击“缩放”,输入 0.6(回车),已将图形调整到适当大小。

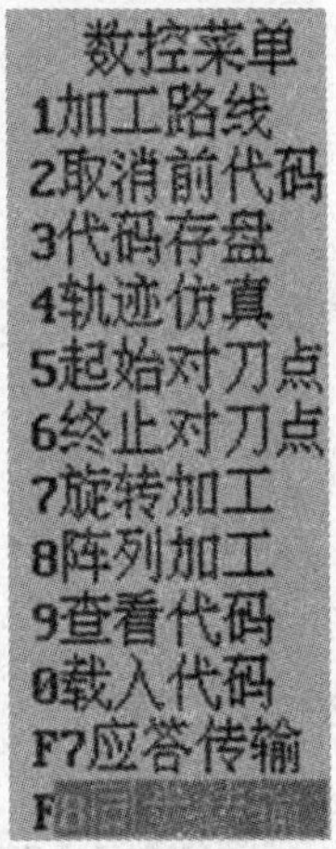

数控菜单
1加工路线
2取消前代码
3代码存盘
4轨迹仿真
5起始对刀点
6终止对刀点
7旋转加工
8阵列加工
9查看代码
0载入代码
F7应答传输

图 8.5　数控菜单

8.2.3　编 程 序

1. 绘引入线

在主菜单中,单击“数控程序”,显示“数控菜单”(图 8.5),单击“加工路线”,提示“加工起始点”,输入 5, - 3(回车),提示“加工切入点”,输入 5,0(回车),在切入点处显示表示切割方向的红箭头(图 8.6),指向右表示逆图形切割,提示“Y/N”,要逆图形切割单击“Y”键,提示“尖点圆弧半径”,输入 0(回车)。

2. 输入间隙补偿量

图线上显示出两个方向相反的红色箭头(图 8.7),箭头尖上的符号,表示间隙补偿值的“+”或“-”,现加工凸件,应向图外补偿,因向外箭头上为负,需输负值,提示“补偿间隙”,输入 - 0.1(回车),显示出间隙补偿后的电极丝中心红色轨迹及引入线(图 8.8)。

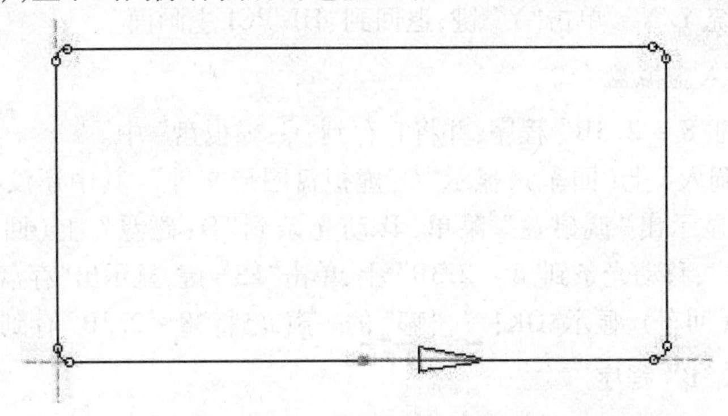

图 8.6　箭头指向右表示逆图形切割

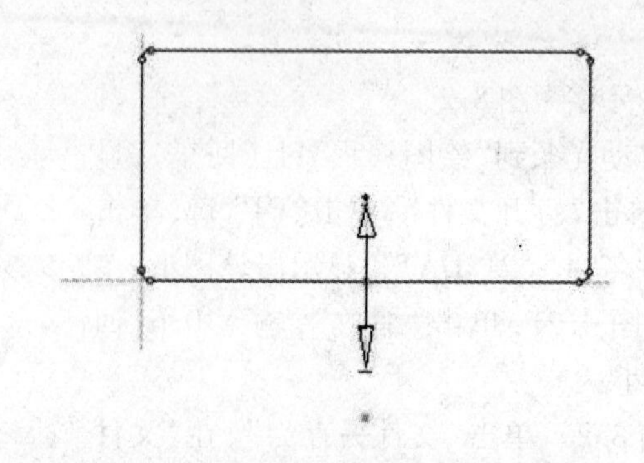

图 8.7 凸件向图外作负补偿

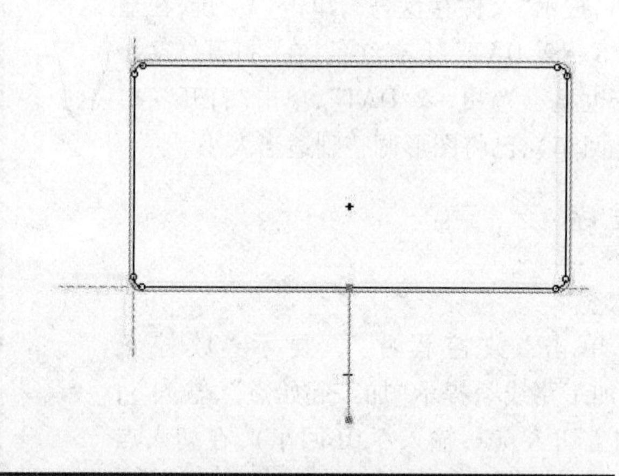

图 8.8 显示出间隙补偿后的电极丝中心红色轨迹及引入线

3. 代码存盘

单击“代码存盘”,提示“已存盘”,已将编出的程序存入 D:盘中,文件名为 8 - 2.3B。

4. 查看代码

(此处也可不查看,后面到 D:盘中调出使用即可)不查看,单击“退回”,单击“退出系统”,提问“退出系统 Y/N”,单击“Y”键,退回到“HL PCI 主画面”。

5. 调出程序存入虚拟盘

调出 D:盘中的“8 - 2.3B”程序,并将它存到“G:虚拟盘”中。

光条在“文件调入”上(回车),显示“G:虚拟盘图形文件”,其中还没有“8 - 2.3B”文件,单击“F4”键,显示出“调磁盘”菜单,移动光条到“D:磁盘”上(回车),显示出“D:\WSNCP 图形文件”,移动光条到“8 - 2.3B”上,单击“F3”键,显示出“存盘”菜单,移动光条到“G:虚拟盘”上,(回车),显示“OK!”,“嘟”的一声,已将“8 - 2.3B”存到“G:虚拟盘”上。

6. 显示“8 - 2.3B”程序

光条仍在 8 - 2.3B 上,(回车),显示出 8 - 2.3B 程序,见表 8.1。

读完程序,单击“Esc”键,退回到“HL PCI”主画面。

表8.1　图8.2逆图形编出的3B程序

```
*************************************************************
Towedm --Version 2.92 D:\WSNCP\8-2.DAT
Conner R= 0.000, Offset F= -0.100, Length= 36.085
*************************************************************
Start Point =        5.0000,      -3.0000                     X            Y
N    1: B         0 B         0 B     2900 GY L2 ;     5.000,      -0.100
N    2: B         0 B         0 B     4800 GX L1 ;     9.800,      -0.100
N    3: B         0 B       300 B      300 GY NR4 ;   10.100,       0.200
N    4: B         0 B         0 B     4600 GY L2 ;    10.100,       4.800
N    5: B       300 B         0 B      300 GX ;        9.800,       5.100
N    6: B         0 B         0 B     9600 GX L3 ;     0.200,       5.100
N    7: B         0 B       300 B      300 GY NR2 ;   -0.100,       4.800
N    8: B         0 B         0 B     4600 GY L4 ;    -0.100,       0.200
N    9: B       300 B         0 B      300 GX NR3 ;    0.200,      -0.100
N   10: B         0 B         0 B     4800 GX L1 ;     5.000,      -0.100
N   11: B         0 B         0 B     2900 GY L4 ;     5.000,      -3.000
DD
```

8.2.4　模拟切割

1. 显示出切割图形,并调整到适当大小

光条在"模拟切割"上,(回车),显示出"G:虚拟盘加工文件",移动光条到"8 - 2.3B"上(回车),显示出模拟切割的图形,用"+"或"-"及"方向"键。将图形调整到适当大小,并在屏幕中间位置。

2. 开始模拟切割

单击"F1"键,显示"起始段"(回车),显示"终点段"(回车),一个黄色点从起始点开始逆时针方向,沿图形轨迹线作模拟切割。

(1) 模拟到图形右下边线上时的显示。

当模拟到图形右下边线上时,单击"空格"键,使模拟暂停(图8.9),图下面的显示,Y′

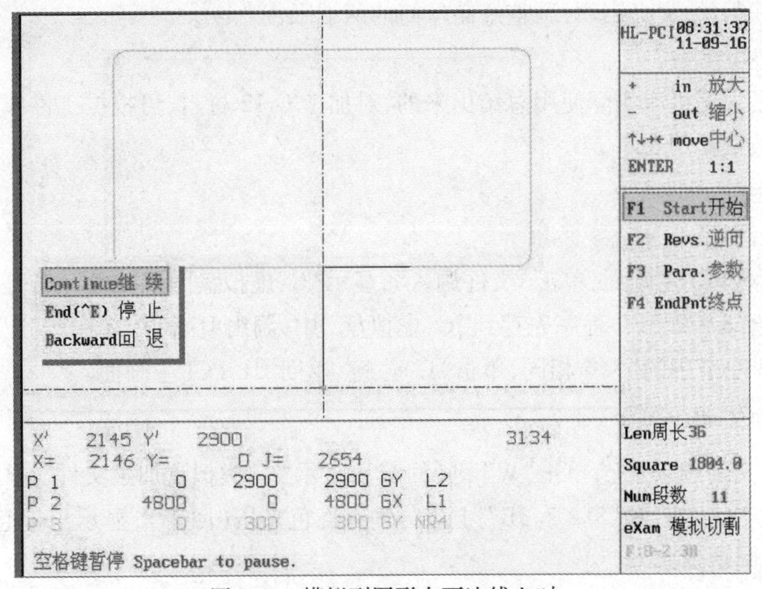

图8.9　模拟到图形右下边线上时

的坐标值是2900,第1条黄色程序是已模拟后的引入线,第2条草绿色程序是正在模拟的程序,第3条红色程序是等待模拟的程序。

(2) 继续模拟到起始点。

(回车) 继续模拟执行完全部程序,回到起始点(图8.10),单击“Esc”键,移动光条到“停止”上(回车),单击“Esc”键返回HL PCI主画面。

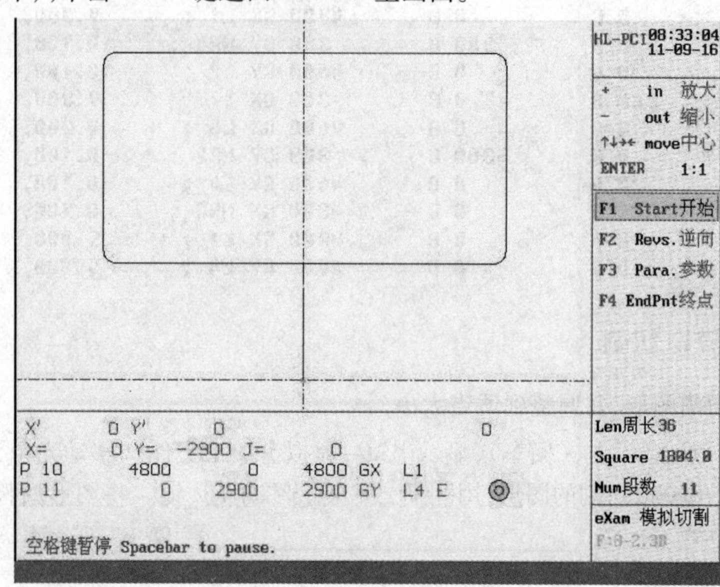

图8.10　模拟到最后一条程序结束后

8.2.5　加　工

1.加工前的准备工作

(1) 上好钼丝,紧好钼丝,调整好储丝筒的两端限位。

(2) 调整电参数。

表8.2是根据机床实际使用总结出来的,对加工Gr12材料,可根据工件厚度(高度)查表中的电参数供使用参考。

(3) 开走丝,开水泵。

(4) 调出程序。

进入HL-PCI主画面,单击“文件调入”,显示“G:虚拟盘图形文件”,若是新开机,需要调出D:盘,把“8-2.3B”程序先存到“G:虚拟盘”中,调出D:盘中“8-2.3B”程序的方法与前面5.2.3小节中的“5.”相同,单击“Esc”键,返回HL PCI主画面。

2.进入加工#1

光条在“文件调入”上,单击“W”键(回车),显示“G:虚拟盘加工文件”(图8.11),这时在“加工#1”、“切割”和“8-2.3B”上应分别有红色光条(回车),显示出带起始点的加工图形,将图形调整到适当大小。

表8.2　HL提供的电参数表

加工材料：Cr12　　工作液：DX－1混合DX－4

机床：DK7732Z　　控制卡：HL

序号	脉冲间隔	脉冲宽度	功率管子个数	高低压	电流/A	跟踪	高度	效率/($mm^2 \cdot m^{-1}$)
1	9	8	3	低	1.5	85	40	24
2	9	24	5	高	2	85	40	45.6
3	9	48	5	高	2.4	85	40	80.4
4	8	48	7	低	3	85	40	92.5
5	6	48	7	高	4	85	40	118
6	6	48	8	低	4.5	85	40	129
7	7	72	7	高	5	95	40	128
8	10	80	7	高	4	96	40	135
9	8	48	7	高	3	85	100	98
10	12	72	6	低	3	87	300	65.8
11	9	32	6/7	高	3.6	85	300	94
12	15	32	7	高	2.4	85	500	60

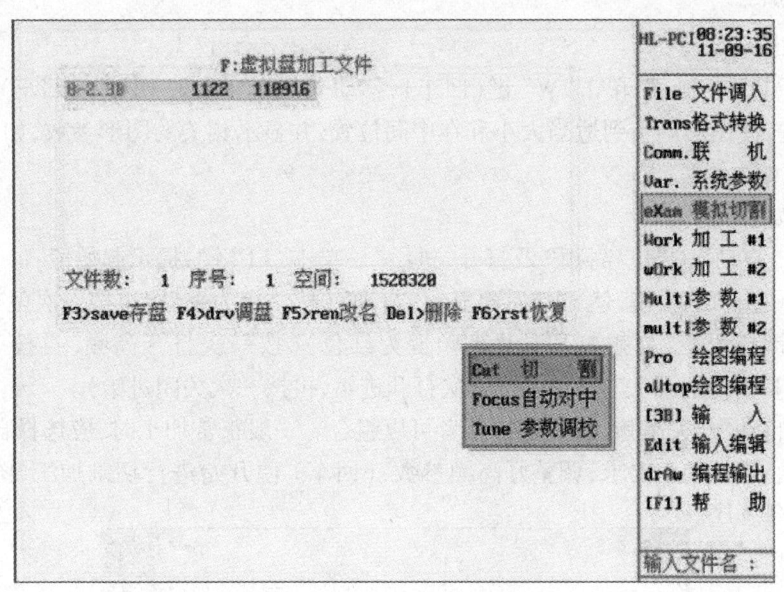

图8.11　单击“W”键回车时的显示

3. 进行单段模拟切割

每单击“空格”键一次，屏幕上的图形走一段，并同时显示该程序段、起点、终点等信息，便于校正加工件的形状及加工方向等。

（回车）显示出红色要切割的图形，单击“+”或“-”和“方向”键，可以调整图形的大小和位置，并显示相关的图形参数，如周长（36）、加工面积（1 804）、段数（11）和文件名（G：8－2.3B）等。

单击第一次“空格”键，图中绘出引入线，图下显示第一条程序，单击第二次“空格”键，图中绘出右下边上的直线，图下显示第二条程序，单击第三次“空格”键，图中绘出右下角上的圆弧，图下显示第三条程序（图8.12），以后每单击“空格”键一次，屏幕上的图形往前走一段,同时显示出该段的程序,当单击到第 11 次时,图形回到起始点,图下显示出第 11 条程序,单击两次“Esc” 键,返回到 HL - PCI 主画面。

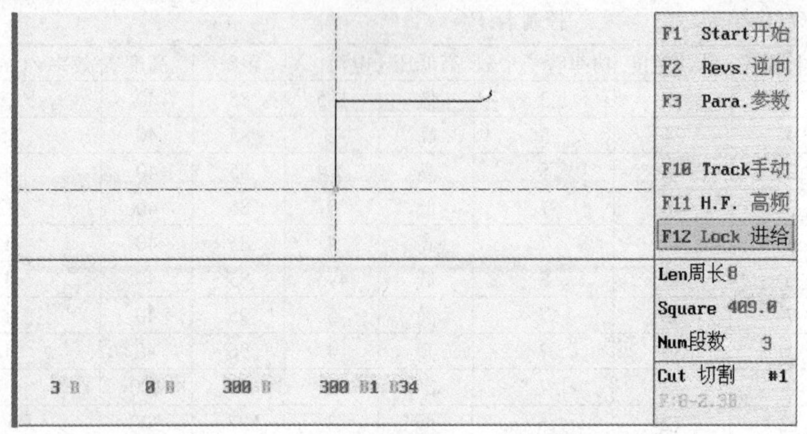

图 8.12 单击“空格” 键第三次时的显示

4. 正式加工

(1) 调出图形。

在 HL - PCI 主画面,单击“W” 键(回车),移动光条到“8 - 2.3B” 上(回车),按“+、-” 和“方向” 键,使图形调整到适当大小和在中间位置,并显示相关的图形参数,如周长、段数、加工面积和文件名等。

(2) 开始加工。

① 打开“自动”、打开“高频” 及打开“进给”。单击“F1” 键,提示起始段:1(回车),提示终点段:11,单击“F10” 键,使 F10 后面显示“自动”(按一次为手动,再按一次就变成自动),单击“F11” 键打开关“高频”(F11 及高频变为红色)(按一次打开高频,再按一次关闭高频)。单击“F12” 键,开关“进给”(按一次打开进给,再按一次关闭进给)。

手动/自动、开关高频、开关进给三者可以组合。一般正常加工时,应选择自动、打开高频、打开进给;根据加工要求,调整好高频参数,(回车) 便开始进行切割加工,图 8.13 是正在切割第四条程序。

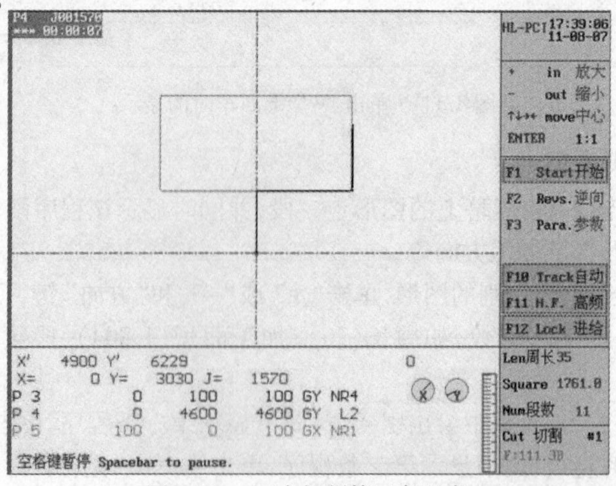

图 8.13 正在切割第四条程序

② 进行加工参数设置。

a. 调节变频跟踪快慢。在加工过程中单击"F3"键，弹出加工参数设置框（图 8.14），用"左右方向"键可对"变频"的数值进行跟踪快慢的调节，要调节到电流表稳定，使跟踪波形在 80% 左右。

b. 进行速度参数设置。按"空格"键暂停，选择停止时，再按"F3"键，可进行速度参数设置。出厂时一般已设定好。

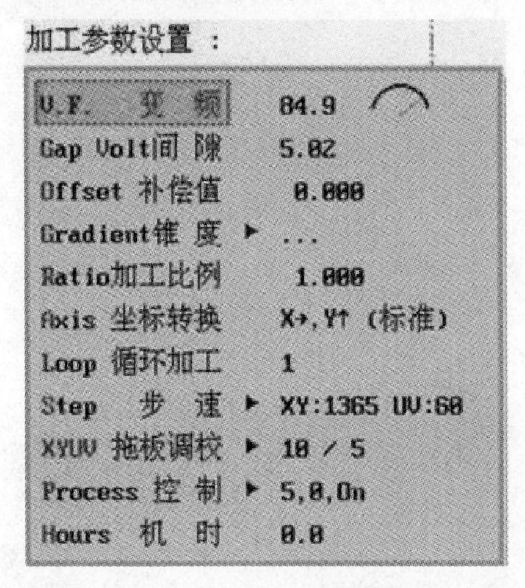

图 8.14　显示出加工参数设置框可调节变频

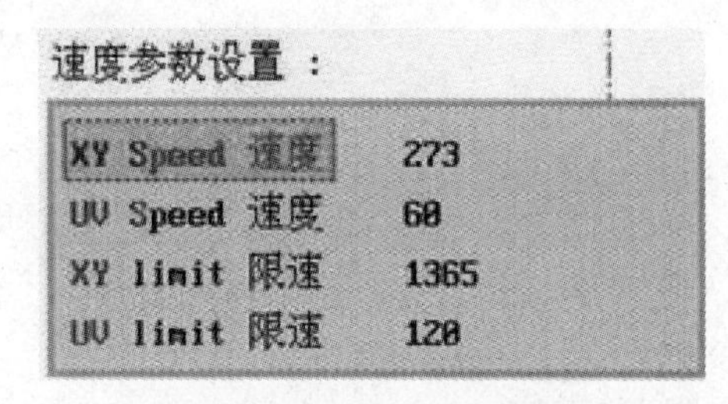

图 8.15　进行速度参数设置

LIMIT 是指最高空载运行速度，一般取决于控制柜工作台电动机的驱动部分以及机床工作台部分，对于步进电动机驱动 DK7763 以下机床建议 *XY* 轴不大于 1 200，*UV* 轴不大于 500；Speed 是指加工时的最大速度，限制加工时开路的速度；一般根据加工的工件高度和加工面的要求进行选择；通常为最高空载运行速度 > 加工时的最大速度 > 实际加工速度。

具体调节时，结合 U_F 变频调节，先设定一个具体数值，再在加工过程中按"F3"键，弹出"加工参数设置框"，用"左右方向"键进行 U_F 变频跟踪快慢的调节，调节到电流表稳定，跟踪电流在短路电流的 80% 左右。假如调节后电流还不稳定，再调整先前设定的数值。一般情况下，工件越厚，数值越小；40 mm 到 100 mm 时通常设定为 256。

5. 加工时及加工中的注意事项

(1) 在加工前：

第一要检查机床的机械，特别是导轮、丝杠、高频电源的进电线、钼丝的松紧度；

第二要选择好加工的路径，进行合理装夹，去除工件上装夹面和进刀面上的铁锈；

第三要编好加工程序，选择好配合间隙；

第四要选择好加工电参数（脉冲宽度、脉冲间隔、加工电压的幅度、加工峰值电流等）；

第五要调整好工作液的多少；

第六要预调好变频跟踪。

(2) 在加工中：

第一要观察电流表的指示，在正常情况下，如摆动大于 0.2 A，要进行变频调节：一般指针往上摆动，要降低变频速度，指针往下摆动，要提高变频速度；

第二要观察走丝电动机换向前应切断高频电源的输出,换向后要延时输出高频信号;

第三要观察工作液的喷射情况,要保证工作液包裹钼丝;

第四要观察机床运行有无异常声音;

第五要防止凸模工件在加工快要结束时掉下夹断钼丝,注意预先进行必要的处理。

第9单元　四川深扬的中走丝机床加工实例

9.1　四川深扬数控机械有限公司简介

9.1.1　公司简介

四川深扬数控机械有限公司是一家集数控机床产品的研发、制造和销售于一体的股份制高科技企业。总部设在四川成都。集团公司的生产基地是自贡市嘉特数控机械制造有限公司，占地面积为11 600 m^2，厂房面积为6 000 m^2。该生产基地由数控机床事业部、数控电子事业部、电加工机床事业部及对外贸易部等组成。

该公司的产品有自主研发的高智能数控电火花线切割机床系列、电火花成型机床系列，以及数控铣床及立式加工中心系列。现已具备年产各种型号机床800台的生产能力。是我国西南地区最大的电加工机床生产基地。产品已广泛用于兵器工业、航空航天工业以及各种民用工业等重要领域。同时还出口到波兰、土耳其、埃及、越南、泰国、老挝、伊朗、朝鲜等国家和台湾地区。

该公司的总部及自贡生产基地均通过了ISO9001:2008国际质量体系认证，获得“国家高新技术企业”称号、“商务部出口研发资金支持项目”、“2008年国家火炬计划项目”。该公司是中国机械工程学会特种加工分会理事单位。

9.1.2　四川深扬数控中走丝机床的特点

1. 机床的特点

(1) 该公司的机床选用台湾“罗森”公司的直线导轨，配备集中润滑系统，使机床能达到并超过国标要求。

(2) 机床电器为无继电器工作方式，逻辑动作全部采用电子控制方式，可靠性大大提高。

(3) 机床电器大量选用进口元器件(如：储丝筒换向的无触点开关、漏电开关、急停开关以及用于逻辑控制的所有元器件)，采用国际上通行的模块化设计，使机床工作可靠，维修简便。

(4) 储丝筒运动导轨采用贴塑滑动导轨，既保证了良好的导向性又降低了摩擦系数。

(5) 机床储丝筒选用无触点开关，并通过可控硅技术实现柔性换向，电动机采用变频调速，实现储丝筒5级调速，使储丝筒运转平稳、可靠、无冲击及无噪声。

(6) 有多种自我保护功能，能实现无人看守工作。如：储丝筒超程自动保护，机床断丝自动停机保护，短路自动回退保护，停电记忆保护，短路自动报警，断丝自动报警以及加工完自动停机报警。

(7) 线架升降为自动方式，升降线架时不必拆装电极丝，张力系统可自适应调节。

(8) 导轮轴承的防水总成结构采用专利设计,可提高轴承寿命至两倍。

(9) 机床丝杠及导轨防护,采用卷带式全金属防护结构,经久耐用、可靠而美观。

(10) 该机床配装国家发明专利,全数字、全闭环、交流伺服智能张力控制系统,具备自适应调节电极丝张力、智能上丝、智能紧丝、张力误差补偿等创新而实用的功能。

(11) 该机床配有开放式专家数据库,随着工艺试验数据的累加,可以不断地对专家数据库进行更新。

2. 几项核心技术

(1) 智能高频专家控制系统。

工件的“切割”加工依赖于放电参数,不同的工件放电不一样,使得操作者很难将高频参数与加工质量联系起来,并且不同的机床所表现的性能也不一样,所以传统高频虽能应付,但对操作人员的熟练程度及操作经验要求很高,特别是在进行高厚度、高表面质量加工时,有时取决于“运气”的成分。为了有效地降低对操作者专业技能和经验的依赖性,降低操作难度、简化操作程序、提高生产效率、提高加工质量,该公司专门建立了工艺参数实验室,做了大量的切割加工实验,对实验数据进行分析与筛选,筛选出最优方案,用以建立工艺参数专家数据库,从理论分析到实验验证,建立了最优加工方案数据模型。将专家工艺数据库集成到加工系统中,开发了系统自动选择加工参数模块,一般用户只需要输入工件的有关参数,系统就能自动确定加工用的高频参数,实现了高频参数智能化。其中还包括切割次数、加工余量、切割跟踪、短路判断、丝速控制等的智能化。而且,工艺参数专家数据库是一个开放的系统,用户可以根据新的特定需要来扩展数据库。

(2) 电极丝“刀库化”控制系统。

钼丝的直径对加工精度有重要影响,在多次切割加工中,粗加工时放电能量大,效率高,但对电极丝的损耗大,在精加工时则相反。电极丝的损耗是一个非线性过程,如果采用传统的单一电极丝,电极丝的误差补偿很难准确确定。借用加工中心“刀库化”管理策略,对电极丝进行分段使用,通过DSP数字逻辑控制及“智能专家控制系统”来控制电极丝的运行区域,也就是在粗加工中采用一段,在精加工中采用另一段,减少精加工中由电极丝带来的误差。该项技术获得国家实用新型专利。

(3) 电极丝智能张力控制系统。

往复走丝线切割机床,电极丝以10 m/s左右的高速度来回运动,储丝筒的高速回转以及工作液的冲刷作用,加之电极丝本身的弹性影响,在电极丝的运行时不可避免会出现“抖动”,产生位置误差,影响加工精度。传统往复走丝线切割机床采用纯机械式张力控制装置,但电极丝抖动是一个非线性状态,纯机械式张力装置很难消除电极丝的抖动,有时反而产生新的抖动。该控制系统采用精密传感器检测、DSP数字信号处理技术、交流伺服控制,形成检测 — 控制 — 反馈 — 再控制,如此循环的全闭环控制系统,实现电极丝张力的高响应,达到0.2 N/0.5 s的高精度适时控制,电极丝几乎实现了零抖动。该项技术已获得国家发明专利。

3. 可达到的加工效果

(1) 最佳表面粗糙度 $Ra = 1.0\ \mu m/30\,000\ mm^2$;

(2) 绝对尺寸精度误差 $< \pm 0.005\ mm$;

(3) 多个相同零件(20 个以上) 的一致性误差 < ±0.005 mm/30 件;

(4) 厚度为 100 mm 的“橄榄” 形误差(或称腰鼓度) < 0.012 mm。

4. 四川深扬数控的中走丝机床照片及加工样品

图 9.1(a) 是四川深扬数控中走丝机床的照片,图 9.1(b)、(c) 及(d) 是四川深扬数控中走丝机床的加工样品。

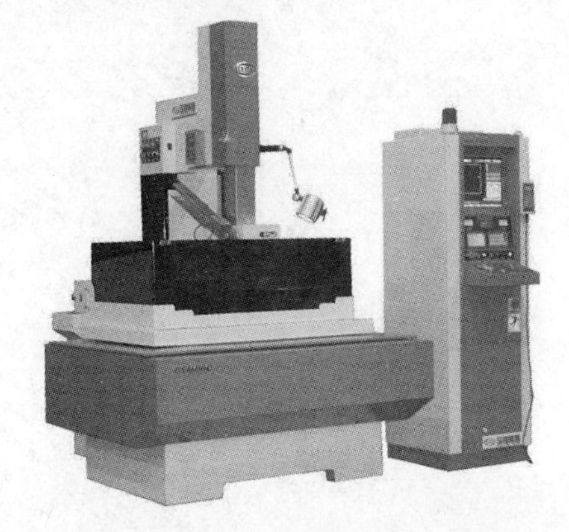

(a) 四川深扬数控中走丝机床照片

四川深扬数控 CTP-400K 试切样件

材料Material: Cr12
钼丝WireDiametr: 0.18
厚度Thickness: 30
切割数Process: 3
精度Accuracy: 0.01
粗糙度Roughness: 0.9
加工时间WorkTime: 4.5h
加工面积WorkArea: 12650

(b) 加工样品一

SENYANG 四川深扬数控 CTP-400K 试切样件

材料Material: Cr12
钼丝WireDiametr: 0.18
厚度Thickness: 55
切割数Process: 3
精度Accuracy: 0.008
粗糙度Roughness: 1.0
加工时间WorkTime: 5.2h
加工面积WorkArea: 14240

(c) 加工样品二

SENYANG 四川深扬数控 CTP-400K 试切样件

材料Material: Cr12
钼丝WireDiametr: 0.18
厚度Thickness: 105
切割数Process: 4
精度Accuracy: 0.005
粗糙度Roughness: 0.9
加工时间WorkTime: 1.7h
加工面积WorkArea: 3419

(d) 加工样品三

图 9.1　四川深扬数控中走丝机床的照片及加工样品

9.2　四川深扬数控中走丝机床加工凹模实例

以切割图 9.2 所示工件的冲孔模具为例。

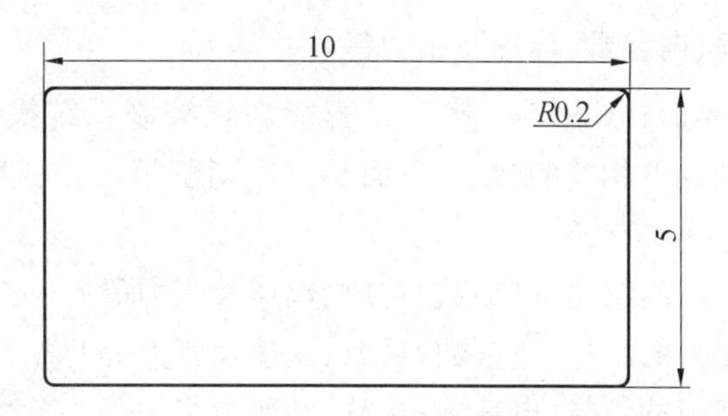

图 9.2　10 × 5(四角 $R = 0.2$) 的图形

9.2.1　作　图

作图9.2 见4.3.1 小节。

9.2.2　工件的加工条件

(1) 凹模类型:落料模;

(2) 工件材料:Cr12 模具钢;

(3) 厚度:25 mm;

(4) 工作液:水基工作液;

(5) 表面质量:中;

(6) 切割次数:三次。

9.2.3　参数选择

参数选择操作步骤如下:

1. 进行加工条件输入设定

在智能高频控制系统(图9.3)操作界面,选择“自动”功能,然后把9.2.2小节中有关的加工条件输入进去(图9.4)。

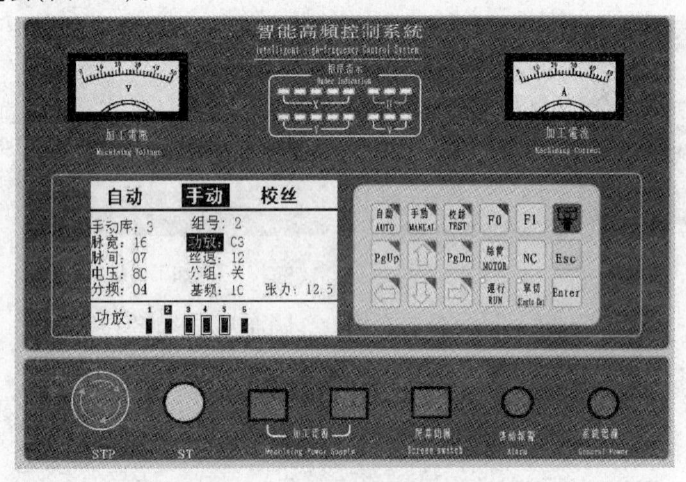

图9.3　智能高频控制系统

2. 每次切割的组号、电参数、丝速及张力等

进入“手动”功能界面(图9.5),然后在智能高频控制系统操作界面(图9.3),单击“F1”键,调出该加工条件下相关的参数,下面是三次切割第一刀、第二刀、第三刀的各种参数及组号1、2及3。

图9.5 是切割第一刀的组号、电参数、功放、丝速及张力等。

图9.6 是切割第二刀的组号、电参数、功放、丝速及张力等。

图9.7 是切割第三刀的组号、电参数、功放、丝速及张力等。

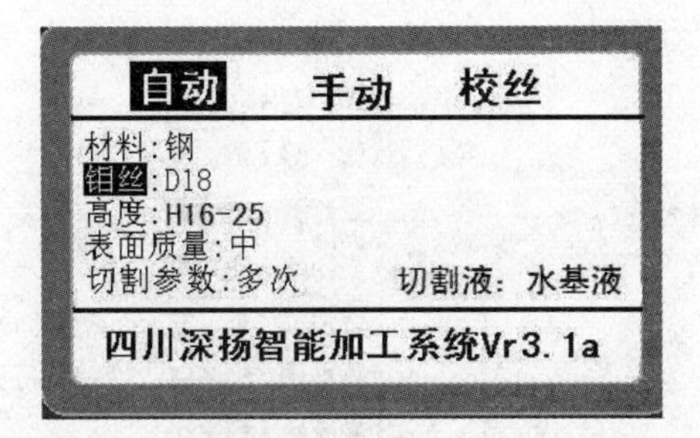

图9.4　智能高频控制系统操作界面选择“自动”

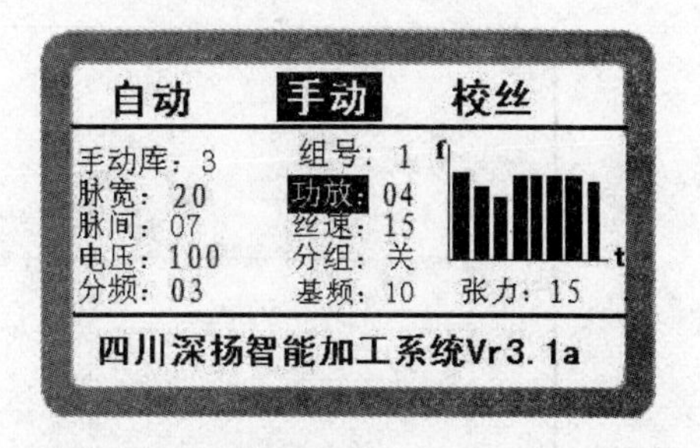

图9.5　切割第一刀的组号、电参数、功放、丝速及张力

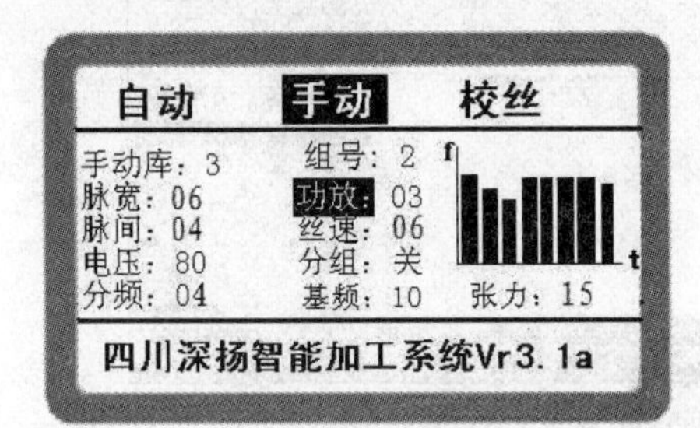

图9.6　切割第二刀的组号、电参数、功放、丝速及张力

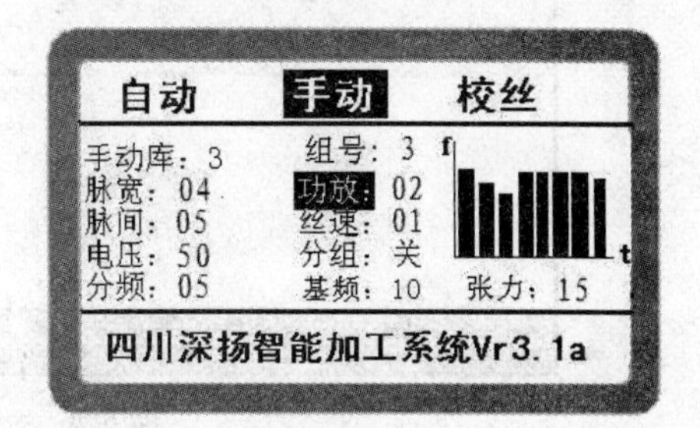

图9.7　切割第三刀的组号、电参数、功放、丝速及张力

注:①根据用户使用习惯,用户可以在“自动”界面直接进行加工,也可以按上述步骤在“手动”界面按“F1”键调出参数进行加工,在自动界面加工不能随工况的变化进行参数微调,手动界面加工可以随工况的变化进行参数微调。

②部分参数解释如下:

a. 功放:指投入功放管的个数;

b. 分频:相当于“HF编程控制软件”上的跟踪(1 ~ 99),参数越大跟踪越慢;

c. 基频:用于低能量切割时,调整放电距离(1 ~ 99),参数越大放电距离越远,使切割状态趋于永不短路;

d. 张力:电极丝的张紧力值(10.0 ~ 19.9 N)。

9.2.4　编写凹模的三次切割加工程序(共11步)

1. 进入作“引入线和引出线”功能

单击HF“全绘式编程”菜单中的“引入线和引出线”(图9.8),显示出“引入线引出线”菜单(图9.9)。

2. 作引入线和引出线

“引入线引出线”菜单中提供了几种方法(图9.9),可根据操作习惯任意选择,然后按系统提示进行操作,现在采用的是夹角法。

单击“作引线(夹角法)”,提示“引线长度”,输入2.5(回车),提示“引入线与X轴的夹

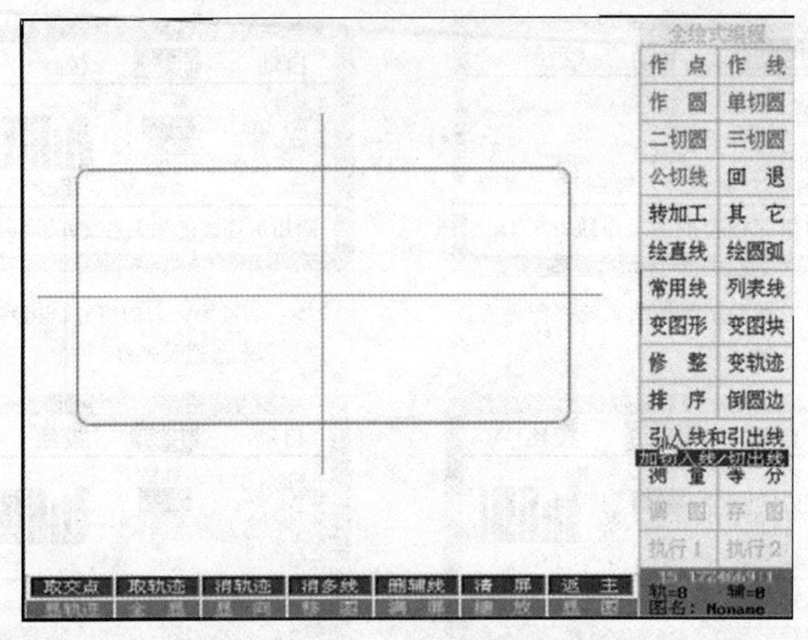

图9.8　全绘式编程菜单

角(度)”,输入 -90(回车),提示“引入线的终点”,输入5,5(回车),作出黄色的引入线,引入线的上端显示一个向右的红色箭头,表示按图形顺时针方向切割,向图内补偿,提示“确定该方向(鼠标右键)”,采用顺时针方向切割,单击鼠标右键确认,如图9.10所示,单击“退出”。

图9.9　引入线引出线菜单

图9.10　作出了引入线及确定了补偿方向

3. 根据加工条件调出推荐的间隙补偿量f,进入“执行1”,输入间隙补偿量f

(1) 多次切割时确定间隙补偿量f应考虑的因素。

因中走丝多次切割加工,不同于高速走丝时的一次切割加工,它的间隙补偿量f不仅只考虑电极丝半径$r_{丝}$、放电间隙$\delta_{电}$及配合间隙$\delta_{配}$,还有其他因素也会影响加工的绝对尺寸精度,根据这一特点,深扬公司经长期的工艺试验得到有关数据,为用户提供了在各种条件下相应合理的间隙补偿量f,用户可从智能高频控制系统(图9.11)中调出来使用。

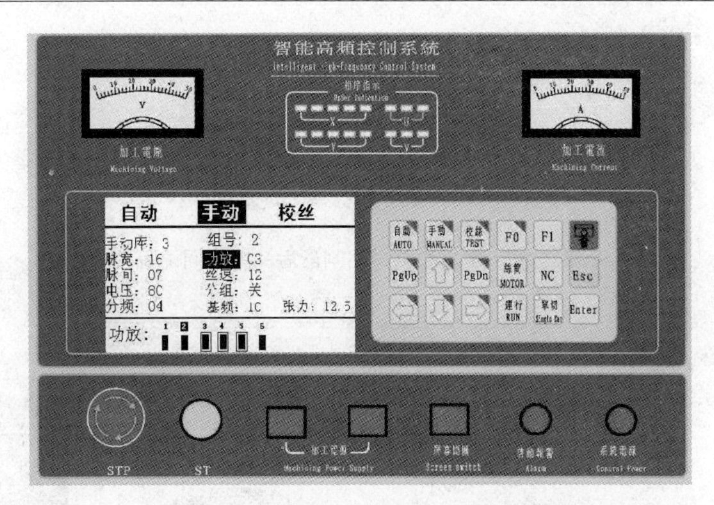

图9.11　智能高频控制系统的控制屏

(2) 根据加工条件从智能高频控制系统中调出多次切割的间隙补偿量f。

调出的方法为：

① 在“自动”界面中设定好加工条件。要调出智能高频控制系统推荐的间隙补偿量f,只需在“自动”界面中设定好相应的加工条件,选择好“表面质量”(反白显示即选中),在图9.12中“表面质量”选择为“中”,其他几项如图9.12所示。

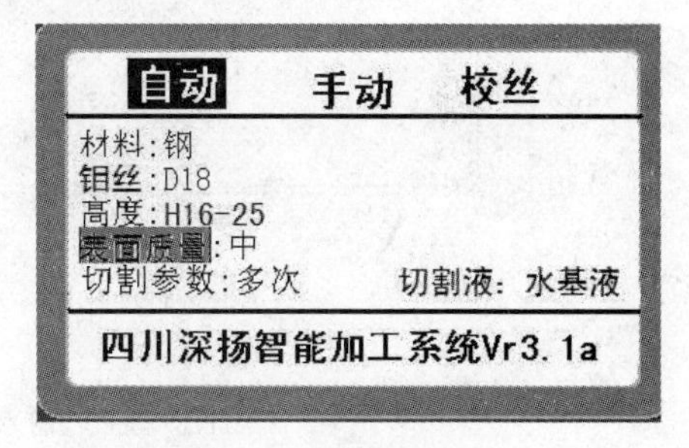

图9.12　“自动”界面

② 调出相应的参数表。显示图9.11后,单击“Enter”键,就会显示出智能高频控制系统推荐的一个参数表(表9.1),按表9.1中的“补偿f = 0.08”输入即可。

表9.1　按“Enter”键后切换出的参数表

	补偿f = 0.080		
	确　定	切割次数1 ~ 7	3
0	过切量/mm	凸模台阶宽/mm	0
0.075	第一次偏移量	高频组号1 ~ 7	1
0.015	第二次偏移量	高频组号1 ~ 7	2
0	第三次偏移量	高频组号1 ~ 7	3
开始切割台阶时高频组合1 ~ 7			1

(3) 多次切割时输入已调出间隙补偿量的方法。

进入“执行1”。单击“执行1”,提示“间隙补偿值”(图9.13),输入0.08(回车),在此处是输入多次切割时切割最后一刀所用的间隙补偿量。

4. 显示间隙补偿后的图形

间隙补偿量输入完成后,按“Enter”键,显示间隙补偿后的图9.14。

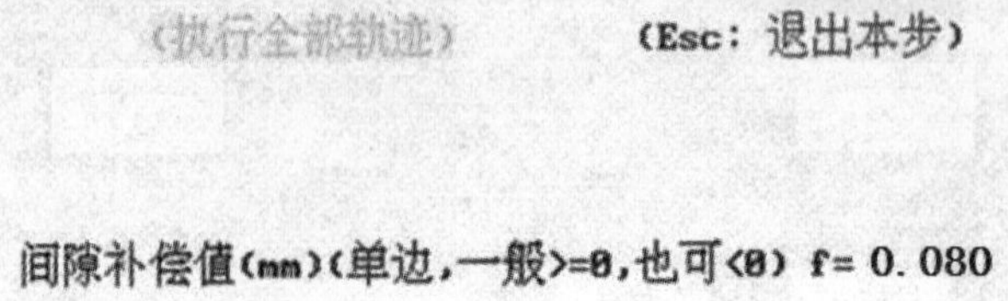

(执行全部轨迹)　　　(Esc：退出本步)

间隙补偿值(mm)(单边,一般>=0,也可<0) f= 0.080

图 9.13　输入多次切割时切割最后一刀的间隙补偿量

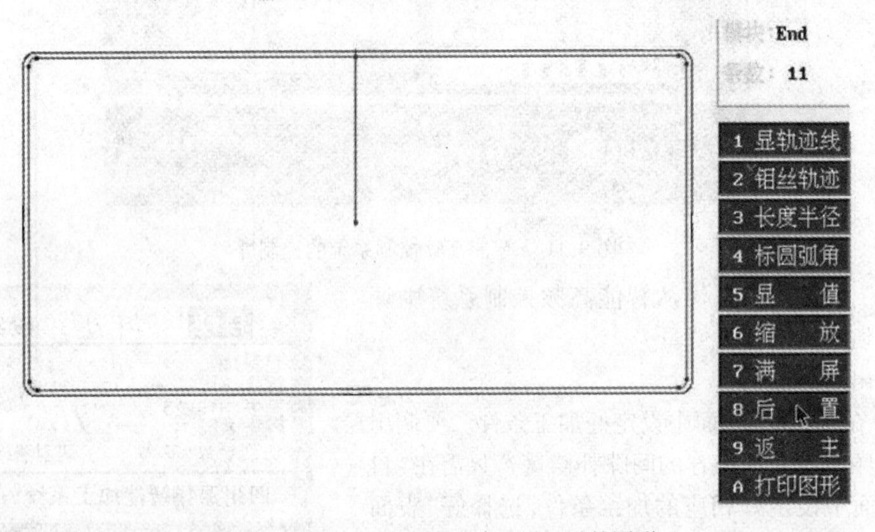

图 9.14　输入 $f = 0.08$(回车)后显示的图形

5. 进入有“切割次数”的菜单

单击图 9.14 中的“后置”，显示图 9.15，在图 9.15 中单击“(5) 切割次数”，显示图 9.16。

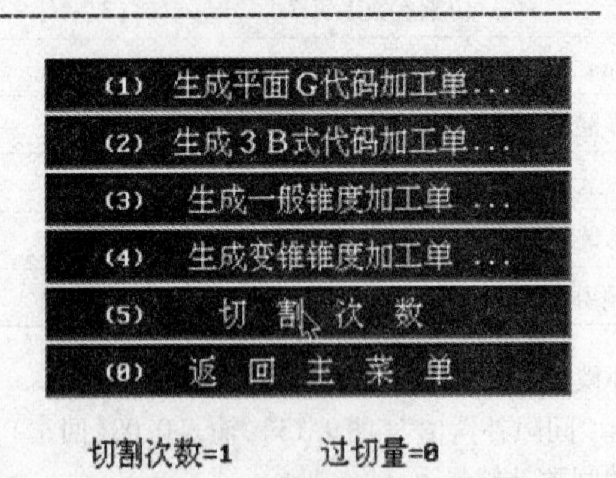

图 9.15　单击切割次数

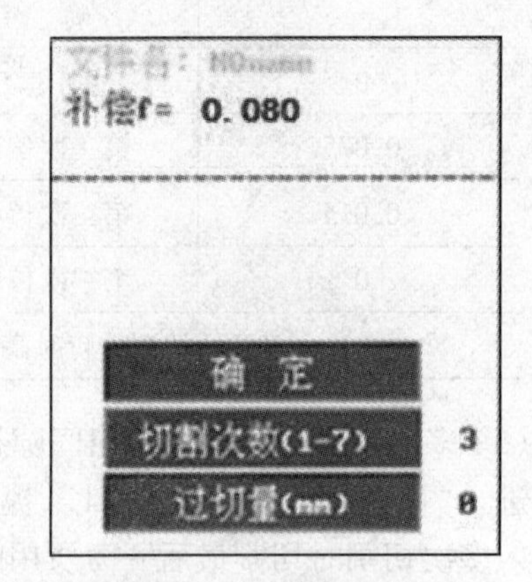

图 9.16　设定切割次数为 3

6. 设定切割次数

切割次数最多能设定 7 次，本例设定为 3 次，在图 9.16 中单击“切割次数”，输入 3(回车)，已将切割次数设为 3 次(图 9.16)，单击“确定”。

7. 将表9.1中的数据填入图9.17中

切割次数确定后，须对每次切割的参数进行确定，图9.17是按表9.1中第一、二、三次切割时各次所用的偏离量及高频组号等输入的结果，操作步骤省略。

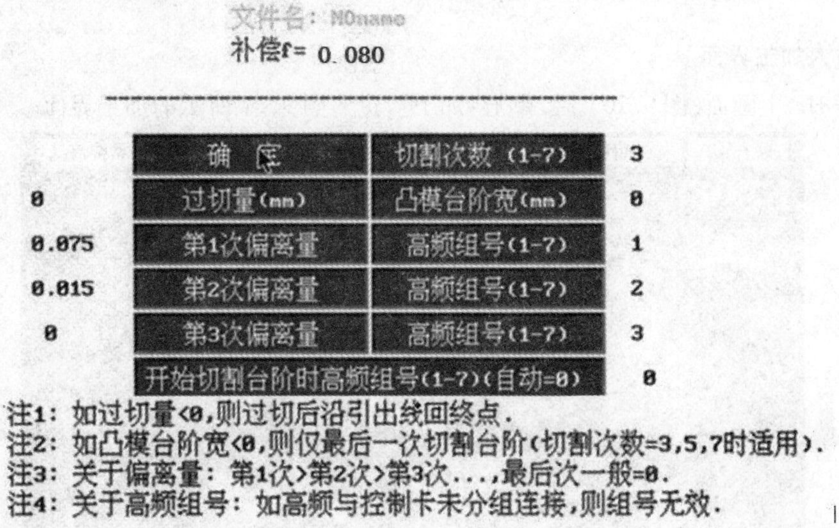

文件名：N0name
补偿f= 0.080
确　定
切割次数（1-7） 3
0 过切量(mm)
凸模台阶宽(mm) 0
0.075 第1次偏离量
高频组号(1-7) 1
0.015 第2次偏离量
高频组号(1-7) 2
0 第3次偏离量
高频组号(1-7) 3
开始切割台阶时高频组号(1-7)(自动=0) 0
注1：如过切量<0,则过切后沿引出线回终点.
注2：如凸模台阶宽<0,则仅最后一次切割台阶(切割次数=3,5,7时适用).
注3：关于偏离量：第1次>第2次>第3次...,最后次一般=0.
注4：关于高频组号：如高频与控制卡未分组连接,则组号无效.

图9.17　按表9.1中的数据输入后

8. 检查图9.17，单击“确定”，退到图9.18

检查图9.17，确认参数设定完全无误后，单击图9.17中的“确定”，退出到图9.18。

9. 生成平面G代码，并显示图9.19

单击图9.18中的“生成平面G代码加单”，生成了平面G代码，并显示图9.19。

文件名：N0name
补偿f= 0.080
(1) 生成平面G代码加工单...
(2) 生成3B式代码加工单...
(3) 生成一般锥度加工单 ...
(4) 生成变锥锥度加工单 ...
(5) 切 割 次 数
(0) 返 回 主 菜 单
切割次数=3
过切量=0
台宽=0

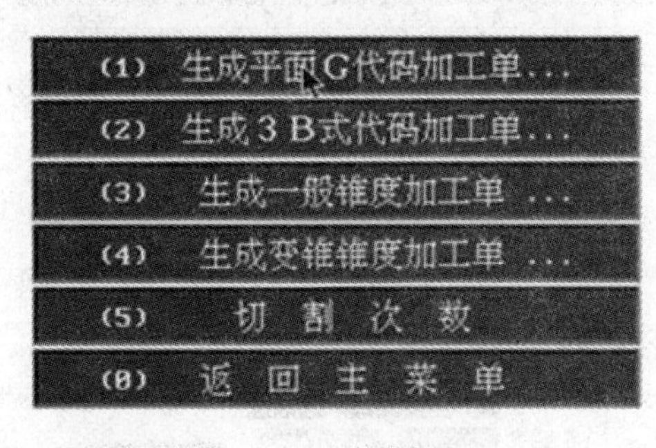

图9.18　生成平面G代码加工单菜单

文件名：N0name
补偿f= 0.080
(1) 显示G代码加工单(平面)
(2) 打印G代码加工单(平面)
(3) G代码加工单存盘(平面)
(4) 生成HGT图形文件
(0) 返　回

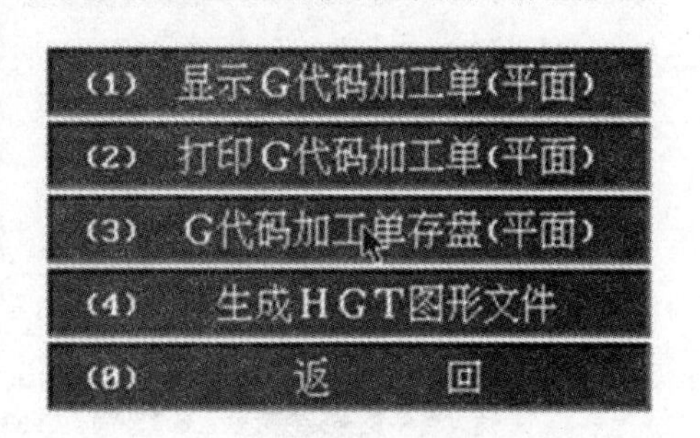

图9.19　加工单存盘

10. 加工单存盘

在图9.19中单击“G代码加工单存盘（平面）”，提示“输入存盘文件名”，键入存盘的文件名（本例的文件名为9.14），按“Enter”键，存好后进入下一步操作。

11. 返回 HF 主画面

单击“返回”,再单击“返回主菜单”,进入图 9.20 HF 主画面,即可转入加工操作。

9.2.5　凹模的加工过程(共 10 步)

1. 进入加工界面

打开 HF 主画面(图 9.20)后,单击“加工”,进入图 9.21 所示的加工界面。

图 9.20　HF 主画面

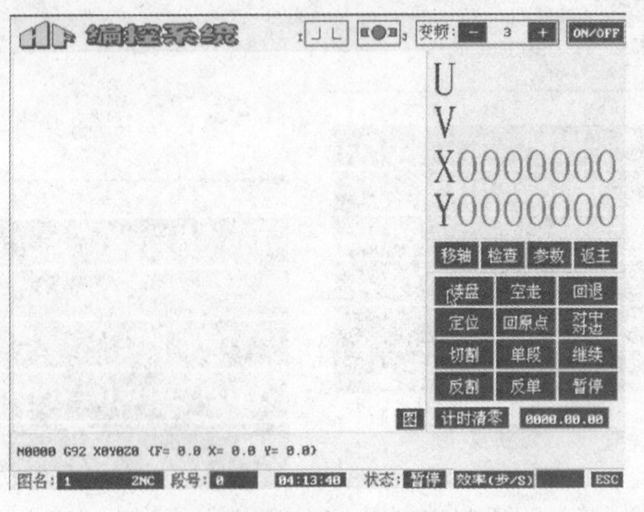

图 9.21　加工界面

2. 读盘

单击“读盘”(图 9.21),显示“读代码菜单”(图 9.22)。

3. 读G代码

单击“读G代码程序”(图9.22),显示“D:\HF目录下”菜单(图9.23)。

读G代码程序
读3B式程序
读G代码程序(变换)
读3B式程序(变换)
退　出

图9.22　读代码菜单

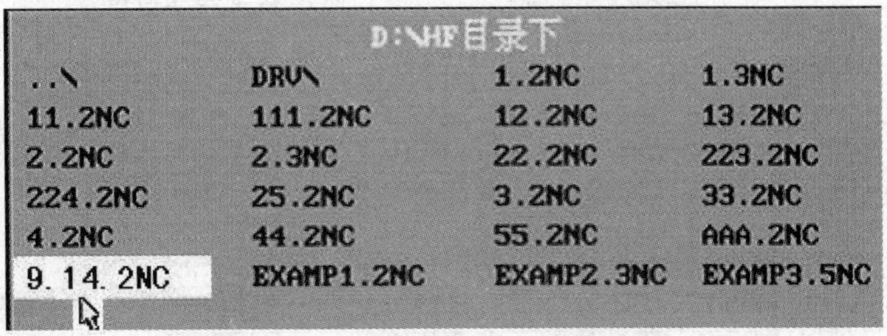

D:\HF目录下

..\	DRV\	1.2NC	1.3NC
11.2NC	111.2NC	12.2NC	13.2NC
2.2NC	2.3NC	22.2NC	223.2NC
224.2NC	25.2NC	3.2NC	33.2NC
4.2NC	44.2NC	55.2NC	AAA.2NC
9.14.2NC	EXAMP1.2NC	EXAMP2.3NC	EXAMP3.5NC

图9.23　“D:\HF目录下”菜单

4. 调出要加工工件的程序

单击图9.23中的“9.14.2NC”,显示“HF加工界面”(图9.21)。

5. 了解HF加工界面中的内容,打开参数菜单

在HF加工界面中显示出“9.14.2NC”的图形,在图的下面显示出第一条代码,代码下面的图名右边,是代码的程序名“BBB.2NC”,图形右下边,是与加工有关的一些功能键。功能键上面是显示加工时的X,Y,U,V坐标值,屏幕右上边,最右边的 ON/OFF 可以开关机床,中间的 变频: - 3 + 可以在“自动”加工时调整进给速度,变频的数值在3和255之间可调,单击“+”号数值变大,单击“-”号数值变小,数值越小,进给越快,▣是工作台电动机开关,▣是高频开关。(注:深扬公司产品 变频: - 3 + 出厂时已设定为3,用户无须调节,如确有工况变化可调节图9.5、9.6、9.7中的分频值)在图9.21中单击“参数”,显示图9.24所示的HF系统参数菜单。

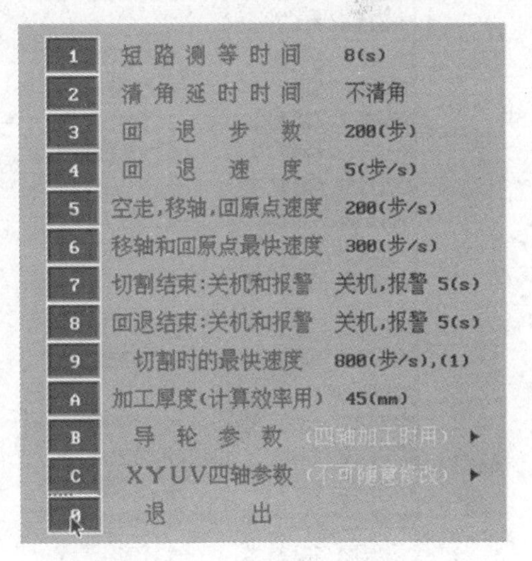

图9.24　参数菜单

6. 要计算效率时需修改参数菜单中的工件高度

参数菜单在正常情况下出厂时图9.24中的各参数已调整好,用户可不必调整,当用于计算效率时,工件高度这项可根据实际工件高度作修改,之后单击“退出”。

注:① 在使用“电极丝刀库化控制系统”时,应将图9.24中的第一项“短路测等时间”修正为60 s;

② 在进行“锥度切割”时应进行相关参数调整。

7. 进入检查菜单

单击图9.21所示HF加工界面中的“检查”,显示“检查”菜单(图9.25),可以“显加工单”,查看“加工数据”及“模拟轨迹”等。

① 显示加工单。单击“显加工单”,显示表9.2中图9.14的三次切割加工单。

显加工单	加工数据	模拟轨迹	回0检查	退出

图9.25　检查菜单

表9.2　图9.14的三次切割加工单

```
N0000 G92 X0Y0Z0 {f= 0.080 x= 0.0 y= 0.0}
N0001 G01 X    0.0000 Y    2.1200  { LEAD IN }
N0002 G01 X    0.0000 Y    2.3450
N0003 M11
N0004 G01 X    4.8000 Y    2.3450
N0005 G02 X    4.8450 Y    2.3000 I    4.8000 J    2.3000
N0006 G01 X    4.8450 Y   -2.3000
N0007 G02 X    4.8000 Y   -2.3450 I    4.8000 J   -2.3000
N0008 G01 X   -4.8000 Y   -2.3450
N0009 G02 X   -4.8450 Y   -2.3000 I   -4.8000 J   -2.3000
N0010 G01 X   -4.8450 Y    2.3000
N0011 G02 X   -4.8000 Y    2.3450 I   -4.8000 J    2.3000
N0012 G01 X    0.0000 Y    2.3450
N0013 G01 X    0.0000 Y    2.4050
N0014 M12
N0015 G01 X    4.8000 Y    2.4050
N0016 G02 X    4.9050 Y    2.3000 I    4.8000 J    2.3000
N0017 G01 X    4.9050 Y   -2.3000
N0018 G02 X    4.8000 Y   -2.4050 I    4.8000 J   -2.3000
N0019 G01 X   -4.8000 Y   -2.4050
N0020 G02 X   -4.9050 Y   -2.3000 I   -4.8000 J   -2.3000
N0021 G01 X   -4.9050 Y    2.3000
N0022 G02 X   -4.8000 Y    2.4050 I   -4.8000 J    2.3000
N0023 G01 X    0.0000 Y    2.4050
N0024 G01 X    0.0000 Y    2.4200
N0025 M13
N0026 G01 X    4.8000 Y    2.4200
N0027 G02 X    4.9200 Y    2.3000 I    4.8000 J    2.3000
N0028 G01 X    4.9200 Y   -2.3000
N0029 G02 X    4.8000 Y   -2.4200 I    4.8000 J   -2.3000
N0030 G01 X   -4.8000 Y   -2.4200
N0031 G02 X   -4.9200 Y   -2.3000 I   -4.8000 J   -2.3000
N0032 G01 X   -4.9200 Y    2.3000
N0033 G02 X   -4.8000 Y    2.4200 I   -4.8000 J    2.3000
N0034 G01 X    0.0000 Y    2.4200
N0035 G01 X    0.0000 Y    2.1200
N0036 M10
N0037 G01 X    0.0000 Y    0.0000  { LEAD OUT }
N0038 M02
```

②图9.26是按表9.2程序中的数据作出的三次切割示意图。其中第三次切割时的间隙补偿量f_3，在图9.13中输入的是$f_3=0.08$。表9.2的程序是这样编出来的，第三次切割时右上边线上电极丝中心轨迹的Y坐标值是2.42，加上0.08等于2.5，但实际使用的电极丝半径是0.09，$2.42+0.09=2.51$，从计算结果看，工件孔的单边尺寸会被切大了0.01，如图9.26中的虚线圆（电极丝直径）所示，可是四川深扬公司经过大量实验研究及实践证明，加工出来的工件孔并没有加大，得到的是2.5的尺寸。这是由于在具体条件下，切割时电极丝

不是刚性直线,而会有柔性退让的结果。

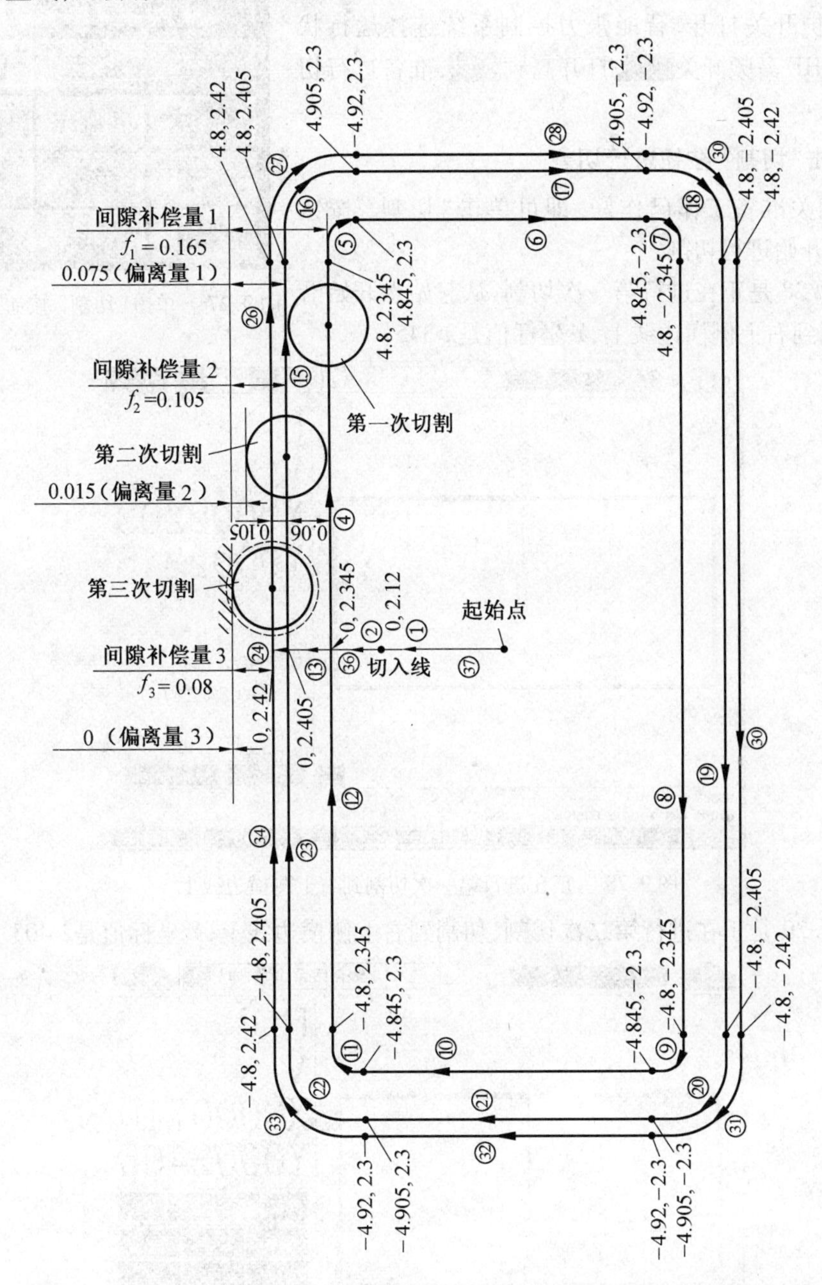

图9.26　按表9.2程序中的数据作出的三次切割示意图

8. 模拟轨迹

单击图9.25中的"模拟轨迹",图形消失,从引入线起点开始,用红色沿切割图形描绘,再回到引入线起始点,用以检查程序是否正确。

9. 打开高频准备进行切割加工

如加工程序模拟轨迹校验无误,即可进行加工操作,将智能高频控制面板(图9.11)上的"运行"打开，储丝筒将自动运转，机床侧水泵开关打开，断丝保护开关打开，智能张力控制系统选择运行状态，再单击 HF 高频开关，打开高频，准备进行切割加工。

10. 单击"切割"按钮进行切割

确认相关准备工作已作好，即可单击"切割"按钮（图 9.27）开始进行切割。

图 9.27　单击"切割"按钮进行切割

① 图 9.28 是正在进行第一次切割，从起始点开始沿引入线切割到右上侧横边线上，Y 坐标值是2 345。

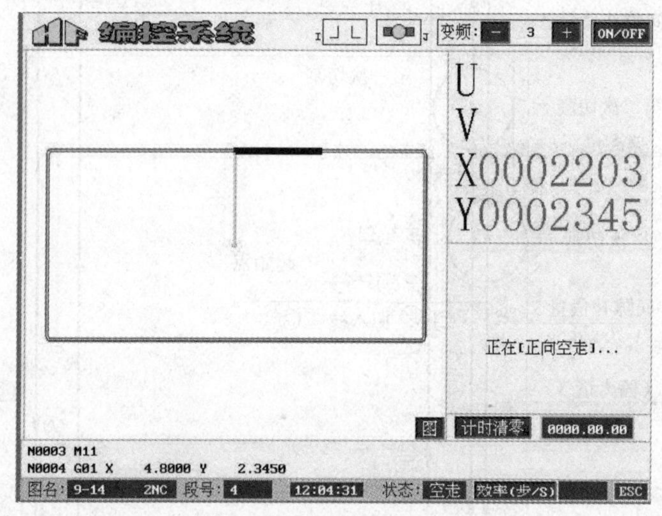

图 9.28　正在进行第一次切割到右上侧横边线上

② 图 9.29 是正在进行第二次切割，切割到右上侧横边线上，Y 坐标值是2 405。

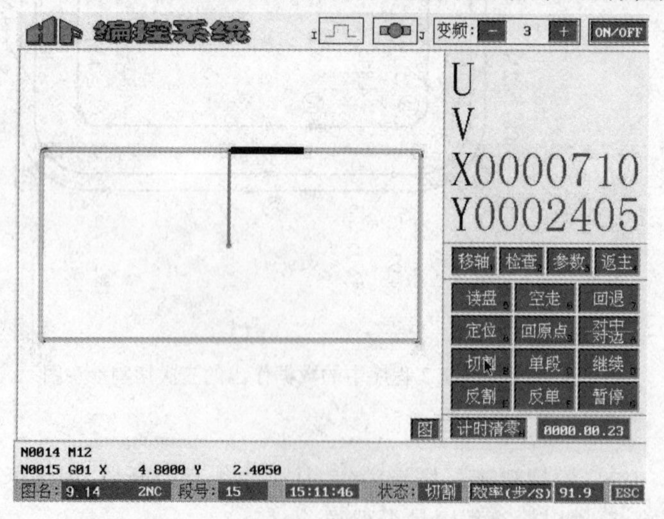

图 9.29　正在进行第二次切割到右上侧横边线上

③ 图 9.30 是顺时针方向正在进行第三次切割，切割到右上侧横边线上，Y 坐标值是 2 420。

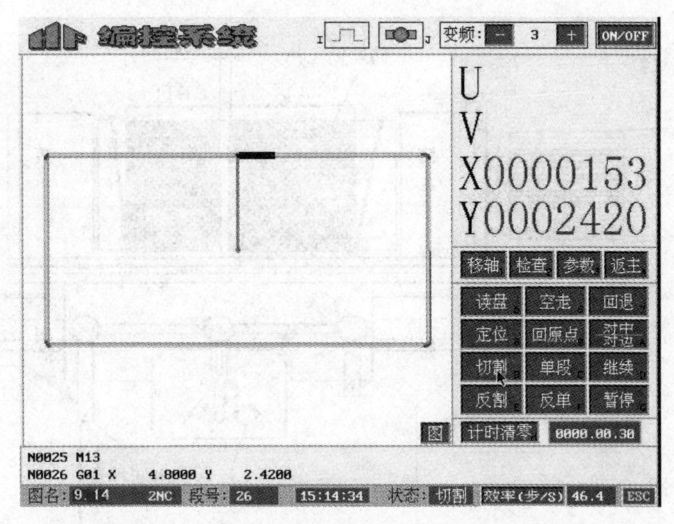

图9.30　正在进行第三次切割到右上侧横边线上

切割完成后,X 和 Y 的显示全部为零,电极丝返回起始点。

9.2.6　切割过程中必要的调整和注意事项

(1) 凹模多次切割,在第一刀切完时中间的无用材料会掉落,易造成电极丝砸断或切割短路,建议用户在第一刀切割完成点处设置暂停符,以便于把将要脱落的材料取出;

(2) 由于工件材料及切割环境的个体差异,在切割中系统支持在线调节各种电参数,调节到以电流表的指针稳定及频谱波动较小为原则;

(3) 切割前应将上丝架降至最低,保证上喷水嘴离工件 5 mm 范围。

9.2.7　电极丝刀库化控制功能的补充说明

由于目前中(快) 走丝都是往复式走丝模式,在加工工件时(特别是加工多个工件时)电极丝直径的变化对工件尺寸影响很大,操作者很难把握,因此该公司专门研发出储丝筒上的电极丝"分段加工" 功能,这是仿照加工中心的刀库概念,这在很大程度上保证了多个相同工件尺寸的一致性。

如图9.31 所示,在多次切割加工时,由于第一刀放电能量较大,使电极丝直径损耗很大,因此用储丝筒左边部分"A 区" 的这部分电极丝进行第一次切割,当第二及第三次切割修刀时,电极丝在B 区域运行切割,这时修刀的放电能量很小,对电极丝直径损耗相对更小,使长时间加工多个工件尺寸的一致性,能得到很好保证,A、B 区域之间的转换,完全是自动控制不需人工操作。

储丝筒分段使用操作方法如下:

(1) 在上丝(丝应尽量上满整个储丝筒) 和紧丝完成后,将电极丝工作位置停在A 区域,把中间的换向挡块拉下,这时储丝筒上的电极丝被分成2 个区域,理论上A 区域的电极丝比B 区域的多一些,大约为3/5,调整中间挡块的左右移动位置就能决定A、B 区域的长度。

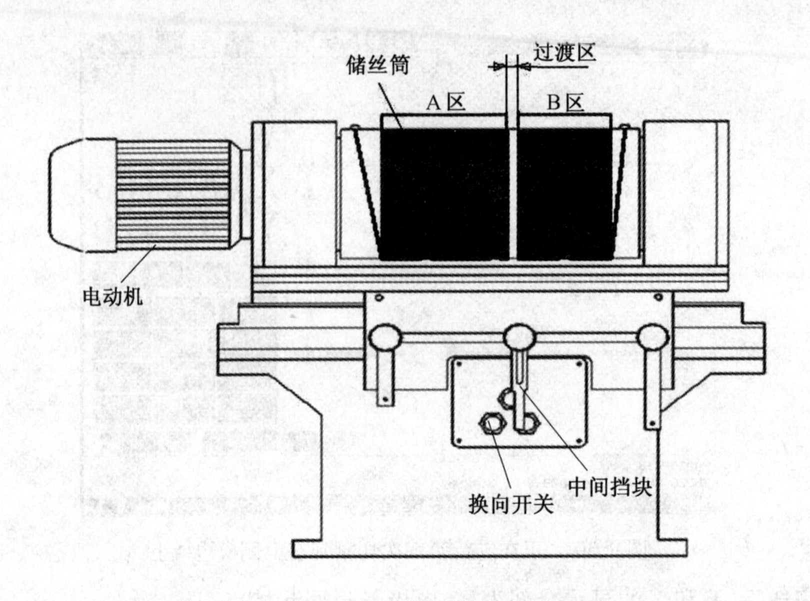

图9.31　用储丝筒上的电极丝作分段加工

(2) 将智能张力盒上的"分段功能"打开,按"Enter"键确认后,返回运行状态。

(3) 加工工件时,将机床手动模式关闭,并把断丝保护、水泵及加工完停机开关打开。

(4) 将所切工件在HF编程软件上处理完毕后,在加工界面读盘调出需要加工的图形,单击切割,再单击暂停。

(5) 智能高频参数选定,将智能高频键盘上的"运行"打开,此时小液晶上显示"丝筒定位"储丝筒运行起来,当"丝筒定位"消失以后,就可以切割工件。

9.3　四川深扬数控中走丝机床加工凸模实例

以切割图9.32所示工件的冲孔凸模为例。

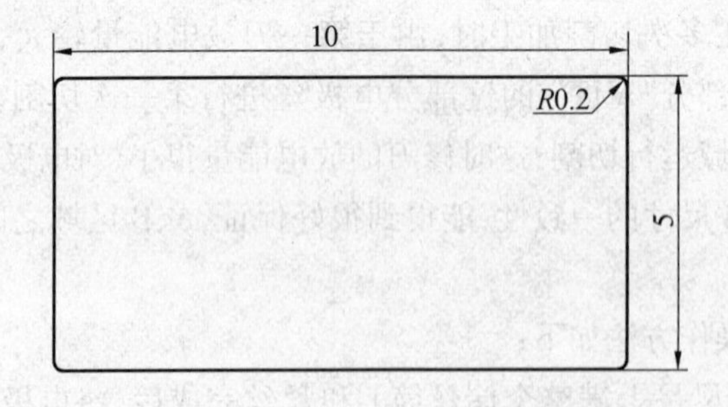

图9.32　10×5(四角 $R=0.2$) 的长方形

9.3.1　作　图

绘出 10 × 5(四角 $R = 0.2$) 的长方形,作图过程见 4.3.1 小节。

9.3.2　工件的加工条件

(1) 凸模类型:落料模的凸模(单边配合间隙 $\delta_{配} = 0.005$);

(2) 工件材料:Cr12 模具钢;

(3) 厚度:45 mm;

(4) 工作液:水基工作液;

(5) 表面质量:中;

(6) 切割次数:三次。

9.3.3　参数选择

参数选择的操作步骤如下:

1. 进行加工条件输入设定

在智能高频控制系统操作界面(图9.33),选择“自动” 功能,单击“自动” 进行加工条件输入设定,如图 9.34 所示。

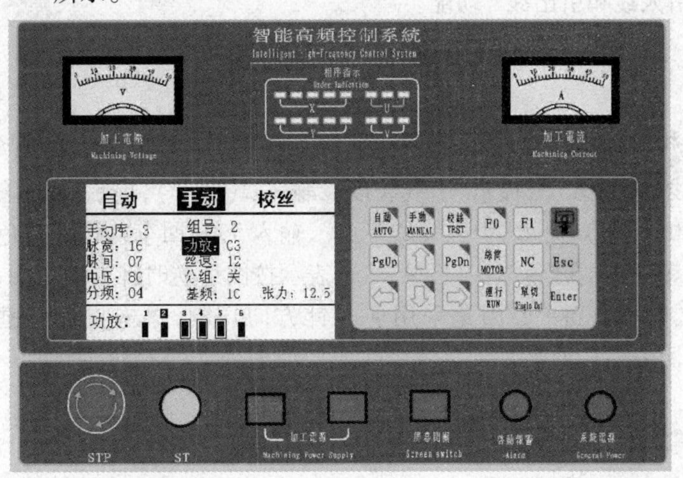

图 9.33　智能高频控制系统操作界面

2. 调出每次切割的组号、电参数、丝速及张力等

在智能高频控制系统“手动” 操作界面(图9.33),单击“F1” 键,调出该加工条件下智能高频控制系统提供的相关参数,正常情况下调出参数画面均为组号 1,需查看组号 2,3,…,7 的参数内容时,可单击图 9.33 面板上的方向键移动功能菜单反白条至“组号” 菜单,再按“PGUP” 或“PGDN” 键。

调出三次切割的第一次(组号 1 图 9.35)、第二次(组号 2 图 9.36) 和第三次(组号 3 图 9.37) 切割的有关参数。

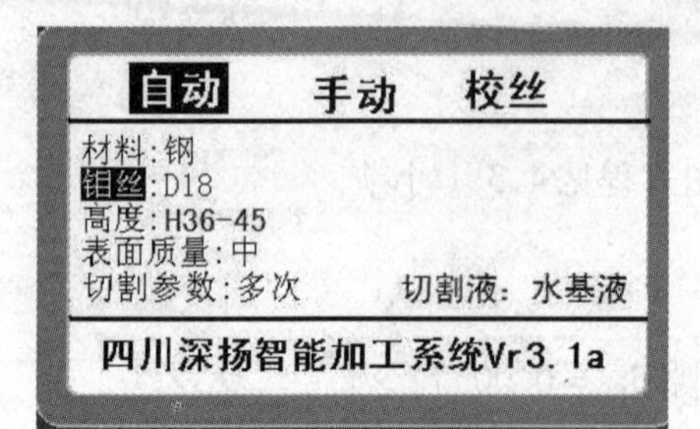

自动
手动
校丝
材料:钢
钼丝:D18
高度:H36-45
表面质量:中
切割参数:多次
切割液:水基液
四川深扬智能加工系统Vr3.1a

图 9.34 设定加工条件

自动
手动
校丝
手动库:3
组号:1
脉宽:20
功放:04
脉间:07
丝速:15
电压:100
分组:关
分频:03
基频:10
张力:15
f
t
四川深扬智能加工系统Vr3.1a

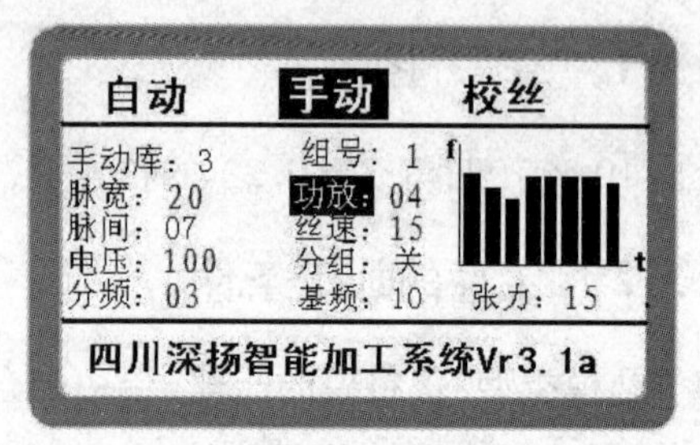

图 9.35 第一次切割的有关参数

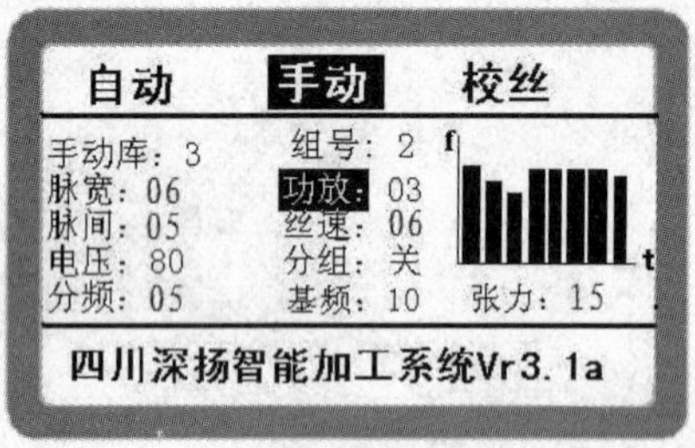

自动
手动
校丝
手动库:3
组号:2
脉宽:06
功放:03
脉间:05
丝速:06
电压:80
分组:关
分频:05
基频:10
张力:15
f
t
四川深扬智能加工系统Vr3.1a

图 9.36 第二次切割的有关参数

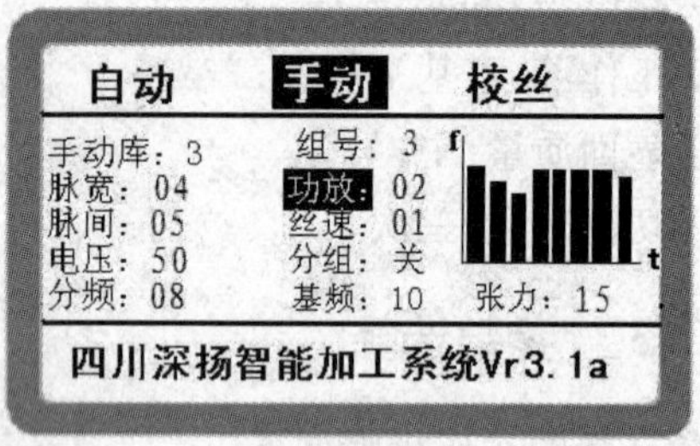

自动
手动
校丝
手动库:3
组号:3
脉宽:04
功放:02
脉间:05
丝速:01
电压:50
分组:关
分频:08
基频:10
张力:15
f
t
四川深扬智能加工系统Vr3.1a

图 9.37 第三次切割的有关参数

9.3.4 编写凸模的三次切割加工程序(共 10 步)

1. 进入作“引入线和引出线”功能

单击 HF“全绘式编程”菜单中的“引入线和引出线”(图 9.8),显示出“引入线引出线”菜单(图 9.9)。

2. 作引入线和引出线,确定切割方向和补偿方向

单击“作引线(夹角法)”,提示“引线长度”,输入 2(回车),提示“引入线与 X 轴的夹角(度)”,输入 -90(回车),提示“引入线的终点”,输入 5,0(回车),作出黄色的引入线,引入线的上端显示一个向右的红色箭头(图 9.38),表示按图形逆时针方向切割,向图外补偿,提示“确定该方向(鼠标右键)”,因是采用逆时针方向切割,单击鼠标右键确认,单击“退出”。

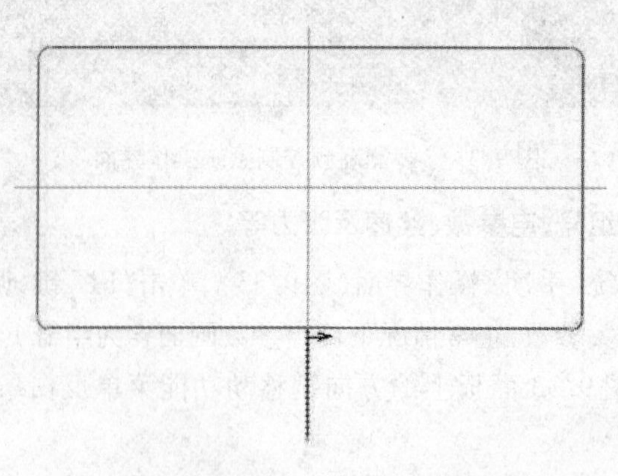

图 9.38 作出了引入线及确定了切割方向和补偿方向

3. 根据加工条件调出推荐的间隙补偿量f,进入"执行1",输入间隙补偿量f

(1) 多次切割时确定间隙补偿量f应考虑的因素。

因中走丝多次切割加工,不同于高速走丝时的一次切割加工,它的间隙补偿量f不仅只考虑电极丝半径$r_{丝}$、放电间隙$\delta_{电}$及单边配合间隙$\delta_{配}$,还有其他因素也会影响加工的绝对尺寸精度,根据这一特点,深扬公司经长期的工艺试验得到有关数据,为用户提供了在各种条件下相应合理的间隙补偿量f,用户可从智能高频控制系统(图9.33)中调出来使用。

(2) 根据加工条件从智能高频控制系统中调出多次切割的间隙补偿量f。

调出的方法是:

① 在"自动"界面中设定好加工条件。只需在"自动"界面下设定好相应加工条件,在图9.39中选择"表面质量",反白显示即选中,其他几项如图9.39中所示。

② 调出相应的参数表。单击图9.34中的"Enter"键后,就会显示出智能高频控制系统推荐的一个参数表(表9.3),按表9.3中的"补偿f = 0.075"输入即可。

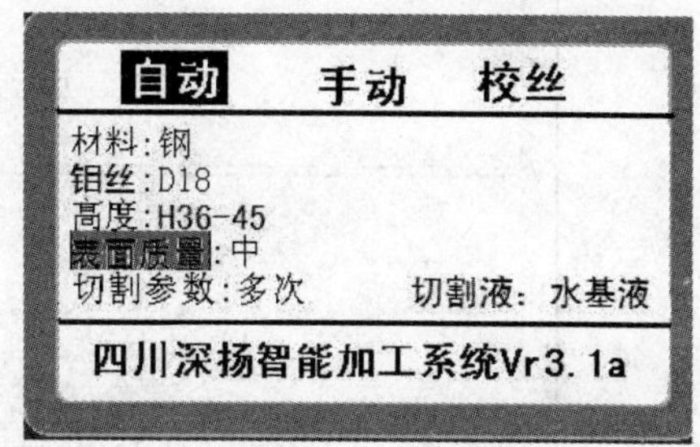

图9.39　在自动界面中设定加工条件

表9.3　按"Enter"键后切换出的参数表

	补偿f = 0.075		
	确　定	切割次数1 ~ 7	3
0	过切量/mm	凸模台阶宽/mm	2
0.075	第一次偏移量	高频组号1 ~ 7	1
0.015	第二次偏移量	高频组号1 ~ 7	2
0	第三次偏移量	高频组号1 ~ 7	3
开始切割台阶时高频组号1 ~ 7			0

(3) 多次切割时输入已调出间隙补偿量的方法。

① 进入"执行1"。单击图9.8中的"执行1",单击"后置",显示图9.40。

(执行全部轨迹)　　(Esc: 退出本步)

间隙补偿值(mm)(单边,一般>=0,也可<0) f= 0.075

图9.40　输入多次切割时切割最后一刀的间隙补偿量

② 输入间隙补偿量。提示"间隙补偿值",输入0.075(回车),在此处是输入多次切割时切割最后一次时所用的间隙补偿量。

4. 显示间隙补偿后的图形

间隙补偿量输入完成后,按“Enter” 键,显示间隙补偿后的图 9.41。

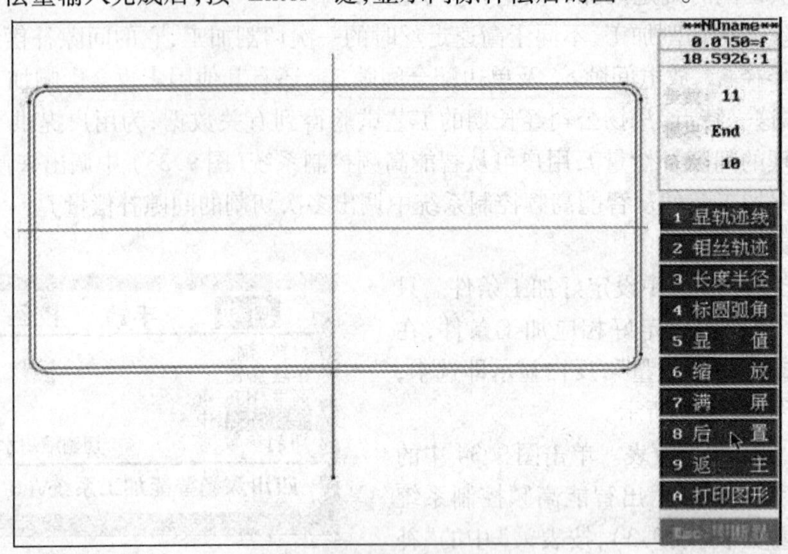

图 9.41　间隙补偿后的图

5. 进入有“切割次数” 的菜单

单击图 9.41 中的“后置”, 显示图 9.42, 在图 9.42 中单击“(5) 切割次数”, 显示图 9.43。

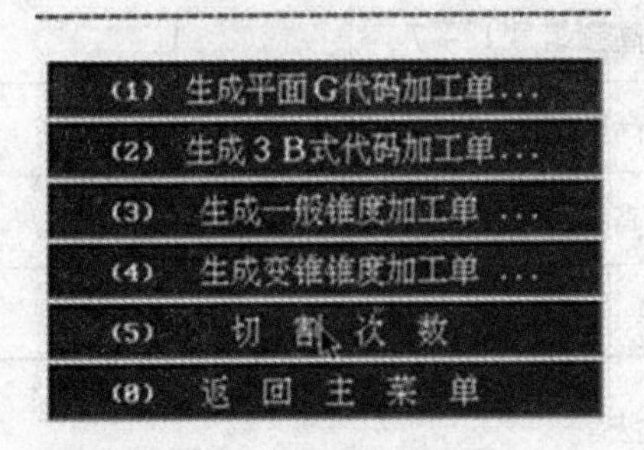

切割次数=1　　过切量=0

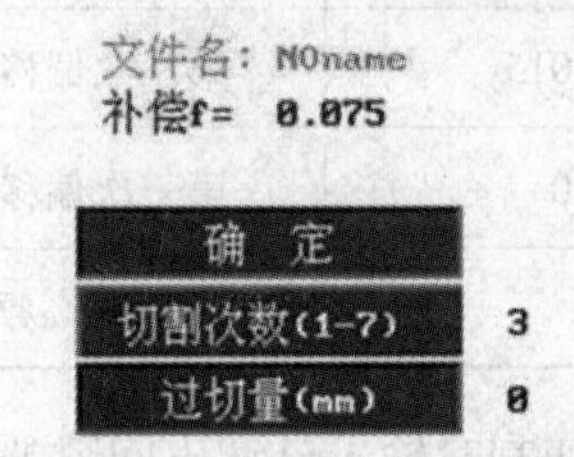

注1: 如过切量<0,则过切后沿引出线回终点

图 9.42　单击切割次数　　　　图 9.43　设定切割次数为 3

6. 切割次数设定

最多可以设定 7 次切割次数,本例设定为 3 次,在图 9.43 中单击“切割次数”,输入 3(回车),已将切割次数设定为 3 次(图 9.43),单击“确定”。

7. 将表 9.3 中的数据填入图 9.44 中

切割次数确定后,须对每次切割的参数进行设置,图 9.44 是按表 9.3 中第一、二、三次切割时各次所用的偏离量及高频组号等输入的结果,操作步骤省略。

8. 检查图 9.44 的输入是否正确

检查图 9.44，确认参数设定完全无误后，单击图 9.44 中的“确定”，退出到图 9.45。

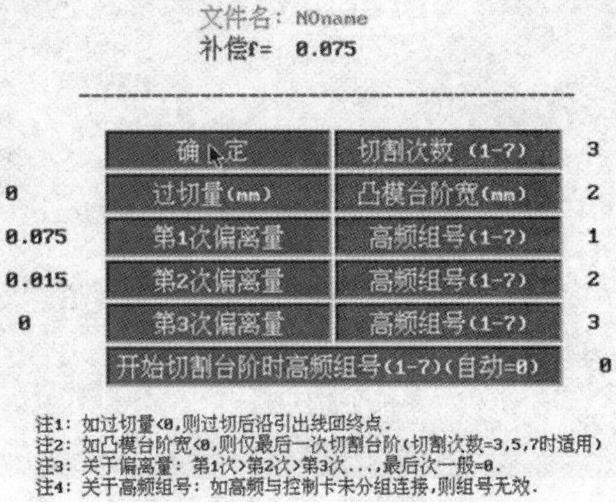

文件名：NOname
补偿f= 0.075
确 定
切割次数 (1-7)
3
0
过切量(mm)
凸模台阶宽(mm)
2
0.075
第1次偏离量
高频组号(1-7)
1
0.015
第2次偏离量
高频组号(1-7)
2
0
第3次偏离量
高频组号(1-7)
3
开始切割台阶时高频组号(1-7)(自动=0)
0
注1：如过切量<0,则过切后沿引出线回终点.
注2：如凸模台阶宽<0,则仅最后一次切割台阶(切割次数=3,5,7时适用)
注3：关于偏离量：第1次>第2次>第3次....,最后次一般=0.
注4：关于高频组号：如高频与控制卡未分组连接,则组号无效.

图 9.44　按表 9.3 中的数据输入后

9. 生成平面 G 代码，并显示图 9.46

单击图 9.45 中的“生成平面 G 代码加工单”，生成了平面 G 代码，并显示图 9.46。

文件名：NOname
补偿f= 0.075
(1) 生成平面G代码加工单...
(2) 生成 3 B式代码加工单...
(3) 生成一般锥度加工单 ...
(4) 生成变锥锥度加工单 ...
(5) 切 割 次 数
(0) 返 回 主 菜 单
切割次数=3
过切量=0
台宽=2

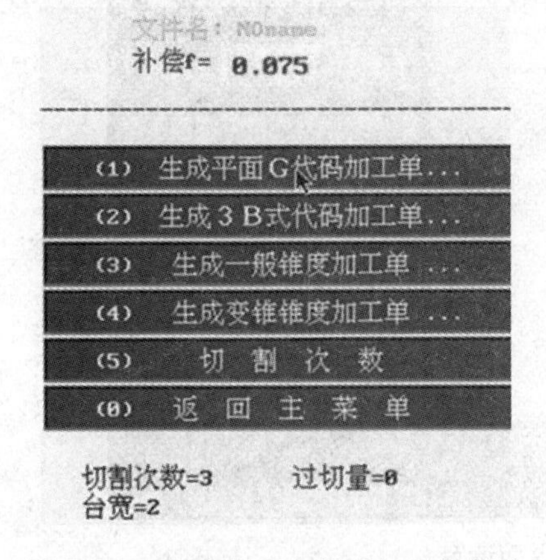

图 9.45　生成平面 G 代码加工单菜单

文件名：NOname
补偿f= 0.075
(1) 显示G代码加工单(平面)
(2) 打印G代码加工单(平面)
(3) G代码加工单存盘(平面)
(4) 生成HGT图形文件
(0) 返 回

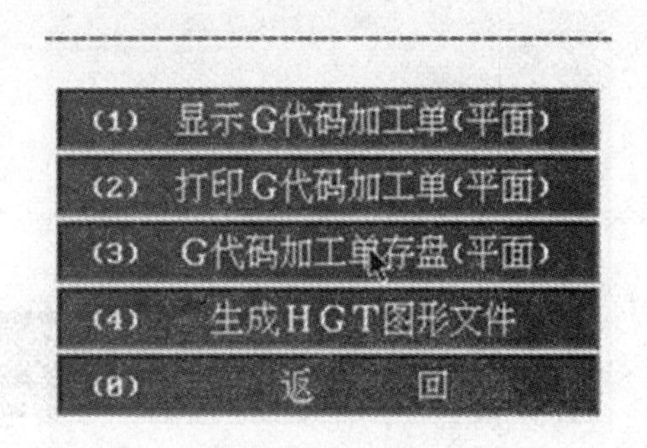

图 9.46　加工单存盘

10. 加工单存盘

在图 9.46 中单击“G 代码加工单存盘(平面)”，提示“输入存盘文件名”，键入存盘的文件名(本例的文件名为 9.41)，输入 9.41，按“Enter”键，存好后单击“返回”、返回主菜单，系统进入 HF 主界面(图 9.47)，即可转入加工界面(图 9.48)进行加工操作。

图 9.47　HF 主画面

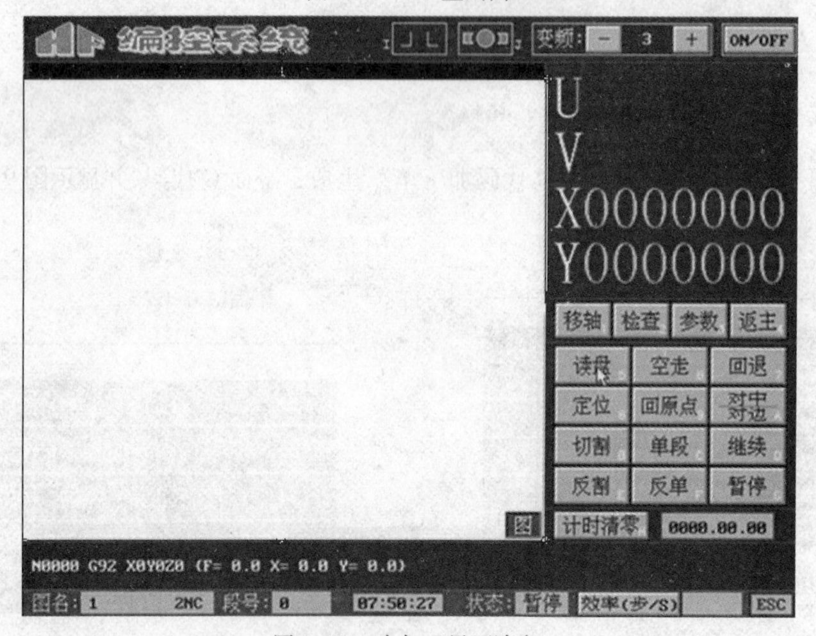

图 9.48　在加工界面读盘

9.3.5　凸模的加工过程(共 11 步)

凸模加工过程的操作步骤如下:

1. 进入加工界面

打开 HF 主画面(图 9.47)后,单击“加工”,进入图 9.48 所示的加工界面。

2. 读盘

单击“读盘”(图 9.48),显示“读代码菜单”(图 9.49)。

3. 读 G 代码

单击“读 G 代码程序”(图 9.49),显示“D:\\HF 目录下”菜单(图 9.50)。

图 9.49　“读代码”菜单

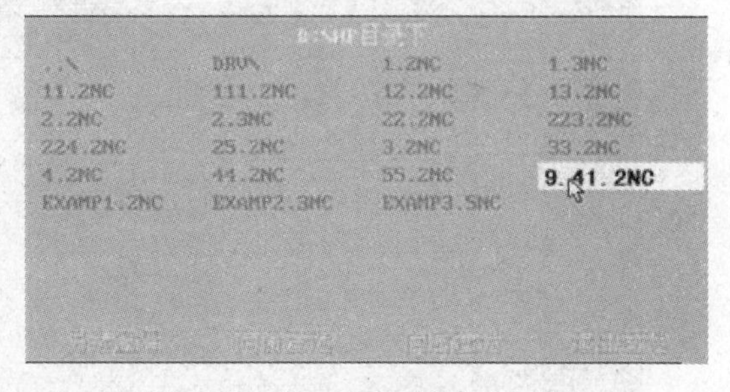

图 9.50　“D:\\HF 目录下”菜单

4. 调出要加工工件的程序

单击图 9.50 中的“9.41.2NC”,显示 HF 加工界面(图 9.51)。

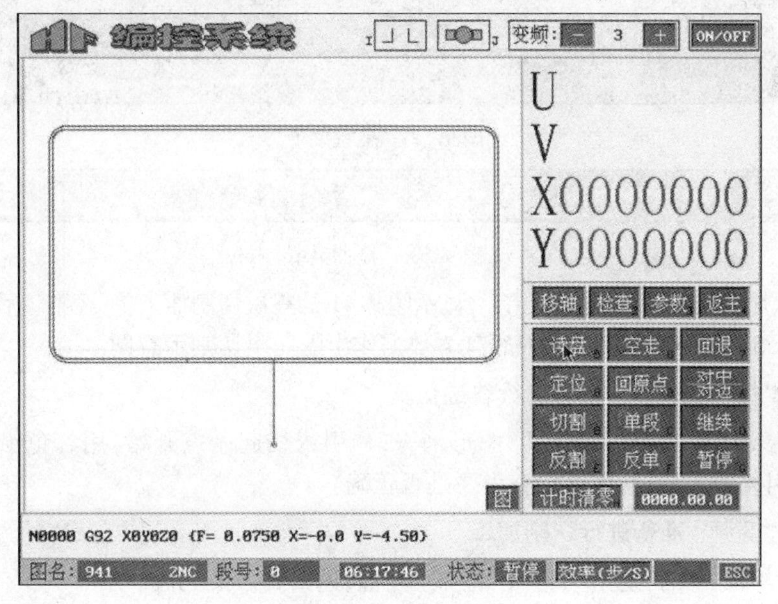

图 9.51　HF 加工界面

5. 了解 HF 加工界面中的内容,打开参数菜单

了解 HF 加工界面中的内容后,在图 9.51 中单击“参数”,显示图 9.52 的 HF 系统参数菜单。

6. 要计算效率时需修改参数菜单中的工件高度

参数菜单在正常情况下,出厂时图 9.52 中的各参数已调整好,用户可不必调整,但当用于计算效率时,工件高度(加工厚度)这项,可根据实际工件高度作修改,之后单击“退出”。

注:①在使用“电极丝刀库化控制系统”时,应将图 9.52 中的第一项“短路测等时间”修正为 60 s;

② 在进行“锥度切割”时应进行相关参数调整。

7. 进入检查菜单

单击图 9.51 所示 HF 加工界面中的“检查”,显示“检查”菜单(图 9.53),可以“显加工单”,查看“加工数据”及“模拟轨迹”等。

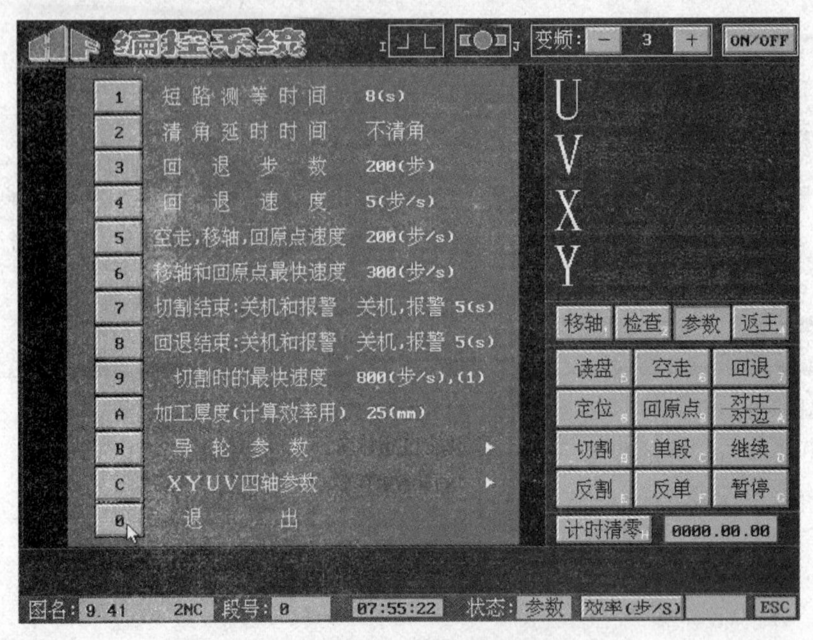

图9.52 参数菜单

显加工单 | 加工数据 | 模拟轨迹 | 回0检查 | 退 出

图9.53 检查菜单

① 显示加工单。单击“显加工单”,显示图9.41的三次切割加工单,经整理后见表9.4。

② 图9.54是按表9.4程序中的有关数据作出的三次切割示意图。

8. 单击“模拟轨迹”按钮可进行轨迹仿真

点击图9.53中的“模拟轨迹”,图形消失,从引入线起始点开始,用红色沿切割图形描绘,再回到引入线起始点,用以检查程序是否正确。

9. 打开“高频”准备进行切割加工

单击图9.53中的“退出”,退出“检查”功能,返回到“加工界面”。

如加工程序模拟轨迹校验无误,就可进行加工操作,单击智能高频控制面板(图9.33)上的“运行”,储丝筒将自动运转,将机床侧水泵开关打开,断丝保护开关打开,智能张力控制系统选择运行状态,再单击HF加工界面上的高频开关,打开高频,准备进行切割加工。

10. 单击“切割”按钮进行切割

确认相关准备工作已作好,就可以单击“切割”按钮(图9.55)开始进行切割。

11. 在切割加工过程中观察三次切割的显示

① 图9.56是正在进行第一次切割,从起始点开始沿引入线切割到左下侧边线上,Y坐标值是2 850。

② 图9.57是正在进行第二次切割,切割到左下侧边线上,Y坐标值是2 910。

③ 图9.58是正在进行第三次切割,切割到左下侧边线上,Y坐标值是2 925。

切割完成后,X和Y的显示全部为零,电极丝返回到起始点。

表9.4　图9.41的三次切割加工单

```
N0000 G92 X0Y0Z0 (f= 0.0750 x= 5.0 y=-3.0)
N0001 G01 X    0.0000 Y    2.6250  ( LEAD IN )
N0002 G01 X    0.0000 Y    2.8500
N0003 M11
N0004 G01 X   -4.0000 Y    2.8500
N0005 G02 X   -5.1500 Y    3.2000 I   -4.8000 J    3.2000
N0006 G01 X   -5.1500 Y    7.8000
N0007 G02 X   -4.0000 Y    8.1500 I   -4.8000 J    7.8000
N0008 G01 X    4.8000 Y    8.1500
N0009 G02 X    5.1500 Y    7.8000 I    4.8000 J    7.8000
N0010 G01 X    5.1500 Y    3.2000
N0011 G02 X    4.8000 Y    2.8500 I    4.8000 J    3.2000
N0012 G01 X    2.0000 Y    2.8500
N0013 G01 X    2.0000 Y    2.9100
N0014 M12
N0015 G01 X    4.0000 Y    2.9100
N0016 G03 X    5.0900 Y    3.2000 I    4.8000 J    3.2000
N0017 G01 X    5.0900 Y    7.8000
N0018 G03 X    4.0000 Y    8.0900 I    4.8000 J    7.8000
N0019 G01 X   -4.8000 Y    8.0900
N0020 G03 X   -5.0900 Y    7.8000 I   -4.8000 J    7.8000
N0021 G01 X   -5.0900 Y    3.2000
N0022 G03 X   -4.8000 Y    2.9100 I   -4.8000 J    3.2000
N0023 G01 X    0.0000 Y    2.9100
N0024 G01 X    0.0000 Y    2.9250
N0025 M13
N0026 G01 X   -4.0000 Y    2.9250
N0027 G02 X   -5.0750 Y    3.2000 I   -4.8000 J    3.2000
N0028 G01 X   -5.0750 Y    7.8000
N0029 G02 X   -4.8000 Y    8.0750 I   -4.8000 J    7.8000
N0030 G01 X    4.0000 Y    8.0750
N0031 G02 X    5.0750 Y    7.8000 I    4.8000 J    7.8000
N0032 G01 X    5.0750 Y    3.2000
N0033 G02 X    4.0000 Y    2.9250 I    4.8000 J    3.2000
N0034 G01 X    2.0000 Y    2.9250
N0035 G01 X    2.0000 Y    2.8500
N0036 M11
N0037 G01 X    0.0000 Y    2.8500
N0038 G01 X    0.0000 Y    2.9100
N0039 M12
N0040 G01 X    2.0000 Y    2.9100
N0041 G01 X    2.0000 Y    2.9250
N0042 M13
N0043 G01 X    0.0000 Y    2.9250
N0044 G01 X    0.0000 Y    2.6250
N0045 M10
N0046 G01 X    0.0000 Y    0.0000  ( LEAD OUT )
N0047 M02
```

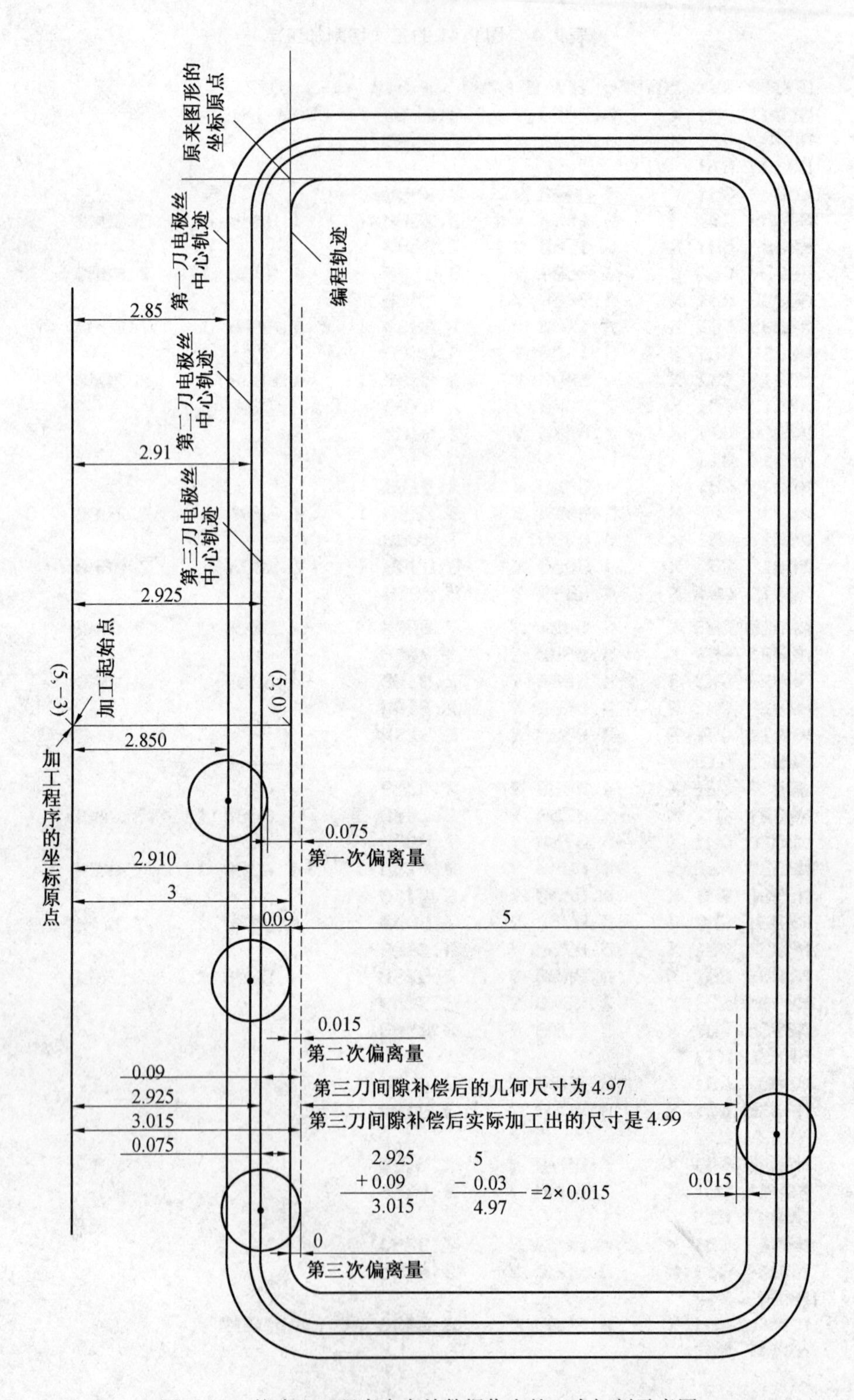

图9.54 按表9.4程序中有关数据作出的三次切割示意图

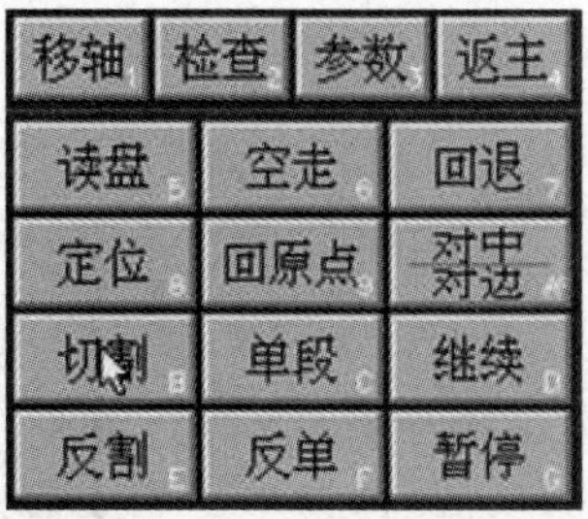

图 9.55　单击“切割”按钮

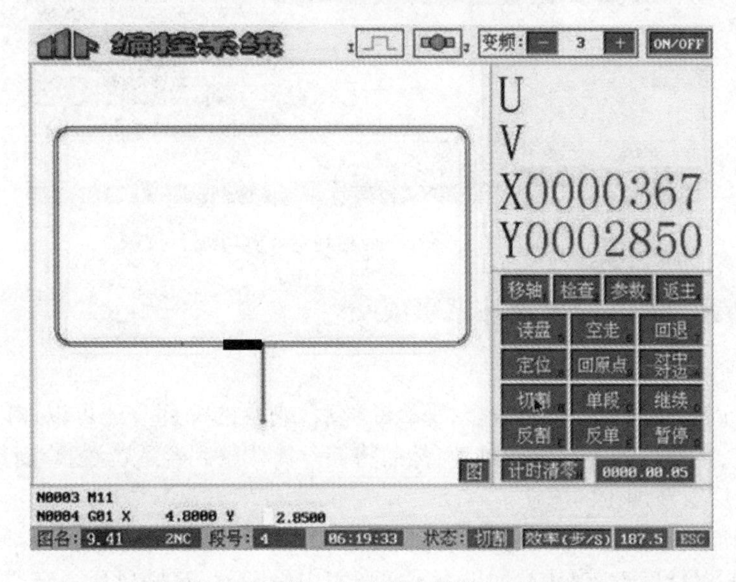

图 9.56　第一次切割到左下侧边线上

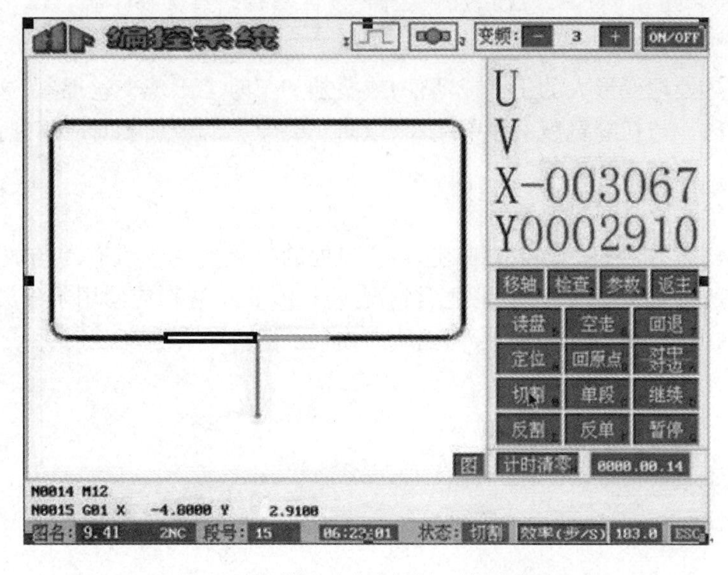

图 9.57　第二次切割到左下侧边线上

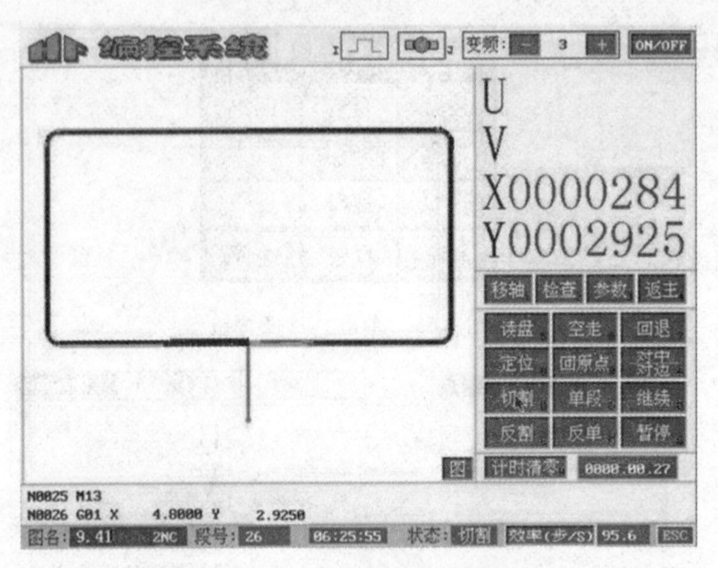

图 9.58　第三次切割到左下侧边线上

9.3.6　几点加工经验及注意事项

(1) 断丝后储丝筒剩余丝的处理。

如果储丝筒上面的丝上得比较多,那么断丝后,剩余的一部分还可以加以利用,先把断头找到并固定,把较少的一部分丝抽掉,然后将储丝筒调整到合适位置,重新穿丝。

(2) 断丝后重新加工的方法。

可以采用原地穿丝,如果原地穿丝比较困难,那么可以将程序反向空走回加工起始点,穿丝后再切割,对精度没有影响,如果是多次切割中途断丝,穿好丝后一定要先在加工界面中单击“切割”,再单击“暂停”,才启动储丝筒,这样高频组号才会正确。

(3) 工件变形夹丝。

对于一些热处理变形大的工件或薄件,或叠加加工时会出现夹丝现象,这时应在切割过程中往割缝里插入与切缝宽度一致的塞尺,以防止夹丝。薄板加工时应用螺钉紧固,压紧工件。

(4) 电极丝直径变细引起断丝。

长时间切割后,电极丝直径变细,这时换向处的电极丝由于没有参与放电因而损耗较小,容易夹断,所以切割一段时间后(正常情况下在 10 h 左右),应使用千分尺量一下电极丝直径的变化,并适当将储丝筒两个换向挡块向内移一些。

第10单元　苏州电加工机床研究所有限公司低速走丝机床加工实例

10.1　苏州电加工机床研究所有限公司简介

苏州电加工机床研究所有限公司成立于1958年,原隶属机械工业部,现隶属国资委中国机械工业(集团)公司,是我国特种加工行业归口的研究所和行业的研发、信息和服务中心,也是中国机床工具工业协会特种加工机床分会、中国机械工程学会特种加工分会、中国模具工业协会技术委员会、全国特种加工机床标准化技术委员会的挂靠单位,还负责编辑出版全国中文核心期刊《电加工与模具》。

苏州电加工机床研究所有限公司主要从事电火花成形加工、电火花线切割加工、电火花小孔加工、超声波抛光、电化学及其他复合加工等特种加工的基础技术、加工工艺及设备的研究、开发和生产,主要为模具、航天航空、军工、汽车制造、轧钢、纺织、通信等制造业提供先进的特种加工装备。拥有我国特种加工行业一流的技术人才,具有很强的电加工技术及设备的研究、开发和制造能力。

10.2　低速走丝(单向走丝)电火花线切割机床介绍

10.2.1　机床的工作原理

低速走丝电火花线切割机床采用连续单向运行的黄铜丝作为工具电极。加工时,在电极丝与工件之间施加高频电脉冲及高压去离子水。数控工作台在数控系统的控制下作轨迹运动。当电极丝与工件之间的液体介质被击穿后,形成瞬间火花脉冲放电,在火花通道中瞬间产生高热,使工件表层的金属局部熔化甚至气化,加上液体介质去离子水的冷却作用,形成微小的蚀除颗粒被高压水流带离放电区域,达到蚀除金属的目的。

10.2.2　机床外形及菜单功能介绍

1. 机床外形

低速走丝电火花线切割机床外形如图10.1所示。

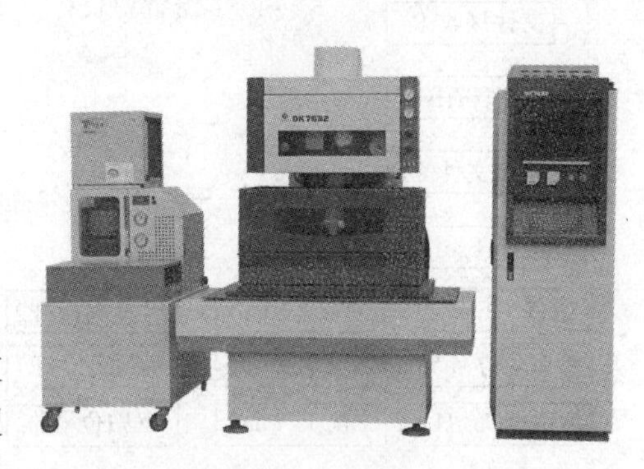

图10.1　低速走丝电火花线切割机床外形

2. 主菜单功能介绍

如图10.2所示,屏幕上边的主菜单有:"文件功能"、"参数设定"、"图形显示"、"工艺搜寻"、"辅助功能"和"自动编程"六项子功能。有几项子功能都有相应的下拉子菜单,详见图

10.3。主菜单屏幕下边共有 17 项子功能,按下相应子功能括号中提示的热键(红色提示),即可选中对应的功能。

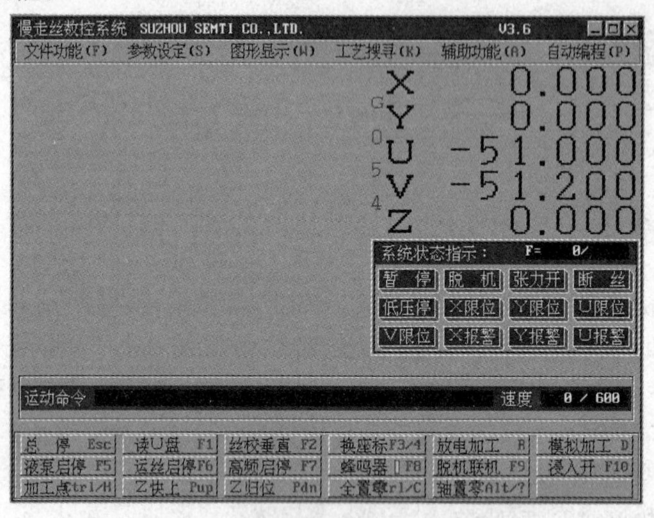

图 10.2　线切割机床控制系统主菜单的画面

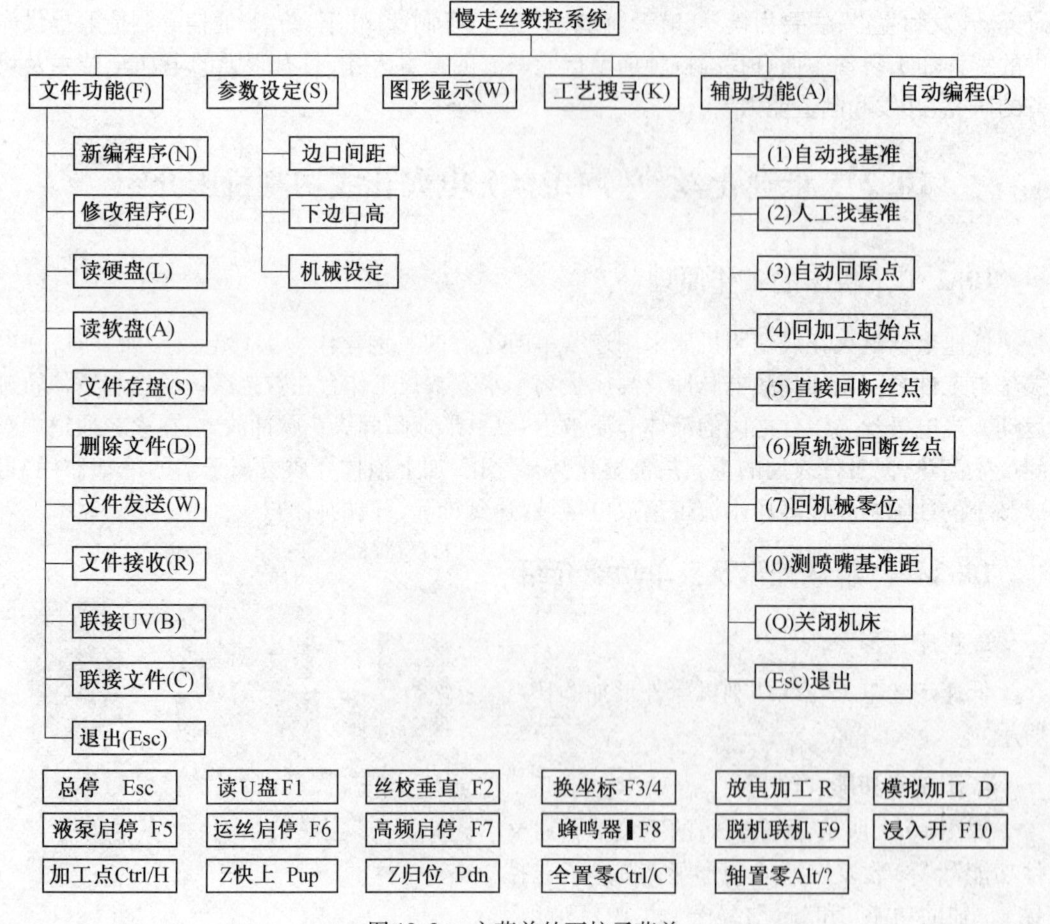

图 10.3　主菜单的下拉子菜单

10.3　加工实例

实例中的加工程序可以通过商用的自动编程软件产生。推荐使用“台湾统赢”软件(公司可提供适合公司产品的相应后处理文件)。在桌面计算机上生成所需加工程序(G代码)后,可通过U盘读入。

10.3.1　直壁形工件的加工(凹/凸配合)

1. 凹模加工

图10.4是凹模图形,工件厚度为40 mm,钢件,电极丝直径为0.20 mm,顺时针三次切割(割一修二)。

第一步:读入文件

(1) 读入加工程序。

在主菜单,键入字母“F”进入“文件功能”子菜单,如图10.5所示。在“文件功能”子菜单中,键入字母“L”(选中“读硬盘”功能),在CRT上可看到磁盘文件名列表,该栏显示出以前的所有加工程序的文件名,输入所需读入的文件名按“Enter”键,则该文件中的程序被读入,图10.4的文件名为E1,则输入E1并回车,CRT上显示出文件编辑窗口及读入后的加工程序,这时可对加工程序进行编辑(图10.6),如不需编辑则按“Esc”键又回到主菜单,读入工作结束。

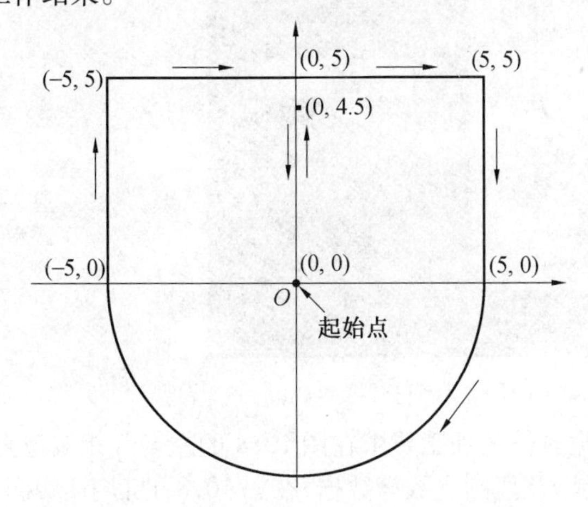

图10.4　配合模凹模图

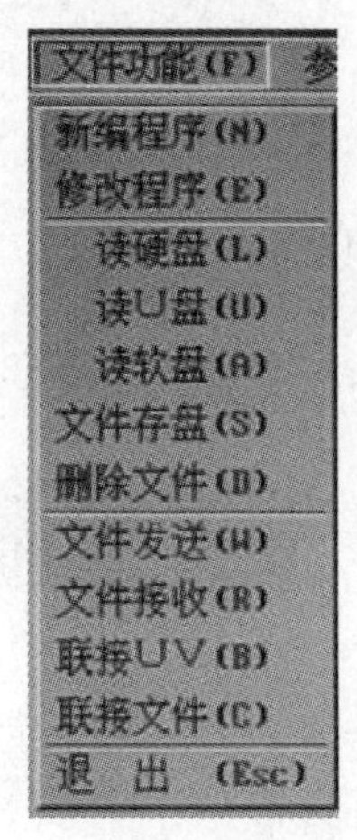

图10.5　“文件功能”子菜单

(2) 显示加工图形。

在主菜单,键入字母W即进入图形显示画面(图10.7),绘出该程序的加工图形,在该画面中可以用“←”、“↑”、“→”、“↓”键来设定图形位置,用“F3”、“F4”键设定图形比例,不断单击“F6”键,会逐段显示加工程序图形,按“O”键,显示全部图形,可用来校对图形的正确性。

若所读入的程序尚未经过“读入工艺库”及程序编辑,需进行第二步工作,否则可进入第三步。

第二步:读入工艺库

(1) 调用和加工要求相对应的工艺数据。

在主菜单(见图10.2),键入字母“K”即进入工艺库搜寻子菜单(图10.8)。

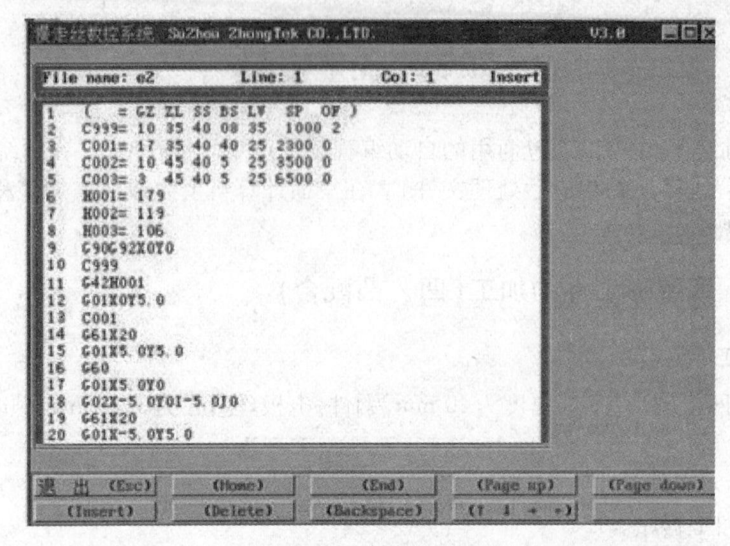

图 10.6　文件编辑窗

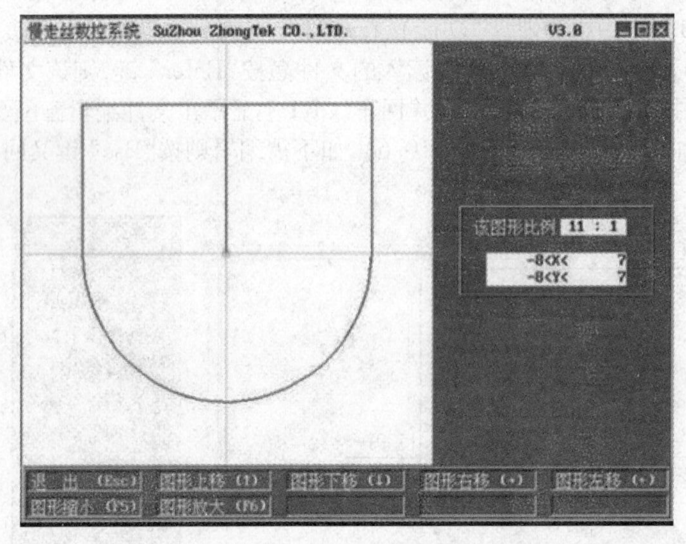

图 10.7　加工图形显示

本机配备丰富的工艺数据库,用户可根据具体的加工要求在图 10.8 的左半部相应位置选择所需的工件材料、工件厚度、电极丝直径以及切割次数等数据,在图 10.8 的右半部就会同步显出相应的工艺数据。

本数据库收录了钢、紫铜、黄铜、铝及部分硬质合金等材料、1 ~ 200 不同厚度、不同电极丝直径、不同切割次数等上千种工艺数据。按“Tab”键,会交替激活左、右窗口,在左窗口中,利用方向键“↑”及“↓”移动红色光标至所需位置,再利用“+”、“-”键或“F10”、“F9”键设置选择与实际工件和要求相接近的数据,在右窗口中同时显示出相对应的工艺数据,可按“Tab”键激活右窗口,利用方向键“←”或“→”,移动红色光标至所需位置,对工艺数据进行修改。按“F2”键,当前显示的工艺数据将自动连接至当前内存的控制程序的头部,可进入程序编辑画面进行编辑和调用(“F1”功能键无效,备用)。

本例选择了钢材,厚度为 40 mm,三次切割,喷水条件良好的工艺数据,按“F2”键,当前显示的工艺数据自动连接至当前内存的控制程序的头部。

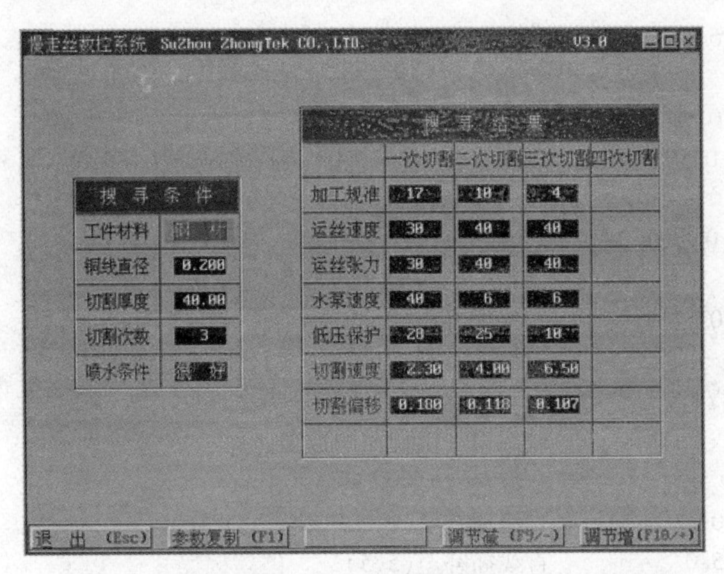

图10.8　工艺库搜寻子菜单

注意:从工艺数据库自动调用得到的“切割偏移”值仅仅是本机给出的理论上的所谓的“零配合间隙 ±0.005 mm”的加工偏移量,单位为微米,用户需根据实际的公差要求以及机床的实际情况来调整,当按“F2”键时,会将当前显示的工艺数据自动连接到当前内存的控制程序的头部,然后进入程序编辑画面编辑和修改偏移量,使之符合实际要求。“偏移量”增大,就意味着实际的控制加工的偏移量偏大,趋于“偏紧配合”的加工,即凸模尺寸偏大,凹模尺寸偏小;“偏移量”减小,就意味着实际的控制加工的偏移量偏小,趋于“偏松配合”的加工,即凸模尺寸偏小,凹模尺寸偏大。

(2) 编辑修改程序。

在“文件功能”菜单中,键入字母“E”(选中“修改程序”功能),进入编辑窗口,编辑修改后的程序显示如下(将自动调用的偏移量均减1,以得到双边偏大2 μm的内孔):

① 选工艺并插到程序头部。

```
( = GZ ZL SS BS LV SP OF )           在“工艺搜寻”中选好工艺后按“F2”自动插入
C999 = 10 35 40 08 35   1000 2       在“工艺搜寻”中选好工艺后按“F2”自动插入
C001 = 17 35 40 40 25 2300 0         在“工艺搜寻”中选好工艺后按“F2”自动插入
C002 = 10 45 40 5 25 3500 0          在“工艺搜寻”中选好工艺后按“F2”自动插入
C003 = 3 45 40 5 25 6500 0           在“工艺搜寻”中选好工艺后按“F2”自动插入
H001 = 179                           在“工艺搜寻”中选好工艺后按“F2”自动插入
H002 = 119                           在“工艺搜寻”中选好工艺后按“F2”自动插入
H003 = 106                           在“工艺搜寻”中选好工艺后按“F2”自动插入
```

② 凹模程序内容。

```
G90G92X0Y0          定义起始坐标,绝对式
C999                调用切入加工条件(小规准)
G42H001             右偏移,1#偏移量(180 μm )
G01X0Y5.0           直线插补至(0,5)
C001                调用1#加工条件,进行第一次切割
G61X20              左清角20 μm
```

```
G01X5.0Y5.0          直线插补至(5,5)
G60                  清角结束
G01X5.0Y0            直线插补至(5,0)
G02X-5.0Y0I-5.0J0    顺圆插补至(-5,0),圆心对起点(-5,0)
G61X20               左清角 20 μm
G01X-5.0Y5.0         直线插补至(-5,5)
G60                  清角结束
G01X0Y5.0            直线插补至(0,5)
M00                  暂停,用户取芯后,按“F1”后可继续加工
G40G01X0Y4.5         取消偏移,直线插补至(0,4.5)
C002                 调用第二次切割的加工条件
G42H002              右偏移,2# 偏移量(120μm)
G01X0Y5.0            直线插补至(0,5)
G01X5.0Y5.0          直线插补至(5,5)
G01X5.0Y0            直线插补至(5,0)
G02X-5.0Y0I-5.0J0    顺圆插补至(-5,0),圆心对起点(-5,0)
G01X-5.0Y5.0         直线插补至(-5,5)
G01X0Y5.0            直线插补至(0,5)
G40G01X0Y4.5         取消偏移,直线插补至(0,4.5)
C003                 调用第三次切割的加工条件
G42H003              右偏移,3# 偏移量(107μm)
G01X0Y5.0            直线插补至(0,5)
G01X5.0Y5.0          直线插补至(5,5)
G01X5.0Y0            直线插补至(5,0)
G02X-5.0Y0I-5.0J0    顺圆插补至(-5,0),圆心对起点(-5,0)
G01X-5.0Y5.0         直线插补至(-5,5)
G01X0Y5.0            直线插补至(0,5)
G40G01X0Y0           取消偏移,直线插补至(0,0)
M02                  程序结束
```

注:加工条件的数据用空格分隔,分别对应为

GZ = 电规准;ZL = 张力;SS = 丝速;BS = 泵速;LV = 低压保护;SP = 进给速度;OF = 停歇调节

第三步:参数设置

在主菜单,键入字母“S”即进入参数设定子菜单(图10.9)。可设置“边口间距”、“下边口高”,本例加工直壁工件,可不必设置。

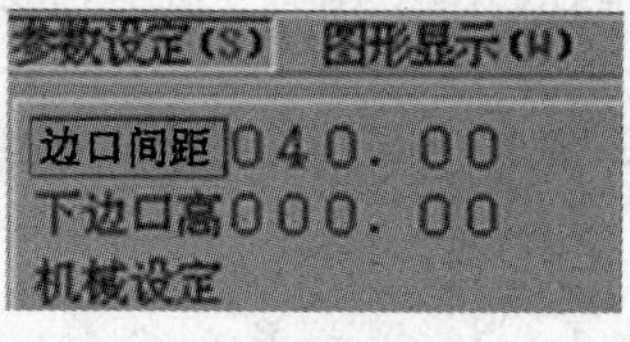

图 10.9　参数设定子菜单

第四步:加工

在主菜单,键入字母“R”选择放电切割加工页面(图10.10)。若是刚调入的新程序,如果程序有错误,则显示错误号并自动转到编辑窗口,提示操作者修改,如果程序一切正常,进入放电切割加工页面,这时均处于暂停状态,在加工过程

中有工作坐标显示(G054 ~ G059),绝对坐标显示(G959)(可以按“F3”或“F4”切换显示),加工程序显示,加工图形跟踪显示,可以按“F2”键任意转换显示画面。

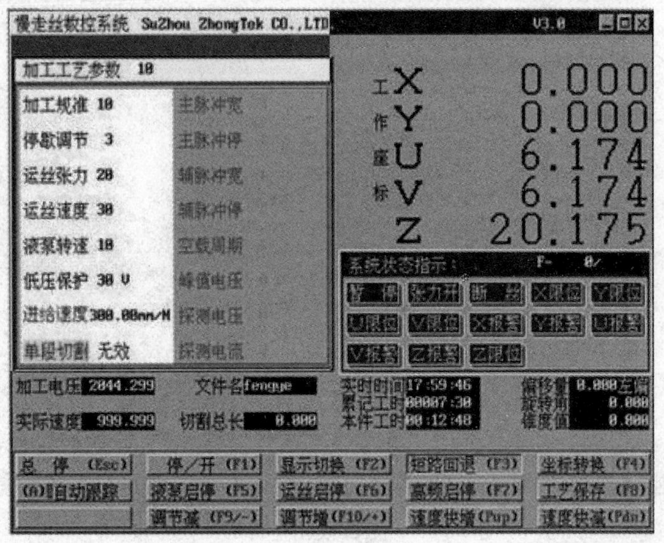

图 10.10　放电切割加工页面

在放电切割加工页面,屏幕左半边,显示高频电源规准,进给速度等参数,可利用“方向”键移动红色选择条,选中相应位置,利用“+”、“-”、“F9”、“F10”设定脉冲电源规准、进给速度以及运丝张力规准,直接按“F1”键进入正常切割加工。(也可以按照顺序“F5”液泵启/停,“F6”键运丝启/停,“F7”键高频启/停,最后按“F1”键进入正常切割加工)。屏幕右半边显示 X,Y 和 U、V、Z 轴的工作坐标或机械坐标(按“F3”、“F4”键切换显示),按“F2”键可切换显示为“加工程序与图形”画面。在停止加工态,可按“Pg UP”键,提升 Z 轴,以便于在加工画面中穿丝,在穿丝时,可按手控盒的方向键,移动工作台偏离加工断点,加工之前需按“Ctrl + H”组合键,可自动回至断点;按“Pg DN”键,可使 Z 轴回至相对“0”位 。

第一次切割,倒数第二条程序执行完毕,切割图形闭合,程序暂停,工件内芯脱落,此时可按“Pg UP”键,提升 Z 轴,取出脱落的工件内芯,再按“Pg DN”键,可使 Z 轴回至相对“0”位,按“F1”键进入正常切割加工继续加工,让程序自动结束归零。

注意:在加工中途退出时,可进行工作台移动、穿丝等操作,操作完毕后需按“Ctrl + H”组合键,可自动回至断点,切记不能进入“参数设定子菜单”重新设置参数,或将坐标轴置零,或进入程序编辑菜单,这些操作都将默认为程序从头开始执行,导致前面加工一半的工件报废。

在第二次和第三次切割的过程中,注意调节“液泵转速”,调整加工液的流量,使加工液能完全包住电极丝。

全部加工结束,剪断电极丝,卸下工件。

2. 凸模加工

与凹模相配合的凸模如图 10.11 所示,工件厚度为 60 mm,钢件,电极丝直径为 0.20 mm,顺时针三次切割(割一修二)。

切割凸模,三次切割,需留一个搭子(暂留量),其宽度应视凸模的大小和重量而定,本例搭子宽度留出 3 mm,第一次切割是正向(顺时针)切割,第二次切割是反向切割,第三次切割是正向切割，最后割断。

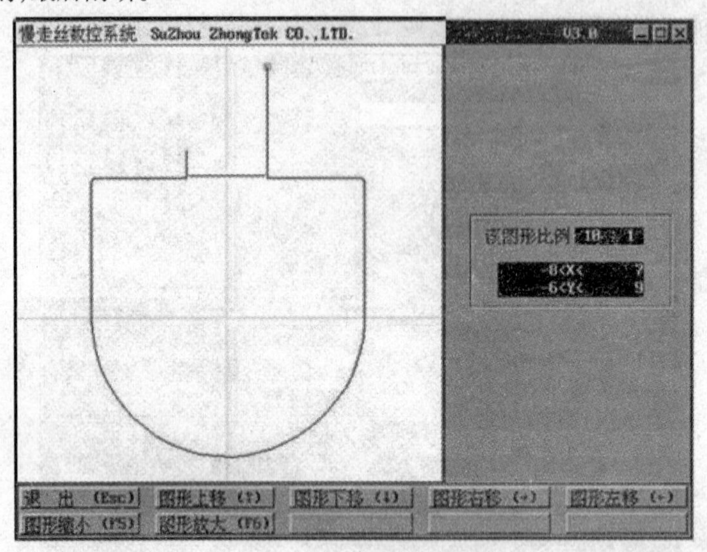

图 10.11　与凹模相配合的凸模

此外两个 90° 角处需各加一个 $R0.15$ 的过渡圆，这是因为电极丝有圆弧，使凹模两个直角处产生约 $R0.15$ 的圆凹角。一般，切割配合模时尖角处均需增加过渡圆。操作过程同 10.3.1 小节中的“1. 凹模加工”，凸模加工程序中需多一个搭子割断程序，在“文件功能”菜单中，键入字母“E”（选中“修改程序”功能），进入编辑窗口，编辑修改后的程序如图 10.12 所示。编辑过程如下（将自动调用的偏移量均减 1，以得到双边偏小 2 μm 的凸模）。

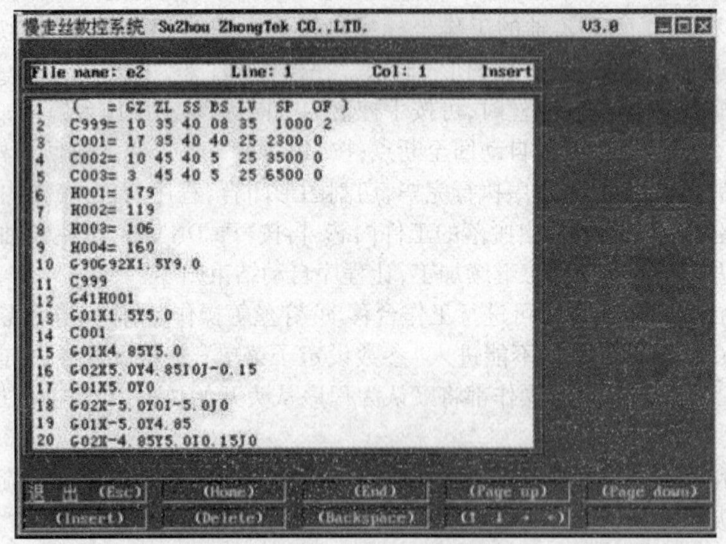

图 10.12　凸模程序

(1) 选工艺并插到程序头部。

(　= GZ ZL SS BS LV　SP　OF)	在“工艺搜寻”中选好工艺后按“F2”自动插入
C999 = 10 35 40 08 35　1000 2	在“工艺搜寻”中选好工艺后按“F2”自动插入
C001 = 17 35 40 40 25 2300 0	在“工艺搜寻”中选好工艺后按“F2”自动插入
C002 = 10 45 40 5　25 3500 0	在“工艺搜寻”中选好工艺后按“F2”自动插入

C003 = 3　45 40 5　25 6500 0	在“工艺搜寻”中选好工艺后按“F2”自动插入
H001 = 179	在“工艺搜寻”中选好工艺后按“F2”自动插入
H002 = 119	在“工艺搜寻”中选好工艺后按“F2”自动插入
H003 = 106	在“工艺搜寻”中选好工艺后按“F2”自动插入
H004 = 160	人工添加,搭子割断时的偏移量

(2) 凸模程序内容。

① 第一次顺图形切割。

G90G92X1.5Y9.0	定义起始坐标,绝对方式
C999	调用切入加工条件(小规准)
G41H001	左偏移,1# 偏移量(180 μm)
G01X1.5Y5.0	直线插补至(1.5,5)
C001	调用1# 加工条件
G01X4.85Y5.0	直线插补至(4.85,5)
G02X5.0Y4.85I0J - 0.15	顺圆插补至(5,4.85),圆心对起点(0, - 0.15)
G01X5.0Y0	直线插补至(5,0)
G02X - 5.0Y0I - 5.0J0	顺圆插补至(- 5,0),圆心对起点(- 5,0)
G01X - 5.0Y4.85	直线插补至(- 5,4.85)
G02X - 4.85Y5.0I0.15J0	顺圆插补至(- 4.85,5),圆心对起点(0.15,0)
G01X - 1.5Y5.0	直线插补至(- 1.5,5)
G40G01X - 1.5Y6.0	取消偏移,直线插补至(- 1.5,6)

② 第二次逆图形切割。

C002	调用第二次切割的加工条件
G42H002	右偏移,2# 偏移量(120 μm)
G01X - 1. 5Y5.0	直线插补至(- 1.5,5)
G01X - 4.85Y5.0	直线插补至(- 4.85,5)
G03X - 5.0Y4.85I0J - 0.15	顺圆插补至(- 5,4.85),圆心对起点(0, - 0.15)
G01X - 5.0Y0	直线插补至(- 5,0)
G03X5.0Y0I5.0J0	顺圆插补至(5,0),圆心对起点(5,0)
G01X5.0Y4.85	直线插补至(5,4.85)
G03X4.85Y5.0I - 0.15J0	顺圆插补至(4.85,5),圆心对起点(- 0.15,0)
G01X1.5Y5.0	直线插补至(1.5,5)
G40G01X1.5Y6.0	取消偏移, 直线插补至(1.5,6)

③ 第三次顺图形切割。

C003	调用第三次切割的加工条件
G41H003	左偏移,3# 偏移量(107 μm)
G01X1.5Y5.0	直线插补至(1.5,5)
G01X4.85Y5.0	直线插补至(4.85,5)
G02X5.0Y4.85I0J - 0.15	顺圆插补至(5,4.85),圆心对起点(0, - 0.15)
G01X5.0Y0	直线插补至(5,0)
G02X - 5.0Y0I - 5.0J0	顺圆插补至(- 5,0),圆心对起点(- 5,0)

G01X - 5.0Y4.85　　直线插补至(-5,4.85)
G02X - 4.85Y5.0I0.15J0　　顺圆插补至(-4.85,5),圆心对起点(0.15,0)
G01X - 1.5Y5.0　　直线插补至(-1.5,5)
G40G01X - 1.5Y6　　取消偏移,直线插补至(-1.5,6)

④ 切割搭子。

C001　　调用第一次切割的加工条件(割断搭子)
G41H004　　左偏移,4# 偏移量(160 μm)
G01X - 1.5Y5.0　　直线插补至(-1.5,5)
G01X1.5Y5.0　　直线插补至(1.5,5),切断了搭子(暂留量)
G40X1.5Y6　　取消偏移,直线插补至(1.5,6)
M02　　程序结束

加工结束自动返回主菜单。将加工后的工件,用油石小心磨平凸模上搭子切断处。

10.3.2　锥形工件的加工

一般步骤同前所述。但要注意两点:

(1) 加工变截面工件时,由于冲液条件不好,加工厚度逐渐变化,因此,在选择工艺库时"喷水条件"选择"一般"或"较差";"工件厚度"选择变截面中最厚的参数。

(2) 在加工时,将"低压保护"适当提高,一般可提高至"34 V"到"36 V"左右;同时适当提高"进给速度",以适应最薄处的跟踪加工。

"低压保护"与"进给速度"两个参数相互制约,当"进给速度"较低,实际加工电压高于"低压保护"值时,即以"进给速度"所设定的值恒速进给,这有利于使加工间隙均匀,保持加工尺寸的一致性;当"进给速度"较高,使实际加工电压接近"低压保护"值时,就会自动转入电压伺服跟踪加工,而非恒速进给加工,适合于变截面的加工。

1. 正锥形工件的加工(两个 ϕ10 圆锥孔跳步加工)

图 10.13 是两个圆锥孔。

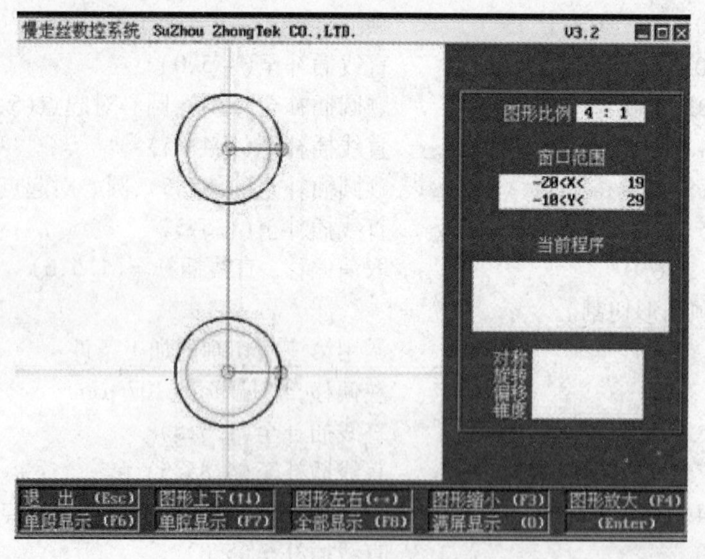

图 10.13　跳步圆锥孔

图10.14是一个圆锥孔的图。

工件厚度为40 mm,钢件,电极丝直径为0.20 mm,逆时针方向切割。上端留3 mm高度的直壁,下段的高度为37 mm,脱模喇叭口的斜度为1.5°,两孔之间的距离为20 mm,正锥度的尺寸控制面在锥孔的上端,此面称为下编程面($x-y$编程面)。加工时,先加工直壁,后加工斜壁,程序的调入、工艺读入同10.3.1小节的1。

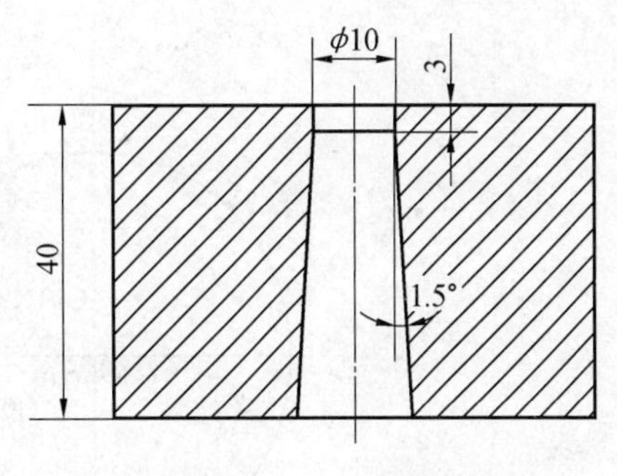

图10.14　一个圆锥孔

(　= GZ ZL SS BS LV　SP　OF)	在"工艺搜寻"中选好工艺后按"F2"自动插入
C999 = 10 35 40 08 35　1000 2	在"工艺搜寻"中选好工艺后按"F2"自动插入
C001 = 17 35 40 40 25 2300 0	在"工艺搜寻"中选好工艺后按"F2"自动插入
C002 = 10 45 40 5　25 3500 0	在"工艺搜寻"中选好工艺后按"F2"自动插入
C003 = 3　45 40 5　25 6500 0	在"工艺搜寻"中选好工艺后按"F2"自动插入
H001 = 179	在"工艺搜寻"中选好工艺后按"F2"自动插入
H002 = 119	在"工艺搜寻"中选好工艺后按"F2"自动插入
H003 = 106	在"工艺搜寻"中选好工艺后按"F2"自动插入
H004 = 129	人工插入斜度加工的偏移量

程序如下:

(1) 切割第一个圆孔。

G91G92X0Y0	定义起始坐标,相对方式(增量坐标)
M98P0001	调用1#子程序,切割圆孔
M00	1#圆孔加工结束,暂停

(2) 跳步到第二个孔的中心。

G00Y20.	快速移动到下一个孔的中心(0,20)
M00	暂停

(3) 切割第二个圆孔。

M98P0001	调用1#子程序,切割圆孔
M02	2#圆孔加工结束

(4)1#子程序的内容(三次切圆孔,一次切锥孔)。

O0001	1#子程序

切割圆孔(图10.15是切割圆孔的示意图)

① 第一次切割。

C001	调用第一次切割的加工条件
G41H001	左偏移,1#偏移量(179 μm)
G01X5.	直线插补X5至(5,0)
G03X0Y0I-5.J0	ϕ10逆圆,终点对起点(0,0),圆心对起点(-5,0)
M00	暂停,取芯
G40G01X-0.5	偏移取消,直线插补X-0.5至(4.5,0)

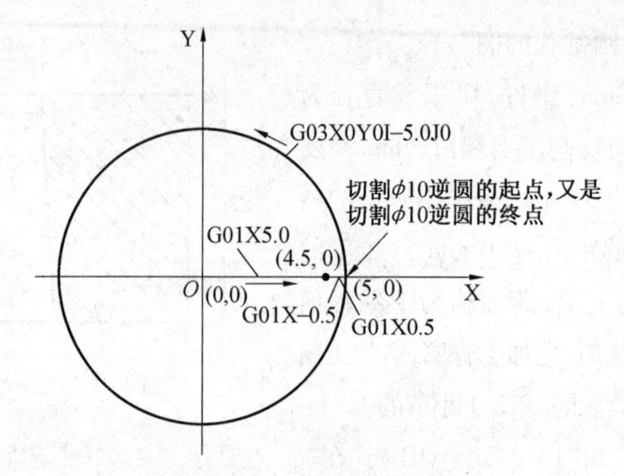

图 10.15　切割圆孔的示意图

② 第二次切割。

C002	调用第二次切割的加工条件
G41H002	左偏移,2# 偏移量(119 μm)
G01X0.5	直线插补 X0.5 至(5,0)
G03X0Y0I - 5. J0	ϕ10 逆圆,终点对起点(0,0),圆心对起点(- 5,0)
G40G01X - 0.5	偏移取消,直线插补 X - 0.5 至(4.5,0)

③ 第三次切割。

C003	调用第三次切割的加工条件
G41H003	左偏移,3# 偏移量(106 μm)
G01X0.5	直线插补 X0.5 至(5,0)
G03X0Y0I - 5. J0	ϕ10 逆圆,终点对起点(0,0),圆心对起点(- 5,0)
G40G01X - 0.5	偏移取消,直线插补 X - 0.5 至(4.5,0)

④ 切割锥孔(一次切割)。

C002	调用第二次切割的加工条件
G51A1.5	左斜,斜度角 1.5°
G41H004	左偏移,4# 偏移量(129 μm)
G01X0.5	直线插补 X0.5 至(5,0)
G03X0Y0I - 5. J0	ϕ10 逆圆,终点对起点(0,0),圆心对起点(- 5,0)
G50G40G01X - 5.0	斜度、偏移取消,直线插补 X - 5 至坐标原点(0,0)
M99	子程序结束
END	

注:加工条件 C001 后面的数据以空格分隔,分别对应为

GZ = 电规准(17 挡);　ZL = 张力(35%);　SS = 丝速(40%);

BS = 泵速(35%);　LV = 低压保护(25 V);　SP = 进给速度(4 500 μm)

OF = 停歇调节(0)

子程序名以英文字母“O”开头,后面跟数字编号构成子程序名,本例子程序名为 O0001。

可以不用子程序的形式编写,直接写成以下程序(程序注释略):

```
(    =      GZ  ZL  SS  BS  LV  SP     OF )
C890 =      12  35  25  38  30  4000   1
C421 =      18  40  25  45  28  7000   0
C622 =      10  43  30  8   25  10000  0
C652 =      3   45  30  7   25  12000  0
C682 =      0   45  30  6   25  13000  0
H001 = 185  H002 = 135  H003 = 185  H004 = 108  H000 = 000
H005 = 205  H006 = 145  H007 = 138  H008 = 135  H009 = 125
N001
G90
G26
G92X0. Y0.
G29
T84
C890
G41H000
G01X2. Y0.
G01X5. Y0.
H001C421
G51A1.5
G03X - 5. Y0. I - 5. J0.
G03X4. 975Y - 0. 499I5. J0.
M01
G03X5. Y0. I - 4. 975J0. 499
G03X4. 994Y0. 25I - 5. J0.
G40G50A0. G01X4. 495Y0. 225
G00X0. Y0.
C622
G41H000
G01X - 2. 5Y4. 33
H002
G03X2. 5Y - 4. 33I2. 5J - 4. 33
G03X - 2. 5Y4. 33I - 2. 5J4. 33
G03X - 2. 713Y4. 2I2. 5J - 4. 33
G40G50A0. G01X - 2. 442Y3. 78
G00X0. Y0.
C652
G41H000
G01X - 2. 5Y - 4. 33
```

```
H003
G03X2.5Y4.33I2.5J4.33
G03X-2.5Y-4.33I-2.5J-4.33
G03X-2.28Y-4.45I2.5J4.33
G40G50A0.G01X-2.052Y-4.005
G00X0.Y0.
G00X0.Y20.
N002
T84
C890
G41H000
G01X2.Y20.
G01X5.Y20.
H001C421
G03X-5.Y20.I-5.J0.
G03X4.975Y19.501I5.J0.
M01
G03X5.Y20.I-4.975J0.499
G03X4.994Y20.25I-5.J0.
G40G50A0.G01X4.495Y20.225
G00X0.Y20.
C622
G41H000
G01X-2.5Y24.33
H002
G03X2.5Y15.67I2.5J-4.33
G03X-2.5Y24.33I-2.5J4.33
G03X-2.713Y24.2I2.5J-4.33
G40G50A0.G01X-2.442Y23.78
G00X0.Y20.
C652
G41H000
G01X-2.5Y15.67
H003
G03X2.5Y24.33I2.5J4.33
G03X-2.5Y15.67I-2.5J-4.33
G03X-2.28Y15.55I2.5J4.33
G40G50A0.G01X-2.052Y15.995
G00X0.Y20.
```

G00X0. Y0.

M02

注意:① 在编辑程序的加工条件时,需根据切入时的边沿条件,适当编辑“加工规准”、“停歇调节”、“液泵转速”。当起割点是在穿丝孔中开始时,此处的冲水条件良好,可不作任何调节,直接默认所选择的工艺库规准加工;若起割点是从工件的边缘开始时,在加工前3 mm左右长度,冲液过大会使工作液向外飞溅,加工直壁区得不到充足的供水,极易引起断丝,必须调用C999默认调入的边沿加工条件,待加工至3 mm左右时,调用默认的正常加工规准。

② 在加工中途退出时,可进行工作台移动、穿丝等操作,操作完毕后需按“Ctrl + H”组合键,控制工作台回到原中断位置后,进入加工画面继续加工。切记不能进入“参数设定子菜单”重新设置参数、或将坐标轴置零,这些操作都将默认为程序从头开始执行,导致前面加工一半的工件报废。

③ 若在加工中途断丝,因锥度加工,上下两个导向器不在一个垂直面上,难以原地直接穿丝,应在主菜单上键入字母“A”进入辅助功能子菜单,键入数字“4”选择“回加工起始点”功能,使各坐标轴均回到起始位置后,再行穿丝。穿丝完毕后,按新程序重新起割,注意在未到达断丝点前,将加工规准调小,到达断丝点后,逐渐将加工规准调回至原设定状态。

④ 本例切割锥度采用刮皮修整方式,因此加工规准选择了第二次切割的规准,以保证不断丝。如果是整块工件实心切割,选取工艺库规准时以保守参数为宜,喷水条件选取“一般”或“很差”。在加工时,将“低压保护”提高至34 ~ 36 V。保守一点,偏空一点不易断丝。

操作过程同10.3.1小节的“1.凹模加工”,但需注意参数设置,在主菜单,键入字母“S”即进入参数设定子菜单。可设置“边口间距”、“下边口高”,本例加工斜壁,必须设置。

(1) 设置“边口间距”的方法。

在主菜单,键入字母“S”即进入参数设定子菜单(图10.9)。

在“参数设定”子菜单中,用方向键将红色选择条移到“边口间距”栏上,本栏右边显示的内容即为当前设定的工件上编程面($U-V$编程面)与下编程面($X-Y$编程面)之间的距离;可在此输入工件的XY编程面和UV编程面之间的实际距离(单位 μm)。若是加工正锥度,此栏数据理论上可设置一个大于“0”的任意数,但在有些特殊情况下,需选一个合理的数据,如图10.16所示,A水平面是锥度的$X-Y$编程面(下编程面),B水平面是工件最窄处的两个相对的斜边延长线的交汇面,C平面是上导向器口的位置,上导向器位置高于B水平面。

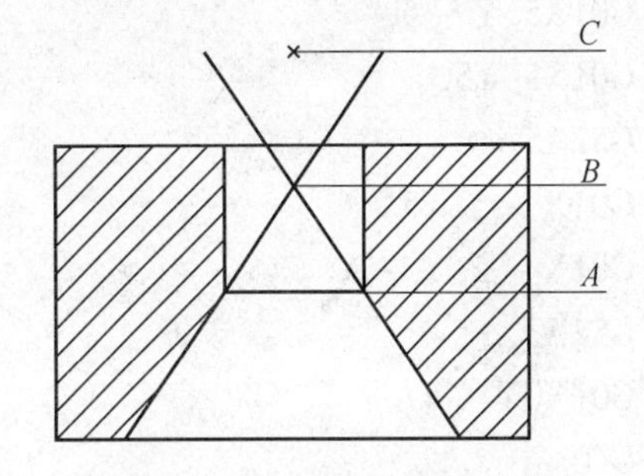

图10.16　A、B和C平面示意图

2. 加工变锥形工件(凸模一次切割)

图10.17为变锥形工件,图10.18中看出两个面锥度斜角是3°,而另两个面锥度斜角是5°。工件厚度为20 mm,钢件,电极丝直径为0.2 mm,逆时针方向切割,下端面为10 × 10的

方形（$X-Y$ 编程面）。

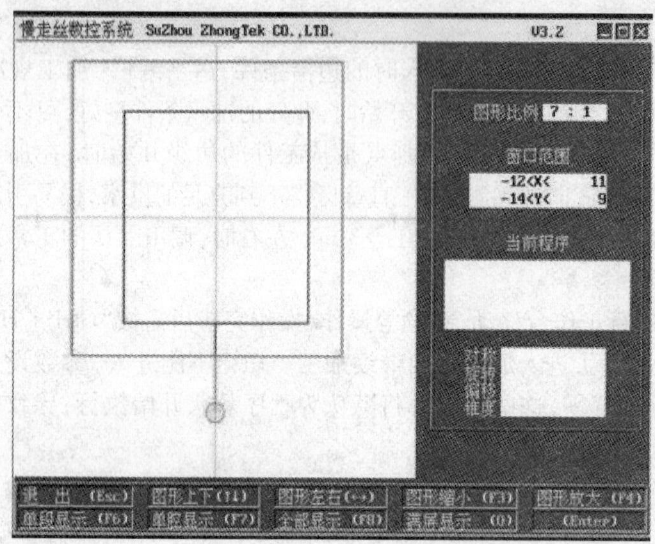

图 10.17 变锥形工件图

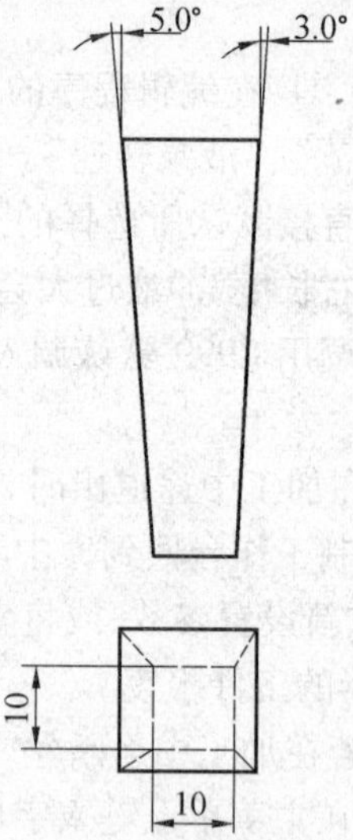

5.0° 3.0° 10 10

图 10.18 变锥度图的斜角

程序如下：

```
(     = GZ ZL SS BS   LV   SP    OF)
C421 = 17 35 40 40    25 2300   0     在"工艺搜寻"中选好工艺后按"F2"自动插入
H001 = 140                            在"工艺搜寻"中选好工艺后按"F2"自动插入
G90G92X0Y - 10.                       绝对方式定义起点坐标(0, - 10)
C421                                  加工条件
G01X0Y - 5.                           直线插补,Y 至(0, - 5)
G42H001                               右偏,调用 001 号偏移量
G52A3.                                右斜,斜度为 3°
G01X5. Y - 5.                         直线插补,X 至(5, - 5)
G01X5. Y5.                            直线插补,Y 至(5, 5)
G52A5.                                右斜,斜度为 5°
G01X - 5. Y5.                         直线插补,X 至( - 5,5)
G01X - 5. Y - 5.                      直线插补,Y 至( - 5, - 5)
G52A3.                                右斜,斜度为 3°
G01X0Y - 5.                           直线插补,X 至(0, - 5)
G40                                   偏移取消
G50                                   斜度取消
G01X0Y - 10.                          直线插补,Y 至(0, - 10)
M02
END                                   程序结束
```

3. 上、下异形工件的加工（凸模一次切割）

工件厚度为 40 mm，图 10.19 中下表面梅花图形为 $X-Y$ 编程面，对应程序的左半部分，上表面五角星图形为 $U-V$ 编程面，对应程序的右半部分，两个程序总段数必须一一对应相

同。在“文件功能”菜单中,键入字母“L”(选中“读硬盘”功能),输入 $X-Y$ 编程面的文件名“text1”按“Enter”键,则该文件中的程序被读入,再在“文件功能”菜单中选中“联接UV”栏,输入 $U-V$ 编程面的“text2”文件名,$U-V$ 的程序按行对应自动拼接至 $X-Y$ 程序的右部,再在主菜单键入字母“K”,即进入工艺库搜寻子菜单,选择好所需工艺规准后按“F2”键将工艺数据插至加工程序的头部,根据需要作适当编辑,程序如下:

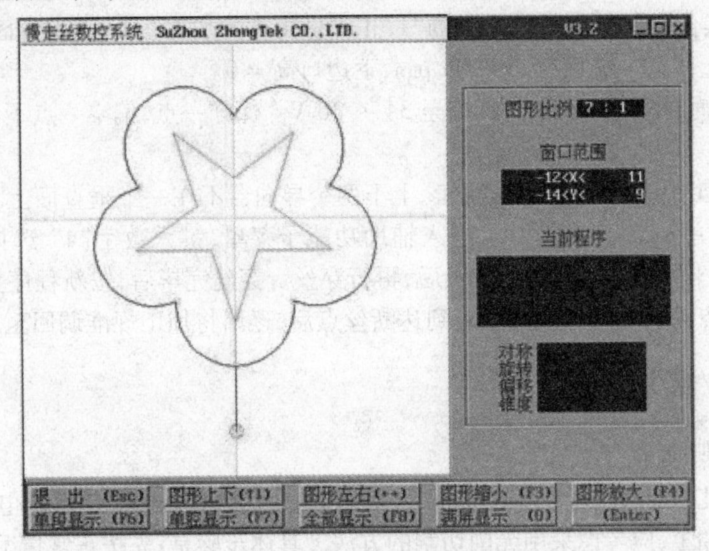

图10.19　上下异形面

```
(    = GZ ZL SS BS   LV   SP    OF)
C999 = 10 40 40 08   35 1000   0      在“工艺搜寻”中选好工艺后按“F2”自动插入
C001 = 17 35 40 40   25 2300   0      在“工艺搜寻”中选好工艺后按“F2”自动插入
H001 = 135                            在“工艺搜寻”中选好工艺后按“F2”自动插入

G90G92X0Y-11.0:G90G92X0Y-11.0
                                      “:”前面是X-Y;后面是U-V编程面的程序,下同
C999                                  调用边沿切割加工条件
G42H1                                 右偏移,1#偏移量(135 μm)
G01X0Y-7.500:G01X0Y-5.0
C001                                  调用1#加工条件
G03X2.939Y-4.046I0J2.977:G01X1.123Y-1.545
G03X7.133Y-2.318I1.362J2.648:G01X4.755Y-1.545
G03X4.755Y1.545I-2.832J920:G01X1.816Y590
G03X4.408Y6.068I-2.096J2.114:G01X2.939Y4.045
G03X0Y5.001I-1.750J-2.409:G01X0Y1.910
G03X-4.408Y6.068I-2.658J-1.342:G01X-2.939Y4.045
G03X-4.755Y1.545I1.750J-2.409:G01X-1.816Y590
G03X-7.133Y-2.318I453J-2.943:G01X-4.755Y-1.545
G03X-2.938Y-4.045I2.832J920:G01X-1.123Y-1.545
```

G03X0Y－7.500I2.938J－478;G01X0Y－5.0

G40　偏移取消

G01X0Y－11.0;G01X0Y－11.0

M02;M02

END

注意:①操作过程同10.3.2小节的“1.正锥形工件的加工”,X－Y编程面在最下面,U－V编程面在最上面,边口间距＝40 000 μm,下边口高＝0。

②在加工时,将“低压保护”提高至34～36 V。保守一点,偏空一点不易断丝,直至加工结束。

③若在加工中途断丝,因锥度加工,上下两个导向器不在一个垂直面上,难以原地直接穿丝,应在主菜单上,键入字母“A”进入辅助功能子菜单,键入数字“4”选择“回加工起始点”功能,使各坐标轴均回到起始位置后,再行穿丝。穿丝完毕后,按新程序重新起割,注意在未到达断丝点前,将加工规准调小,到达断丝点后,逐渐将加工规准调回至原设定状态。

10.3.3　细小工件的加工

1.无削切割

当加工形孔的对边尺寸小于1 mm时,因加工的内芯细小,极易倒塌到电极丝上造成短路而无法正常加工,应考虑采用无削切割的方法。具体步骤是:先按正常情况调入三次切割的工艺数据,在程序编辑时,计算工件内壁至最终尺寸的加工余量,以此数据作为刮皮加工的第一圈的偏移量,以后各圈依次递减一个0.1 mm后作为新的偏移量,直至偏移量等于第二次切割的偏移量为止,可再调用第三次切割的加工规准作最后的修光加工,因为是刮皮式加工,不能采用正常加工时的第一次切割的加工规准,可调用第二次切割的规准,且将停歇调节改大些(3到6左右),以免断丝。

2.自动取出

当切割的工件较小,一次性割断的模芯较多时,如仍采用导向器贴近切割,每割断一个模芯,就需要退出加工,升起Z轴,取出模芯后再下降Z轴,继续加工,很繁琐。可将上喷嘴提升,使之与工件表面之间的距离约有1.5倍的工件厚度,选取工艺库的喷水条件为“一般”或“很差”,进入正常加工,当快割断时,模芯在下喷嘴的高压水的冲力作用下,会自动从形腔中喷出,可免去频繁停机取出模芯的操作。

10.4　加工结果异常分析

10.4.1　加工精度异常

1.X、Y方向尺寸差异过大

(1)检查喷嘴是否过于贴近工件表面,喷嘴与工件表面应保持0.1～0.2 mm的间距,正常加工时,当泵速设置为“40”时,上、下水压表的读数应在1.0～1.2 MPa之间,若大于此数值极有可能是喷嘴过于贴近工件表面,导致导向器偏移,而影响加工精度。

（2）检查电极丝的张力是否不足，电极丝在运行过程中，以手轻触之，应无大的振动。造成振动的原因有：电极丝本身在丝筒上排列不均、电极丝本身扭曲、放丝轮阻尼调节过松或过紧、运丝路径上的各过渡轮跳动过大、导向器堵塞或损伤等。

（3）导向器磨损过大，更换新的。

（4）进电块消耗过大，移动一定位置固紧。

（5）工件是否装夹妥当，有无松动、歪曲，工件预留量是否过小，导致接近切割完成时因工件内部应力释放造成工件变形或在加工过程中工件发生偏离或歪斜。

（6）点位尺寸偏差过大。

机床工作环境是否在20 ℃附近。本机床是按20 ℃温度环境作的螺距补偿，当温度变化超过此范围过大时，将会影响机床的位置精度，应配置空调。

（7）凹凸量异常。

若加工能量与进给速度不匹配或走丝速度过低，就会产生凹凸量异常，如图10.20所示，应按数据库所示参数加工。

（8）中部凸出。

若加工能量弱于进给速度，即加工进给度过快，会产生如图10.20(b)所示的中部凸出。

（9）中部凹入。

若加工能量强于进给速度，即进给速度过慢，会产生如图10.20(c)所示的中部凹入。

（10）大小头。

若走丝速度过低，会因电极丝的消耗形成上小下大；或因某个导电块消耗过大，也会产生如图10.20(d)所示的大小头现象。

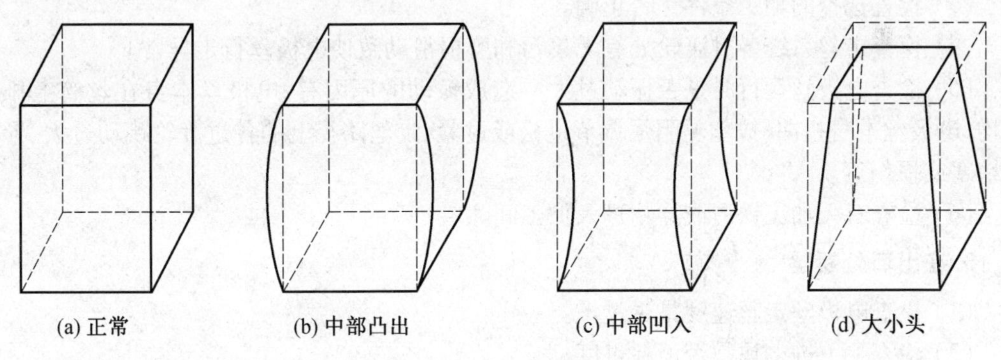

图10.20　凹凸量异常

（11）塌角。

加工间隙中放电时的爆炸力和高压水在加工缝隙中向加工路径后方的压差推力对电极丝的滞后影响较大，加工电流越大，加工间隙中放电时的爆炸力就越强，对电极丝的反向推力亦越大；水压越高，加工缝隙中向加工路径后方的压差推力也越大。这种滞后作用最明显地体现在切割小圆弧时实际圆弧直径偏小、加工拐角处出现塌角，影响到加工质量，如图10.21所示。

在小圆弧和拐角加工处，需要考虑拐角控制策略，在保证不会断丝的前提下，综合考虑上述诸因数之间的关系，合理控制各个加工参数，减缓电极丝的滞后影响，提高小圆弧和拐角的加工质量。具体措施有：

① 降低进给速度；

② 增大电极丝张力；

③ 尽量减小上下导向器之间的距离；

④ 在参数设置菜单中启用“降速清角”功能；

⑤ 以多次切割补偿。

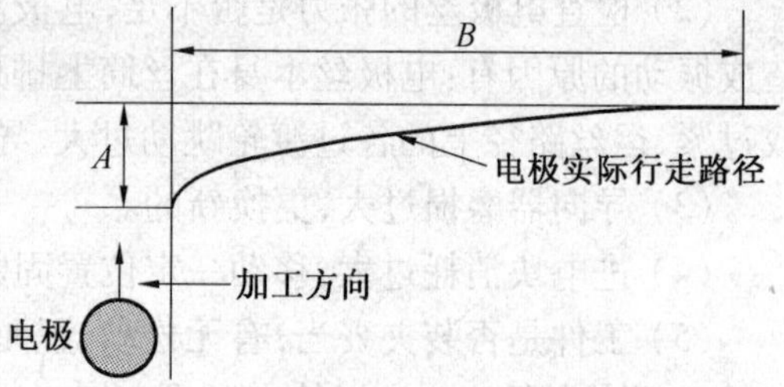

图 10.21 塌角的形成

10.4.2 频繁断丝

如果在正常加工条件下频繁出现断丝现象，可作下述检查：

1. 在入口处断丝

(1) 检查工作液箱中的液面是否过低导致少量空气进入加工间隙。

(2) 检查过滤纸芯是否破裂，导致工作液污染，杂质冲入加工间隙。

(3) 边缘切割时检查工作液是否未完全包住电极丝，导致少量空气进入加工间隙。

(4) 检查选择的加工条件是否正确。

(5) 检查电极丝是否有折曲或扭曲。

(6) 检查上进电块是否消耗过大或未紧固。

2. 在中部断丝

(1) 检查工作液电导率是否过大(大于 80 μs/cm)。

(2) 检查过滤纸芯是否破裂，导致工作液污染，杂质冲入加工间隙。

(3) 检查选择的加工条件是否正确。

(4) 检查走丝系统各过渡轮处有无集污和磨损滑动致使电极丝行走异常。

(5) 检查电极丝运行时是否振动过大。造成振动的原因有：电极丝本身在丝筒上排列不均、电极丝本身扭曲、放丝轮阻尼调节过松或过紧、走丝路径上的各过渡轮跳动过大、导向器堵塞或损伤等。

(6) 检查有无加工铁屑或异物进入加工间隙。

3. 在出口处断丝

(1) 检查电极丝走丝速度是否过慢。

(2) 检查上下进电块是否消耗过度。

(3) 检查上下导向器有无损伤。

(4) 检查下导向器下方的过渡轮运转是否正常。

4. 在放电开始或多次切割时断丝

(1) 检查工作液是否未完全包住电极丝。

(2) 检查下端工作液压力是否过高。

(3) 检查加工条件是否过高。

(4) 检查工件表面是否生锈。

10.4.3　加工速度异常

若在正常加工条件下,加工速度偏低较多,应作下述检查:

(1) 检查上下进电块是否消耗过度。

(2) 检查上下进电块是否紧固。

(3) 检查各放电导线接头是否紧固。

(2) 检查电极丝运行时张力是否正常,是否振动过大。

(3) 检查是否使用了劣质电极丝。

(4) 检查喷嘴与工件表面的距离是否过小。

(5) 检查加工条件是否适当。

(6) 检查工作液电导率是否过低(低于5 μs/cm)。

(7) 检查工作液压力是否偏低。

10.4.4　加工表面线痕过多

(1) 检查电极丝张力是否过低。

(2) 检查上下进电块是否消耗过度。

(3) 检查上下进电块是否紧固。

(4) 检查电极丝运行时张力是否正常,是否振动过大。

(5) 检查电极丝是否受到扭曲。

(6) 检查是否使用了劣质电极丝。

(7) 检查上下导向器有无损伤。

(8) 检查加工条件是否正常、加工速度是否适当。

(9) 检查偏移补偿量是否正常。

10.4.5　加工表面粗糙度异常

(1) 检查加工条件是否正常。

(2) 检查工作液是否污浊。

(3) 检查工作液电导率是否过高(高于80 μs/cm)。

(4) 工件厚度较厚时,表面粗糙度粗些,属正常。

(5) 不同的材质,表面粗糙度有所差异,属正常。

10.5　加工的典型工件展示

10.5.1　防电解电源加工效果

图10.22中工件材料为钛合金板,在用一般电火花线切割电源加工时极易因发生电解而在加工表面产生蓝色晕斑,图10.22中左半边切割缝采用本机的防电解电源加工,表面毫无电解痕迹;右半边的切割缝采用普通的低速走丝机床加工,在加工表面产生强烈的蓝色晕斑。

图 10.22　防电解样件

10.5.2　锥度切割效果

锥度切割样件如图 10.23 所示。

可进行各种变锥形状的切割,最大切割锥度的斜度为 15°/100 mm/ 单边。

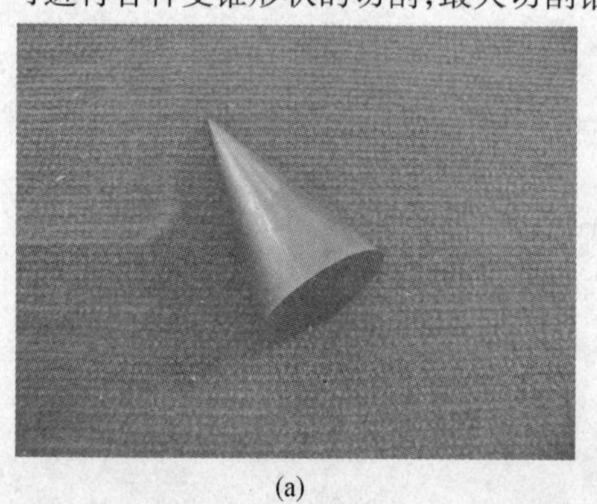

(a)

(b)

图 10.23　锥度切割样件

10.5.3　精度切割效果

切割精度可达 ±0.005 mm,如图 10.24 所示。

10.5.4　表面粗糙度切割效果

工表面粗糙度达 Ra = 0.5 μm,如图 10.25 所示。

图 10.24　精度切割样件

图 10.25　表面粗糙度样件

附录　导轮组件的作用、结构及装卸

附录1　导轮组件的作用及结构

附1.1　导轮组件的作用

钼丝在加工区的正确位置是靠上下线架端部的导轮来定位的,导轮对钼丝定位是否准确,决定了线切割加工精度及表面质量的好坏,而导轮的工作精度是由导轮组件的精度来保证的。导轮不仅有导向支撑作用,还起定位作用。在切割时它要频繁地作正反两个方向的旋转运动,每分钟转速可达6 000 r,因而它的工作条件比较恶劣。

导轮的工作寿命受电极丝的质量及工件材料的影响较大,大部分导轮失去定位作用是由导轮上的V形槽被磨损造成的,附图1(a)是新V形槽的剖面,一般V形槽底部的圆弧半径 $R < 0.04$ mm,而附图1(b)是磨损后V形槽的剖面,若V形槽底部的圆角半径 R 被磨大了,使电极丝在槽中没有确定的位置,或导轮V形槽的整个圆周磨损不均匀,再由于导轮轴承长期使用被磨损使轴承间隙增大,这时导轮在转动中会产生径向和轴向跳动(附图2),使

(a) 新V形槽

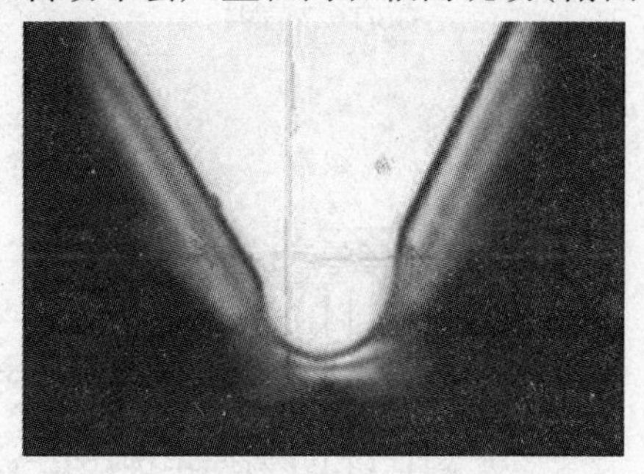

(b) 磨损后的V形槽

附图1　新V形槽及磨损后的V形槽

电极丝不能保持在垂直位置,因而影响加工质量,导轮的轴向和径向跳动一般不应超过0.005 mm,轴承和导轮磨损到一定程度就应该更换。如果在使用正确的脉冲间隔和脉冲宽度时,加工出来的工件表面有明显的搓丝痕或者精度误差大,也表示需要更换导轮和轴承了,通常导轮的工作寿命比轴承的工作寿命要长些,一般高速走丝的轴承用到3～4个月应该更换,中走丝用到2～3个月就要更换,这与具体加工的工件材料有关,在切割铝合金或钨钢时寿命更短,另外与使用线切割工作液的性质也有关系。

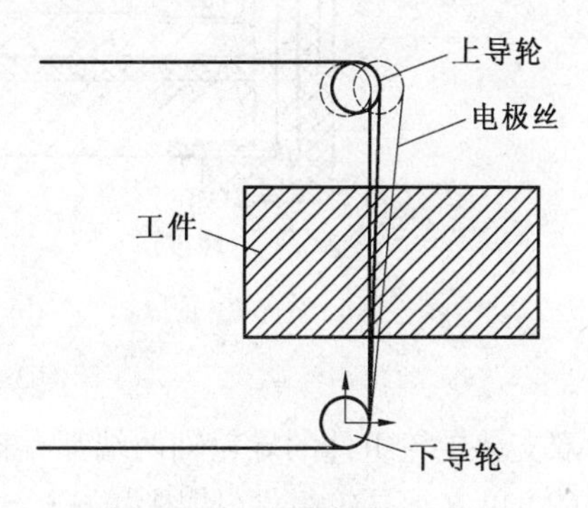

附图2　上导轮产生径向跳动

附 1.2　导轮组件的构造

导轮组件分为双支承导轮组件和单支承导轮组件两种。导轮组件由以下几个主要零件组成,即导轮、轴承、轴承座、轴套、压紧螺塞、锁紧螺母、垫圈和小螺母。

(1) 双支承导轮组件。

各厂家的导轮结构是有差异的,附图 3 是两种结构。

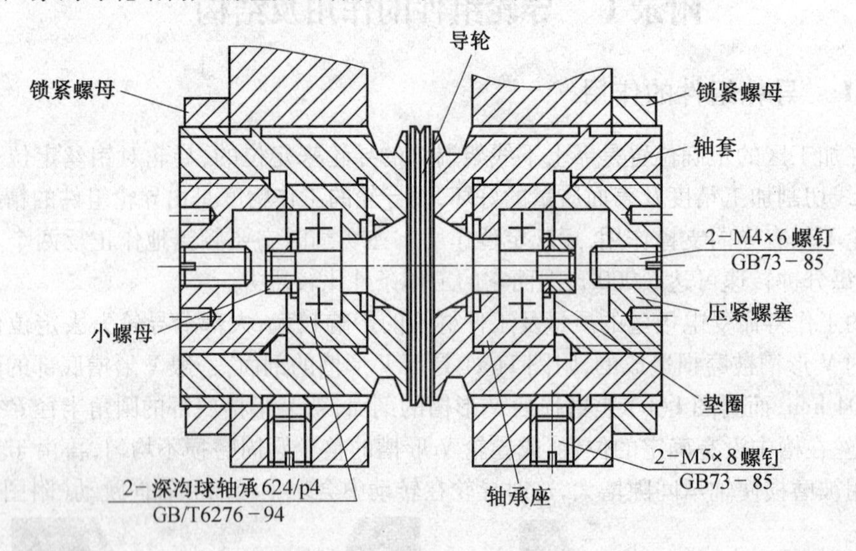

(a) 一端一个轴承

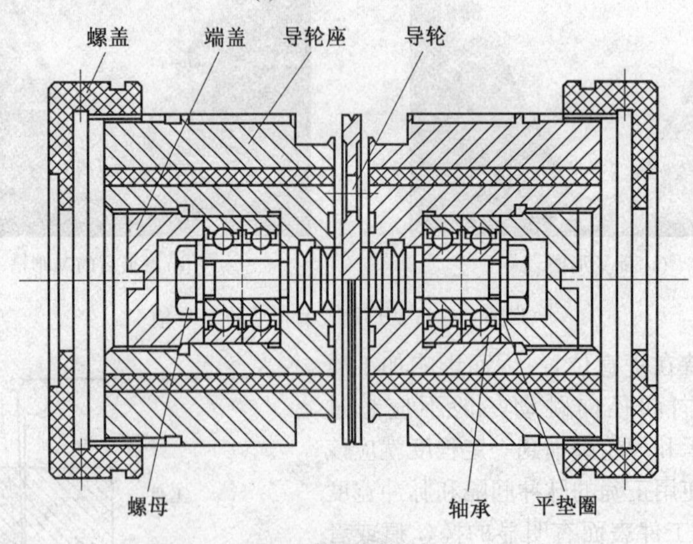

(b) 一端两个轴承

附图 3　双支承导轮组件

双支承导轮组件的导轮轴两端都有轴承支撑,运转时比较平稳。

(2) 单支承导轮组件(附图 4)。

单支承导轮组件的两个轴承都在导轮轴的一端。

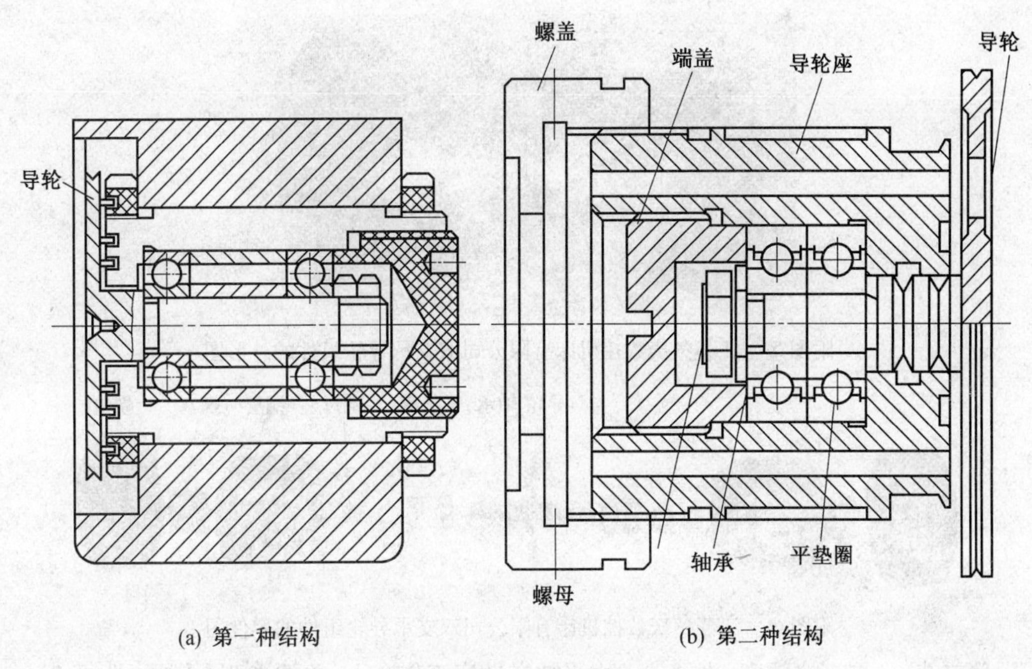

(a) 第一种结构　　(b) 第二种结构

附图4　单支承导轮组件

附录2　导轮组件的装卸

导轮组件安装的好坏,对导轮的工作精度有很大的影响,必须认真仔细地装好。

附2.1　双支承导轮组件

(1) 江苏冬庆数控机床有限公司的双支承导轮组件。

导轮组件的全部零件都要在洁净的煤油中认真清洗,在保持安装工具和手都很干净的情况下,先将轴承和轴承座内涂低温润滑脂,之后将轴承和导轮分别压入,以适当的力量拧紧导轮两端的小螺母,拧紧螺塞,将线架上安装导轮组件的孔清洗干净后,把安装好的导轮组件轻轻压入孔中,要保证两端的螺盖能自如地调整导轮位置(这点非常重要,它确定导轮和轴承的工作位置),然后顶紧线架上的顶丝(力不宜大,以能限制导轮组件不会窜位即可)。在整个过程中,不允许敲砸,所有不敲砸就无法安装的现象都是不对的。要保证导轮运转平稳灵活自如,始终有润滑脂填充轴承的运转空间,这些都是导轮和轴承能长时间平稳运转的必要条件。如果在使用正确的脉冲间隔和脉冲宽度时,加工出来的工件表面有明显的搓丝痕或者精度误差大,这就需要更换导轮和轴承了。

附图5是江苏冬庆数控机床有限公司双支承导轮组件的外形图。

(2) 双支承导轮组件的零件图。

附图6是江苏冬庆数控机床有限公司双支承导轮组件的零件图。

(3) 组装双支承导轮组件的步骤。

组装双支承导轮组件的步骤如下:

第一步　首先将导轮组件的各个零件放在煤油中清洗干净,清除掉灰尘及一些杂质。

附图5　江苏冬庆数控机床有限公司双支承导轮组件的外形图

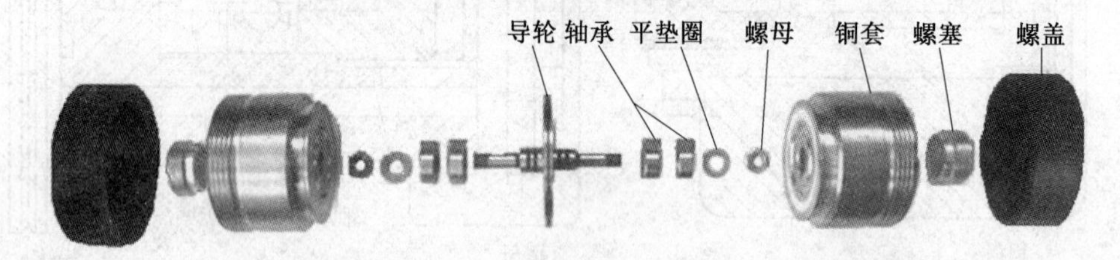

附图6　江苏冬庆数控机床有限公司双支承导轮组件的零件图

第二步　取一个铜套,大孔向上水平放在钻床工作台上,并放入两个轴承(附图7)。

第三步　在钻床上用工具1将两个轴承压进铜套内,用相同的方法将另外两个轴承压进另一个铜套内(附图8)。

第四步　将导轮轴用手插入两个铜套内的轴承孔中(附图9)。

附图7　将一个铜套水平放在钻床工作台上并放入轴承

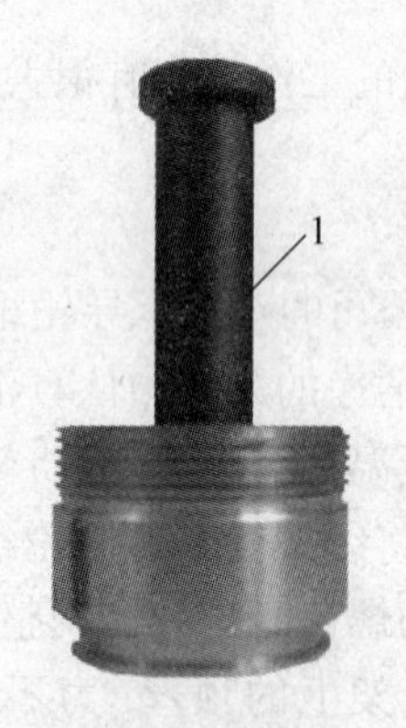

附图8　将两个轴承压进铜套内

附图9　导轮轴已用手插入两个铜套内的轴承孔中

第五步　将工具2放在上面的铜套上,在钻床上将两个铜套压紧在导轮轴上(附图10)。

第六步　用专用的六角内孔旋具拧上导轮轴两端的小螺母(附图11)。

第七步　顶间隙(附图12)。

顶间隙是使导轮两边的轮面分别与两个铜套接触面脱离,以避免导轮在高速旋转的过程中与铜套产生摩擦,因为摩擦会降低导轮和铜套的使用寿命,而且会使轴承的旋转阻力增大,并使有关部件磨损加快。可见顶间隙是不可缺少的重要工作。

(a) 压紧前

(b) 压紧后

附图 10　在钻床上将两个轴铜套压紧在导轮轴上

附图 11　拧上导轮轴两端的小螺母

顶间隙时，首先把工具 2 拧进铜套，工具 2 的顶端会顶到导轮轴上的中心孔，再将工具 2 拧入到使导轮端面与铜套端面出现微小空隙为止，另一边重复上述过程即可。顶间隙时左手应握住与工具 2 连接的铜套，另一端铜套腾空。

注意：由于铜套是金属材料，铜套口的螺纹比较锋利，一定要握紧，不能让它在手中旋转，以免割伤手。

第八步　加润滑油和拧上两端的螺塞（附图 13）。

附图 12　顶间隙

附图 13　拧上两端的螺塞

润滑油的多少应使拧上螺塞后，油脂从导轮与铜套的间隙里溢出，这说明轴承内有油脂通过。至此，导轮已组装完毕。

要提高轴承的使用寿命，必须使用优良的轴承和优质润滑油脂，并保证铜套和轴承内有足够数量的润滑油脂，当数量不足或油脂较脏时，就要及时添加或更换。

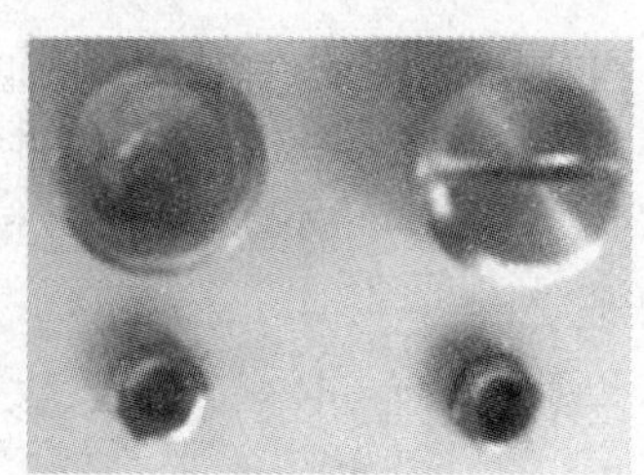

附图 14　卸下的螺塞及小螺母

（4）双支承导轮组件的拆卸。

第一步　用专用旋具将螺塞及小螺母卸下（附图 14）。

第二步　把工具 1 旋入铜套，逐渐把一端的导轮轴顶出（附图 15）。用相同的方法顶出另一端的导轮轴，卸下导轮。

(a) 把工具 1 旋入铜套，顶压一端的导轮轴

(b) 一端的导轮轴已顶出

附图 15　用工具 1 卸下导轮

第三步　卸下轴承。

将一根直径比铜套小端孔稍小的圆杆插入孔中,在台式钻床上往下压,将轴承卸下(附图16)。

要想提高轴承的使用寿命,就是在使用优良的轴承时确保使用优质润滑油脂,并保证铜套和轴承内的润滑油脂有足够的数量,当数量不足或油脂较脏时,就要及时添加或更换。

附图 16　在台式钻床上卸下轴承

附 2.2　单支承导轮组件

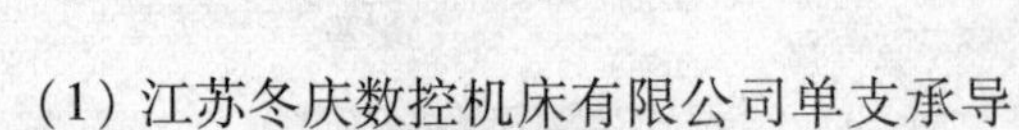

(1) 江苏冬庆数控机床有限公司单支承导轮组件的外形图如附图 17 所示。

(2) 单支承导轮组件的零件图如附图 18 所示。

附图 17　单支承导轮组件的外形图

附图 18　单支承导轮组件零件图

(3) 组装单支承导轮组件的步骤。

第一步　首先将单支承导轮组件的各个零件放在煤油中清洗干净,清除掉灰尘及一些杂质。

第二步　取一个铜套,大孔向上水平放在台式钻床的工作台上,并放入两个轴承(附图19)。

第三步　在钻床上用工具 1 将两个轴承压进铜套内(附图 20)。

第四步　将导轮轴用手插入铜套内的轴承孔中(附图 21)。

附图 19　放入两个轴承

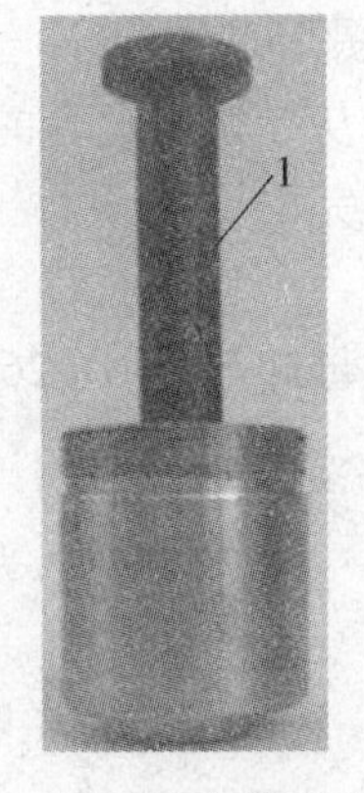

附图 20　用工具 1 将两个轴承压进铜套内

附图 21　导轮轴的一段已用手插入铜套内的轴承孔中

第五步　将工具 2 放在导轮上，在钻床上将导轮轴压紧在铜套中(附图 22)。

第六步　用专用的六角内孔旋具拧上导轮轴端的小螺母(附图 23)。

(a) 压紧前

(b) 压紧后

附图 22　将导轮轴压紧在铜套中

附图 23　拧上导轮轴端的小螺母

第七步　顶间隙(附图 24)。

顶间隙是使导轮端面与铜套端面的接触面脱离，以避免导轮在高速旋转的过程中与铜套产生摩擦，因为摩擦会降低导轮和铜套的使用寿命，而且会使轴承的旋转阻力增大，并使有关部件磨损加快。可见顶间隙是不可缺少的重要工作。

附图 24(a) 是用工具 2 拧入铜套顶间隙，附图 24(b) 已顶完间隙。

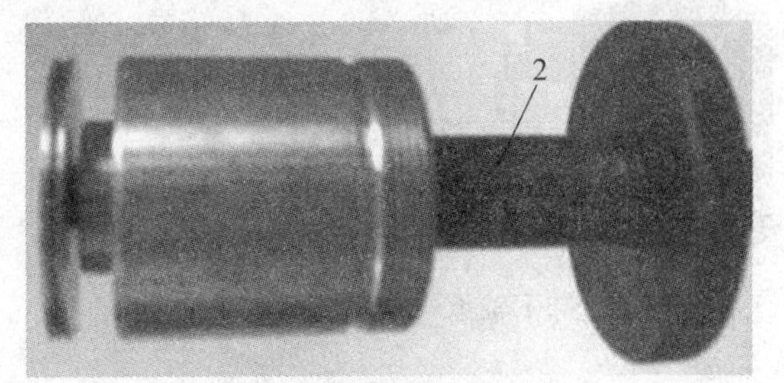

(a) 用工具 2 拧入铜套顶间隙

(b) 已顶完间隙

附图 24　顶间隙

第八步　加润滑油和拧上螺塞(附图25)。

润滑油的多少应使拧上螺塞后,油脂从导轮与铜套的间隙里溢出,这说明轴承内已有油脂通过。至此,单支承单导轮组件已组装完毕。

(5) 单支承导轮组件的拆卸。

第一步　用专用旋具将螺塞及小螺母卸下(附图26)。

附图25　拧上螺塞

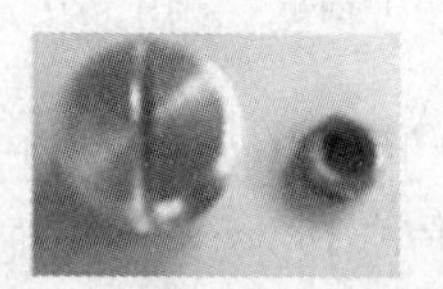

附图26　卸下的螺塞及小螺母

第二步　把工具2旋入铜套,逐渐把导轮轴顶出卸下了导轮(附图27)。

(a) 把工具2逐渐旋入铜套

(b) 挤压卸下导轮

附图27　用工具2卸下导轮

第三步　卸下轴承(附图28)。

用一根直径比铜套小端孔稍小的圆杆插入孔中,在台式钻床上往下压,将轴承卸下。

附图28　在台钻床上卸下轴承